# 山东省航空航天学会
# 2019 学术年会论文集

张明习　编

北京航空航天大学出版社

## 内 容 简 介

《山东省航空航天学会 2019 学术年会论文集》共收录论文约 50 篇。本论文集由两篇组成:第一篇是特邀报告;第二篇是学术报告,又分为航天技术、设计技术、工艺技术、材料技术、计量测试技术、智能监测与仿真技术和管理技术。这是山东省航空航天学会会员从事科学研究和工程技术工作一年来所取得的成果,内容丰富,理论水平较高,具有一定的技术参考价值和应用价值。

**图书在版编目(CIP)数据**

山东省航空航天学会 2019 学术年会论文集 / 张明习编. -- 北京 : 北京航空航天大学出版社, 2019.10

ISBN 978-7-5124-3123-2

Ⅰ. ①山… Ⅱ. ①张… Ⅲ. ①航空工程-学术会议-文集②航天工程-学术会议-文集 Ⅳ. ①V-53

中国版本图书馆 CIP 数据核字(2019)第 218898 号



**山东省航空航天学会 2019 学术年会论文集**

张明习 编

责任编辑 杨 昕

*

北京航空航天大学出版社出版发行

北京市海淀区学院路 37 号(邮编 100191) http://www.buaapress.com.cn

发行部电话:(010)82317024 传真:(010)82328026

读者信箱: goodtextbook@126.com 邮购电话:(010)82316936

北京九州迅驰传媒文化有限公司印装 各地书店经销

*

开本:787×1 092 1/16 印张:19 字数:499 千字

2019 年 11 月第 1 版 2019 年 11 月第 1 次印刷

ISBN 978-7-5124-3123-2 定价:69.00 元

# 前　言

“创新融合、智汇空天”是山东省航空航天学会2019学术年会的主题。年会的召开，正值山东省全面推进新旧动能转换重大工程、促进军民融合一体化发展的关键时期，打造了一届既紧密契合本地区经济发展主流，又彰显科技发展趋势与特色的学术交流活动，进一步强化了航空航天产业在山东省经济科技发展中的引领作用，对后续本地区航空航天领域的科技进步、产业升级将起到深远的影响。

本届学术年会由山东省航空航天学会主办，高性能电磁窗航空科技重点实验室承办。本论文集是学术年会交流论文汇编，展现了近期山东省内航空航天领域科研院所、高等院校和相关企业最新的工程实践与科研成果。

本论文集共两篇：第一篇，特邀报告；第二篇，学术报告，内容涵盖了航天技术、设计技术、工艺技术、材料技术、计量测试技术、智能监测与仿真技术和管理技术。论文集共收录相关论文约50篇，内容丰富，覆盖面广，具有较高的理论水平和应用价值，可为本领域的科技工作者提供一定的参考。

衷心感谢各位论文作者的辛勤付出！愿山东省航空航天领域的学者、同仁“不忘初心，牢记使命”，携手共同努力，为我国航空航天领域的科技发展而不懈奋斗，为实现中华民族伟大复兴的中国梦贡献智慧与力量！

张明习

2019年9月

# 目　　录

## 第一篇　特邀报告



## 第二篇　学术报告

### 航天技术



### 设计技术

## 工艺技术



## 材料技术

## 计量测试技术



## 智能监测与仿真技术



## 管理技术

# 第一篇　特邀报告

# 精益思想在航空航天紧固件生产过程中的应用探讨

王肇宇　邓兴智　吕丹　王晓颖

（东方蓝天钛金科技有限公司，山东·烟台，264003）

**摘要**：精益生产的核心理念在于消除浪费和创造价值。近年来航空航天紧固件生产领域的竞争日趋激烈，精益生产的引入对企业减少资源浪费、提高生产效率、加强市场对接具有重要意义。本文首先阐述了精益生产的内涵，介绍航空航天紧固件企业生产管理现状、生产运营存在的各项问题，从而说明推进精益生产的必要性。根据航空企业的实际情况和现有问题，详细介绍了实施精益生产管理的途径和方法，最后提出实施过程中要注意的各项重点问题。

**关键词**：紧固件；多品种小批量；生产管理；精益生产

## 0　引　言

精益生产管理作为一种先进的生产管理理念，近年来在汽车、航空等批量制造的领域内得到越来越广泛的应用。精益生产理论较好地解决了传统批量生产方式不能快速满足市场多样化需求的弊端，达到降低生产成本、提高工作效率、产品质量稳定的目的。而对于航空航天紧固件生产中的小批量多品种的生产特点，精益生产体系如何发挥其管理优势，本文就基于这个问题，进行了研究和探讨。

## 1　精益生产的内涵

### 1.1　精益生产的实质

精益生产是通过在运行方式、系统结构、市场供求和人员组织等方面的变革，使生产系统能够快速适应不断变化的用户需求，并通过对价值流进行有效分析，使生产过程中一切多余的东西被精简，以实现企业精益求精，消除一切浪费，并且持续进行改善的一种生产管理方式。

### 1.2　精益生产的目标

精益生产方式是以最大限度地减少企业生产资源占用和降低企业成本为目标，以最快的速度设计生产出成本最低的产品，为用户提供优质、满意的服务，从而实现企业效益最大化。精益生产方式采用灵活的生产组织形式，严格控制生产的各个环节，使企业能够根据市场需求的变化，及时、快速地调整生产，最大程度地消除浪费，防止过度生产，实现降本增效，以最小投入获得最大产出和收益，同时在一定程度上增强企业自身的竞争力。

### 1.3 精益生产的特点

#### 1.3.1 追求精益求精

精益生产的主要特点就是要精简。为了以最优的品质、最低的成本和最短的交期来应对不断变化的市场需求,必须在产品设计开发、产品生产以及企业管理等方面不遗余力地进行精简,去除一切不能增值的工作,是精益生产最大的特点。

#### 1.3.2 追求零浪费

精益生产理论认为库存增加会导致企业经营成本的增加,而库存就是实现零浪费的最大“敌人”。在生产过程中,由于生产计划安排不准确、产能不平衡以及物料到货延期等原因,造成延期交付,库存冗余等问题。精益生产方式要求撤掉那些不直接为产品产生增值活动的工作,就是为了避免生产中的无效劳动和由于过剩劳动而产生的库存产品,这些不直接产生价值的活动都是浪费。

#### 1.3.3 发挥人的最大潜能

精益生产的一个主要方式是最大限度地将工作任务和责任转移到工人身上,使其直接为产品增值,并且要求工人不断提升技能以实现一人多能,从而替换掉团队中不能增值的岗位。在整个生产团队里,工人通过相互协作承担团队工作任务,不仅能够促进团队合作,激发工人的工作热情和创造力,并且有利于持续推进精益生产活动。

#### 1.3.4 持续改善

精益生产的目标就是持续改善,这与大批量生产方式有着本质的不同,这是其精神动力。企业通过不断地改善活动,实现效率提升、产品质量提升、降低成本最终实现利润最大化。准时化生产方式(JIT)和不断改进流程(CIP)是精益生产追求完美的思想体现。

## 2 航空航天紧固件企业生产管理现状

### 2.1 生产管理现状

目前我国钛合金航空航天紧固件起步较晚,各个方面处于快速提升阶段,在规模、效益及管理水平与国外相比差距较大,与当前企业国际化战略发展不符。我国大型航空航天紧固件企业每年生产产值高,但由于自身管理模式的局限,主机厂对产品质量、交期的严格要求,国外企业的强有力的竞争导致航空航天紧固件企业在原有生产管理模式下在进度、质量、成本上面均存在问题。

### 2.2 生产运营中存在的问题

近年来国有航空航天紧固件企业在内部生产管理方面与国外先进企业进行对标,学习国外先进企业各项经验,但受自身企业性质的影响,企业在生产管理方面仍不完善,现场管理存在大量浪费,导致企业整体效益提升不明显。

### 2.3 实施精益生产的必要性

我国大型航空航天紧固件企业其自身或多或少仍处于计划经济体制下,市场竞争意识弱、管理成本高,产出效率及合格率低。精益生产是以客户为中心,强调人的主观能动性,这将大幅提高企业生产效率和管理水平。

实施精益生产的企业可以节约大量资金占用，加快资金周转率，有效消除浪费现象。实施精益生产管理可以使企业管理简单化，办事效率明显提高，产品实现过程更加简捷，以更快更高效地满足客户需求。

## 3　推进精益生产的途径与方法

### 3.1　工艺整合优化

常规的生产工艺根据零件加工过程分为机械加工工艺、热处理工艺、表面处理工艺等过程，一个零件从下料投产到产品加工完成，要经过多个工序、多个生产车间，最后入库，这样会导致产品运转周期长、生产环节多、等待检验时间长，最终造成产品生产整体不可控。精益思想要求按照零件的特点进行分类，通过不同标准、不同材料牌号的产品进行归类重组，根据加工特点进行成组技术研究，努力将多品种小批量的产品，尽可能多地进行归类和总结，达到使单批数量增加，批次数量减少的目的，为车间有序排产提供良好的条件。

### 3.2　机构重组

精益生产要求打破部门之间的分割，必要时成立专业化产品线，产品线包含主管设计、工艺人员、车间生产人员及检验人员，产品线成员为产品全流程服务，对产品性能充分了解、快速反应，及时解决加工产品时遇到的各种问题。在流程重组过程中，需注意以整个供应链为基础，将计划、生产、采购、销售等环节优化，集成考虑，避免出现不协调的地方。

### 3.3　优化排产计划

有序投产，制定合理的生产计划，有助于保持生产的均衡化，避免“赶工”和“救火”等现象的频繁出现。通过综合单件生产和批量生产的特点和优点，创造出一种在多品种小批量混合生产条件下高质量、低消耗的生产方式。

### 3.4　持续不断的改善

通过不断的改善，目的就是提升现场加工效率，降低生产成本，提升产品质量；持续改善是增强满足要求的能力的循环活动，它的意义在于能使企业不断的自我完善、自我修炼、增强企业的可持续发展能力。

### 3.5　产品专业化整合

公司需进行专业化整合，首先要进行专业化发展，然后再对相似专业进行整合。坚持产品专业化是精益生产的前提。

## 4　实施过程中的重点问题

### 4.1　5S 管理

5S 管理是生产现场管理有序的基本前提，对于多品种小批量生产企业，由于产品种类繁多，各类工装模具、机物料等用品复杂多样，导致生产车间物品摆放混乱，无法依据产品结构优化配置。因此在生产车间推行5S管理是一项迫切且需长期坚持的管理活动。

航空航天紧固件企业在推行5S管理过程中，应遵循以下几个步骤：

#### 4.1.1 建立5S实施小组

首先在公司建立5S实施小组，保证各生产相关部门均参与到5S管理活动中，推动生产现场的精益改善。

#### 4.1.2 明确小组分工

5S实施小组基于生产现场，需明确组成人员的责任范围。组长由精益生产办公室主任负责担任，组员由班组长和技术员构成，一线员工是生产车间推行5S管理的重要力量。

#### 4.1.3 制定实施方案

首先要制定5S推行方针的指导原则，再根据该指导原则制定具体实施方案，使组员及现场一线员工了解具体做法。根据5S实施方案逐步推进生产现场精益改善，并定期公示5S实施成果。

通过生产现场实施5S管理，规整车间物品摆放，实现工装模具的优化配置，最终达到缩短作业周期、改善现场员工精神面貌、降低成本的效果。

### 4.2 可视化管理

可视化管理是通过以视觉信号显示为基本手段，通过形象直观、色彩等方式组织生产活动，减少信息传递的衰减，实现提升工作效率的目的。航空航天企业可通过ERP、MES、PDM等信息化系统将公司的生产过程、物料控制、日常事务、生产计划等联通起来，实现数字化、信息化；也可通过电子看板、手机移动端将生产现场的实时信息反馈给关注生产的人员，使企业从上到下，从里到外都能实时了解到最新的生产进度信息。

### 4.3 人员配置

精益生产强调对员工进行适时培训，强调“一岗多能”，即使某位员工由于生病、休假等原因，也能立即有人弥补空缺。同时为平衡工作量和工时，通过生产线的重新布置，某些人可能会同时操作几台设备或同时兼任多个岗位；而另一部分岗位则可能需要配备多个员工共同完成工作。在提高生产效率的同时，也大大增加了生产线的柔性，即当产品项数增加，可派调较多作业人员，每人的操作设备数减少；当产品项数减少时，可一人操作多台设备。使工序产量与整个团队的生产节拍保持一致，这样可以带来整个生产单元效率的提高，缩短生产周期。

### 4.4 设备管理

如果生产线上的一个设备发生故障，将影响整批产品的进度，因此要努力避免设备的非正常损坏并进行定期维护。精益生产所需的设备始终是完好可用的，在实际生产很难达到，并且航天产品有很多是专用设备，这些设备都是特有的甚至是唯一的，对于这些设备，要格外引起重视。在使用过程中，要做好TPM活动，定时进行维护和预防性维修。对于一些可替换的设备、工艺，在既有设备发生故障时，要及时采取备份方案或联系相关外协点，保证生产的有序进行。应该鼓励项目小组优化生产流程，采用简单、合理的工艺路线和设备，设计合理的工艺装备。

### 4.5 物流管理

产品配套一般都包含外购成品零件，而且生产过程中也不可避免地需要工序外协或产品外包。对于这些供货商和外协厂，不能仅仅看作卖家和买家的关系，而是要把他们看作事业伙伴和延伸企业，了解他们的生产情况和服务水平。对于供应商来讲，应该了解采购提前期、采购批量等合理采购，同时尽可能地减少库存。对于外协厂而言，如果一些外协厂的生产质量达不到设计要求，企业还应派驻自己企业的设计、工艺人员及时考察，帮助他们改进，保证这些外协厂的生产水平满足配套要求。

## 5 结束语

当前，我国航空航天紧固件企业与先进国家的差距正在缩小，未来几年将是迎头赶上的重要机遇期。精益生产方式是航空航天领域多品种小批量制造企业可参照并且可以立竿见影的生产组织方式，通过研究精益生产方式，学习精益生产思想，并朝着精益生产方式努力，必将使企业在竞争中脱颖而出，带来生产效率和企业效益的提高。

## 参考文献

[1] James P Womack, Daniel T Jones, Daniel Roos. The MachineT hat Changed the World[M]. New York: Simon & S chuster, 1990.

[2] 陈绍文，赖惠. 精益制造及其在航空工业的应用[J]. CAD/CAM 与制造业信息化，2001(11):25-27.

[3] 刘胜军. 精益生产方式——现场 IE[M]. 深圳：海天出版社，2002.

[4] 杰弗里·莱克. 丰田汽车案例——精益制造的 14 项管理原则[M]. 北京：中国财政经济出版社，2004.

[5] 王会召，航空产品精益生产模式下的质量控制[J]. 工业技术创新，2016(3).

[6] 张晓丽，马建明，穆强. 基于精益生产的航空制造企业生产管理研究[J]. 经营管理者，2016(2).

[7] 张晓峰，施芯乐. 精益生产在航空产品总装生产线上的应用[J]. 航空制造技术，2015(3).

# 第二篇　学术报告

# 航天技术

# 分布式光纤测温技术及其应用

吕春艳　钟贻兵　高明星　时圣利　范源远　郭威　王昱皓
（山东航天电子技术研究所，山东·烟台，264670）

**摘要：**本文首先介绍了光纤传感技术的发展现状，然后详细介绍了分布式光纤测温技术，依靠光拉曼散射响应和光时域反射技术（OTDR），可测量传感光纤沿线的温度场信息，并可以对每个温度点进行准确定位。本文给出了分布式光纤测温系统的结构组成，详细介绍了系统的工作过程。最后详细介绍了分布式光纤测温技术在航空航天、电力工业、石油化工、港口运输、仓储管理等领域的具体应用，并分析了光纤传感技术接下来的发展方向。

**关键词：**分布式；光纤测温；拉曼散射；OTDR 技术；Anti-Stocks 光

## 1　引　言

自 20 世纪 70 年代末光纤传感技术兴起，到现在已经成为世界热门研究课题，正逐步成为继光纤通信产业之后又一大光纤应用技术产业。光纤传感具有抗电磁干扰、电绝缘、高灵敏度、易变形、耐腐蚀、损耗低的特点，在航空航天、电力工业、石油化工、港口运输、仓储管理、民用工程等各个领域均有很高的应用价值。目前光纤传感技术主要在以下 4 方面取得了较快发展。

① 光纤光栅传感器。常见的光纤光栅传感器通过测量布拉格波长的漂移实现被测量的检测，可用于测量温度、应力、加速度等量，具有很高灵敏度。但光纤光栅传感器不易构成大型分布式网络，应用场合受到一定限制。

② 阵列复用传感系统。阵列复用传感系统，采用波分复用、空分复用、时分复用等方式，将单点光纤传感器阵列化，实现空间多点同时测量，也称为准分布式系统，目前应用最广泛的是光纤光栅阵列传感器和基于干涉结构的阵列光纤传感系统。

③ 分布式光纤传感系统。分布式光纤传感系统根据光纤沿线光波分布参量，同时获取在传感光纤区域内随时间和空间变化的被测量的分布信息，可实现长距离、大范围、连续、长期传感，是目前光纤传感的主要趋势。分布式光纤传感主要分为基于后向瑞利散射的分布式光纤传感技术、基于自发及受激拉曼散射的分布式传感技术、基于自发及受激布里渊散射的分布式传感技术。分布式光纤传感系统在空间上具备测量的连续性，避免使用大量分立的传感元件，降低了传感系统的复杂度和成本。

④ 智能化光纤传感系统。目前光纤传感的智能化主要体现在光纤传感与通信技术及计算机技术的融合，实现各种功能的智能化，实现信号获取、传输、存储、处理的一体化。智能化光纤传感系统在智能新材料、环境感知、石油测井等新型领域受到广泛关注，是光纤传感技术

发展的重要方向。

综上,分布式光纤传感技术是目前光纤传感技术的主要方向,下面重点讲述分布式光纤传感技术在温度测量方面的实现及应用。

## 2 分布式光纤测温原理

分布式光纤测温技术主要依赖于光时域反射技术(OTDR)和光拉曼散射效应。

当激光射入光纤后,会和光纤介质相互作用发生散射,分为弹性散射和非弹性散射两种。弹性散射是因为光纤介质不均匀,光与其作用后被散射到其他方向,频率和波长都不发生变化,这种散射称为瑞利散射(Rayleigh)。若光纤介质因温度、应力等因素发生随时间变化的不均匀性改变,光波与这些变化项交换能量,使散射光的能量(即频率)发生改变,这就是非弹性散射,非弹性散射主要包括拉曼(Raman)散射和布里渊(Brillouin)散射。

如图1所示,是激光在光纤中传播时的后向散射光谱图,瑞利散射强度最大,保持入射激光频率不变,拉曼散射和布里渊散射则发生频率变化,布里渊散射频移较小,约为10 GHz,对称分布在入射光频率两侧,且强度相等;拉曼散射频移较大,约为10 THz,也对称分布在入射频率两侧,但光强不同,其中频率较低(波长大)的称为Stocks光,频率较高(波长小)的称为Anti-Stocks光,即反Stocks光,Anti-Stocks光比Stocks光强度大约高1个数量级。

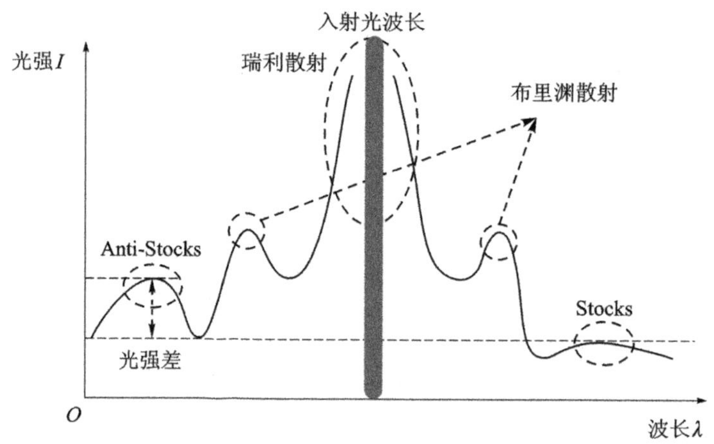


**图1 光纤后向散射光谱图**

基于瑞利散射的分布式光纤测温技术起步较早,虽然瑞利散射光强大,但其对温度信号并不敏感,测温效果比较差,目前已经基本淘汰。布里渊散射对温度和应力都比较敏感,目前研究主要集中在应力的分布式检测上。拉曼散射,尤其是Anti-Stocks光对温度非常敏感,不受其他因素影响,目前分布式光纤测温系统的研究主要是基于拉曼散射。

### 2.1 光时域反射(OTDR)原理

分布式光纤测温,可以测得光纤沿线的温度场分布,同时又可以对每个温度点进行准确定位。对温度点的定位依靠的是光时域反射(OTDR)技术。

如图2所示,是激光器将高强度窄脉冲激光射入光纤,光脉冲在沿光纤向前传输的过程中,光信号和光纤介质相互碰撞产生后向散射,沿入射光同样的路径延时返回到入射端,在激光入射端安装一台检测器接收后向散射光,根据接收到后向散射光信号的时间和光在光纤中传播的速度，即可对某个反射光信号的位置进行准确定位。设光脉冲入射与返回信号的时间差为 $\Delta t$，真空中光速为 $c$，光纤纤芯折射率为 $n$，则由公式1可计算得到定位位置与入射端的距离。

$$L=\frac{c\times\Delta t}{2n} \tag{1}$$

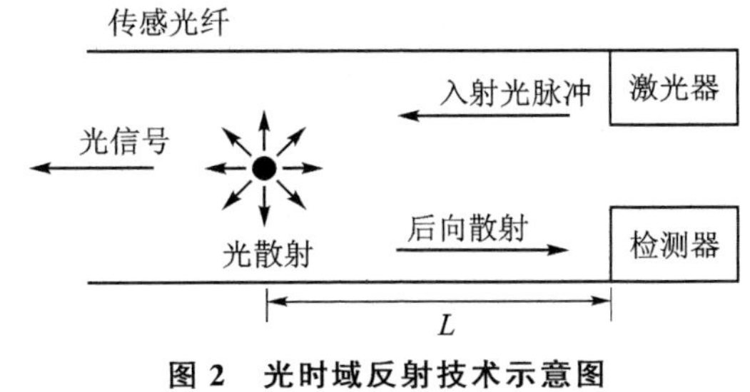


图2　光时域反射技术示意图

## 2.2　拉曼散射测温原理

如图1所示，窄脉冲光信号射入光纤后，后向散射光中包括拉曼散射Stocks光和Anti-Stocks光，Stocks光强受温度影响较小，但Anti-Stocks光强受温度影响明显，可利用拉曼散射的这种特性对光纤沿线的温度场进行解调。Anti-Stocks光强 $I_{as}$ 和Stocks光强 $I_s$ 之比和温度 $T$ 有如下关系：

$$R(T)=\frac{I_{as}}{I_s}=\left(\frac{\lambda_s}{\lambda_{as}}\right)^4\times\exp(-hc\times\Delta\gamma/k\times T) \tag{2}$$

式中：$T$ 为所测温度值；$\lambda_s$ 和 $\lambda_{as}$ 分别为Stocks光和Anti-Stocks光的波长；$h$ 为普朗克常数；$c$ 为真空中的光速；$k$ 为玻尔兹曼常数；$\Delta\gamma$ 为波移，与光纤材料有关。

由式(2)可知，温度 $T$ 和Anti-Stocks与Stocks的光强之比有关，和光强度无关，所以在实际应用中，不需要获取具体光强值，只需要得到光强之比值即可。同时这也保证了当光纤因老化等原因造成损耗变化时，并不影响系统的测温准确度。

由式(2)可推出，当温度分别为 $T$ 和 $T_0$ 时，式(3)和式(4)成立，进一步可得式(5)。由式(5)可知，如果在光纤沿线找一个温度参考区，该区域温度可用其他方法测量得到，然后只需要测得整条光纤上Anti-Stocks与Stocks的光强之比，即可计算得到光纤沿线每个点的温度值。在传感光纤沿线设置的温度恒定为 $T_0$ 的温度参考区称为定标区，一般设置在传感光纤前端。

$$\frac{1}{T}=-\frac{k}{hc\Delta\gamma}\left[\ln R(T)+4\ln\left(\frac{\lambda_{as}}{\lambda_s}\right)\right] \tag{3}$$

$$\frac{1}{T_0}=-\frac{k}{hc\Delta\gamma}\left[\ln R(T_0)+4\ln\left(\frac{\lambda_{as}}{\lambda_s}\right)\right] \tag{4}$$

$$\frac{1}{T}=\frac{1}{T_0}-\frac{k}{hc\Delta\gamma}[\ln R(T)-\ln R(T_0)] \tag{5}$$

# 3　系统构成

分布式光纤测温系统结构如图3所示，包括光学部分和信号采集处理部分。光学部分由激光器、光纤定向耦合器、传感光纤、光学分光器件等组成，信号处理部分主要由光电转换、信号放大和数据采集部分组成。

如图3所示，系统工作时，在计算机同步控制信号的控制下，激光器和数据采集模块同时开始工作，激光器发出一束激光窄脉冲，经分光模块中的光路耦合器进入传感光纤，与此同时，数据采集部分开始数据采集。激光在光纤中向前传输，产生的后向散射信号按原路径返回到分光模块。分光模块中设置有针对 Anti-Stocks 和 Stocks 光的专用滤光片，滤出 Anti-Stocks 和 Stocks 光信号输出到数据处理单元。

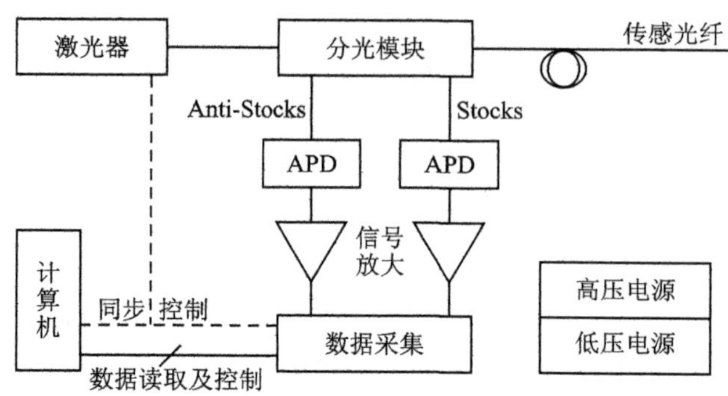


图3 分布式光纤测温系统结构示意图

在数据处理单元，经分光模块滤出的 Anti-Stocks 和 Stocks 光信号首先经雪崩光电二极管(APD)组成的光电转换器转换为电信号，经放大整形后，进行高速采样，变为数字量，经计算机计算处理后即可得到光纤沿线的温度分布信息。

激光器工作波长的选择，需要综合考虑光纤损耗、分光器滤光片透光特性、光电转换器件特性等因素。在实际应用中可采用波长为 1 550 nm 的激光器，窄脉冲光束射出后，经耦合器进入传感光纤，产生的后向散射 Anti-Stocks 和 Stocks 光波长分别为 1 451 nm 和 1 663 nm，分光器中用于滤出拉曼光的两个滤光片，只能透过波长为 1 451 nm 和 1 663 nm 附近的光信号。

雪崩光电二极管(APD)是完成将 Anti-Stocks 和 Stocks 微弱光信号转换成电信号的器件。雪崩光电二极管输出信号的信噪比对整个系统至关重要，需要设置合适的偏压值，使 APD 接收到的光信号信噪比最大。然后将 APD 输出的光电流转换为光电压，并适当放大处理，以便后级数据采集。

图 4 是分布式光纤测温系统实际测到的拉曼信号曲线示意图，表示的是脉冲光信号在光纤中传播时产生的后向拉曼散射信号，经光电转换及放大处理后的信号强度。曲线分前端反

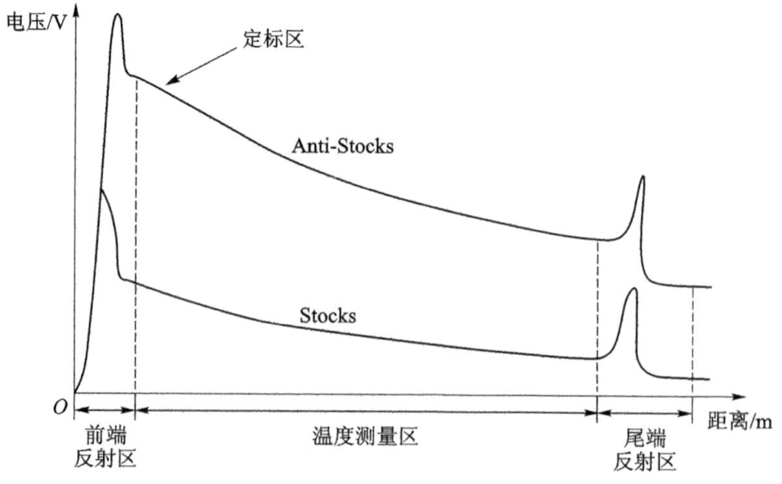


图4 系统采集到的拉曼信号示意图

射区、温度测量区和后端反射区 3 个部分。前端反射的产生主要是因为光信号刚进入 APD 时，APD 存在短暂的饱和阻塞现象；后端反射是由于光纤尾端端面与空气的折射引起后向散射光增强，这两个区域信号不能用于温度测量。温度测量区信号稳定，在温度测量区的前端设定一段定标区，并将这段光纤适当缠绕后（一般 100～200 m）放入一个温度恒定为 $T_0$ 的容器，根据式(5)即可进行其他位置的温度计算。

## 4　分布式光纤测温技术的应用

分布式光纤传感技术不仅具有优异的测量精度和可靠性，而且抗电磁干扰、本质安全、易变形、耐腐蚀、损耗低，在航空航天、电力工业、石油化工、港口运输、仓储管理、民用工程等各个领域中均有很高的应用价值。

### 4.1　在航空航天领域中的应用

光纤传感器体积小、重量轻、灵敏度高、本质安全、抗电磁干扰，可方便地将传感光纤或光纤传感器埋入飞行器或发射塔架中，实时监测所有关注点的温度、损伤等情况，构成分布式智能传感网络，对飞行器内部外部同时监测。

早在 1988 年，分布式光纤传感技术就成功应用在航空航天领域用于无损检测，波音公司在光纤传感技术方面也进行了很多研究。目前分布式光纤传感技术在飞机机翼、羽翼、稳定轴、支撑杆等处的应力检测，电机、电路等关键部位的温度检测等方面有非常重要的应用。

### 4.2　在电力工业中的应用

电力行业是分布式光纤测温技术应用比较广泛的行业之一。电网规模迅速扩大，电压等级不断提高，对电力设备的可靠性和安全性提出越来越高的要求，而高压环境下的温度等物理量检测技术却跟不上形势发展，常规手段不能应用，而光纤传感技术以其固有的优点，在高压电力系统中有着重要应用，高压变压器、电机、发电机、高压控制设备等的实时温度监测，均可使用分布式光纤传感技术。

分布式光纤测温系统可用于电缆温度的监测、电缆导体载流量的监控，并且可以实现长距离输电线路温度的实时监测，根据线缆温度预测、分析载流量，为输电线路的故障监测和负荷管理提供实时、全面、有效的解决方案和依据，发现潜在故障，实现预防性维护，保障输电线路的安全。

### 4.3　在石油化工中的应用

泄漏是输油管道运行的主要故障，往往因此造成巨大损失，输油管道泄漏监测是石油行业亟待解决的重要问题。在输油管道沿线敷设传感光缆，利用石油泄漏导致温度变化的原理，通过检测输油管线沿线温度突变实现泄漏点的检测与准确定位。分布式光纤传感技术能够获得被测物理场在空间和时间上的连续分布信息，非常适合长距离管道泄漏监测。

### 4.4　在港口及仓储中的应用

随着海港码头货物吞吐量与日俱增，在散货的装卸工作中，装卸设备的温度实时监测尤其重要，比如煤矿、粮食的装卸工作，通常用到皮带输送机，而皮带输送机往往因滚轴故障导致摩擦生热，严重时会引起火灾，对输送设备重点位置的温度检测非常重要。分布式光纤测温设备非常适合用在这种场合，将传感光缆沿被测场敷设，即可实时监测并准确定位每一个关注点，及时发现潜在故障，并为预防性维护提供依据，保障生产安全。

石油、煤炭、粮食的仓库管理，需要严密关注每个点的温度情况，避免火灾发生，利用分布式光纤测温系统，将传感光缆沿需要监控的区域进行敷设，即可实现所有位置的温度实时监测，并准确定位，保障仓储安全。同样，也可以实现船舶运输中的安全监测。

## 5 光纤传感技术发展方向

光纤传感技术的迅速发展，使很多特殊场合对温度等物理量的检测、传输变得简单有效，使很多领域的自动化程度越来越高，对光纤传感技术的研究是一个非常重要的课题。

目前光纤传感技术发展的主要方向如下：

① 多用途，即一种光纤传感器不仅针对一种物理量，而且能够同时对多种物理量进行测量。

② 分布式传感器空间分辨率、灵敏度的提高，成本的降低。

③ 新型传感材料、传感技术的开发。

④ 在恶劣条件下，如高温、高压、高腐蚀性等，低成本光纤传感器的开发和应用。

## 6 结束语

光纤传感具有抗电磁干扰、电绝缘、高灵敏度、易变形、耐腐蚀、损耗低的特点，发展至今已经出现了很多实用性产品，应用在航空航天、电力工业、石油化工、港口运输、仓储管理、民用工程等领域，尤其是分布式光纤测温技术应用最为广泛。

光纤传感技术到目前为止仍存在很多问题需要解决，例如多用途光纤传感技术、空间分辨率和灵敏度的提高、新型光纤传感材料、恶劣环境下的低成本光纤传感技术等。相信随着光纤传感技术的不断发展，分布式光纤传感技术必定有更广阔的应用空间。

## 参考文献

[1] 方曼. 分布式光纤温度传感器系统的研究[D]. 成都：电子科技大学，2003.

[2] 韩永温，郝文杰，张林行，等. 基于拉曼散射原理的分布式光纤测温系统研究[J]. 半导体光电，2013，(2)：342-345.

[3] 刘德明，孙琪真. 分布式光纤传感技术及其应用[J]. 光纤传感，2009，(11)：29-33.

[4] 倪玉婷，吕辰刚，葛春风，等. 基于OTDR的分布式光纤传感器原理及其应用[J]. 光纤与电缆及其应用技术，2006，(1)：1-4.

[5] 于海鹰，李琪，索琳，等. 分布式光纤测温技术综述[J]. 光学仪器，2013，(5)：90-94.

[6] 杜志泉，倪锋，肖发新. 光纤传感技术的发展与应用[J]. 光电技术应用，2014，(6)：7-12.

[7] 侯培国. 分布式光纤温度传感系统的理论与实验研究[D]. 秦皇岛：燕山大学，2003.

[8] 张在宣，金尚忠，王剑锋，等. 分布式光纤拉曼光子温度传感器的研究进展[J]. 中国激光，2010，(11)：2749-2761.

[9] 王剑锋，刘洪林，张淑琴，等. 基于拉曼光谱散射的新型分布式光纤温度传感器及其应用[J]. 光谱学与光谱分析，2013，(4)：865-871.

# 微纳卫星微推进系统发展综述

王菲　牟绍君　李乐宝

（山东航天电子技术研究所，山东·烟台 264000）

**摘要：**商业航天的发展对微纳卫星微推进技术提出了更高的要求，本文调研了目前国内外主要微推进系统的发展现状，归纳总结了微纳卫星微推进技术的发展和应用趋势，对我国今后技术的发展具有一定启示意义。

**关键词：**微纳卫星微推进；化学推进；电推进；冷气推进；新型推进

## 1 引言

近 10 年来，微纳卫星技术有了长足的发展，其应用领域也在不断扩大，为了适应各种任务需求，对微推进系统提出了更高的要求。鉴于微纳卫星具有体积小、质量轻、转动惯量小等特点，为精确实现其轨道机动、位置保持和姿态控制等操作，因此，要求推进系统具有高集成度、低功耗、小推力和微冲量等特点。

目前，微纳卫星上可以使用的微推进系统主要包含：无水肼推进、冷气推进、无毒推进、脉冲等离子和真空电弧推进、电喷推进、霍尔效应推进、离子推进、太阳帆推进等，各类微推进系统的主要推力指标如表 1 所列。

**表 1　微纳卫星微推进系统的类型及基本能力**

| 类　型 | 推　力 | 比冲/s | 技术成熟度 |
|---|---|---|---|
| 无水肼推进 | 0.5～30.7 N | 200～235 | 9 |
| 冷气推进 | 10 mN～10 N | 65～70 | 丁烷 9 |
| 无毒推进 | 0.1～27 N | 220～250 | ADN9，HAN6 |
| 脉冲等离子和真空电弧推进 | 1～1 300 μN | 500～3 000 | 聚四氟乙烯 7<br>钛 7 |
| 电喷推进 | 10～120 μN | 500～5 000 | 7 |
| 霍尔效应推进 | 10～50 mN | 1 000～2 000 | 氙 7，碘 3 |
| 离子推进 | 1～10 mN | 1 000～3 500 | 氙 7，碘 4 |
| 太阳帆推进 | 0.25～0.6 mN | — | 6(85 $m^2$)，7(35 $m^2$) |

## 2 正文

### 2.1 无水肼推进

无水肼推进的工作原理是，当控制系统发出推力指令后，电磁阀打开，使肼流入喷注器，并以雾化形式推入推力室，与催化剂接触，产生热反应液肼政法，并使其温度提高到某一温度后，迅速分解成$N_2$、$H_2$、$NH_3$高温燃气，通过大膨胀比的喷管加速推出产生推力。目前，国内外主要产品如表2所列。

表2 无水肼推进的主要产品及基本能力

| 型　号 | 生产商 | 推力/N | 比冲/s |
|---|---|---|---|
| GTHR－0.2N | 502 | 0.2 | ～190 |
| GTHR－1N | 502 | 1 | ～190 |
| — | 801 | 1 | ～200 |

国内目前从事无水肼推进系统研制的单位主要是航天5院502所和航天8院801所。其中，502所可以提供给微纳卫星使用的推力器主要为0.2 N推力器和1 N推力器，801所可以提供给微纳卫星使用的推力器主要为1 N推力器。

502所0.2 N单组元推力器是卫星姿态控制的重要执行组件，可在体积有严格限制时有效提高总冲，其体积小、可靠性高，采用无摩擦结构设计理念，有效地提高了产品的寿命。突破了全螺旋结构毛细管、微型阀门寿命的关键技术，可满足微纳卫星的应用需求。

## 2.2 绿色推进

与肼相比，绿色推进剂的毒性降低，组分化学品的危险性降低，蒸气压也显着降低。目前，航天任务中使用的绿色推进剂主要是氨基二硝基酰胺(ADN)推进剂和硝基羟基硝酸盐(HAN)推进剂。ADN基发动机既具有单元发动机推进结构简单、可靠性高的优点又拥有接近双组元推进的性能特性，在航天任务中具有广泛的应用前景。目前，国内外主要产品如表3所列。

表3 绿色推进的主要产品及基本能力

| 型　号 | 生产商 | 推进剂 | 推力/N | 比冲/s |
|---|---|---|---|---|
| — | 502 | ADN | 0.2、1、5、20 | 中能配方：196～218；<br>高能配方：226～241 |
| AMAC | BUSEK | 其他 | 0.425 | 225 |
| MiPS | ADN | VACCO | 0.4 | 250 |
| BGT－X5 | HAN | BUSEK | 0.5 | 220 |
| EPSS C1K | ADN | NanoAvionics | 0.3 | 252 |

目前国内主要是502所针对绿色推进组件进行了研发，主要产品覆盖推力量级从0.2 N到20 N，并且开发了两种针对不同使用需求的ADN基液体推进剂，分别是理论比冲为220 s的中能推进剂和理论比冲为245 s的高能推进剂。同时也提高了催化剂与不同推进剂之间的匹配性。该推力器组件于2016年完成了在轨试验，性能指标达到设计要求。

## 2.3 ADN基单组元微推进

ADN基单组元微推进模块采用ADN基高能无毒推进剂，通过固体冷气发生器增压，能够实现预包装、即插即用，具有总冲高、推力较大等优点，可用于微纳卫星快速机动、长期轨道保持等。目前，国内外主要产品如表4所列。

表 4 AND 基微推进的主要产品及基本能力

| 型 号 | 生产商 | 推力/mN | 比冲/s | 总冲/(N·s) | 体 积 |
|---|---|---|---|---|---|
| MPM - MA200mN - 1 | 502 | 200 | ～200 | 800 | 1U |
| ADN MiPS | VACCO | 100 | ～200 | 1 036 | 1U |

## 2.4 冷气推进

冷气推进系统，主要采用液化气（目前主流采用丁烷）作为推进剂，丁烷以液态形式存储在管道里，通过小型加热器加热使推进剂以气体形态喷出，产生推力。冷气推进的主要优点是体积小质量低，并且它系统相对简单成熟度高。冷气推进的主要产品及基本能力如表 5 所列。

表 5 冷气推进的主要产品及基本能力

| 型 号 | 生产商 | 推 力 | 比冲/s | 总冲/(N·s) | 体 积 |
|---|---|---|---|---|---|
| MPM - GS100mN - 1 | 502 | 100 mN | ～65 | 80 | 1U |
| MPM - GB5mN - 1 | 502 | 5 mN | ～60 | 200 | 1U |
| MGS - 60/10～200mN - 1 | 502 | 10 mN 、200 mN | — | 700 | 190 mm×430 mm×190 mm |
| End - Mounted Standard Micro - Propulsion System (MiPS) | VACCO | 10 mN | — | 93<br>166<br>254<br>312 | 0.25U<br>0.5U<br>0.8U<br>1U |
| MEPSIMiPS | VACCO | 55 mN | — | 34 | — |
| CuSP MiPS | VACCO | 25 mN | — | 69 | 0.3U |
| NanoProp CGP3 | GOM SPACE | 1 mN | 60～110 | 40 | 100 mm×100 mm×50 mm |
| NanoProp 6U | GOM SPACE | 1 mN 或 10 mN | 60～110 | 80 | 200 mm×100 mm×50 mm |
| Butane Propulsion System | SSTL | 0.5 N | 80 | — | — |

## 2.5 脉冲等离子和真空电弧推进

脉冲等离子体推力器（Pulsed Plasma Thruster，PPT）是一种比冲高、功耗低、结构简单、质量轻的电磁推力器，可应用于微小卫星的位置保持、姿态控制、编队飞行等任务。PPT 是利用脉冲放电烧蚀或加热、分解、电离工质，使之成为等离子体，在放电电流与磁场相互作用产生的电磁力作用下，加速喷出产生推力。推力器工作时，首先将储能电容器充电至所需要的电压，随后火花塞点火，电容器沿着推进剂表面放电，推进剂表面形成一个电流，接下来是一系列复杂的过程：热流将 Teflon 表面的分子解聚、分裂、电离，然后在 J×B 洛仑兹力和气动压力的共同作用下，等离子体和中性气体被加速，膨胀喷出产生推力。

微阴极电弧推力器（Micro-Cathode Arc Thruster，$\mu$CAT）是近几年出现的一个可扩展、高效和安全的微牛水平的电推进设备，其可以满足微纳卫星对推力器提出的多项要求。$\mu$CAT 的工作原理是：阴阳极之间通上数百伏的脉冲高压，造成电极之间镀有导电层的绝缘体表面击穿，从而产生微量等离子体，该等离子体扩散并触发阴阳极之间的电弧放电。电弧烧蚀阴极材料，阴极斑点处产生高电离度的高速等离子体，在热压力、电场力、电磁力的综合作用下，沿放电通道喷出推力器，产生推力。脉冲等离子和真空电弧推进的主要产品及基本能力如表6所列。

**表6 脉冲等离子和真空电弧推进的主要产品及基本能力**

| 型 号 | 生产商 | 推力/μN | 比冲/s | 总冲/(N·s) | 体 积 |
|---|---|---|---|---|---|
| MPM-EC100μN-1 | 502 | 100 | ～1 900 | 1 000 | 0.3U |
| TY/COMAT | COMAT 天圆光电 | 450 | ～5 000 | 4 000 | 1U |
| 0.3UPPT | 深圳巡天 | 30 | | 300 | 0.3U |
| Micro Pulsed Plasma Thruster | BUSEK | 130 | ～700 | 260 | 0.5U |

## 2.6 电阻加热推进

电阻加热推进系统是在传统冷气推进或单组元推进的基础上做了简单改进，通过电阻丝通电产生焦耳热，加热推进工质，使其膨胀，再经过喷嘴喷出，产生推力。目前，国内外的主要产品如表7所列。

**表7 电阻加热推进的主要产品及基本能力**

| 型 号 | 生产商 | 推力/mN | 比冲/s | 总冲/(N·s) | 体 积 |
|---|---|---|---|---|---|
| MicroResistojet | BUSEK | 2～10 | ～150 | 240 | 1U |
| AFRL Propulsion Unit for Cubesats (PUC) | VACCO | 5.4 | ～70 | 180 | 0.25U |
| CHIPS | VACCO | 30 | ～82 | 320 | 0.5U |
| Resistojet Propulsion System | SSTL | 100 | 48～99 | 595 | 1U |

## 2.7 电喷推进

目前，国内外的主要产品如表8所列。

**表8 电喷推进的主要产品及基本能力**

| 型 号 | 生产商 | 推 力 | 比冲/s | 总冲/(N·s) | 体 积 |
|---|---|---|---|---|---|
| S-iEPS | MIT | 74 μN | 1 160 | | |
| PCUEletrospray | BUSEK | 0.7 mN | 800 | 600 | 0.5U |

## 2.8 离子推进

离子推力器是通过电能转换成工作介质的动能，再利用力学原理产生反作用力的装置系统。推力器子系统的基本组件有放电室、离子光学引出系统和中和器。在放电室内由空心阴极发射的电子碰撞推进剂原子使之电离，进入放电室，被电离了的离子被离子光学系统加速引出，产生推力。这些离子被加速到所要求的排气速度后，中和器将发射等量的负电子到离子束中，以使航天器表面呈准电中性。推进剂供给子系统主要用于贮存需要的推进剂并在一定的流率下从贮罐中排出推进剂。目前，国内外的主要产品如表 9 所列。

**表 9　离子推进的主要产品及基本能力**

| 型　号 | 生产商 | 推　力 | 比冲/s | 总冲/(N·s) | 体　积 |
|---|---|---|---|---|---|
| IFM Nano Thruster | ENPULSION | 350 μN | 2 000～5 000 | 5 000 | 94 mm×90 mm×78 mm |
| — | ENPULSION | 350 μN | 2 000～5 000 | 10 000 | 1.2 $dm^3$ |
| — | ENPULSION | 350 μN | 2 000～5 000 | 15 000 | 1.8 $dm^3$ |
| — | ENPULSION | 350 μN | 2 000～5 000 | 20 000 | 2.4 $dm^3$ |
| BIT-1 | BUSEK | 100 μN | 2 150 | | ϕ35 mm×29 mm |
| BIT-3 | BUSEK | 1.2 mN | 2 300 | 35 000 | 180 mm×88 mm×102mm |
| RIT-μX | Ariane Group (Airbus) | 50～500 μN | 300～3 000 | 100 000 | ϕ78 mm×76 mm |

## 2.9　霍尔推进

推力器中的推进剂(氙、氪、氩等)被电场加速，霍尔推力器将电子约束在磁场中，并利用电子电力推进剂，加速离子产生推力，并中和羽流中的离子。目前，国内外的主要产品如表 10 所列。

**表 10　霍尔推进的主要产品及基本能力**

| 型　号 | 生产商 | 推力/mN | 比冲/s | 总冲/(N·s) | 功耗/W | 体　积 |
|---|---|---|---|---|---|---|
| BHT-200 | BUSEK | 13 | 1 390 | — | 200 | — |
| HT100 | SITAEL | 5～15 | 1 350 | — | 175 | — |
| CHT | UTIAS SFL | 6.2 | 1 139 | — | 200 | — |

## 2.10　太阳帆

太阳帆是一种利用大尺寸薄膜帆面反射太阳光，实现光压力加速航行的新型航天器。它的主要结构包括大尺寸薄膜帆面、主体结构、展开机构和支撑机构。其优点在于无需燃料，能获得持续小推力和有效载荷比高，因此在深空探测领域有着很广的应用前景。2010 年 5 月 21 日，日本宇航局(Japan Aerospace Exploration Agency,JAXA)成功发射了世界上第一个太阳帆航天器 IKAROS 号，并首次完成了太阳帆的在轨展开、在轨航行以及加速飞掠金星。展开后边长 14 m 正方形 IKAROS 太阳帆在轨成功获得了 1.12 mN 的光压力。目前，国内外的主要产品如表 11 所列。

**表 11　太阳帆推进的主要产品及基本能力**

| 型　号 | 生产商 | 推　力 | 体　积 | 展开面积/$m^2$ |
|---|---|---|---|---|
| — | NASA | 0.25 mN | 1U | 35 |
| — | NASA | 0.6 mN | 3U | 85 |
| LightSail-A | The Planetary Society | — | 在 3U 立方星上应用验证 | 32 |
| LightSail 2 | The Planetary Society | — | 用于 3U 立方星升轨和备用机动 | 32 |

### 2.11 离轨帆

离轨帆主要通过提高卫星在轨飞行过程中所受到的大气阻力，从而加速卫星离轨。在离轨帆装置工作过程中不需要卫星进行主动控制，可以依靠装置自身所储存的机械能来展开。离轨帆装置质量小，机构简单，成本低，适用于快速响应、任务周期短的LEO微纳卫星。

多伦多大学的加拿大先进航天实验-7(CanX-7)立方体卫星，主要验证了该校所研制的制动帆装置，该装置主要由4个相同的展开帆单元组成，每个单元可展开成一个约1 $m^2$ 的梯形帆，可以实现3种质量大小不同的LEO卫星在25年内脱离轨道。此外，格拉斯哥大学所研制的“空气动力学寿命末期离轨系统”(AEOLDOS)制动帆装置，其展开面积仅为1 $m^2$，但可实现650 km轨道高度以下的立方体卫星在25年内脱离轨道。NASA的纳型帆-D(NanoSail-D)制动帆，帆面积为10 $m^2$，将其安装在一颗3U立方体卫星上，实现了离轨演示验证。目前，国内外的主要产品如表12所列。

**表12 离轨帆推进的主要产品及基本能力**

| 型 号 | 生产商 | 体 积 | 展开面积/$m^2$ |
|---|---|---|---|
| — | 零重空间 | 0.3U | 1 |
| NanoSail-D | NASA | — | 10 |

## 3 总 结

① 低功率(5 kW以下)电推进基本完成商业化应用研究，今后的工作重点是在轨长寿命可靠性的验证和应用范围的扩展，电推进逐渐从辅助推进进入到卫星主推进领域。

② 微推进的研究主要集中在：微小高压冷气、液化气、胶体、固体阵列、FEEP阵列、PPT等几个方面，并且都已达到工程应用阶段。

③ 大轨道转移(如星际航行)或长时间轨道机动需要高比冲或无推进剂的推进系统，例如：霍尔推进系统、离子推进和太阳帆推进系统。

④ 轨道修正(编队、集群)和姿态控制机动可以使用冷气推进，如果为了提高比冲，则推进使用电阻加热推进。

⑤ ADN或HAN是无毒的，可以用来代替无水肼推进。

⑥ 就立方星编队而言，综合考虑建议采用的推进主要有：电阻加热推进、冷气推进、电弧推进。

⑦ 就50 kg及以上微小卫星而言，综合考虑建议采用的推进主要有：无水肼推进、ADN或HAN无毒推进，后期也可尝试ADN基单组元微推进。

## 参考文献

[1] Arestie Steven, Lightsey E Glenn, Hudson Brian. Development of A Modular, Cold Gas Propulsion System for Small Satellite Applications. JoSS, 2012, 1(2): 63-74.

[2] Cervone A, Zandbergen B, Guerrieri D C, et al. Green Micro-resistojet research at Delft University of Technology: new options for Cubesat propulsion. CEAS Space J, 2017, 9: 111-125.

[3] Arizona State University. Arizona Small Satellite Propulsion AstroRecon 2015 January 8-10, 2015.

[4] Tsay M, Frongillo J, Lafko D, et al. Development Status and 1U CubeSat Application of Busek's 0.5N Green Monopropellant Thruster. 28th Annual AIAA/USU Conference on Small Satellite.

# 高可靠星载高速大容量存储组件的低成本化研究与设计

赵雪纲　康旭辉　王宁　王瑞

（山东航天电子技术研究所，山东·烟台，264003）

**摘要：**目前高轨、长寿命的星载存储器均基于宇航级 NandFlash 设计，成本昂贵，性能较低，已不能满足卫星载荷及数据处理技术的发展需求。本文提出了采用高速 COTS NandFlash 作为星载存储介质的设计思路，分析了 COTS NandFlash 的空间应用优势及所面临的问题，提出了器件选型与筛选、软硬件设计、芯片防护等方案以及相应的设计实例。经测试验证，该技术方案具有一定的可行性，且在性能指标、成本、研制周期等方面均能满足需求。

**关键词：**星载存储组件；低成本；COTS；NandFlash；纠检错编码；辐照防护

## 1　引　言

大容量数据存储器作为星上各类载荷数据存储及在轨处理的支撑载体，是卫星系统的关键设备之一。目前高轨、长寿命的星载数据存储器均是基于宇航级存储器件进行设计的，其研制周期长，成本昂贵，且性能指标较低。近年来，随着航天器对高性能、低成本器件的需求，商业货架(Commercial-off-the-shelf，COTS)器件的宇航应用成为了国内外各航天机构和大学的重点研究方向，以处理器芯片为代表的越来越多的 COTS 器件被应用到航天系统尤其是微小卫星系统中，实现了良好的产品经济性和性能指标。

鉴于此，本文针对航天器系统对高性能、低成本、大容量星载存储器的发展需求，研究分析了高性能 COTS NandFlash 的宇航应用技术，指出了提高其可靠度的若干方法，并给出了设计实例，可为高性能、低成本航天器电子产品研制提供一定参考。

## 2　应用需求及现状分析

### 2.1　高速 COTS 闪存应用需求分析

随着星载 SAR、多光谱等高分辨率载荷技术的发展与应用，卫星载荷的数据传输速率已经进入吉比特时代。据统计，未来几年卫星载荷的数据率将突破 14 Gbps，数据暂存量将超过 10 Tb，其趋势如图 1 和图 2 所示。因此，在轨海量高速载荷数据的产生及其实时处理的应用需求，需要高性能的存储器作为载体支撑。而传统的高轨星载数据存储器皆是采用特殊工艺处理的宇航级闪存，其性能落后于 COTS 闪存 2～3 代，且价格高出几十甚至上百倍。如果依靠宇航级闪存的堆叠使用来满足高速率及大容量的需求，必将造成系统成本、体积、质量、功耗及复杂度的急剧增加，不利于航天器系统高集成度及低成本的发展需求。

另外，我国的宇航抗辐照加固闪存的制造水平较低，而国外该类型器件的供货周期长，且有采购禁运及技术封锁风险。因此，为提高星载储存器的性能，适应新型载荷技术的发展，有必要研究高速COTS闪存的宇航应用技术。

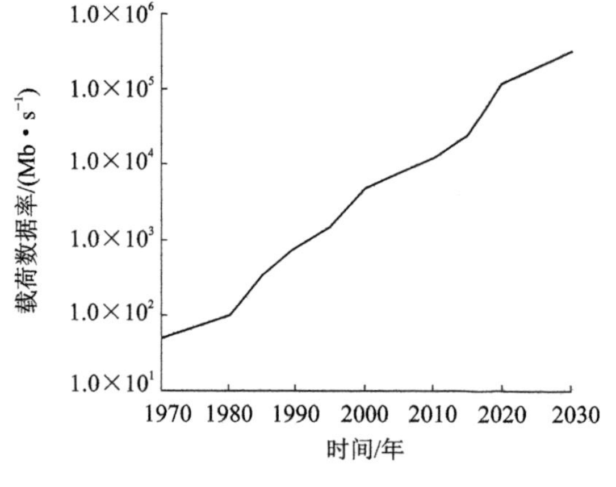


图1 载荷速率增加曲线图

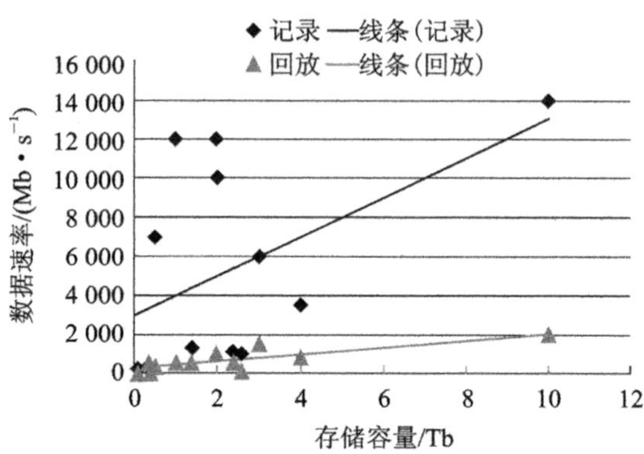


图2 数据速率与存储容量关系图

## 2.2 COTS闪存与宇航级闪存的对比分析

目前，市场上主流的COTS闪存芯片生产厂商包括：Mciron、Samsung、Toshiba等，而主要的宇航级闪存供货商为3D-Plus公司。以Mciron公司的高速NandFlash芯片为例，对其参数指标与宇航级芯片进行对比，如表1所列。

表1 高速COTS与宇航级NandFlash的指标对比情况

| 厂 商 | 芯片型号 | 容 量 | 数据写性能 | 数据读性能 | 温度范围 | 抗辐照能力 | 参考价格 | 供货周期 |
|---|---|---|---|---|---|---|---|---|
| 3D-Plus | 3DFN32G08VS4304 | 32 Gb | <256 Mb/s | <200 Mb/s | −55～+125 ℃ | TID>60krads(Si) SEL>62.5 MeV·$cm^2$/mg | 7万元左右 | 9～12个月 |
| 3D-Plus | 3DFN64G08VS8305 | 64 Gb | <256 Mb/s | <200 Mb/s | −55～+125 ℃ | TID>60krads(Si) SEL>62.5 MeV·$cm^2$/mg | 10万元左右 | |
| Micron | MT29F128G08AECBBH6 | 128 Gb | >744 Mb/s | >588 Mb/s | −40～+85 ℃ | 无数据 | 1 200元左右 | 现货 |
| Micron | MT29F256G08AUCABH3 | 256 Gb | >744 Mb/s | >588 Mb/s | −40～+85 ℃ | 无数据 | 1 600元左右 | 现货 |

从表1的对比分析可看出，COTS NandFlash在读/写速率、存储容量、芯片价格及采购周期等方面具有绝对优势，非常适合当前及未来宇航用高速存储器的应用需求。

## 2.3 COTS NandFlash宇航应用所面临的问题

高速COTS NandFlash具有性能高、成本低、容量大、供货周期短等优点，然而，其在宇航环境下的应用也伴有诸多问题：① 抗空间环境辐射能力差；② 密封性差，抗热循环和冲击的能力弱；③ 较窄的工作温度范围；④ 制造工艺的变化，甚至制造商和批次的变化，都可能导致其性能变化超出规定的参数等。因此，要使其在恶劣的空间环境下稳定工作，需进行相应的可靠性保证设计，提高可靠度。

## 3　COTS NandFlash 空间应用的可靠性保证措施

COTS NandFlash 的可靠性保证措施主要包括以下 4 个方面。

### 3.1　器件选型

COTS NandFlash 选型时首先应选择有质量体系保证的厂商，且尽量选择通用的产品型号，确保有成熟稳定的供货渠道。其次，还要参考器件的抗辐照 TID 试验数据，对 NASA、ESA 等机构已有的 COTS NandFlash 试验数据进行分析，优先选择已有试验数据或同生产工艺的闪存器件。另外，在 COTS NandFlash 器件不断小型化、高性能的同时，封装技术也会对抗辐射性能产生影响，因此，还需综合考虑制造工艺和封装水平后进行器件选型。

### 3.2　器件筛选

器件筛选的目的是通过对 COTS NandFlash 制定相应的质量保证措施并进行一系列的试验测试，剔除早期失效器件，筛选出能够满足宇航应用条件的器件。参照 NASA 关于 PEM（塑封器件）在航天器上应用的要求，针对 COTS NandFlash 的筛选试验内容包括：

① 声学显微镜测试（CSAM）；

② 环境适应性试验，包括温度循环、力学振动、高加速应力试验；

③ 老化失效试验，包括高温老炼和寿命考核试验；

④ 破坏性物理分析（DPA），包括外观检查、X-ray、内部目检（开帽后）、键合强度、钝化层完整性、扫描电镜（SEM）、封装剖面等项目；

⑤ 辐照试验，包括总剂量和单粒子效应试验。

### 3.3　硬件设计

（1）抗辐照防护加固

通过结构防护设计减弱空间辐照对 COTS NandFlash 的影响，如调整 NandFlash 在整机中的位置，使其处于辐照剂量较弱的位置；或是通过对 NandFlash 芯片加扣钽壳进行辐照防护等，降低闪存所处环境的辐照剂量。

（2）硬件冗余

在电路设计时适当备份一定数量的 NandFlash 芯片，保证在存储组件中的某个芯片故障时，可直接用冗余备份芯片替换并旁路故障芯片，使整个存储组件的功能和性能不受影响。除了对单只芯片设计冗余备份外，还可对芯片组或者整个存储组件进行冗余备份，进一步提高存储系统的可靠性。

（3）分区供电及电流监测

为应对空间环境中的单粒子效应对芯片的损伤，可对闪存阵列进行分区供电，同时进行实时电流监测反馈，确保在闪存内核产生大电流时能及时关断电源，防止长时间过流导致单粒子烧毁效应（SEB）。采用分区供电设计可将单粒子效应的影响隔离在单个分区内，不影响其他分区芯片的功能，通过冗余芯片的替换，即可实现高速存储器的正常工作。

### 3.4 软件设计

(1) 纠检错码技术

对于NandFlash型闪存,由于其操作时序和电路的不稳定性,可能导致闪存阵列在使用过程中出现bit错误,随着闪存颗粒擦写次数的增长,bit翻转的概率会越来越高。对于该问题,最有效的解决办法就是在NandFlash控制器中引入纠错码技术,提高其存储区数据的可靠性。常用的纠检错码算法包括Hamming编码、Reed-Solomon编码等。

(2) 均衡磨损技术

闪存颗粒均有擦写寿命次数限制,一旦某个存储单元的写入循环接近这个数字,就可能会遭遇到彻底的物理损坏。在闪存控制器中采用均衡磨损(Wear Leveling)技术可以将数据尽可能地平均分配到每一个区块,保证对每一个闪存块的编程/擦写次数一致,有效避免对芯片某一区块的频繁读/写造成该区块的老化加速,从而延长COTS闪存的使用寿命。图3为颗粒采用均衡磨损技术的效果示意图。

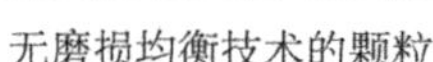


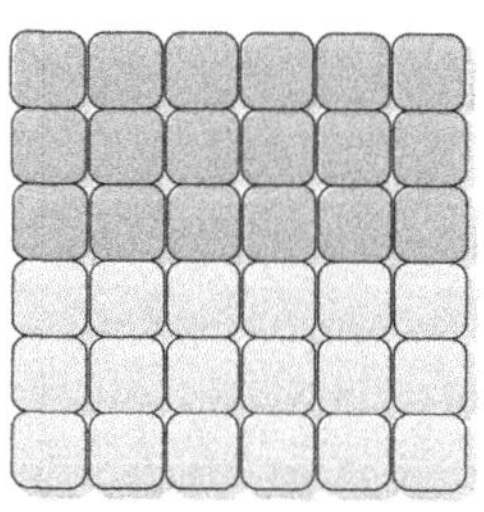

有磨损均衡技术的颗粒

**图3 均衡磨损效果示意图**

(3) 坏块剔除管理

由于制造工艺的原因,NandFlash颗粒在出厂时并不能保证每个块都是好的,而且颗粒在数据擦除及记录等过程中,也有可能会产生坏块,坏块会导致数据读/写异常。因此,需要对闪存颗粒的坏块进行屏蔽,保证数据读/写的正确性。

常规的剔除方法是以块为单位操作,即当闪存颗粒的一个页失效时,该页所处的整个块全部剔除。有研究表明SLC型NandFlash各页之间的相互影响较小,ECC增长趋势无明显差异。因此,可根据实际应用情况对存储组件进一步采用坏页剔除管理方法,即只剔除颗粒块中的坏页,保留其他正常页,降低闪存颗粒冗余块的消耗速度。

另外,在设计中还需注意对COTS NandFlash的接口速率等参数进行降额使用,使其工作应力低于额定应力,降低芯片基本失效率,提高使用的可靠性。

## 4 设计实例及验证

### 4.1 设计方案

基于高速COTS NandFlash设计的某星载海量存储组件组成框架如图4所示,其采用筛选的工业级高速同步接口型NandFlash芯片作为存储介质,以Xilinx公司的Virtex5系列FPGA作为控制管理核心,具有数据吞吐率高、存储容量大、成本低、可靠性高等特点。

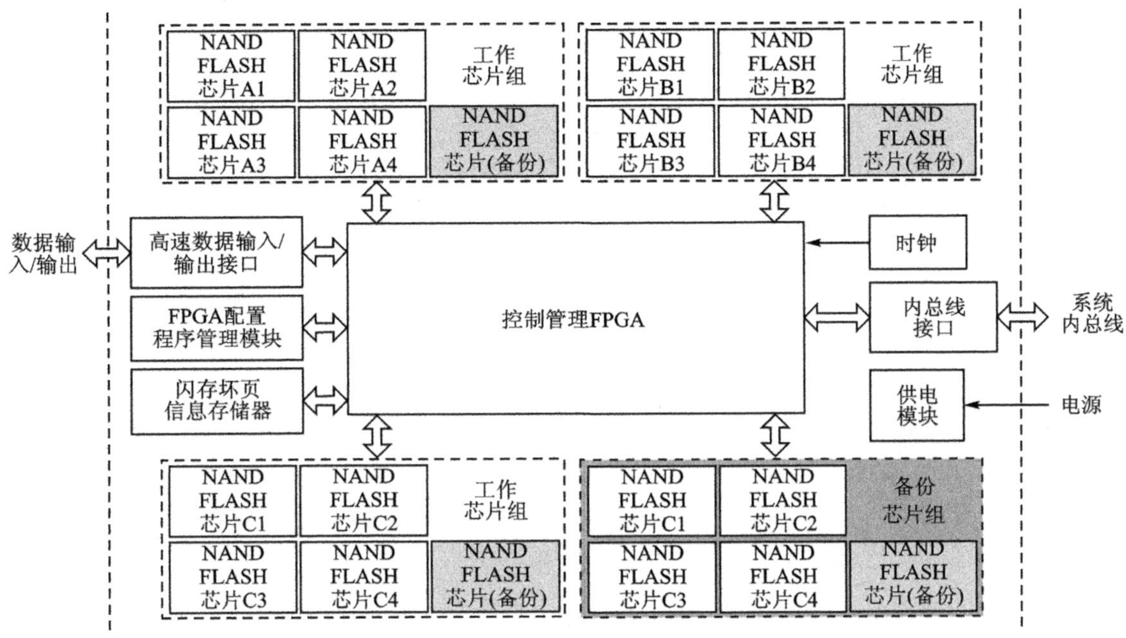


**图 4 高速存储组件组成框图**

存储组件的系统功能框图如图 5 所示。其中,控制管理 FPGA 通过高速串行总线接口完成与分系统内的载荷、数据处理器等设备的高速数据交互,通过系统内总线响应主控 CPU 指令并执行操作,完成高速闪存阵列的管理,以及高速数据的存储、回放、擦除等;高速串行总线接口实现载荷数据传输的串并转换及编码;坏页信息存储器记录了各闪存介质的坏页地址信息;NandFlash 存储组件为载荷数据的存储实体。

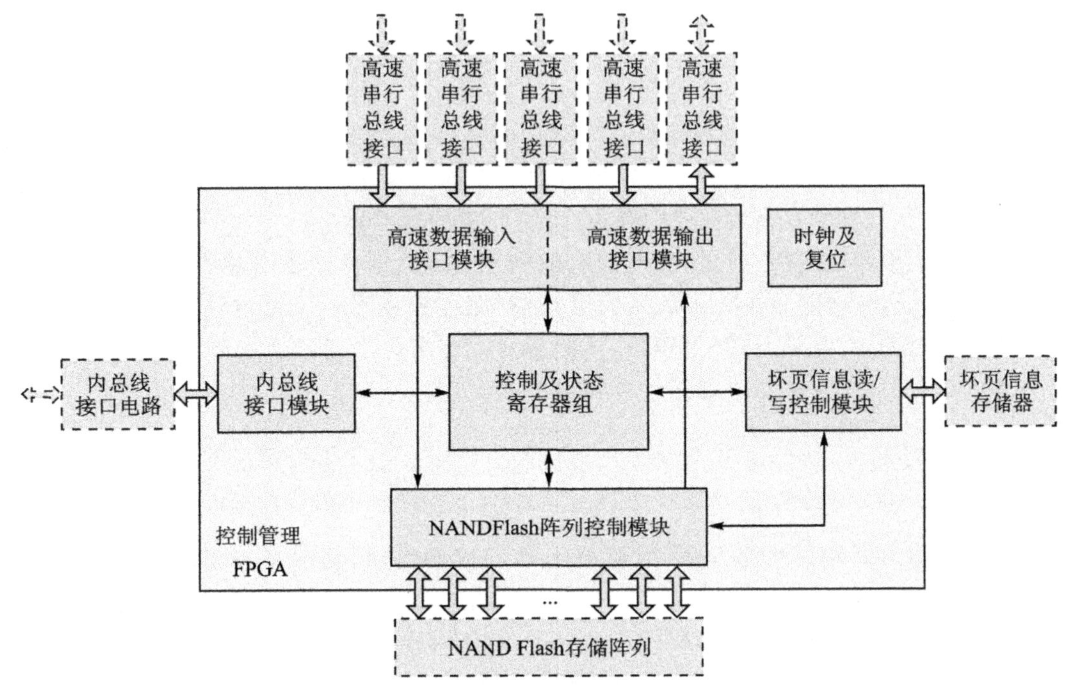


**图 5 高速存储组件功能框图**

该存储组件中使用的 NandFlash 芯片容量为 256 Gb/只，采用 Two Plane Program 编程及颗粒内流水操作后的数据带宽超过 600 Mbps/只，则整个存储组件的有效存储容量为3 Tb，数据总带宽在 7 Gbps 以上，可满足目前星上各类载荷数据输入和存储的需求，而其成本仅为同等容量宇航级芯片的十几分之一，且在体积、质量和功耗方面也有很大程度的降低。

### 4.2　可靠性设计措施

在高速存储组件的可靠性保证方面主要采取了以下措施：① 选用市场主流的 Micron 公司的 NandFlash 芯片，并对芯片进行升级筛选，选用筛选合格的芯片装机使用；② 按照设备所处的空间轨道环境情况，结合器件的辐照试验数据，采用了 0.5 mm 厚钽壳对 NandFlash 芯片进行辐照防护加固，如图 6 所示；③ 采用芯片级冗余备份（4 片备 1 片）和组级冗余备份（4 组备 1 组）的双冗余设计，保证阵列寿命末期的有效存储容量；④ 选用具有过流关断功能的电源芯片为各 NandFlash 器件独立供电，并对供电流进行监测；⑤ 采用了 RS 纠检错编码和基于冷/热数据识别的动态均衡磨损技术，提高数据存储的可靠度；⑥ 配置专用的坏页信息管理模块，实现阵列的物理地址到逻辑地址映射，屏蔽坏页地址。

**图 6　辐照防护加固图片**

### 4.3　测试验证

采用工控机配合 PCI Express 板卡作为高速存储组件的载荷数据模拟源及数据回传的接收设备，对存储组件整机的性能进行测试，并配合进行环境试验验证。

① 测试结果：在数据记录模式下，存储组件的平均记录速率为 6.35 Gbps；数据回放模式下，存储组件的平均回放速率为 1.27 Gbps，且对回放的数据经进行了实时校对，结果正确，没有误码。结果表明，该存储组件的设计正确，能满足高速数据存储及回放的要求。

② 试验验证：在功能和性能测试完成后，对存储器整机进行了鉴定级的力学、温度循环、热真空等环境试验，并在试验前、过程中、试验后对存储组件进行了功能和性能测试，测试结果均符合要求，即设计的存储组件通过了环境试验测试。

## 5　结束语

本文针对航天器对高性能、高可靠存储组件的应用需求，提出了采用高速 COTS NandFlash 作为存储介质的技术方案，给了提高其在空间应用环境下可靠性的具体措施。通过测试和试验验证表明，基于高速 COTS NandFlash 设计的星载海量存储组件在技术上是可行的，且该方案在性能、成本、研制周期等方面较传统的星载存储设备均有明显的优势，通过针对性的设计措施，提高其可靠性，可迎合各类航天器尤其是微小卫星对短周期、快速响应、低成本的工程需求。

## 参考文献


[1] ASTRIUM. Current and Future Mass Memory Products[C]. ADCSS,2012.

[2] Esteve M,Perez-Llopis I,Palau C E. Friendly force tracking COTS solution[J]. Aerospace and Electronic Systems Magazine,2013,28(1):14-21.

[3] 唐宇,廖小雨,骆小明. 基于 CPU 和 DDR 芯片的 SiP 封装可靠性研[J]. 电子元件与材料,2015,34(4):79-83.

[4] 崔波,陈海蓉,王建志. 塑封器件的储存环境与使用可靠[J]. 半导体技术,2002,27(2).

[5] 牛付林、宋芳芳. 破坏性物理分析(DPA)在评价元器件质量水平方面的作用[J]. 可靠性与分析,2004(4):15-16.

[6] 王忠明. SRAM 型 FPGA 的单粒子效应评估技术研究[D]. 北京:清华大学,2011:12-16.

[7] Bentoutou Y,Djaifri M. Observations of single-event upsets and multiple-bit upsets in random access memories on-board the Algerian satellite[C]//Nuclear Science Symposium Conference Record,2008. NSS'08. IEEE. IEEE,2008:2568-2570.

[8] 向春清,谭培勇. 一种卫星存储器纠检错系统设计[J]. 淮阴工学院学报,2007,16(3):40-43.

[9] 赵云富. 一种存储器容错设计方法[J]. 空间控制技术与应用,2009,35(3):61-64.

[10] 彭兵,步凯,徐欣. NAND Flash 坏块管理研究[J]. 微处理机,2009,4(2):113-115.

# 微纳卫星多源信息集中式卡尔曼滤波姿态确定方法

李乐宝　王菲　王芳　郭晓华　薛淑娟　姜连祥

（山东航天电子技术研究所，山东·烟台，264000）

**摘要**：本文设计了一种多源信息集中式卡尔曼滤波姿态确定算法。该算法利用 MEMS 陀螺和磁强计的输出信息，结合多源信息集中式融合结构与扩展卡尔曼滤波对微纳卫星的姿态信息进行最优估计。介绍了多源信息集中式融合结构，推导了微纳卫星姿态确定模型；详细介绍了微纳卫星姿态融合的过程。通过 Matlab 数学仿真，验证了基于陀螺和磁强计所设计的多源信息集中式融合卡尔曼滤波姿态确定算法的正确性和有效性，该算法对工程应用具有一定的指导价值。

**关键词**：多源信息；集中式；扩展卡尔曼滤波；姿态估计

## 1　引　言

以微电子、微机电、微光电以及精密制造新技术为代表的微米/纳米新技术、新工艺不断取得突破，为卫星向着“体积小、成本低、功率密度高”的方向发展提供了技术支持。与传统大型卫星相比，微纳卫星除了具有质量轻、体积小、成本低等特点外，还拥有研制周期短、发射灵活、抗毁性能强等众多优点；同时也可以依靠分布式微纳卫星组成星座编队；这使得其在通信导航、遥感、军事侦察、行星探测、工程技术实验等领域发挥重要的作用，具有很大的商业价值和广阔的市场前景。

微纳卫星因质量、体积和功耗的限制，多采用微型化的敏感器，如 MEMS 陀螺、磁强计和微型太阳敏感器等。卫星的姿态信息可采用惯性陀螺获取角速度，而后通过积分获取卫星的姿态信息。在实际工程应用中，MEMS 陀螺的输出信息中存在漂移且易受到环境因素干扰，其转动角速度的噪声与漂移偏差值会随着积分过程持续累积与放大，无法保证卫星长时间运行的姿态确定精度。

本文针对单一微型敏感器难以实现对微纳卫星姿态可靠精确测量的问题，将多个敏感器（陀螺/磁强计）数据进行融合，结合多源信息集中式融合理论与卫星姿态融合方法，设计集中式融合卡尔曼滤波微纳卫星姿态确定算法。仿真结果表明，本文基于陀螺和磁强计所设计的多源信息集中式融合卡尔曼滤波姿态确定算法具有较高的姿态估计精度，该算法对于微纳卫星在轨的姿态确定具有一定的指导意义。

## 2　多源信息集中式融合结构

对于集中式融合卡尔曼滤波，有三种常用的实施方式，即并行滤波、序贯滤波和数据压缩滤波。其中，并行滤波将所有的观测量集成在一块，作为一个大的观测量进行滤波；序贯滤波依次对每个观测量进行测量更新，所有观测量更新完以后的状态和方差估计作为最终的估计；压缩滤波首先对观测量进行数据处理，压缩提取数据，然后将压缩后的数据作为观测量进行滤波。本文采用并行滤波结构，具体实施流程如图 1 所示。图 1 中，$n$ 表示第 $n$ 个敏感器；$\boldsymbol{z}_k$ 表示 $k$ 时刻的观测量；$\hat{\boldsymbol{x}}_{k/k-1}$ 和 $\boldsymbol{P}_{k/k-1}$ 分别表示由 $k-1$ 时刻到 $k$ 时刻的状态和协方差的预测值；$\hat{\boldsymbol{x}}_k$ 和 $\boldsymbol{P}_k$ 分别表示 $k$ 时刻的状态和协方差的估计值。

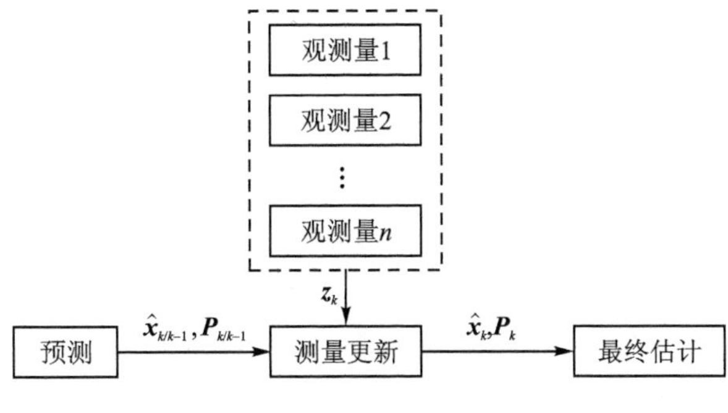


**图 1　并行滤波的实施流程**

# 3　微纳卫星姿态确定模型

## 3.1　状态方程

微纳卫星的姿态以四元数形式表示，其姿态确定系统以姿态运动学方程作为系统方程，形式如下：

$$\begin{bmatrix}\Delta\dot{\boldsymbol{q}}\\ \Delta\dot{\boldsymbol{b}}\end{bmatrix}=\begin{bmatrix}-\hat{\boldsymbol{\omega}}_{bI}\times & -\frac{1}{2}\boldsymbol{I}_{3\times3}\\ \boldsymbol{0}_{3\times3} & \boldsymbol{0}_{3\times3}\end{bmatrix}\begin{bmatrix}\Delta\boldsymbol{q}\\ \Delta\boldsymbol{b}\end{bmatrix}+\begin{bmatrix}-\frac{1}{2}\boldsymbol{I}_{3\times3} & \boldsymbol{0}_{3\times3}\\ \boldsymbol{0}_{3\times3} & \boldsymbol{I}_{3\times3}\end{bmatrix}\begin{bmatrix}\boldsymbol{\upsilon}\\ \boldsymbol{\zeta}\end{bmatrix}\tag{1}$$

式中：$\Delta\boldsymbol{q}_{bo}=[\Delta q_0\quad \Delta\boldsymbol{q}^{\mathrm{T}}]^{\mathrm{T}}$，表示从轨道系到星体系的误差四元数；$\Delta\boldsymbol{q}=[\Delta q_1\quad \Delta q_2\quad \Delta q_3]^{\mathrm{T}}$，表示误差四元数的矢量部分；$\Delta\boldsymbol{b}=[\Delta b_x\quad \Delta b_y\quad \Delta b_z]^{\mathrm{T}}$，表示陀螺漂移估计误差；$\boldsymbol{\upsilon}$ 为陀螺角度随机游走噪声，$\boldsymbol{\upsilon}\sim N(0,\sigma_\upsilon^2\boldsymbol{I}_{3\times3})$，$\boldsymbol{\zeta}$ 为陀螺角速度随机游走噪声，$\boldsymbol{\zeta}\sim N(0,\sigma_\zeta^2\boldsymbol{I}_{3\times3})$，$\sigma_\upsilon^2$，$\sigma_\zeta^2$ 分别为上述两种噪声的方差；$\hat{\boldsymbol{\omega}}_{bI}=[\hat{\omega}_x\quad \hat{\omega}_y\quad \hat{\omega}_z]^{\mathrm{T}}$ 为卫星的估计角速度；$\hat{\boldsymbol{\omega}}_{bI}\times$ 为姿态角速度矢量叉乘矩阵，即为

$$\hat{\boldsymbol{\omega}}_{bI}\times=\begin{bmatrix}0 & -\hat{\omega}_z & \hat{\omega}_y\\ \hat{\omega}_z & 0 & -\hat{\omega}_x\\ -\hat{\omega}_y & \hat{\omega}_x & 0\end{bmatrix}\tag{2}$$

将式(1)状态方程写成如下形式：

$$\dot{\boldsymbol{X}}(t)=\boldsymbol{F}(t)\boldsymbol{X}(t)+\boldsymbol{G}\boldsymbol{W}(t)\tag{3}$$

式中：$\boldsymbol{X}=\begin{bmatrix}\Delta\boldsymbol{q}\\ \Delta\boldsymbol{b}\end{bmatrix}$，$\boldsymbol{F}(t)=\begin{bmatrix}-\hat{\boldsymbol{\omega}}_{bI}\times & -\frac{1}{2}\boldsymbol{I}_{3\times3}\\ \boldsymbol{0}_{3\times3} & \boldsymbol{0}_{3\times3}\end{bmatrix}$，$\boldsymbol{G}=\begin{bmatrix}-\frac{1}{2}\boldsymbol{I}_{3\times3} & \boldsymbol{0}_{3\times3}\\ \boldsymbol{0}_{3\times3} & \boldsymbol{I}_{3\times3}\end{bmatrix}$，$\boldsymbol{W}(t)=\begin{bmatrix}\boldsymbol{\upsilon}\\ \boldsymbol{\zeta}\end{bmatrix}$。

将上式离散化为

$$\boldsymbol{X}_k=\boldsymbol{\Phi}_{k,k-1}\boldsymbol{X}_{k-1}+\boldsymbol{\Gamma}_{k,k-1}\boldsymbol{W}_{k-1}\tag{4}$$

式中：$\boldsymbol{\Phi}_{k,k-1}=\boldsymbol{I}_{6\times6}+\boldsymbol{F}T+\frac{T^2}{2}\boldsymbol{F}^2$；$\boldsymbol{\Gamma}_{k,k-1}=\left(\boldsymbol{I}_{6\times6}T+\frac{T^2}{2}\boldsymbol{F}+\frac{T^3}{6}\boldsymbol{F}^2\right)\boldsymbol{G}$；$T$ 为计算步长。$\boldsymbol{W}_{k-1}$ 为系统噪声序列，且满足：$E\{\boldsymbol{W}_k\}=0$，$E\{\boldsymbol{W}_k\boldsymbol{W}_k^{\mathrm{T}}\}=\boldsymbol{Q}$。其中，$\boldsymbol{Q}=\begin{bmatrix}\sigma_\upsilon^2\boldsymbol{I}_{3\times3} & \\ & \sigma_\zeta^2\boldsymbol{I}_{3\times3}\end{bmatrix}$ 为系统噪声序

列的方差阵。

### 3.2 观测方程

在 $k$ 时刻,磁强计输出的星体坐标系下的三轴磁场强度矢量 $\boldsymbol{B}_{b(k)}$ 可表示为

$$\boldsymbol{B}_{b(k)}=\boldsymbol{T}_{bo}(\boldsymbol{q}_{bo(k)})\boldsymbol{B}_{o(k)}=\boldsymbol{T}_{bo}(\Delta\boldsymbol{q}_{bo(k)})\boldsymbol{T}_{bo}(\boldsymbol{q}_{bo(k/k-1)})\boldsymbol{B}_{o(k)} \tag{5}$$

式中:$\boldsymbol{T}_{bo}(\boldsymbol{q}_{bo(k)})$ 为卫星轨道系到本体系的方向余弦阵,由卫星的姿态决定;$\boldsymbol{q}_{bo(k/k-1)}$ 为 $k-1$ 时刻到 $k$ 时刻的姿态四元数的预测值。

在小角度下近似为

$$\boldsymbol{T}_{bo}(\Delta\boldsymbol{q}_{bo(k)})=\boldsymbol{I}_{3\times 3}-2[\Delta\boldsymbol{q}_k\times] \tag{6}$$

设根据 IGRF 数据和姿态估计值推算的星体坐标系下三轴磁场强度矢量 $\boldsymbol{B}_{b(k/k-1)}$ 为

$$\boldsymbol{B}_{b(k/k-1)}=\boldsymbol{T}_{bo}(\boldsymbol{q}_{bo(k/k-1)})\boldsymbol{B}_{o(k)} \tag{7}$$

将式(6)和式(7)代入式(5)得

$$[\boldsymbol{B}_{b(k/k-1)}\times]\Delta\boldsymbol{q}_k=(\boldsymbol{B}_{b(k)}-\boldsymbol{B}_{b(k/k-1)})/2 \tag{8}$$

考虑观测噪声 $\boldsymbol{V}_k$,其统计特性为 $E\{\boldsymbol{V}_k\}=\boldsymbol{0}$,$E\{\boldsymbol{V}_k\boldsymbol{V}_k^{\mathrm{T}}\}=\boldsymbol{R}$,$\boldsymbol{R}$ 为量测噪声序列的方差阵。建立观测方程如下:

$$\boldsymbol{Z}_k=[\boldsymbol{B}_{b(k/k-1)}\times\quad \boldsymbol{0}]_{3\times 6}\begin{bmatrix}\Delta\boldsymbol{q}_k\\ \Delta\boldsymbol{b}_k\end{bmatrix}+\boldsymbol{V}_k=\boldsymbol{H}_k\begin{bmatrix}\Delta\boldsymbol{q}_k\\ \Delta\boldsymbol{b}_k\end{bmatrix}+\boldsymbol{V}_k=(\boldsymbol{B}_{b(k)}-\boldsymbol{B}_{b(k/k-1)})/2 \tag{9}$$

式中:$\boldsymbol{B}_{b(k/k-1)}\times=\begin{bmatrix}0 & -B_{bz(k/k-1)} & B_{by(k/k-1)}\\ B_{bz(k/k-1)} & 0 & -B_{bx(k/k-1)}\\ -B_{by(k/k-1)} & B_{bx(k/k-1)} & 0\end{bmatrix}$。

## 4 微纳卫星姿态融合算法过程

### 4.1 姿态四元数及角速度预测

由 $k-1$ 时刻的姿态四元数 $\hat{\boldsymbol{q}}_{bo(k-1)}$ 和 $\hat{\boldsymbol{\omega}}_{bI(k-1)}$,预测 $k$ 时刻星体系相对轨道系的角速度如下:

$$\hat{\boldsymbol{\omega}}_{bo(k)}=\hat{\omega}_{bI(k-1)}-\boldsymbol{T}_{bo}(\hat{\boldsymbol{q}}_{bo(k-1)})\boldsymbol{\omega}_{oI} \tag{10}$$

式中:$\boldsymbol{\omega}_{oI}=[0\quad -\omega_o\quad 0]^{\mathrm{T}}$ 是轨道系相对于地心惯性系的角速度;$\omega_o$ 表示轨道角速度。

根据卫星的运动学方程,采用龙格-库塔方程,预测 $k$ 时刻的姿态四元数 $\hat{\boldsymbol{q}}_{bo(k/k-1)}$ 为

$$\hat{\boldsymbol{q}}_{bo(k/k-1)}=\hat{\boldsymbol{q}}_{bo(k-1)}+\frac{T}{6}(k_1+2k_2+2k_3+k_4) \tag{11}$$

式中:$k_1$、$k_2$、$k_3$ 和 $k_4$ 为龙格-库塔法的中间变量。

### 4.2 状态预测及更新

一步预测协方差

$$\boldsymbol{P}_{k/k-1}=\boldsymbol{\Phi}_{k,k-1}\boldsymbol{P}_{k-1}\boldsymbol{\Phi}_{k,k-1}^{\mathrm{T}}+Q \tag{12}$$

测量信息为

$$\boldsymbol{Z}_k = (\boldsymbol{B}_{b(k)} - \boldsymbol{B}_{b(k/k-1)})/2 = (\boldsymbol{B}_{b(k)} - \boldsymbol{T}_{bo}(\boldsymbol{q}_{bo(k/k-1)})\boldsymbol{B}_{o(k)})/2 \tag{13}$$

滤波增益

$$\boldsymbol{K}_k = \boldsymbol{P}_{k/k-1}\boldsymbol{H}_k^{\mathrm{T}}(\boldsymbol{H}_k\boldsymbol{P}_{k/k-1}\boldsymbol{H}_k^{\mathrm{T}} + \boldsymbol{R})^{-1} \tag{14}$$

估计误差协方差

$$\boldsymbol{P}_k = (\boldsymbol{I}_{6\times 6} - \boldsymbol{K}_k\boldsymbol{H}_k)\boldsymbol{P}_{k/k-1} \tag{15}$$

在 $k$ 时刻，状态更新

$$\hat{\boldsymbol{X}}_k = \boldsymbol{K}_k\boldsymbol{Z}_k \tag{16}$$

$$\Delta\hat{\boldsymbol{q}}_{bo(k)} = \begin{bmatrix} \sqrt{1-|\Delta\hat{\boldsymbol{q}}_k|^2} \\ \Delta\hat{\boldsymbol{q}}_k \end{bmatrix} \tag{17}$$

$$\hat{\boldsymbol{q}}_{bo(k)} = \hat{\boldsymbol{q}}_{bo(k/k-1)} \otimes \Delta\hat{\boldsymbol{q}}_{bo(k)} \tag{18}$$

$$\hat{\boldsymbol{b}}_k = \hat{\boldsymbol{b}}_{k-1} + \Delta\hat{\boldsymbol{b}}_k \tag{19}$$

$$\hat{\boldsymbol{\omega}}_{bI(k)} = \boldsymbol{\omega}_{m(k)} - \hat{\boldsymbol{b}}_k \tag{20}$$

式中：$\boldsymbol{\omega}_{m(k)}$ 为 $k$ 时刻陀螺的测量数据；$\hat{\boldsymbol{b}}_{k-1}$ 为 $k-1$ 时刻陀螺漂移估计值。

## 5　仿真计算及分析

文中选用的敏感器为 MEMS 陀螺和磁强计，图 2 给出了陀螺/磁强计集中式融合结构。为了验证所设计的多源信息集中式卡尔曼滤波姿态确定算法的可行性，本文采用 EKF（扩展卡尔曼滤波）对算法进行仿真。

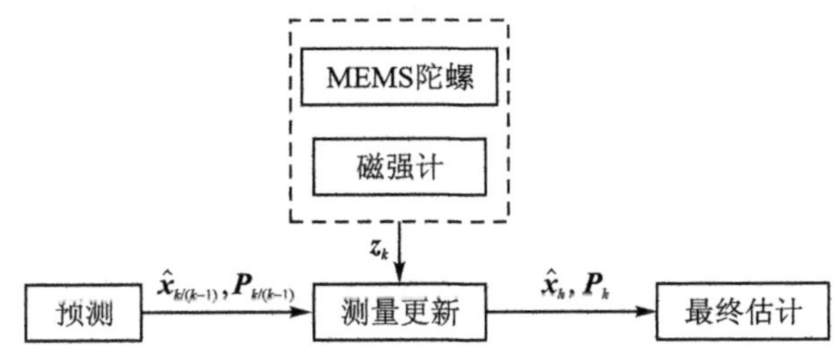


**图 2　陀螺/磁强计集中式融合结构**

仿真情景设置：假定微纳卫星飞行在太阳同步轨道上，轨道高度为 520 km。选取 MEMS 陀螺的角度随机游走 $\sigma_v = 0.03(°)/\mathrm{s}^{1/2}$，角速度随机游走 $\sigma_\zeta = 0.000\,1(°)/\mathrm{s}^{3/2}$，磁强计测量噪声 100 nT。

表 1 列出仿真期望姿态和相关参数。

**表 1　期望姿态和相关参数**

| | |
|---|---|
| 滤波初值 | $\boldsymbol{X}(0) = [0°\ \ 0°\ \ 0°\ \ 0°/\mathrm{s}\ \ 0°/\mathrm{s}\ \ 0°/\mathrm{s}]^{\mathrm{T}}$，$\boldsymbol{P}1(0) = \mathrm{diag}([1\ \ 1\ \ 1\ \ 0.04\ \ 0.04\ \ 0.04])$，$\boldsymbol{P}2(0) = [0_{6\times 6}]$ |
| 期望姿态 | $\mathbf{Euler} = [0\ \ 0\ \ 0]^{\mathrm{T}}(°)/\mathrm{s}$ |
| 星体转动惯量 | $\mathrm{diag}([0.088\,45\ \ 0.142\,2\ \ 0.075\,18])\ \mathrm{kg\cdot m^2}$ |
| 滤波周期 | $T = 1$ s |
| 姿态融合时间 | 3 600 s |

当选择 $\boldsymbol{P}1(0)=\mathrm{diag}([1\quad 1\quad 1\quad 0.04\quad 0.04\quad 0.04])$ 时，仿真结果如图 3 和图 4 所示。当选择 $\boldsymbol{P}2(0)=[\mathbf{0}_{6\times 6}]$ 时，仿真结果如图 5 和图 6 所示。

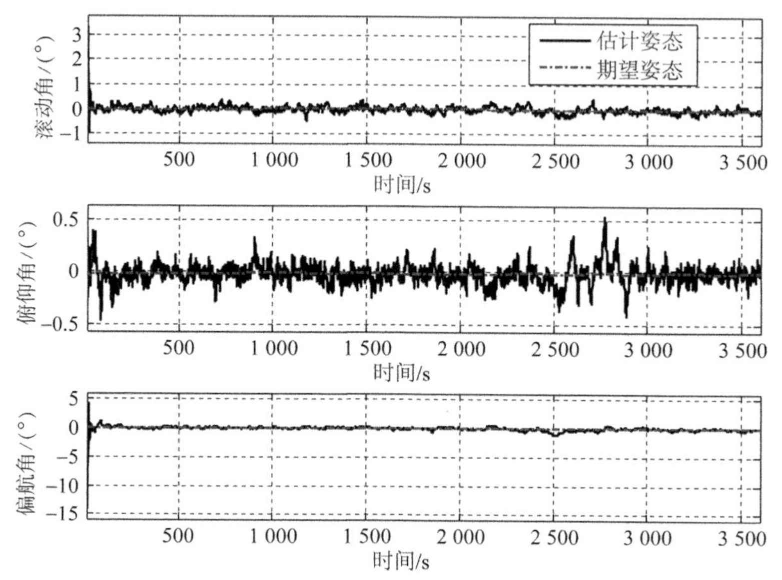


**图 3 集中式融合卫星姿态信息 1**

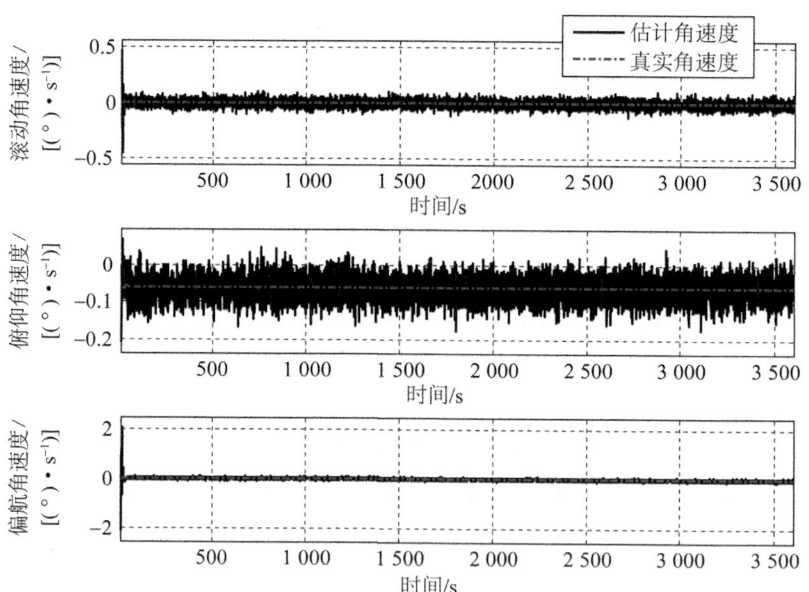


**图 4 集中式融合卫星角速度信息 1**

由仿真结果可知，将多源信息集中式结构与卡尔曼滤波融合方法相结合估计出的微纳卫星姿态角不随时间积累，被控制在一定范围内。滚动角和偏航角保持在±1°范围内，俯仰角在±0.5°范围内；获取的卫星角速度误差在±0.1(°)/s。根据以上分析可知，基于陀螺和磁强计所设计的多源信息集中式融合卡尔曼滤波姿态确定算法具有较高的姿态估计精度。

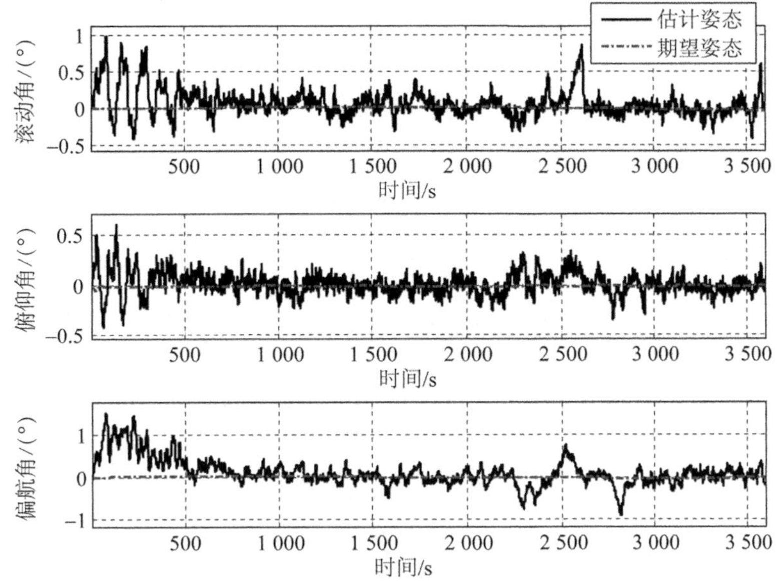


图 5　集中式融合卫星姿态信息 2

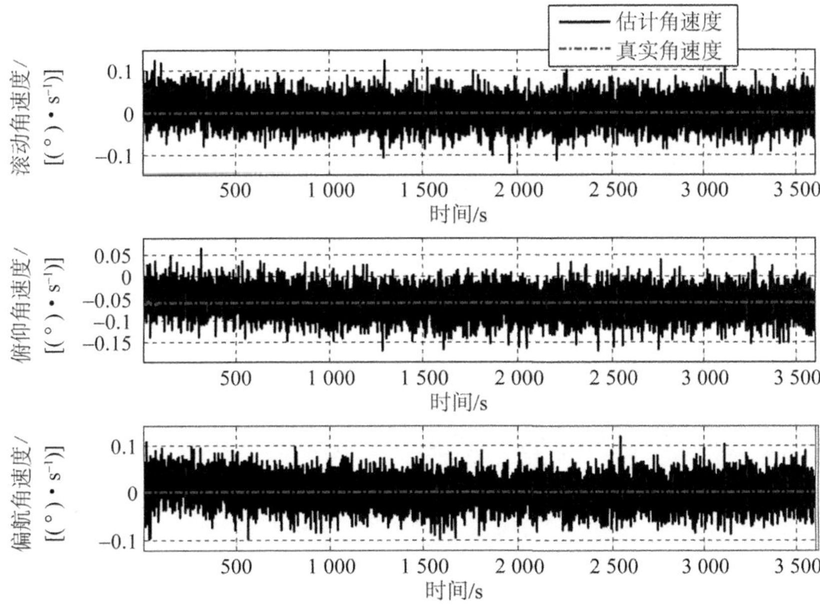


图 6　集中式融合卫星角速度信息 2

## 6　总　结

本文设计了一种多源信息集中式卡尔曼滤波姿态确定算法。该算法利用 MEMS 陀螺测量的姿态角速度和磁强计输出的地磁分量，结合多源信息集中式融合结构与卡尔曼滤波融合方法对微纳卫星的姿态信息进行最优估计。仿真结果表明，估计的卫星角速度精度在 0.1(°)/s，确定的卫星姿态精度在 1°以内，甚至可达 0.5°左右。这就表明，基于陀螺和磁强计设计的集中式融合卡尔曼滤波姿态估计算法具有较高的姿态确定精度，适合在纳星、皮星等微小卫星上应用。

## 参考文献


[1] 林来兴. 现代小卫星最突出的成就[J]. 太空探索，2012(5)：28-29.

[2] 郭明欣. 我国小卫星的现状和发展趋势[J]. 科技资讯，2010(13)：3.

[3] 朱鲁青，张召才. 2013年国外微小卫星回顾[J]. 国际太空，2014(2)：38-43.

[4] 范志涵，张召才. 国外小卫星最新发展研究[J]. 国际太空，2013(8)：20-29.

[5] 王大轶，李茂登，黄翔宇，等. 航天器多源信息融合自主导航技术[M]. 北京：北京理工大学出版社，2018.

[6] 王献忠. 陀螺与磁强计组合定姿及工程应用分析[J]. 航天控制，2009，27(5)：43-47.

# 基于统计谱的多载频相位编码信号脉内载频估计及 FPGA 实现

王帅　公衍增　张长帅
（山东航天电子技术研究所，山东 · 烟台，264000）

**摘要**：在星载电子侦察中，针对多载频相位编码雷达信号脉内载频估计的实时性要求，本文提出了一种基于统计谱的多载频相位编码信号实时脉内载频估计方法。通过使用中值滤波算法，降低了相位编码对多载频信号频率统计的影响，该方法便于硬件实现且占用计算资源较少。仿真实验和 FPGA 实现结果表明算法有效。

**关键词**：统计谱；载频估计；中值滤波

## 1　引　言

在星载电子侦察中，随着电磁环境的日益复杂，信号种类日益增多，传统的基于脉宽、重频、单载频、DOA 和信号幅度的目标识别方法已经很难适应复杂电磁环境的要求。脉冲的脉内调制方式作为目标的指纹特征对于现代电子侦察和电子对抗有着至关重要的意义，而脉内载频估计的实时性和准确性成为了脉内分析的重要部分。随着信号调制方式的不断复杂化，多载频相位编码信号由于具有抗干扰能力强、截获概率低的特性而被现代雷达广泛采用。在针对雷达信号脉内载频估计的已进行的研究中，多是针对常规的单一调制方式的估计方法，文献[1]和文献[2]提出的脉内分析方法可以分析单一的调频信号或调相信号的载频，对于 FSK＋PSK 的混合调制信号不适用。文献[3]虽然提了一种针对 FSK＋PSK 混合调制信号的频率估计方法，使用平方谱消除了相位编码对频率估计的影响，但是频率估计过程需要使用 FFT 算法，当脉内采样点多时占用资源多且实时性不好，不便于硬件实现。文献[4]提出了一种基于四阶循环累积量的快速频率估计方法，该方法可以在较低信噪比的情况下精确估计载频，但是计算过程复杂不适合硬件实现。

本文提出了一种基于相位差分统计谱的多载频相位编码混合调制信号的脉内载频估计方法，该方法采用的瞬时频率的统计谱进行频率估计，并且采用中值滤波算法消除相位跳变点对频率的影响，中值滤波算法在去除相位跳变点的同时保留了信号的原始信息，不影响载频统计结果。该方法操作简单，占用很少的硬件 DSP 资源，并且实时性较好，便于硬件实现。

## 2　多载频相位编码信号脉内载频估计原理

### 2.1　多载频相位编码信号特性分析

多载频相位编码信号可以使用如下公式表示：

$$y(t) = A\cos\left[2\pi f_0(t)t + \varphi(t)\right] \tag{1}$$

式中：$f_0(t)$为频率编码函数；$\varphi(t)$为相位编码函数。

对多载频相位编码信号进行频率分析一般先得到信号的频谱，然后再跟进谱峰位置估计载频频率，以 4FSK+2PSK 的多载频相位编码信号为例，f0 取值为{750，755，765，760}，单位为 MHz，$\varphi(t)$取值为{0，pi}，则对 4FSK 信号和多载频相位编码信号分别进行频谱分析，频谱如图 1 和图 2 所示。

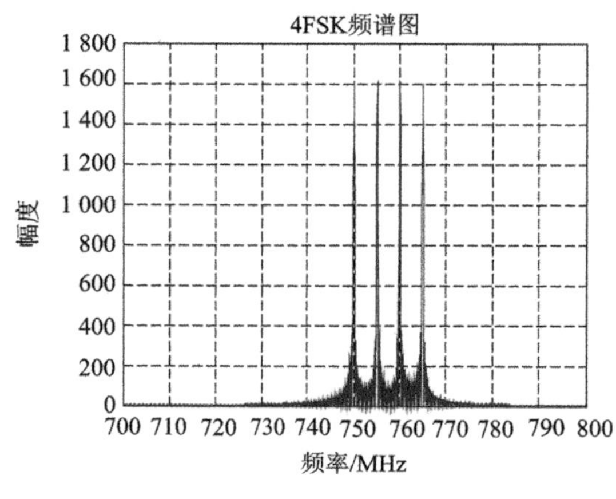


图 1　4FSK 信号频谱图

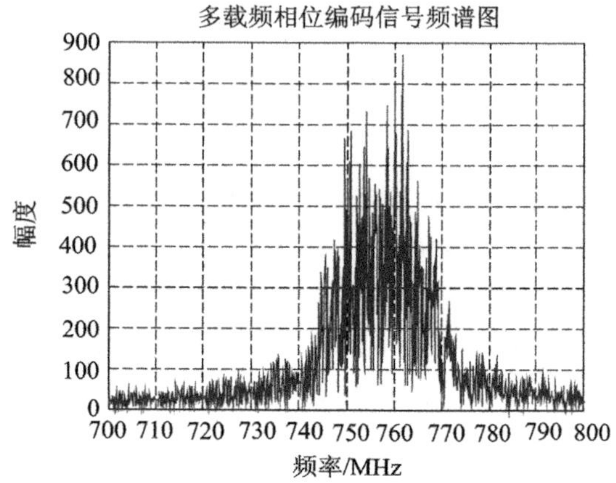

图 2　多载频相位编码信号频谱图

从图 1 和图 2 中可以看出，由于相位编码的加入，信号的频谱展宽了，导致 4 个频点无法在频谱上区分开，因此对多载频相位编码信号进行脉内分析准确估计出各个频率，必须想办法消除相位编码的影响。对多载频相位编码信号进行相位分析一般需要对信号进行正交变化，信号经过信道化后变为复数信号：

$$y(t)=y_I(t)+\mathrm{j}y_Q(t)=A\mathrm{e}^{\mathrm{j}[2\pi(f_0(t)-f_c)t+\varphi(t)]} \tag{2}$$

式中：$f_c$ 为信道化子信道对应的中心频率。那么 $y(t)$的瞬时相位表示为

$$\mathrm{pha}(t)=2\pi[f_0(t)-f_c]t+\varphi(t) \tag{3}$$

因此信号 $y(t)$的瞬时频率为瞬时相位的 1 阶微分表示为

$$\begin{aligned} f &= \frac{1}{2\pi}\cdot\frac{\mathrm{dpha}(t)}{\mathrm{d}t} \\ &= \frac{2\pi[f_0(kT_s)-f_c]kT_s+\varphi(kT_s)}{2\pi T_s}- \\ &\quad \frac{2\pi[f_0((k-1)T_s)-f_c](k-1)T_s+\varphi((k-1)T_s)}{2\pi T_s} \end{aligned} \tag{4}$$

式中：$k$ 为采样点个数，取值为 $k=1,2,3,\cdots,N$，$T_s$ 为采样间隔。

根据式(3)可以得到 1 阶相位差分图，如图 3 所示。

从图 3 中可以看出通过差分后，相位会在 PSK 调制码元变化的地方出现跳变峰值，且跳变点的瞬时频率偏离信号载频，增加了脉内频谱分量，降低脉内载频估计的精度。

## 2.2　相位差分统计谱原理

相位差分统计谱是根据 2.1 节中介绍的瞬时相位差测频原理，先对瞬时相位差做滑动平均处理，平滑掉噪声对瞬时频率起伏的影响，然后乘上量化系数 $\alpha$，$\alpha$ 的取值与瞬时频率测量误差以及最终要求的频率估计精度有关，低信噪比情况下，噪声对瞬时频率造成的误差较大，

$\alpha$ 取较小值，以对消噪声波动；高信噪比情况下，$\alpha$ 取较大值。

对瞬时频率 $f$ 乘 $\alpha$ 取整，即

$$f' = [\alpha \cdot f] \tag{5}$$

式中：[ ]表示四舍五入取整运算。

最后对 $f'$ 做直方图统计，统计各个频点上等于该频率的数值个数，形成相位差分统计谱，该统计谱能够表示信号载频。

以 2.1 节中的 4FSK 信号和多载频相位编码信号为例，$\alpha$ 取值 0.25 即频率量化单位为 0.25 MHz，对其做相位差分统计谱如图 4 和图 5 所示。

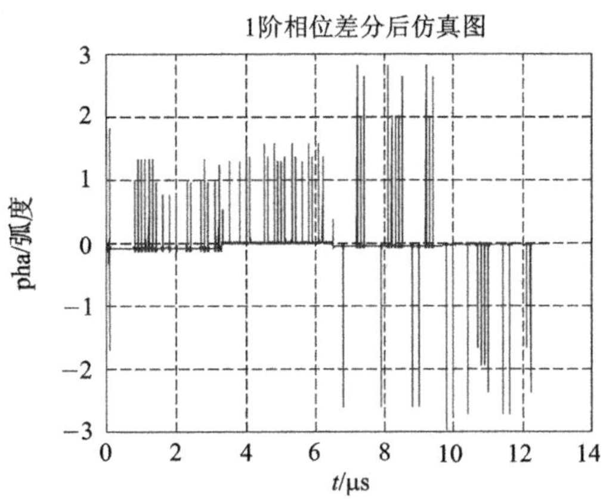


图 3　1 阶相位差分图

从图 4 和图 5 中可以看出相位差分统计谱可以较好地表示多载频相位编码信号的频谱特性。但是需要去除相位编码的对谱的展宽影响才能对载频进行准确估计，后面将详细介绍基于统计谱的多载频相位编码信号脉内载频估计流程。

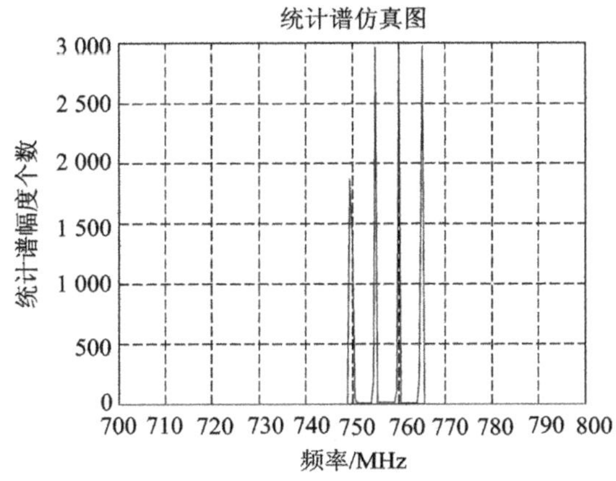


图 4　4FSK 信号的统计谱图

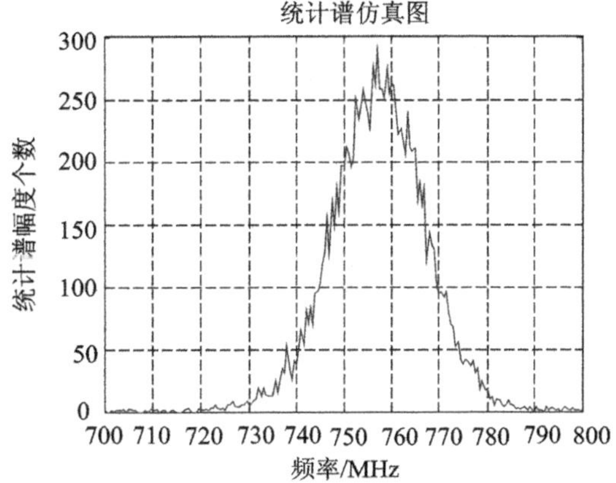


图 5　多载频相位编码信号的统计谱

## 2.3　多载频相位编码信号脉内载频估计流程

载频估计流程如图 6 所示。

下面将以一个示例来介绍载频估计流程，输入信号参数如表 1 所列。

表 1　输入信号参数

| 信号形式 | 多载频相位编码 |
|---|---|
| 频率 | $f_0$=750 MHz，$f_1$=755 MHz，<br>$f_2$=760 MHz，$f_3$=765 MHz |
| 编码类型 | BPSK |
| 脉宽 | 12.8 μs |
| 信噪比 | 13 dB |

从图6中可以看出中频数据经过正交下变频后形成 $I$ 和 $Q$ 两路数据，对 $I/Q$ 数据进行幅相提取得到幅度和相位信息，幅度信息用于确定脉冲的前沿和后沿，相位信息用于测频，瞬时相位如图7所示。

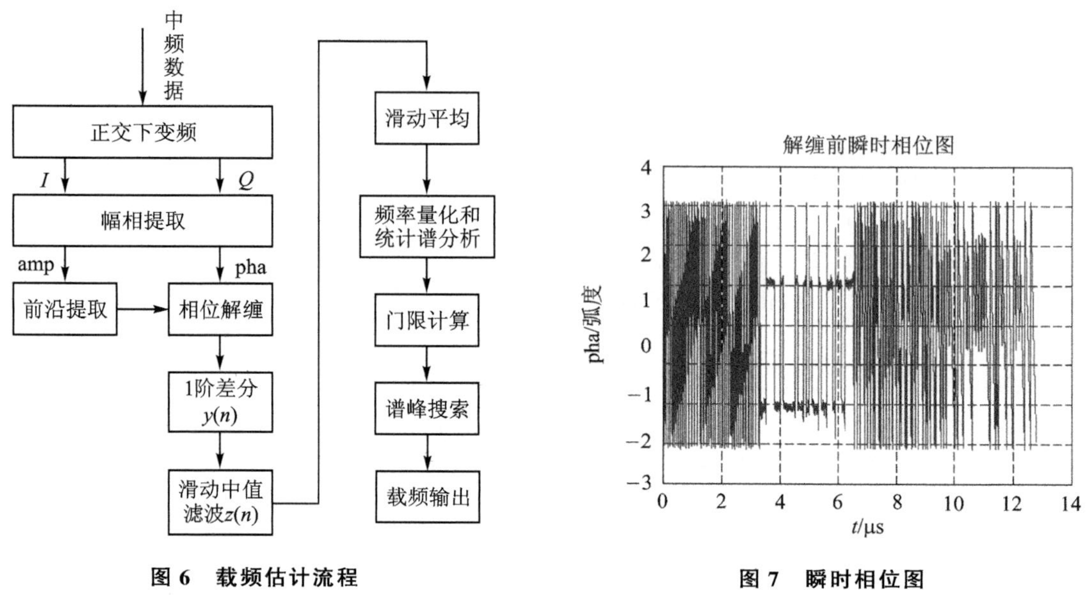


**图6 载频估计流程**　　**图7 瞬时相位图**

对瞬时相位进行解缠处理，然后1阶差分得到 $y(n)$，解缠后的瞬时相位图如图8所示，1阶差分后的图如图9所示。

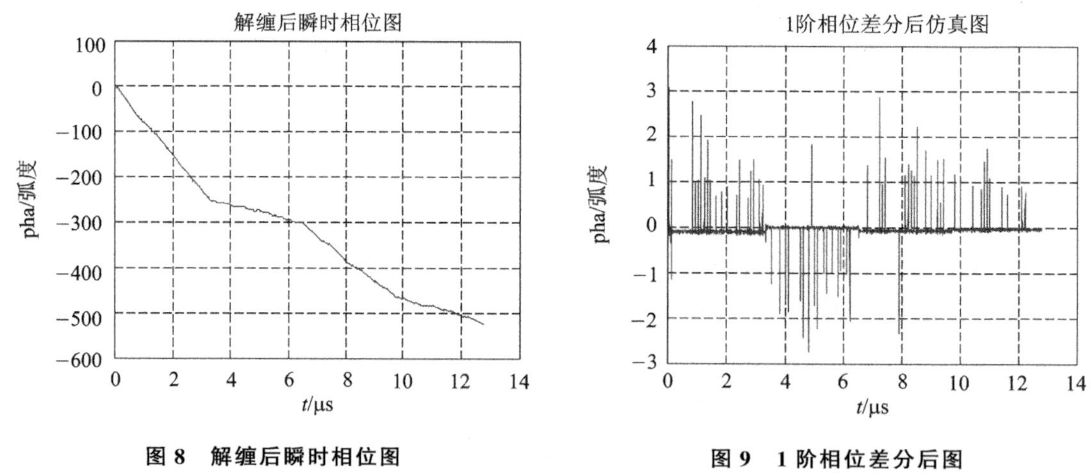


**图8 解缠后瞬时相位图**　　**图9 1阶相位差分后图**

通过2.1和2.2节的介绍，可以知道多载频相位编码信号载频估计的关键是去除相位编码谱展宽的影响，通过观察相位差分后的瞬时频率在相位跳变的地方会出现尖峰如图9所示，如果将尖峰用一定范围内中值替代则可以实现去除相位编码对载频估计的影响。因此流程中引入中值滤波算法，对 $y(n)$ 进行滑窗中值滤波，窗的大小依据码元宽度设定，滑窗后相位差中毛刺尖峰会被去除，取而代之的是左右范围内的中值，即正确的载频值 $z(n)$，如图10所示。

对 $z(n)$ 进行滑动平均，以提高信噪比平滑掉噪声对瞬时频率起伏的影响，然后按照2.2节中方法对滑动平均后的数据进行频率量化和统计谱分析，量化间隔为0.5 MHz，得到相位差分统计谱如图 12 所示。

对统计谱进行分析，得到统计谱最大值为 T_max＝1 693，以 T_3dB＝T_max/2 为 3 dB 门限对统计谱进行过门限谱统计，去除低幅度谱峰对载频估计的影响，过门限统计谱仿真图如图 13 所示。

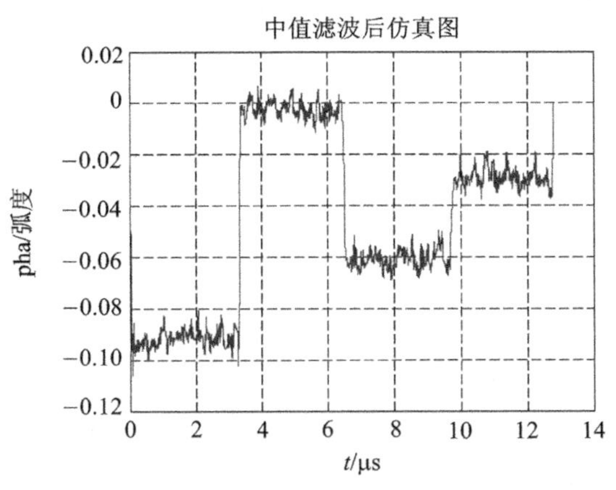


图 10　中值滤波后仿真图

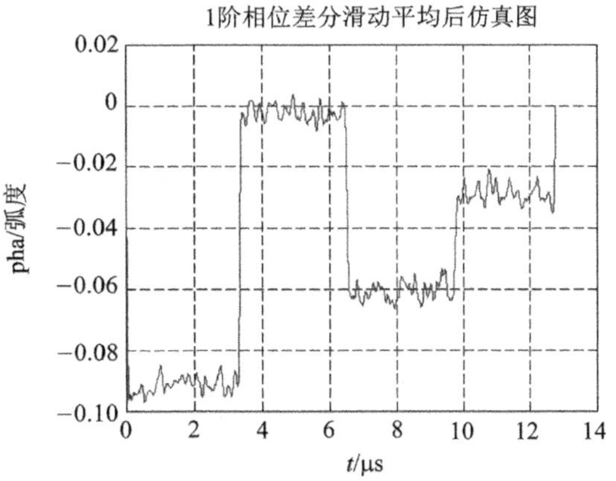

图 11　滑动平均后仿真图

与图 12 对比，图 13 中只存在过门限的谱峰，对过门限谱峰进行峰值搜索，确定载频值为 750 MHz，755 MHz，760 MHz，765 MHz，与输入信号频率相符。

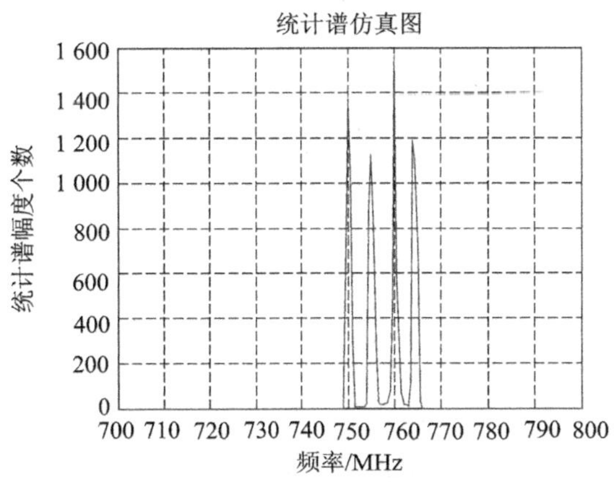


图 12　统计谱仿真图

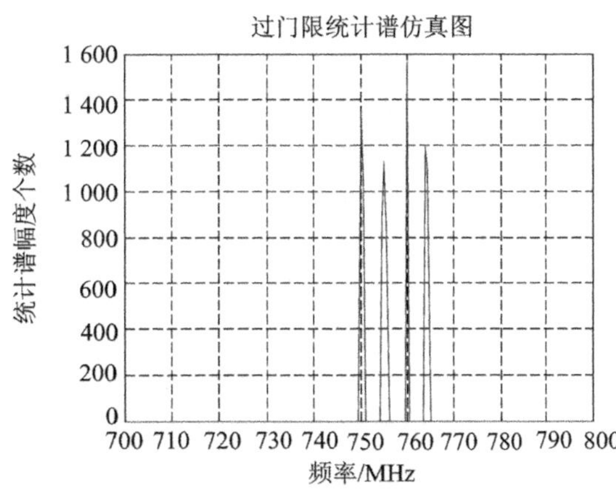


图 13　过门限统计谱仿真图

## 3　误差分析

为了分析算法性能，下面以表 1 中的多载频相位编码混合调制信号为仿真输入，采用信号脉冲样本数为 100 个，信噪比从 2 dB 到 20 dB 变化，间隔 1 dB 做蒙特卡洛仿真。每个信噪比条件下，以 4 个载频估计值的最小均方根误差的平均值为载频估计误差，仿真结果如图 14 所示。

从图 14 中可以看出，以电子侦察中载频估计误差常用值 0.5 MHz 为标准，当信噪比低于 5 dB 时，文中提出的载频估计方法失效，当信噪比高于 5 dB 时，文中提出的载频估计方法可

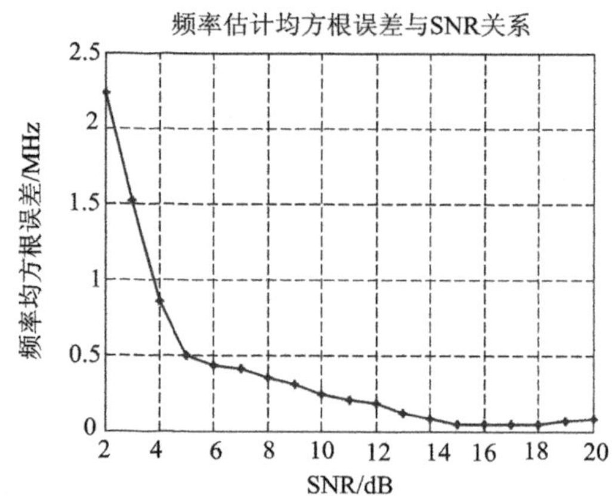


**图 14 载频估计均方根误差**

以得到较为准确的频率估计值。

## 4 载频估计方法 FPGA 实现分析

按照上述提到的载频估计方法实现过程，在 Xilinx XC7VX690T 型号芯片进行了工程实现，下面将从资源和速度上对载频估计方法工程实现进行分析。

在资源方面，载频估计方法只有频率量化时需要用到乘法器资源计算瞬时频率，其他的模块都不需要用到乘除法，因此占用 DSP slice 资源很少。在流程中占用逻辑资源和 RAM 资源较多的是幅相提取用的 CORDIC 算法、中值滤波算法和谱峰搜索算法。在 FPGA 上工程实现后的资源占用情况如表 2 所列。

**表 2 载频估计方法资源占用情况表**

| 资源名称 | 占用情况 |
| --- | --- |
| LUT | 2 148 |
| DSP Slice | 1 |
| Block RAM | 5.5 |

在实时性方面，载频估计方法流程中最耗时的为滑动中值滤波算法，该模块主要是需要对滑窗内的瞬时相位差数据进行排序，找到中值替换窗中间的数据点，以达到去除相位跳变点且保留原始有效信息的目的。经过对中值滤波的优化，采用对半查找和内插操作替代传统的全排序方法，有效地提高了中值滤波的速度，保障了载频估计的实时性。以时钟频率 125 MHz 为例，对载频估计模块在 FPGA 上进行测试，脉宽为 12.8 μs 的多载频相位编码信号分析的时间约为 120 μs，可以在一个 PRI 内将脉冲的脉内频率估计完成，保证了脉内载频估计的实时性。

## 5 结 论

本文提出了一种基于相位差分统计谱的多载频相位编码信号载频估计方法，该方法针对 FSK＋PSK 混合调制信号，通过相位差分的方法得到信号的瞬时频率，再对瞬时频率进行滑动中值滤波去除相位编码跳变点并保留了有效频率信息，然后通过直方图的方法对瞬时频率做统计谱分析，最终得到混合调制信号的载频。文中还给出了该方法在 FPGA 实现后的资源占用情况以及模块的运行速度情况。经过仿真和实际工程实现，表明该方法具有较好得载频估计性能，能适应较低信噪比条件，且该方法不仅适用于混合调制信号还适用于单一调制信号，具有较高的工程应用价值。

## 参考文献

[1] 司伟健，刘海朝，郝鑫．雷达信号脉内调制识别及其 FPGA 实现[J]．导弹与制导学报，2012，12(6)：147-150.

[2] 翟孝霏，刘雅轩，陈涛，等．一种快速雷达信号脉内调制识别分析方法[J].现代雷达，2012，34(6)：16-19.

[3] 吴振兴，罗景青，阮怀林．基于综合谱的脉内多载频信号载频估计[J].现代雷达，2015，37(10)：25-27.

[4] 雷雪梅，吕镜清，杨万麟，等．FSK/PSK 混合调制信号多参数估计[J]．电子信息对抗技术，2009，24(6)：9-13.

[5] 刘莲霞，孔辉，谢一春．相位测频法在雷达信号脉内特征分析中的应用[J]．舰船电子对抗，2008，31(4)：78-87.

[6] 韩俊，何明浩，朱元清，等．雷达信号脉内特征自动识别的一种新方法[J]．弹箭与制导学报，2007，27(2)：270-272.

[7] 陈涛，刘颜琼，韩强强．基于 FPGA 的 PSK 信号识别方法的实现[J]．数据采集与处理，2012，27:1-5.

[8] 金国庆，谢井．基于 FPGA 的雷达脉冲采集器设计[J]．数据采集与处理，2012，27:159-162.

[9] 叶晓东，朱兆达．中值滤波的快速算法[J]．南京航空航天大学学报，1997，29(2):158-161.

# 面向航天器测试现场无人值守安全告警系统研究

肖慧敏　刘晓　陈祥成　刘霄　王宜贤

（山东航天电子技术研究所，山东·烟台，264000）

**摘要**：本文介绍了一种基于非制冷红外探测器的光学前端信息获取组件，利用小型化的伺服控制系统，实现了无人值守时航天器测试现场的安全告警，能够更好地满足航天器在地面测试过程中的安全防护。

**关键词**：测试现场；安全告警；非制冷红外；安全防护

## 1　引　言

随着卫星高强密度研制任务的进行，测试现场的仪器设备越来越复杂，需要的人员配置也较多，而且几个型号同时进行，人员配置相对紧张。航天器测试现场的安全也尤为重要，在不测试的时候也需要安保人员进行巡逻，检查现场是否有异常情况。因此航天器测试现场的安全防护是航天器地面检测过程中的一项重要任务。

针对全范围目标搜索的问题，采用非制冷红外探测器，配合高速转台设计实现了一种360°全范围红外搜索和跟踪的成像系统。本文利用红外搜索系统的接收目标和背景的红外辐射，可以满足全天时的安全告警功能，航天器测试现场夜间无需开灯，巡逻人员也可以在控制中心看着大屏幕进行监视，满足航天器测试现场的无人值守时的安全情况，既节省电，又省人力成本。

## 2　系统硬件设计

本系统包括非制冷热像仪、伺服转台、伺服控制器、网络视频告警器以及控制中心等，系统组成功能框图如图1所示。

红外搜索系统主要包括非制冷热像仪，采用640×512分辨率的探测器，配套变焦红外镜头；采用小型化的伺服转台，实现扫描速度可设，以及按照设定的预置位对测试现场进行搜索告警。网络视频告警系统实现对红外图像的图像融合全景拼接，并对发现的目标和设备温度异常的地方进行告警，将告警信息进行音、视频压缩编码，通过网络上传到控制中心，告知安保人员及时赶到测试现场。

系统中使用的热像仪是一款先进的长波非制冷热像扫描组件，探测器分辨率为640×512，具有图像对比度高，成像清晰，探测能力强的特点，全天时，只靠红外辐射成像，很适合于夜间无人值守的安全告警。

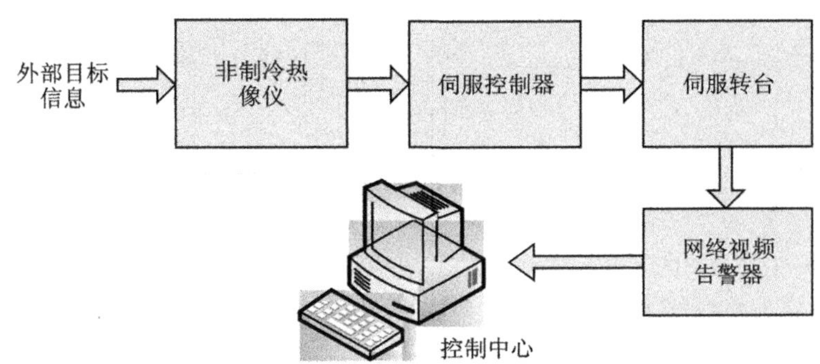


图 1　红外搜索系统组成功能框图

## 2.1　非制冷红外热像仪

非制冷红外热像仪的分辨率为 640×512，探测波段为 8～12 μm，像素尺寸为 17 μm，NETD≤60 mK，配套变焦的红外镜头，可以满足不同的探测距离要求，非制冷红外热像仪的视频输出为数字接口，采用 16 bit 的 CameraLink 信号传输，输出的信号通过光纤连接到视频目标告警模块，对目标信息分析后再通过以太网传输到控制中心的显控设备端。非制冷红外热像仪的实物图如图 2 所示。

## 2.2　小型化伺服转台

小型化伺服转台作为承载热像仪的部件，同时提供 360°周扫工作或者按照指定的预置位进行扫描，使热像仪可以对指定范围的目标进行成像，伺服转台可以在系统控制下以不同的速度稳定可靠地在水平方向旋转，同时还可以输出方位角度信息。

转台采用先进的力矩电机进行驱动，既提供了大力矩以实现高速转动，又保证了长期无磨损工作，提供了系统的可靠性。俯仰转动的角度可设，范围为－10°～＋30°，可在监控室通过远程进行控制转台的动作，实现对重点区域的实时监控。转台的实物图如图 3 所示。

图 2　非制冷红外热像仪实物图

图 3　小型化转台的实物图

## 2.3　网络视频告警系统

网络视频告警系统是全系统信号处理的核心部件，用于对热像仪输出的视频信号进行处理，在复杂的背景中提取出其中的目标信号，并对目标进行标识，通过网络上传到控制中心，可以实时监控航天器测试现场的重点部位。

本系统中对目标检测信号处理的流程如图 4 所示。

**图4 目标检测信号处理流程**

### 2.4 控制中心

控制中心由显示系统、管理软件系统、网络设备系统、服务器存储系统组成。控制中心是整个系统的控制及显示场所，也是整个安全告警系统的智慧中心。

## 3 软件设计

本系统软件主要包括图像处理软件和显控系统软件两部分。整个系统的软件工作流程如图5所示。

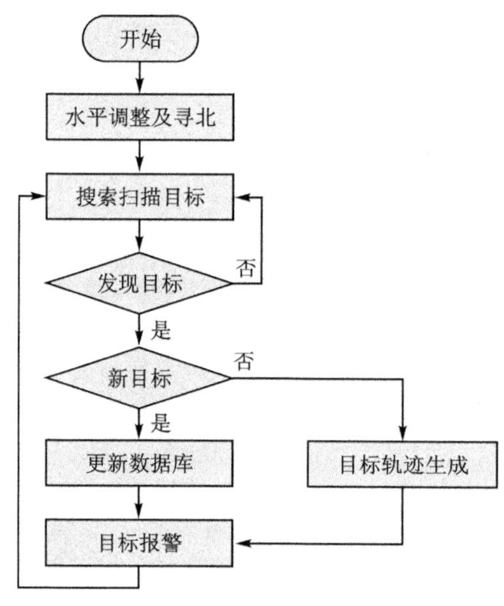


**图5 图像处理软件工作流程**

图像处理软件主要是实现转台的控制，转动带动红外热像仪开始在方位方向连续转动搜索目标，目标告警系统在消除背景干扰后提取出目标，如果是新发现的目标则对目标数据库进行更新，如果是上一次发现的具有关联的目标则通过不同时间的目标位置信息生产目标轨迹，并结合目标大小和强弱进而确认目标威胁程度，为控制中心人员提供目标自动报警。

显示控制系统主要是用于对全系统的控制和处理结果显示及原始视频信号的显示，是系统的人机接口，显控系统同时提供了和上级系统的通信接口，可以通过多站的方式形成探测网络，能够将多个型号航天器的测试现场组成网络。

## 4 实验结果

红外搜索系统工作时搜索旋转中心轴应保持与地面垂直，系统设计完成后进行试验测试，测试的效果如图 6 所示，在测试现场人员走动时会有自动告警标识。

图 6　带有目标标识的红外图像

## 5　结束语

本文介绍了基于非制冷红外探测器、小型化伺服系统和网络告警器的红外搜索系统。该系统可以全天时 360°范围内昼夜不间断进行搜索，并对越界的非相关人员进行自动报警定位。在航天器测试现场应用此设备，可以提高航天器测试现场的安全防护问题，减少人员的配置，节省资源，提高效率。

## 参考文献


[1] 周学伟，吴大军，周腊琴. 航天器 AIT 阶段安全生产综合管理量化实施初探[J]. 安全技术与管理，2015，1(2)：34-38.

[2] 何宝福，王东，戴才彬. 红外空情预警系统及其作战运用研究[J]. 现代防御技术，2005(33)：12-16.

[3] 贾俊涛，唐跃峰，毛鑫. 红外全景扫描跟踪成像系统设计与实现[J]. 应用光学，2013，34(3)：407-412.

[4] 陈钱，钱惟贤. 红外目标探测[M]. 北京：电子工业出版社，2016.

[5] 任爱锋，初秀琴. 基于 FPGA 的嵌入式系统设计[M]. 西安：西安电子科技大学出版社，2004.

# 浅析商业卫星与高轨卫星温控电路设计区别

陈楠　吕岩

（山东航天电子技术研究所，山东·烟台，264670）

**摘要**：航天器上的热控经历了从早期热物质材料进行热控置换，到简单控温，再到如今的智能化控温，使得温控驱动电路也不断进步。随着近年商业航天的迅猛发展，传统的高轨卫星温控模块设计已不适应商业航天的需求，商业民用卫星典型的特征为功能先进、小型化、寿命短和成本低，因此温控驱动电路需要适应性设计，满足商业航天需求。

**关键词**：商业航天；高轨卫星；温控电路；区别

## 1　引　言

近年来商业航天的发展越来越迅猛，以市场为导向，采用商业盈利模式。其用途也随之越来越广泛，随着我国首个国家级商业航天产业基地落户武汉以及中国长征火箭有限公司、长光卫星技术有限公司等国有企业和诸多民营航天企业的成立，中国也将迎来商业航天的热潮。市场对商业卫星发射的需求越来越强烈，世界主要航天国家、组织和企业都在大力发展商业航天，通信、导航、遥感已成为国际商业航天发展的三大支柱领域。商业航天的发展在产品、投资、服务和生产制造等方面与传统航天发展思路不同，快速响应用户需求和以低廉价格赢得市场是商业航天快速崛起的根本。利用现有的成熟技术和货架式产品，在高效的组织管理模式下打造市场上价格低廉的商业航天运输系统，是商业航天商业模式的核心。技术的持续创新、融合与应用已成为商业航天发展的动力之一。

商业航天领域的设计制造改变了传统航天的研制思想，更注重创新、低成本与灵活性，更符合产业化的要求。它主要体现在：采用成熟的技术和通用化、标准化、模块化的设计，采购商业现货，大幅降低研制成本，缩短研制周期，立方体卫星、手机卫星是其典型代表。本文从商业航天的温控技术为例，阐述了在工程设计上商业航天与高轨常寿命卫星的区别。

## 2　加热器控制电路原理

### 2.1　高轨长寿命卫星温控驱动电路设计

高轨长寿命卫星热控产品整机采用功能模块设计理念，依据内总线信号进行独立的译码和数据缓冲，实现与主控 CPU 模块完整的数据访问和交互。温控电路的控制方式相对简单、灵活，控制的输入为来自 CPU 模块的数据信号和地址信号。来自 CPU 的地址信号用作锁存器的片选信号，对芯片的数据线信号进行锁存，通过片选地址和数据线信号的变化，可以控制锁存后某一路 MOS 管栅极控制电压的状态，由此来控制 MOS 管的导通或截止。并把加热器的状态电平输出到数据采集模块。加热器的控制方式可以是正端控制、负端控制，或者是双端控制。以双端控制为例,电路形式如图 1 所示。

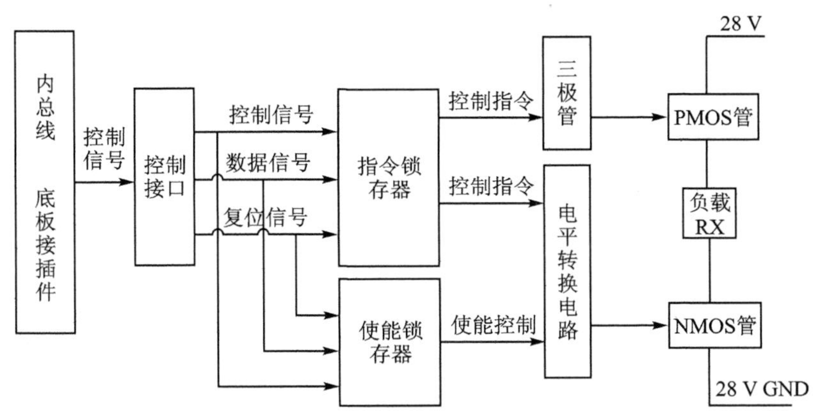


图 1　双端 MOS 管控制加热器方式示意图

### 2.1.1　温控模块控制电路设计

加热器通断指令采用并行接口信号,即通过内总线输出片选信号及并行数据,对加热器开关状态进行锁存,指令锁存器和使能锁存器均使用 54AC273,锁存器的清零端连接复位信号,保证产品复位期间无控制信号输出,从而电平转换器无驱动信号输出。电平转换器选用 40109,将 5 V 控制信号转换为 12 V 信号用于驱动 N 沟道场效应管。加热器控制方式为双端控制,即使 40109 单端的误输出也不会引起加热器误导通。

### 2.1.2　温控状态采集电路设计

加热器遥测电压值经过交换子 HI－546、运放 OP07 和 AD574 转换芯片,CPU 模块读取 AD574 的 12 位数据线并下传。

加热器的通断状态遥测电路如图 2 所示。

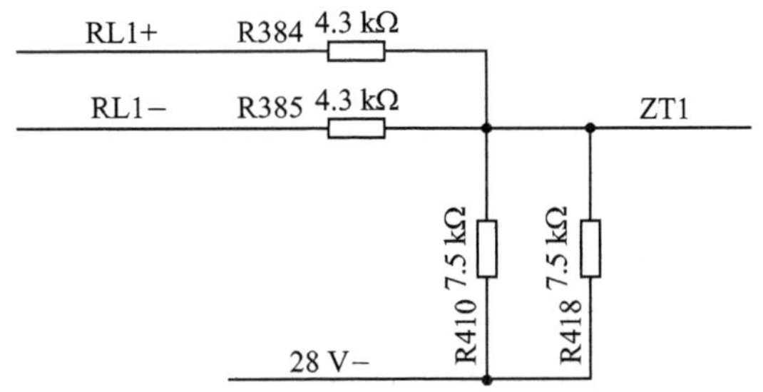


图 2　加热器状态遥测电路设计

加热器的供电为 28 V 时,加热器和接口电路都正常时,遥测电压值为以下几种工况:

① 加热器双端控制全使能时,遥测电压约为 2 V 左右;

② 加热器供电母线端控制使能时,遥测电压为 4.15 V 左右;

③ 加热器供电回线端控制使能时及加热器双端控制全不使能时,遥测电压<1 V。

## 2.2　商业航天卫星温控驱动电路设计

商业航天各模块的设计思想:为了进行模块化设计,便于各模块间的灵活配置,各模块内部设计了三条总线,分别为供电总线,控制总线(CAN)和测控总线,原则上不为各模块增设特定信号,各模块内部完成指令发送和遥测自闭环管理。模块采用标准的 6U 结构,提升软件在系统的作用,尽可能实现硬件功能软件化;采用操作系统,实现软件在轨的全过程可编程;采用业务描述语言,实现业务功能的标准化;采用星载标准接口技术,实现即插即用。

温控模块电路采用以处理器 SmartFusion2 Cortex－M3 为核心，“CPU 电路＋安全开关电路＋MOS 管电路”构成，CPU 电路通过 CAN 总线，接收通用处理器模块的命令，完成加热器开关的指令执行，并经过交换子和比较器实现 SmartFusion2 对加热器状态的遥测，通过 PID 控制，实现整星的控温需求。

电路框图如图 3 所示。

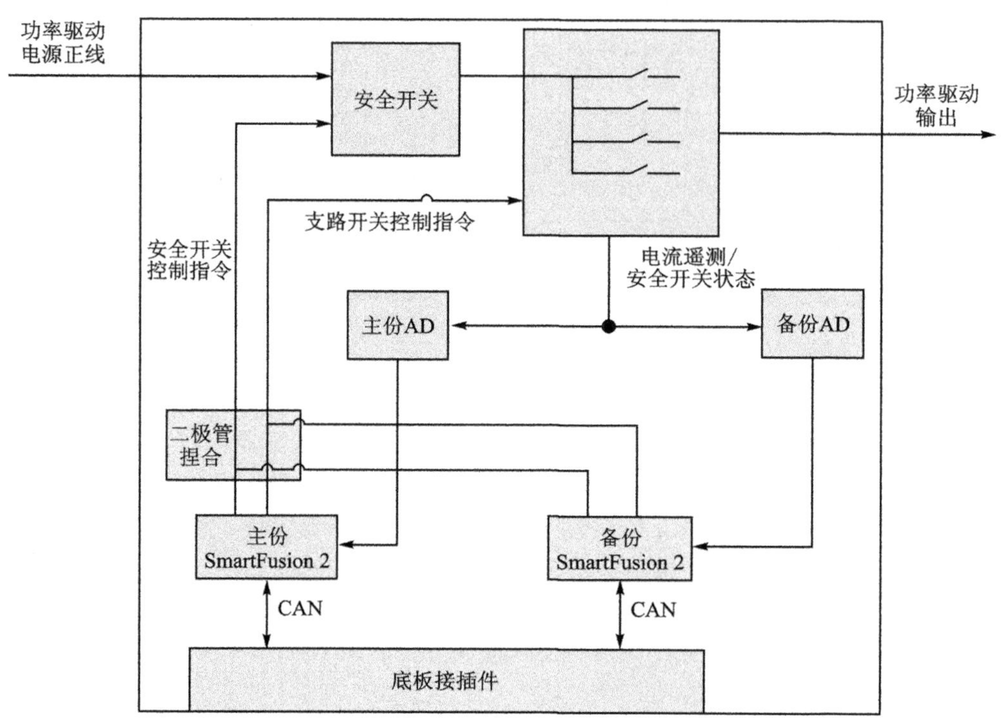


**图 3 商业卫星温控模块设计框图**

### 2.2.1 温控模块控制电路设计

温控模块主要完成以下功能：

① 通过内总线接收指令信息，SmartFusion2 输出的控制信号，经 16T245 驱动并升压至 5 V，利用 16T245 的断电高阻特性，主备份相或后输出控制厚膜电路驱动加热器，控制功率输出，采用电源正线开关完成对加热器负载正线的控制，4 路功率驱动通道共用一个电源正线开关，每路加热器负载回线上采用 MOS 管 IRF7380 实现功率负载回路的通断控制。

② 每路安全开关的电源输出端采用厚膜芯片 SHDPS42M01 过流保护开关功能实现对一次母线的保护。

③ 热控开关厚膜电路输出的电流遥测、安全开关保护状态，经交换子切换后输出至比较器后再到 SmartFusion2 的 I/O 口进行状态遥测。

### 2.2.2 温控模块接口控制电路设计

驱动接口采用的是 513 所微电子事业部研发的厚膜功率驱动电路 SHDPS42M01。该驱动芯片采用 P 型 VDMOS 完成开关控制，包含两组功能完全相同的开关电路。每组使用一路安全开关控制四路电子开关，每组开关电路均具有开关、过流保护和锁定以及电流检测功能。适合对 20～50 V 母线进行通断控制和过流保护。

厚膜功率驱动电路的主要功能如下：

(1) 过流保护和锁定功能

当某一开关出现过流/短路导致安全开关的电流达到设定的过流点电流时，该组开关电路将被关闭并锁定，此时，该组开关通断遥测端口为高电平。开关电路正常导通，通断遥测端口为低电平。

(2) 开关功能

每一路安全开关和电子开关均具有相应的通断信号控制端口。安全开关通过指令控制接通/关断，电子开关输入信号为 TTL 高电平时(3.3～5 V)，开关开启，输入信号为低电平时开关关闭，每路电子开关最大电流小于 2.5 A。

(3) 开关锁定重启

安全开关控制信号重新施加接通指令，如过流/短路现象依然存在，则该组开关重新关断锁存；反之，重新开启。电路中安全开关过流保护电流点设置为 7～7.5 A。

### 2.2.3 电流检测功能

检测流过每个电子开关的电流，并转换为遥测电压输出，遥测电压与电流为线性关系。

## 2.3 商业卫星与高轨卫星温控电路的主要区别

(1) 指导思想不同

高轨卫星寿命长、运行轨道高，在满足功能和性能要求的前提下，硬件设计方面安全性、可靠性设计显得尤为重要，因此在电路设计冗余程度相对较高。

商业航天寿命短、轨道低，在服务和盈利模式下，价格竞争激烈，传统航天企业必须不断降低成本才能提高盈利空间，因此相比高轨卫星电路设计相对简化，冗余程度低。尽量采用已有的货架式模块产品构建综合电子系统，以求达到性能、可靠性、经费的最优化。硬件的模块可裁剪、可扩充，以期达到适应多种任务的能力，形成产品的系列化。硬件功能软件化，既能实现功能灵活化，又能降低成本。

(2) 参与的模块种类不同

传统的高轨卫星温控电路实现温控控制和遥测状态采集过程中，需要 CPU 模块、遥测采集模块、供电模块，其中 CPU 模块实现温控通断的控制功能，遥测采集模块实现温控电路的遥测状态采集，供电模块提供温控模块需要＋5 V、＋12 V。商业卫星的温控模块外部只需要＋5 V 或＋12 V 电源，测控总线采用 CAN 总线即可，其他需要电源模块内部变换，包括复位信号，区域限流等。

(3) 芯片选取不同

高轨卫星由于寿命长，轨道高的特点，多采用高等级有抗辐照指标的 MOS 管，这种管子往往封装大、成本高，采购周期比较长；商业卫星考虑运行轨道低，寿命短、成本低等，多选用 MOS 等级低，封装小，采购周期短，或是采用自主研发的厚膜电路 SHDPS42M01，在状态遥测上，可以直接采集电流值，并且有过流保护等功能。高轨卫星如果要实现电流采集，一般会选用霍尔器件，霍尔器件体积大，占用空间大，代价也比较大，相应地成本也高。

# 3 结 论

本文叙述了商业航天和传统高轨卫星温控电路，在电路设计、指导思想、模块独立性、成本等几方面的区别。高轨卫星温控电路设计具有高可靠，模块之间的依赖性较强，设计冗余，成本高的特点；商业航天温控电路设计具有集成化、标准化，打破了单机与分系统的概念，模块的智能信息化，本地化，自主管理能力提高，设计轻小型化，选择器件等级低，成本低和采购周期短等特点。

## 参考文献

[1] 郭坚，陈燕，邵兴国．航天器热控自主管理中的智能控制技术[J]．航天器工程，2012(6)：49-53.

[2] 侯增祺，闵桂荣．浅析航天器热控技术的预先研究及其应用研究[J]．航天器工程，2004(2)：1-9.

[3] 刘佳，李运泽，常静，等．微小卫星热控系统的研究现状及发展趋势[J]．航天器环境工程，2011(1)：77-82.

[4] 龙诺春．基于单片机三总线结构的系统扩展研究与应用[J]．福建电脑，2012(7)：153-155，158.

[5] 魏科，赵月伟．大功率电加热器电源与温度控制系统的设计[J]．数字技术与应用，2015(5)：20-22.

# 小卫星热控控制单元研究与设计

陈楠　房珊珊
（山东航天电子技术研究所，山东·烟台，264670）

**摘要**：随着我国空间技术的发展，卫星热控系统面临着巨大的设计挑战。根据空间小卫星的特点，分析了航天器的控温策略以及通信方式，从而提出了应用于卫星热控系统的热控单元的研制方法。然后针对实现小卫星热控单元设计的方法和控温策略，对控温点（区）进行加热，不进行制冷（通过传导/辐射方式散热）；产品中常用的控温方法有开关门限控制、比例＋开关控制等。最后，对热控单元的产品性能以及应用情况进行了说明。

**关键词**：空间小卫星；热控；热控控制；控温方式

## 1　引　言

随着航天技术的发展以及自然灾害、突发事件等对信息获取速度的需求，近年来，小卫星技术逐渐成为各国研究的热点，其以成本低、性能良好、应用灵活的小卫星和小运载器为工具，以快速研制、快速入轨、快速应用为手段，以较低成本实现对突发事件的迅速反应，执行已开展或将开展的空间任务，满足各种需求。热控控制单元成为卫星热控分系统的主要设备之一，其作用是通过控制卫星内部以及外部热环境的交换过程，保证卫星各个部件或者区域的环境温度。

## 2　产品功能

热控单元主要功能是采集小卫星各控温点（区）的温度值，通过指定算法控制对应控温点（区）的加热片实现对各控温点（区）的温度控制。通过 CAN 总线网络与星务中心计算机进行通信，根据星务中心计算机的输入数据或指令对温度控制加热片进行开环或闭环控制，并且能够根据输入数据或指令来改变温控模式和温度闭环控制参数，是一个智能化的温度自动控制管理单元。

热控单元的主要特点有只对控温点（区）进行加热，不进行制冷（通过传导/辐射方式散热）；产品中常用的控温方法有开关门限控制、比例＋开关控制等；使用的温度传感器类型一般选择热敏电阻型传感器（MF501、MF61、B4、B6 等）；控温传感器的控制方法有指定值控温、平均值控温、最小值控温等几类方式；一个控温点（区）一般布置 2 个热敏电阻（互为备份）和 2 个加热片（互为备份），也有布置多个传感器的；加热输出一般控制加热回路的回线。

## 3　产品组成

热控控制单元采用功能模块组合的结构方式，由 4 个功能电路，模块之间采用笼屉式组合方式，设备内部，各模块电路板之间通过内部连接器进行电气连接。4个功能电路包括控制电路、温控电路、遥测采集电路和电源控制电路。根据不同航天器的需求，可以通过对功能模块的增减，实现对不同航天器温度采集和控制，温度遥测采集模块根据任务需求可增加，以满足任务需求。热控单元采用主份和备份双冗余冷备份，由遥控指令控制主备份的加电工作。热控单元组成框图如1所示。

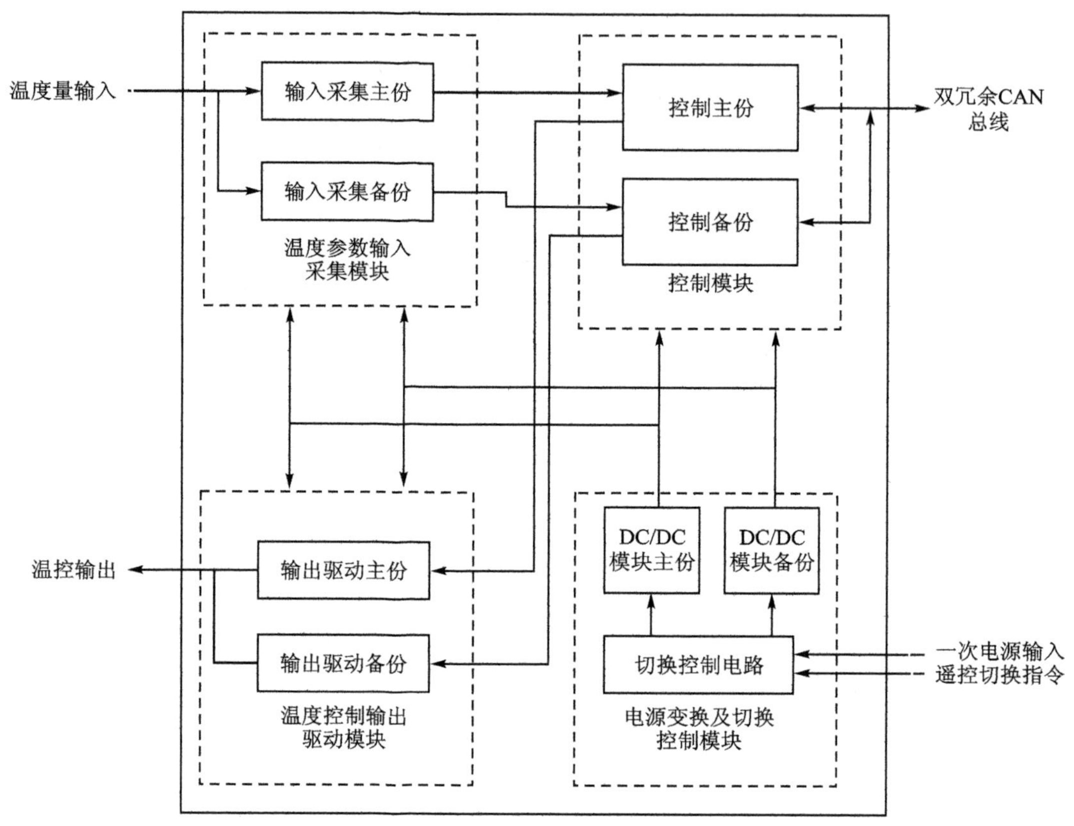


**图1 热控单元组成框图**

### 3.1 温度采集

热控控制单元的温度采集主要通过对热敏电阻的数据采集、编码，经过信号跟随器之后，输入多控制模块中。热敏电阻采集输入接口为无源热敏电阻(Rt)的两个端点，热控下位机提供测温基准电源(Vt)，通过一个精密基准电阻(R)和热敏电阻(Rt)串联，对测温基准电源(Vt)进行分压，作为温度参数遥测通道的输入量，热敏电阻采集输入接口电路如图2所示。

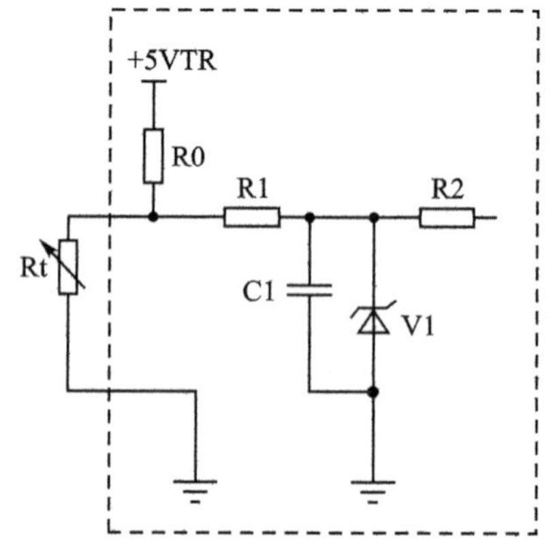


**图2 温度采集接口**

主要参数说明如下：

① Rt是热敏电阻型温度传感器，常用型号包括MF501、MF61等。

② 5VT 是测温基准电压，输出电流能力 100 mA。

③ R0 是测温基准电阻，一般选用千分之一精度的精密电阻，测温基准电阻与测温基准电压一起实现 Rt－Vt 变换功能。

④ V1 为稳压管，主要实现接口的安全电压要求，确保信号不会损伤后级电路，如果更换稳压管或者在高精度采集电路中需要关注稳压管漏电流对测温精度的影响。

⑤ R2 是主备机故障隔离电阻，C1 主要起到滤波功能。

⑥ R2 之后联入模拟开关，实现信号采集功能。

温度传感器转换公式为

$$t=\frac{2C}{-b+\sqrt{b^2-4c(a-\ln \mathrm{Rt})}}-273.15$$

$a$、$b$、$c$ 为热敏电阻系数，选择不同热敏电阻系数不同。温度和采集电压的变化公式为

$$V=\frac{5\mathrm{VT}\times \mathrm{Rt}}{\mathrm{Rt}+\mathrm{R0}}$$

### 3.2 热控控制单元加热回路接口

考虑到温控电路的功率较大，工作时间、加热时间较长，因此，电路输出形式定为 4 个 VMOS 管两串两并形式。VMOS 管的栅极串有一个保护二极管，以防止单个 VMOS 管击穿后高电压对前级造成灾难性损坏。为保护飞行器的一次电源，在电源端加入了熔断型保护措施。典型加热回路输出接口如图 3 所示。

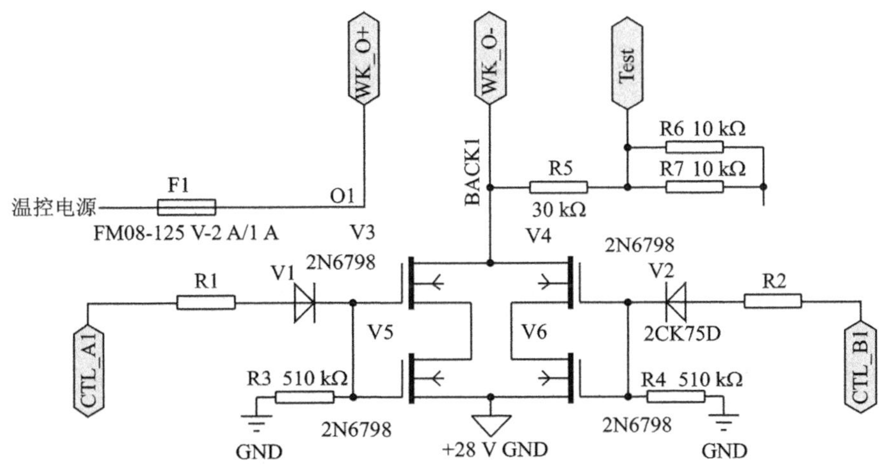


图 3 加热回路接口

① WK_O1＋、WK_O1－：分别是加热驱动输出的正线、回线，分别与外部加热片（主备机共用）的两个端子相连，通过控制回线实现对加热状态的控制。

② CTL_A1、CTL_B1：分别是主、备机的控制信号，分别来自主备机的温控控制电路，高电平时加热片处于加热状态，低电平时加热片处于不加热状态。

## 4 温度控制策略

热控控制单元周期性自动进行温度采集，并存入数据区。温度测量必须采取软件滤波措

施以减少瞬时干扰而引起的测量误差。温度采集一次时间小于 2 s。

热控控制单元温度控制策略共有两种：一种是闭环控温模式，另一种是开环控温模式。

闭环温控回路的一般特性如下：

（1）温控回路闭环控制模式

下位机根据每个温控回路设定的温度最大值和最小值以及相应的控温参考热敏电阻，自主控制加热回路的通断，使被控温度控制在 $T_{min}$ 和 $T_{max}$ 之间。

（2）温控回路控制参数设置

每一个温控回路的控制参数均可以由地面进行设置，包括：控制模式、温控回路选择、开环时的输出状态、控温电阻选取准则改变、控制温度上下限等。

（3）控温用测温电阻的选择

在闭环控温模式下，控温用测温电阻选取准则在程序运行期间其值可通过地面注入数据设置。开环温控回路是由地面控制温控回路的工作状态，是加热或是断开。

### 4.1 闭环温度控制策略

① $T_{min}$ 为控温回路的开启门限，$T_{max}$ 为控温门限的关闭门限，其值可通过地面输入数据改变。

② 当回路温度测量值 $T<T_{min}$ 时，回路开，当回路温度测量值 $T>T_{max}$ 时，回路关；当 $T_{min}\leqslant T\leqslant T_{max}$ 保持上一状态。

③ 各回路的控制模式完全独立，可以通过遥控输入数据指定为开环加热或开环停止加热。

每路温度控制回路有 2～7 温度控制电阻，当测量温度值超出规定的正常范围时，则该控温回路选取备份控温参考热敏电阻，如果切换到备份热敏电阻后测量的温度值仍超出规定的正常范围则将加热回路切换到开环停止加热状态。

### 4.2 开环温度控制策略

对于开环控制模式，由地面控制温控回路的工作状态，是加热或是断开。在开环温控回路中，没有用于温度测量的测温电阻，开环温控回路的工作状态完全由地面上输入的命令设置，是加热还是断开。

## 5 热控控制单元的软件设计

热控控制单元的软件基本功能如下：

① 周期性对飞行器部件、器件以及区域的温度参数以及其他遥测参数进行采集。

② 完成对飞行器部件、器件以及区域中需要进行温度控制的部件实施主动温控。

③ 根据中心计算机的要求，通过星上串行数据总线网络接收中心计算机传送的数据间接指令和输入数据，并按要求执行。

④ 完成星上串行数据总线网络协议规定的应答操作。

软件的温度采集周期和控制巡检周期小于 2 s，接收到中心计算机的通信协议后正确应答。软件设计框图如图 4 所示。

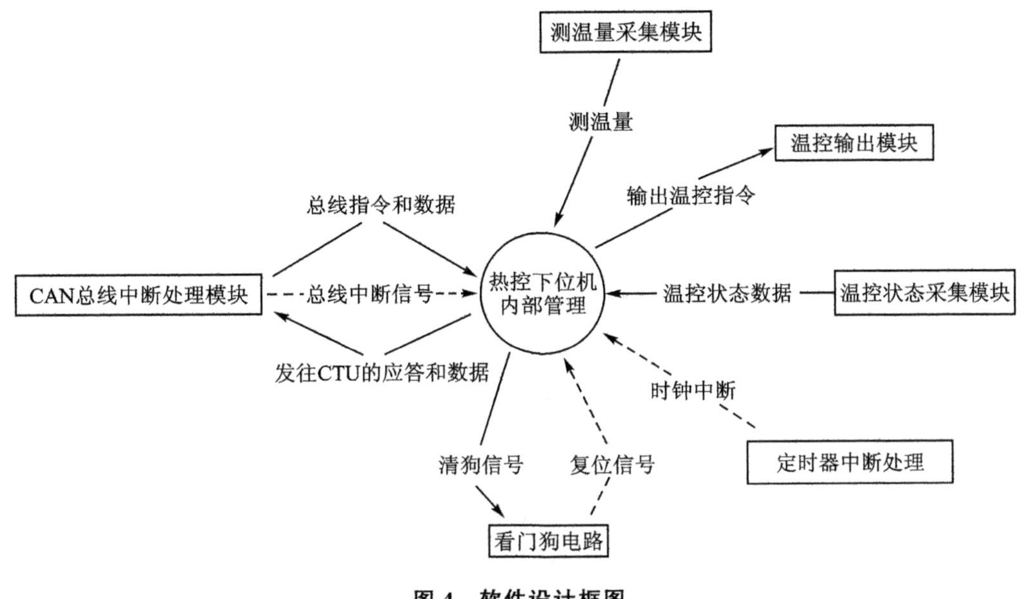


**图 4　软件设计框图**

## 6　结　论

小卫星热控系统中热控控制单元的设计必须追寻新思路，采用新技术，其热控系统必须具备快速设计、快速实施以及快速验证。小卫星的热控设计必须具备稳健性、模块化、可扩展性，以适应空间小卫星对不同任务、载荷、热环境等的需求。文中通过对热控控制单元专用设计向通用设计转变，单机产品向模块产品转变，性能驱动向时间驱动转变，同时紧密结合新兴技术，实现空间小卫星热控系统“快、智、廉”的发展思路。

## 参考文献

[1] 潘清，廖育荣，王斌，等. 快速响应空间概念与研究进展[M]. 北京：国防工业出版社，2010.
[2] 刘佳，李运泽，常静，等. 微小卫星热控系统的研究现状及发展趋势[J]. 航天器环境过程，2011，28(1)：77-82.
[3] 侯增祺，胡金刚. 航天器热控制技术——原理及其应用[M]. 北京：中国科学技术出版社，2007.

# 提升航天器上FBG传感器应变测量精度的研究

罗玉祥　李林　申景诗　徐波

（山东航天电子技术研究所，山东·烟台，264670）

**摘要**：光纤光栅传感器(FBG)测量应变，主要分为“带金属基底”传感器和“不带金属基底”传感器（裸光纤）两种形式。航天器在轨飞行过程中，环境条件恶劣复杂，为了提高FBG传感器的安全性和稳定性测量，一般采用“带金属基底”的FBG传感器，金属基底起到良好的保护作用。针对带金属基底的FBG传感器，目前没有对应变传递系数的研究。本论文综合考虑了待测体厚度、待测体弹性模量、胶粘剂厚度、光纤纤芯高度和胶粘剂弹性模量五因素，得到带金属基底的准确传递系数，可以实现FBG传感器在航天器上应变测量的准确性。

**关键词**：FBG；应变；精度；传递系数；航天器

## 0　引　言

在航天器上利用FBG传感测量应变时，应变测量值和实际应变值并不一致，两者存在一个百分比，称为传递系数，传递系数的准确性，直接决定了应变测量值的准确性。传递系数的影响因素很多，对于“不带金属基底”的光纤光栅传感器的传递系数，已有相关工作报道过影响传递系数的主要因素。而对于航天器用“带金属基底”的光纤光栅传感器，检索不到对传递系数的系统性研究或方法。

2007年，大连理工大学的周广东等在应变传递理论的基础上，经过分析得出影响“不带金属基底”的光纤光栅传感器应变传递的主要因素，即光纤光栅传感器的长度、中间层的厚度、弹性模量和泊松比，并得到各因素对光纤光栅测量精度的影响。

2008年，天津大学的王为等研究了“不带金属基底”的光纤光栅传感器传递过程中衬底对应变传递率的影响，仿真分析了衬底厚度和黏结长度对应变传递效果的影响。

2010年，沈阳建筑大学孙丽等研究了“不带金属基底”的光纤光栅传感器的测量应变与基体结构实际应变之间的应变传递计算公式，并采用有限元方法对其分析。讨论了温度变化对非轴向力作用下的光纤光栅应变传递的影响。

2013年，河海大学的张文晓等研究了“不带金属基底”的光纤光栅传感器应变传递的影响因素，得出各因素对应变传递率的影响程度。

2014年，苏州科技学院的田石柱等对影响“不带金属基底”的光纤布拉格光栅传感器平均应变传递率的影响因素进行了理论分析，得出胶接层弹性模量、胶接层的宽度以及光纤的粘贴长度对应变传递率影响较大，通过实验确定它们之间的最佳组合。

2016年，解放军理工大学的章征林等研究了胶粘剂对“不带金属基底”的光纤光栅传感器应变传递系数的影响，试验发现，胶粘剂在基体表面的剪切强度越大，光纤光栅传感器的应变传递系数也越大。

光纤光栅传感器具有尺寸小、质量轻、功耗低、抗电磁干扰等优点，具备星上广泛应用的优势。但“带金属基底”的光纤光栅传感器在星上应用中，暴露出应变测量不准确的问题，这大大限制了光纤光栅传感器在卫星上的推广使用。

## 1　应变传递分析

待测体表面应变通过粘胶剂传递到光纤光栅传感器的金属基底，再由金属基底经过光纤涂覆层与金属基底间的玻璃焊料传递到光纤纤芯，引起光纤反射波长变化。

设待测体表面与粘胶剂接触的测量区长度为 $l_B$，位移为 $\Delta l_B$，待测体表面测量区应变为 $\varepsilon_B$，光纤光栅传感器涂覆层两个玻璃焊料之间的距离为 $l_F$，位移为 $\Delta l_F$，光纤纤芯应变为 $\varepsilon_F$ 则有

$$\varepsilon_B=\frac{\Delta l_B}{l_B},\quad \varepsilon_F=\frac{\eta\Delta l_F}{l_F} \tag{1}$$

$\eta$ 为传感器减敏系数，且有

$$\eta=\frac{l_F}{l_B} \tag{2}$$

应变传递系数 $\gamma$ 为

$$\gamma=\frac{\varepsilon_F}{\varepsilon_B} \tag{3}$$

根据式(1)～(3)可得

$$\gamma=\frac{\Delta l_F}{\Delta l_B} \tag{4}$$

由式(4)可知对于“带金属基底”的光纤光栅传感器，应变传递系数可以由光纤纤芯位移与待测体测量区位移求得。

建立待测体、粘胶剂与光纤光栅传感器的有限元模型，通过约束不同方向的自由度，在传感器金属基底结构参数确定的情况下，进行待测体厚度、待测体弹性模量、胶粘剂厚度、光纤纤芯高度和胶粘剂弹性模量五因素的仿真分析，最终获取传递系数的准确值。

## 2　有限元仿真

建立待测体、粘胶剂与 FBG 传感器的有限元模型，根据模型的对称性建立四分之一对称模型进行计算，模型(剖面)如图 1 所示。

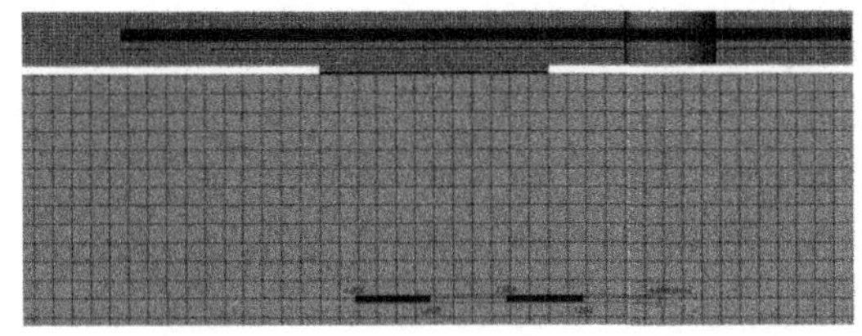

**图 1　传递系数计算有限元模型**

仿真模型包含的材料如表 1 所列。

**表1 仿真模型包含材料**

| 部　位 | 待测体 | 粘胶剂 | 金属基底 | 涂覆层 | 纤芯 |
|---|---|---|---|---|---|
| 材　料 | 5A06 | J-39B | SS304 | 聚脂 | $SiO_2$ |

约束待测体端面沿 $Y$、$Z$ 方向自由度，施加沿 $X$ 方向位移载荷，提取光纤纤芯平均位移 $\Delta l_F$ 与待测体与粘胶剂接触区外边界平均位移 $\Delta l_B$，计算应变传递系数 $\gamma$。

在传感器结构参数确定的情况下，待测体与粘胶剂弹性模量及厚度、光纤纤芯与传感器顶面之间距离是影响应变传递的主要因素，计算以上参数变化时的应变传递系数如图2所示。

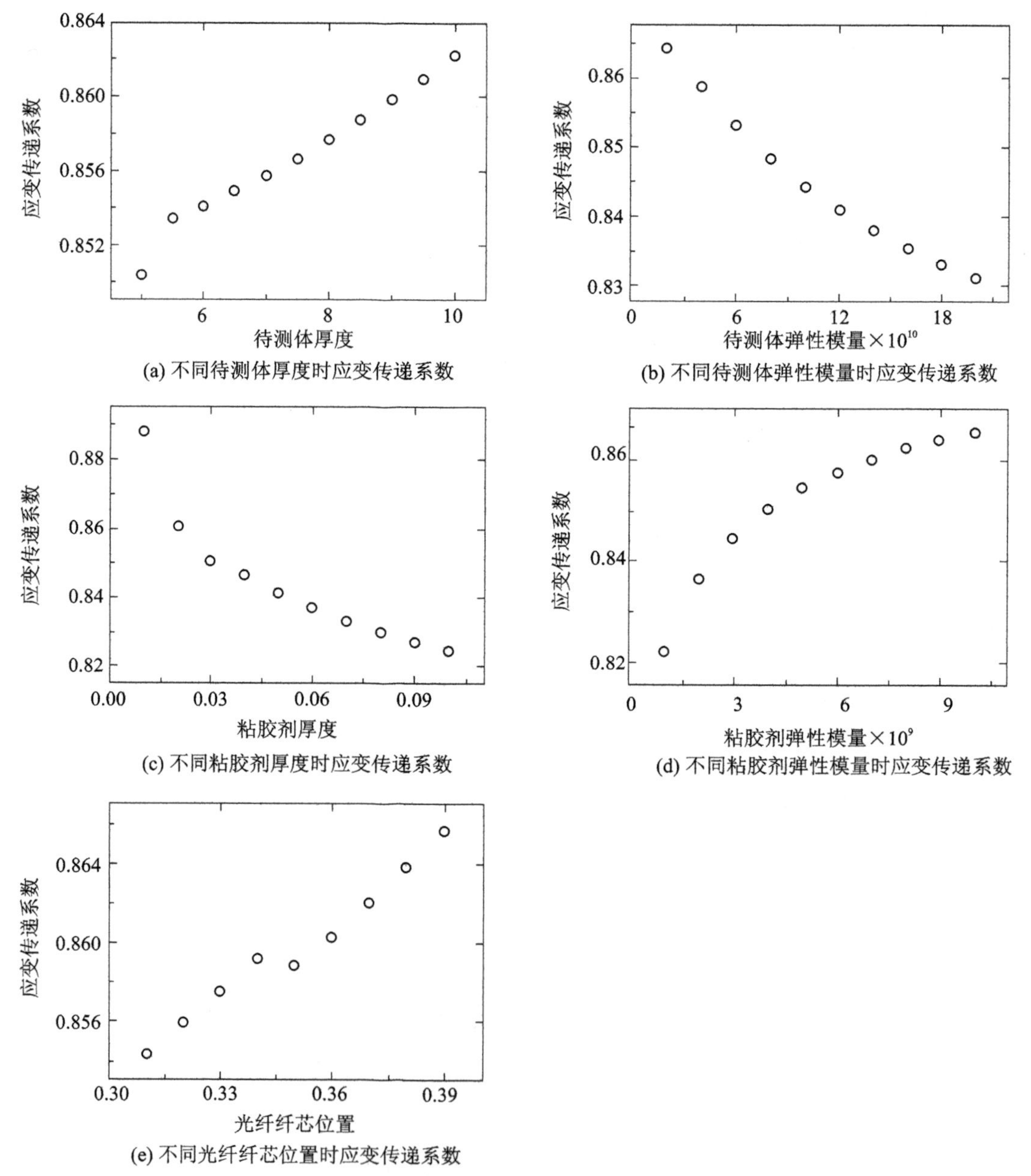


(a) 不同待测体厚度时应变传递系数

(b) 不同待测体弹性模量时应变传递系数

(c) 不同粘胶剂厚度时应变传递系数

(d) 不同粘胶剂弹性模量时应变传递系数

(e) 不同光纤纤芯位置时应变传递系数

**图2 不同测量环境参数的应变传递系数**

图 2(a)为不同待测体厚度对应的应变传递系数。应变传递系数随待测体厚度增大而增大,待测体厚度从 5 mm 变化到 10 mm 的过程中,应变传递系数从 0.850 变化到 0.862。

图 2(b)为不同待测体弹性模量对应的应变传递系数。应变传递系数随待测体弹性模量的增大而减小,待测体弹性模量从 $3\times10^{-10}$ Pa 变化到 $2.1\times10^{-9}$ Pa 的过程中,应变传递系数从 0.850 变化到 0.862。

图 2(c)为不同粘胶剂厚度对应的应变传递系数。应变传递系数随粘胶剂厚度的增大而减小,粘胶剂厚度从 0.01 mm 变化到 0.1 mm 的过程中,应变传递系数从 0.850 变化到 0.862。

图 2(d)为不同粘胶剂弹性模量对应的应变传递系数。应变传递系数随待测体弹性模量的增大而增大,粘胶剂弹性模量从 $1\times10^{9}$ Pa 变化到 $1\times10^{10}$ Pa 的过程中,应变传递系数从 0.82 变化到 0.87。

图 2(e)为不同光纤纤芯位置对应变传递系数的影响。应变传递系数随纤芯高度的增大而增大,纤芯高度从 0.31 mm 变化到 0.39 mm 的过程中,应变传递系数从 0.852 变化到 0.866。

针对上述 5 个参数对应变传递的影响程度进行敏感性分析,得到敏感性图如图 3 所示。

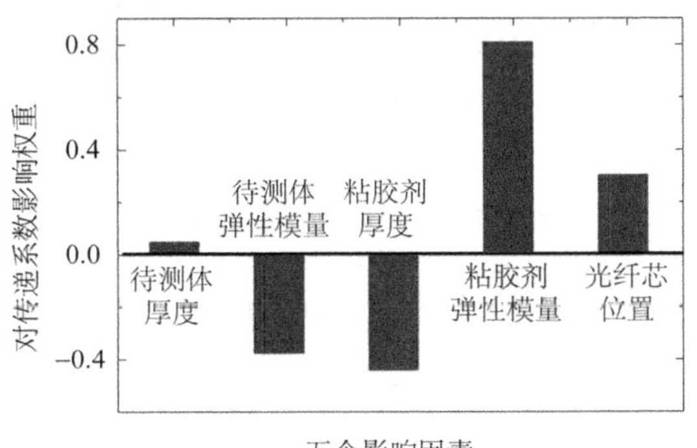


**图 3　应变传递系数敏感性图**

## 3　试验验证

在已知五个影响因素权重的前提下,通过代入实际工况,可以得到应变传递系数的理论值。

图 4 为某卫星舱壁结构图及传递系数准确性试验验证点选取。为了验证多因素协同仿真获取的传递系数的准确性,在某卫星舱壁 A 点粘贴光纤光栅传感器来测量应变,同时紧邻光纤光栅传感器旁边粘贴电阻应变片,以电阻应变片的测量值作为应变的标准值,便于评估光纤光栅传感器测量应变值的准确性。

在测试验证中,卫星舱壁为壁厚 5 mm 的铝合金薄壁结构,粘胶剂厚度为 0.05 mm,通过仿真,此时应变传递系数为 0.87。

图 5 为综合考虑多因素后的传递系数与不考虑传递系数测量结果对比图。正方形点线图表示不考虑传递系数时,光纤光栅传感器应变测量值与电阻应变片应变测量值的关系曲线,两者线性关系斜率为 0.86,说明光纤光栅传感器的应变测量绝对误差较大。圆形点线图表示考

虑仿真得到的传递系数时，光纤光栅传感器应变测量值与电阻应变片应变测量值的关系曲线，两者线性关系斜率为0.99，说明光纤光栅传感器的应变测量绝对误差较小。

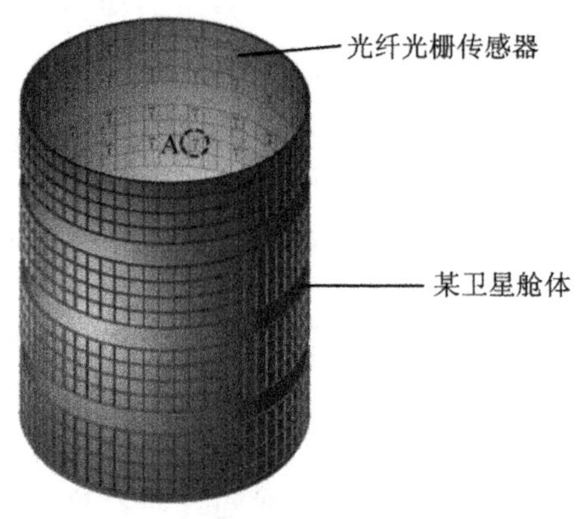


图4 某卫星舱壁结构图及应变测量点A

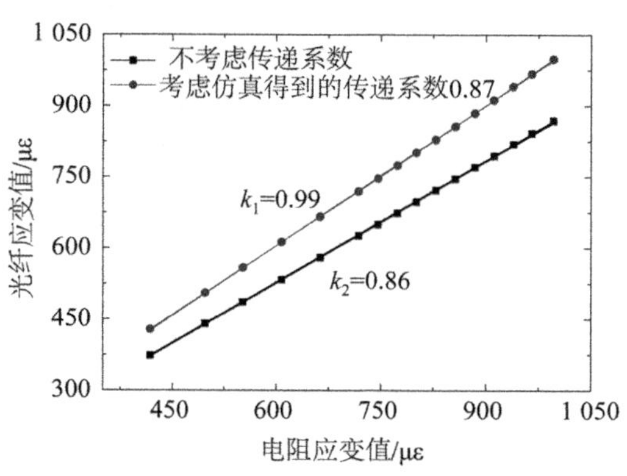


图5 综合考虑多因素后的传递系数与不考虑传递系数测量结果对比

通过图5，给出考虑传递系数前后，应变测量的绝对误差，如表2所列，序号1～16代表对卫星舱体不断加压提高舱体应变值的过程，表中列出了电阻应变片应变测量的标准值、考虑传递系数前/后光纤光栅传感器应变测量值、考虑传递系数前/后光纤光栅传感器测量应变的绝对误差。

表2 考虑传递系数前后应变测量值绝对误差

单位：με

| 序　号 | 电阻应变值 | 不考虑传递系数光纤应变值 | 考虑传递系数光纤应变值 | 不考虑传递系数光纤应变绝对误差 | 考虑传递系数光纤应变绝对误差 |
|---|---|---|---|---|---|
| 1 | 417.80 | 372.39 | 428.03 | −45.41 | 10.23 |
| 2 | 497.45 | 439.92 | 505.66 | −57.53 | 8.21 |
| 3 | 552.00 | 485.98 | 558.60 | −66.02 | 6.60 |
| 4 | 607.80 | 532.94 | 612.57 | −74.86 | 4.77 |
| 5 | 663.35 | 579.69 | 666.31 | −83.66 | 2.96 |
| 6 | 717.80 | 625.58 | 719.06 | −92.22 | 1.26 |
| 7 | 745.90 | 649.19 | 746.20 | −96.71 | 0.30 |
| 8 | 774.15 | 673.55 | 774.19 | −100.60 | 0.04 |
| 9 | 801.10 | 696.97 | 801.12 | −104.13 | 0.02 |
| 10 | 828.80 | 721.21 | 828.98 | −107.59 | 0.18 |
| 11 | 856.40 | 745.22 | 856.57 | −111.18 | 0.17 |
| 12 | 884.20 | 769.60 | 884.60 | −114.60 | 0.40 |
| 13 | 911.35 | 793.81 | 912.42 | −117.54 | 1.07 |
| 14 | 938.90 | 818.57 | 940.88 | −120.33 | 1.98 |
| 15 | 965.20 | 841.78 | 967.56 | −123.42 | 2.36 |
| 16 | 996.40 | 868.84 | 998.67 | −127.56 | 2.27 |

可以发现，光纤光栅传感器经过仿真获取的传递系数进行应变修正前，绝对误差变化范围为－45.41～－127.56 με；光纤光栅传感器经过仿真获取的传递系数进行应变修正后，绝对误差变化范围为0.02～10.23 με，应变测量结果更加准确。

## 4　结　论

该研究首次针对“带金属基底”的光纤光栅传感器的应变测量不准确问题，提出待测体厚度、待测体弹性模量、胶粘剂厚度、光纤纤芯高度和胶粘剂弹性模量五个影响因素，通过研究给出了获取准确传递系数的方法，进而获得准确的应变值，通过工程验证，该方法可靠、有效，这为航天器上光纤光栅传感器的广泛应用奠定了基础。

## 参考文献


[1] 周广东，李宏男，任亮，等. 光纤光栅传感器应变传递影响参数研究[J]. 工程力学，2007，169-173.

[2] 王为，林玉池，黄银国. 表面式光纤光栅传感器应变传递研究[J]. 激光与红外，2008，38(12)：1218-1220.

[3] 孙丽，任学玲，周鹏，等. 温度与非轴向力对光纤光栅应变传递影响的分析[J]. 防灾减灾工程学报，2010，30：231-234.

[4] 张文晓，何秀凤. 粘贴式光纤光栅传感器应变传递影响因素分析[J]. 工程勘察，2013，(6)：82-86.

[5] 田石柱，张国庆，王大鹏. 表面式光纤布拉格光栅传感器应变传递机理的研究[J]. 中国激光，2014，41(8)：0805005.

[6] 章征林，王源，孙阳阳，等. 胶粘剂对表贴式FBG传感器应变传递系数的影响[J]. 复合材料学报，2016，33(11)：2537-2542.

[7] Tian Y，Chai Q，Meng Y C，et al. An Overlap -Splicing-Based Cavity in FBG Sensor for the Measurement of Strain and Temperature. IEEE Photonic Technol. Lett，2017，29：235-238.

[8] Jiang M S，Sai Y Z，Geng X Y，et al. Development of an FBG sensor array for multi-impact source localization on CFRP structures. Sensors，2016，16，1770.

[9] Yong Y T，Lee S C，Faidz A R. Fiber sensor network with multipoint sensing using double-pass hybrid LPFG-FBG sensor configuration. Opt. Commun，2017，387：191-195.

# 设计技术

# 一种具有模拟和数字音频测试功能的音频分析仪的实现方法

薛沛祥　唐丽萍　缪国锋　陈庆磊　张震
（中电科仪器仪表有限公司，山东·青岛，266555）

**摘要**：音频分析仪可用于电台、卫星通信和声呐等军用装备的语音性能测试，也可用于电声器件、广电设备和车载多媒体等民用设备的语音性能测试，满足对频率、幅度、信噪比、失真度和噪声等指标的测量需求，适用于语音性能测试、振动和噪声分析、声源定位、音频功放测试和数字音频测试等领域。本文提出了一种音频分析仪的实现方法，具有模拟音频和数字音频测试功能，可产生正弦波等模拟音频激励信号，可分析模拟音频信号，可产生 AES3、SPDIF 和 DSI 标准的数字音频激励信号，可分析 AES3、SPDIF 和 DSI 标准的数字音频信号。

**关键词**：音频分析仪；模拟音频；数字音频；AES3；SPDIF

音频分析仪，是军用装备和民用设备在语音性能测试方面不可或缺的必备仪器。本文以嵌入式工业计算机为控制中心，提出了一种音频分析仪的实现方法，以 Windows7 操作系统为软件平台，遵循“硬件模块化、软件组件化”的设计思想，硬件模块采用了标准化的外型和接口，软件模块实现标准化、规范化，具有通用性，便于后期升级。该音频分析仪可实现模拟音频和数字音频的测试，满足传统模拟音频激励信号的产生，模拟音频信号的分析，以及 AES3、SPDIF 和 DSI 标准的数字音频激励信号的产生和数字音频信号的分析。

## 1　硬件总体方案

音频分析仪是运行于嵌入式计算机平台之上的，其硬件总体方案框图如图 1 所示。

音频分析仪主要由高性能 CPU 模块、模拟音频信号发生模块、模拟音频信号分析模块、数字音频信号发生与分析模块和系统母板 5 个模块组成。CPU 模块采用嵌入式计算机 COMe 模块，同时提供 USB 接口、网口、显示器接口和硬盘接口等外围接口。CPU 模块主要实现软件运行，将软件设置参数通过 PCI 总线传送给各个功能模块，并将各模块的处理数据进行实时显示。模拟音频信号分析模块首先对输入信号进行调理，然后经 ADC 进行采样转化为数字信号，由 FPGA 进行算法处理，将测量结果送至 CPU 模块进行显示。模拟音频信号发生模块将 CPU 模块生成的输出信号数据进行算法处理，将数据通过 DAC 转换为模拟信号，经信号调理电路输出。数字音频信号模块的分析部分，将输入的数字音频信号由 FPGA 解码，再由 CPU 进行处理；数字音频信号模块的发生部分，将 CPU 生成的数字信号进行相应格式的音频编码后输出。

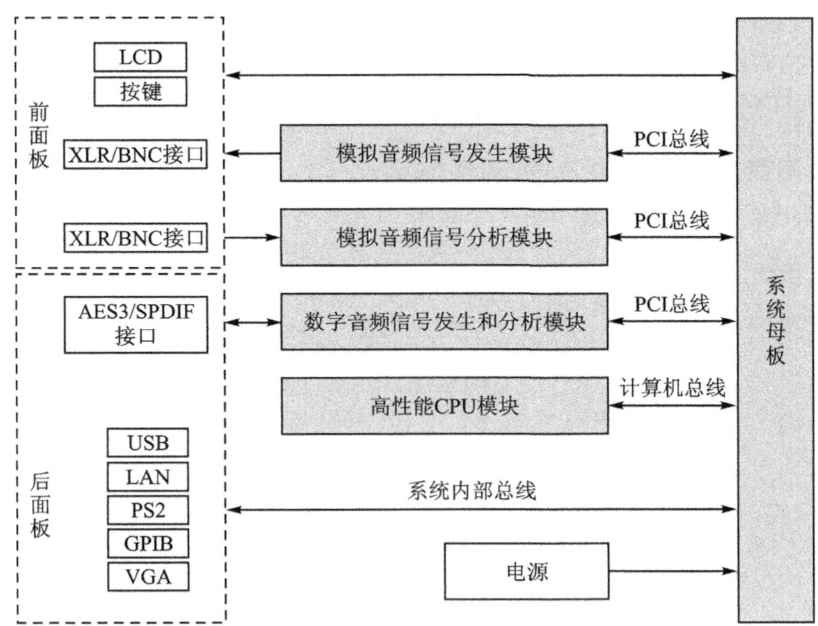


**图 1　音频分析仪硬件总体方案框图**

## 1.1　模拟音频信号分析模块硬件方案设计

模拟音频信号分析模块的硬件方案如图 2 所示。

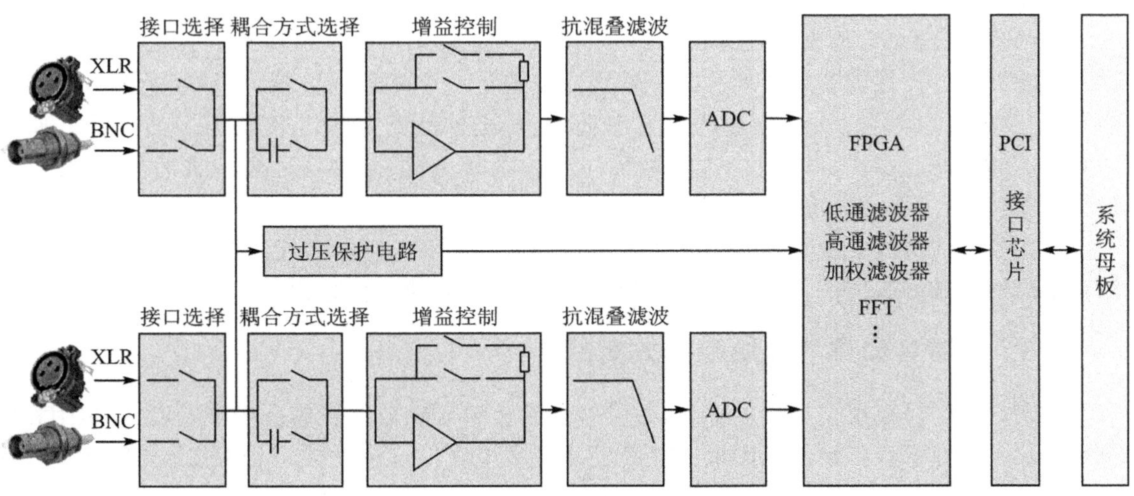


**图 2　模拟音频分析模块硬件方案**

接口方式和耦合方式的选择主要是根据输入信号性质及测试方法，配置为平衡/非平衡和交流/直流耦合等连接方式。输入音频信号按照软件设置的连接方式输入到模拟音频信号分析模块中。动态增益控制将输入信号的幅度自动控制在 ADC 合适的量程范围内。过压保护电路用于监测输入信号电压是否超过音频分析仪的测量范围，若超过测量范围，电路将自动切断通路，并通过上位机进行报警。ADC 采用 24 位精度的 Σ－Δ 型 ADC，128 倍过采样，全差分输入，采样率可达到 2.5 MHz。

抗混叠滤波器采用Butterworth低通滤波器，将输入音频信号的频率限制在奈奎斯特带宽内，防止频谱测量时高于奈奎斯特带宽的信号混叠到低频信号中，影响测量结果。采用Xilinx公司的高性能FPGA来负责完成对硬件的直接控制和对转换后的数字信号进行处理。此外，它还可以根据需要用来完成复杂的算法，如低通滤波器、高通滤波器、加权滤波器等数字滤波器。

## 1.2 模拟音频信号发生模块硬件方案设计

模拟音频信号发生模块主要由FPGA、DAC、重构滤波器、增益控制电路及接口方式控制电路等几部分组成，如图3所示。

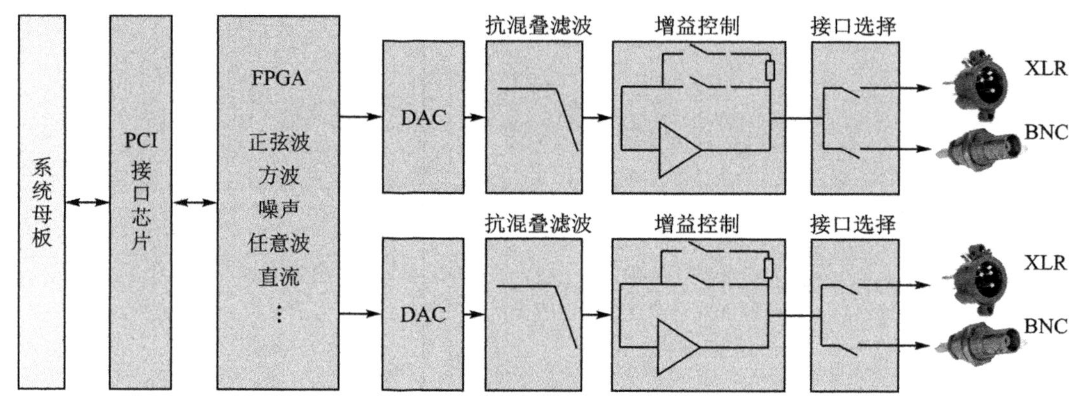


**图3　模拟音频发生模块硬件方案**

FPGA作为模拟音频信号发生模块的核心，担负着音频信号各种波形生成算法的实现以及插值滤波、FIR滤波等数字滤波器的设计实现。

波形数据经DAC输出转化为模拟信号。DAC采用24位精度，192 kHz采样率，8倍过采样数字滤波器的高性能音频转换芯片。重构滤波器是一个低通滤波器，将输出信号中大量的高频量化噪声滤除。FPGA生成的波形数据在频域上表现为基带及无限多的镜像。通过FPGA的插值滤波算法，以及DAC的过采样滤波器，将镜像搬移到远离基带的位置，然后通过重构滤波器，完全滤除镜像。

增益控制通过放大及衰减网络开关控制将输出信号电压调整到软件界面设定范围。根据输出信号性质及测试方法，输出接口配置为平衡和非平衡的连接方式。

## 1.3 数字音频信号模块硬件方案设计

数字音频信号模块包括两大部分：数字音频发生单元和数字音频分析单元，二者集中在同一个模块上。数字音频硬件方案以FPGA芯片为处理核心，包含数字音频输入、数字音频输出、DSI输入/输出接口和同步时钟分配电路四个部分。其硬件方案如图4所示。

FPGA负责数字音频及DSI接口协议的编码和解码、输入/输出通道控制、时钟同步和锁相环控制以及PCI接口等。

数字音频输入部分主要包含AES3接口、S/PDIF接口以及TOSLINK接口的阻抗匹配及信号调理电路，将输入的数字音频信号调理到TTL电平，经模拟开关选择，输入至数字音频接收芯片解码，恢复的数据和时钟MCLK输入至FPGA中。

数字音频输出部分主要包含AES3接口、S/PDIF接口以及TOSLINK接口的阻抗匹配及信号调理电路。AES3接口、S/PDIF接口的信号由FPGA输出，输出的数字音频信号依次

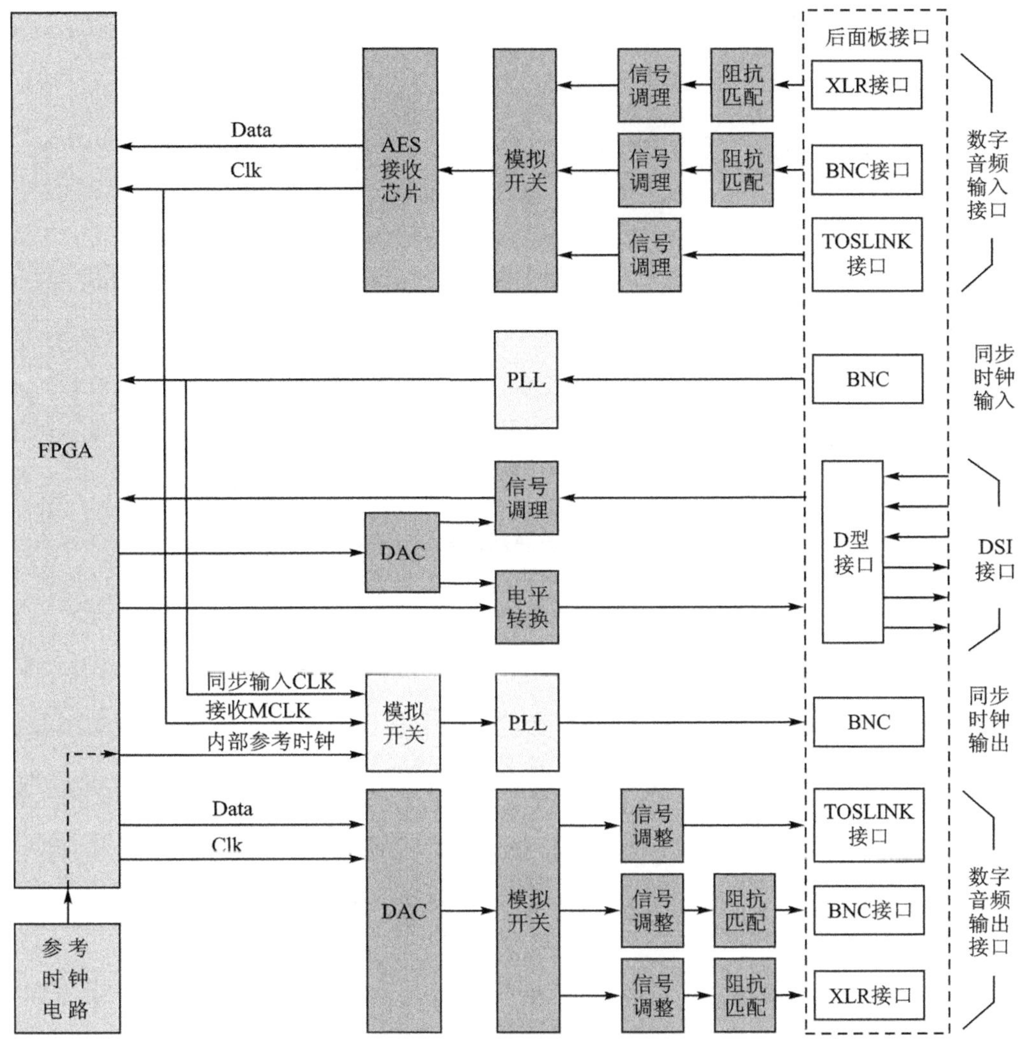


图 4　数字音频模块硬件方案

输入至 DAC 芯片进行数/模转换，经模拟开关选择，输出至数字音频接口。

DSI 接口的输入/输出电平由 DAC 设定，输入/输出时钟和数据经电平转换芯片直接与 FPGA 连接，DSI 的打包和解包由 FPGA 处理。

同步时钟分配电路：主要完成音频发生通道所需的同步时钟，可以是音频分析通道的恢复时钟，或者同步时钟输入或者内部参考时钟。

## 1.4　高性能 CPU 模块硬件方案设计

CPU 模块作为系统的控制和处理的核心，采用工业标准的高性能嵌入式计算机 COMe 模块；COMe 模块所有总线直接通过插座引出，结构设计和升级换代都很容易，非常适合于嵌入式应用，其嵌入安装在 COMe 模块母板上，构成 CPU 模块；CPU 模块安装于系统母板后，即可构成一台高性能嵌入式计算机，配以 Windows 7 操作系统，保证音频分析仪的测量速度，采集的数据又可以本地储存在音频分析仪上，如图 5 所示。系统母板用于连通 CPU 模块和各个音频信号模块以及 GPIB、网口与 VGA 等接口。

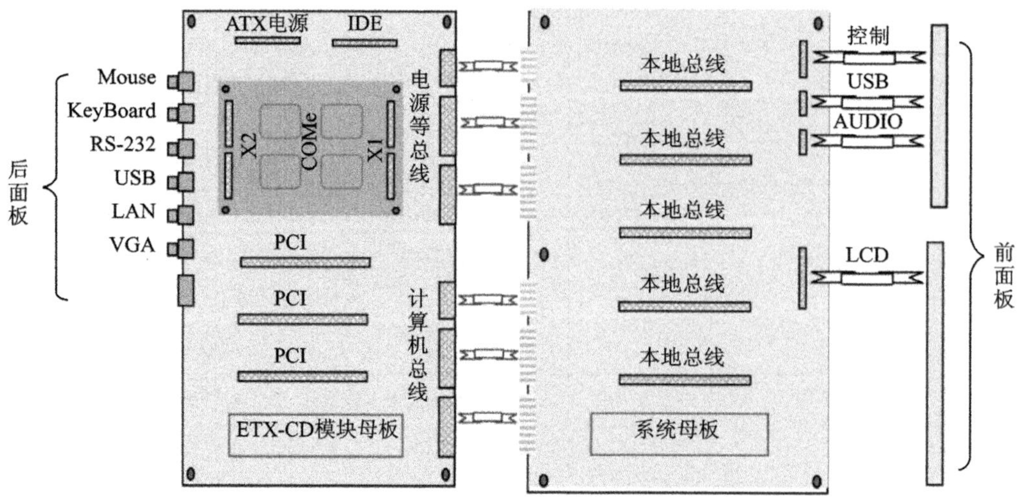


**图 5　CPU 模块硬件方案示意图**

## 2　软件总体方案

根据音频分析仪的总体方案设计准则，确定音频分析仪的软件设计方案，采用了开放式的软件平台结构，以满足用户开发测试程序的需求。

### 2.1　软件架构设计

采用层次化来实现软件的体系结构。音频分析仪软件层次结构如图 6 所示。

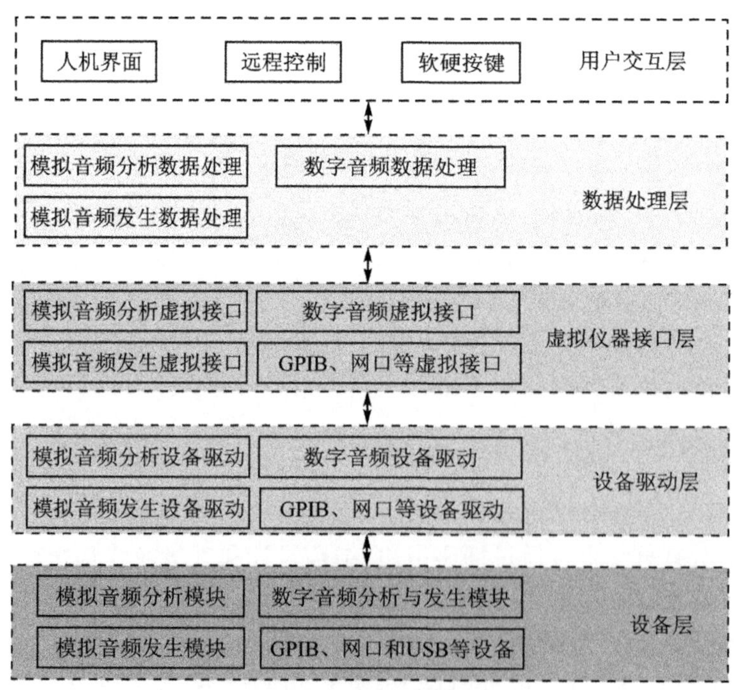


**图 6　音频分析仪软件层次结构**

音频分析仪软件层次结构自下而上是仪器设备层、设备驱动层、虚拟仪器接口层、数据处理层以及用户交互层，共5个层次，各个层次的功能服务、接口与数据信息均基于公开可得且被认可的规范，各个功能层的设计思想如下：

用户交互层，完成与用户间的交互，提供测试结果和图形显示、命令控件等人机交互方式，并通过此类型的界面与下层服务相联系。

数据处理层，完成具体测试应用的数据处理，实现音频分析和音频发生数据处理。

虚拟仪器接口层，对各个音频模块的控制提供虚拟接口控制，以便上层程序对各个模块进行命令发送、通道参数设置、音频信号测试数据和波形数据传输等。

设备驱动层，和模拟音频分析模块、模拟音频发生模块、数字音频分析与发生模块、GPIB设备和LAN等相关资源进行通信，实现同各个功能设备间的互换。

设备层，直接面向各类测试资源，通过各种程控总线直接与仪器设备通信，主要支持PCI总线设备，并提供其他如GPIB和串口设备等扩展支持。

## 2.2　软件功能设计

音频分析仪系统软件的功能包括模拟音频信号发生模块、模拟音频信号采集模块、模拟音频信号分析模块、数字音频信号发生与分析模块和参数设置模块等，如图7所示。

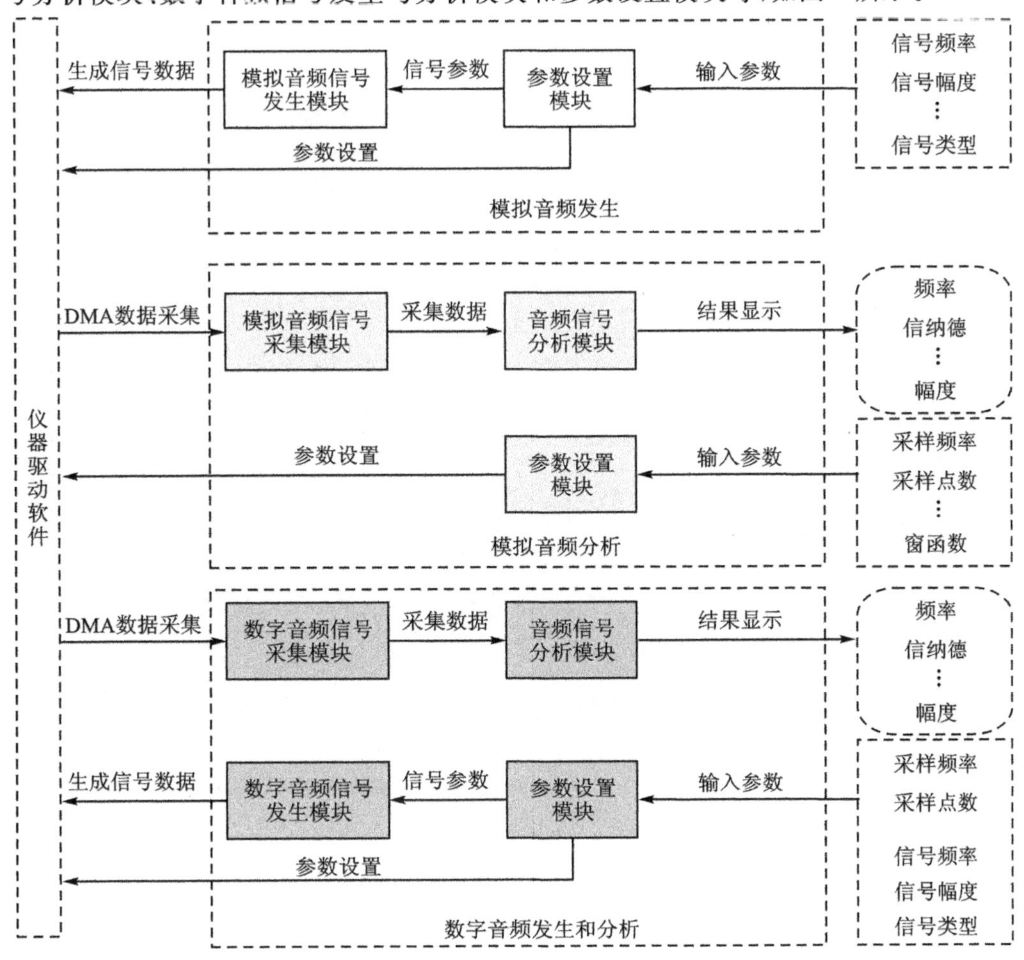


**图7　音频分析仪软件功能框图**

模拟音频信号发生模块的主要功能是生成用户希望得到的模拟音频信号。根据用户设定的幅度和频率等信息产生相应的音频信号数据,并将信号数据发送给底层硬件转换为模拟信号输出。

模拟音频信号采集模块的主要功能是采集来自输入端口的音频信号。根据用户设定的采样率、采样点数等信息设定 A/D 的采样参数,然后开始采集,通过驱动程序的 DMA 功能来保证采集的实时性。

模拟音频信号分析模块的主要功能是分析处理采集到的音频信号。根据用户的选择参数,应用相关算法对采集的音频信号数据进行分析,得到频率、幅度、信纳德和失真度等测试参数。

参数设置模块的主要功能是设置音频信号分析中的采样频率、采样点数、采样峰值、接口方式、耦合方式、阻抗、校准、滤波带宽、电压量程和时钟频率等参数,设置音频信号发生中的信号频率、幅度、偏置、接口方式、阻抗、校准、电压量程和时钟频率等参数。

## 3 音频分析仪实现效果

基于上述方案,完成了具有模拟音频发生功能(2 通道)、模拟音频分析功能(2 通道)、数字音频发生功能(2 通道)和数字音频分析(2 通道)的音频分析仪,仪器软件操作灵活,界面的用户体验度高,如图 8 所示为仪器的部分界面。

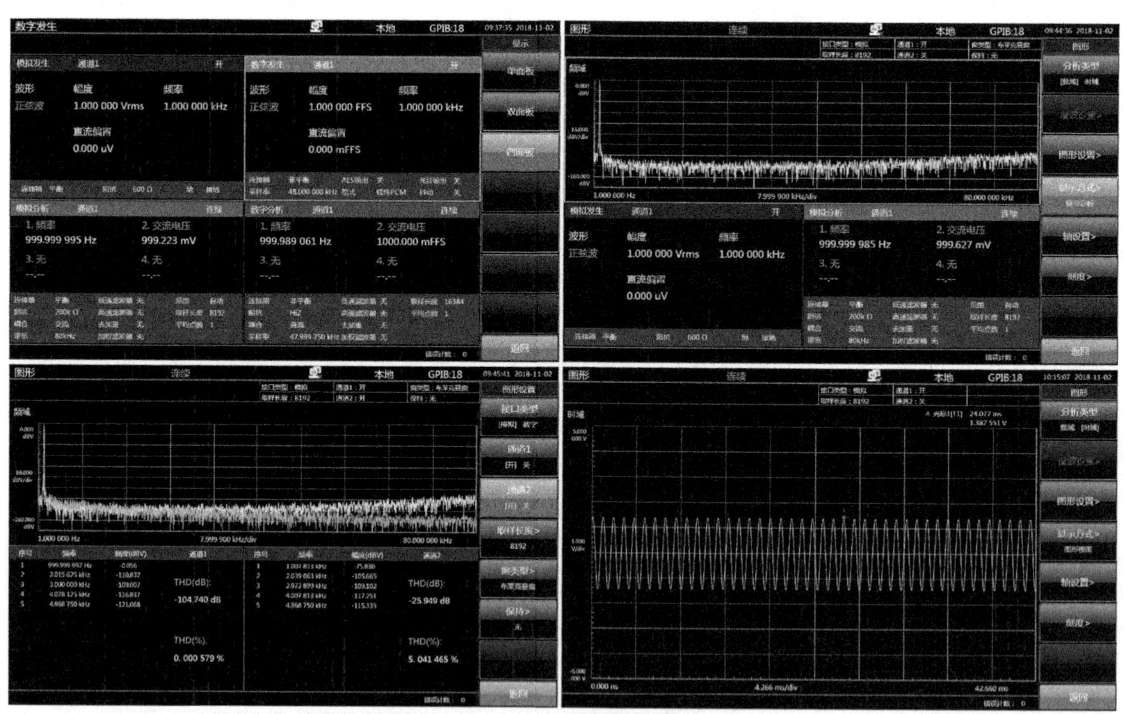

图 8 仪器的部分界面

## 4　结　论

本文按照“硬件模块化、软件组件化”的设计思想，提出了一种综合性音频分析仪的实现方法，兼具模拟音频发生、模拟音频分析、数字音频发生和数字音频分析功能，可以满足多个领域的音频测试需求。

## 参考文献

[1] 孙智. 基于 TMS320F28335 的音频分析仪的研究与设计[D]. 合肥：安徽大学，2010，(5).
[2] 宋志刚. 音频分析仪中低失真音频信号的发生方法[J]. 电子制作，2017，(5)：46-47.
[3] 高京龙. PCI 总线设备驱动程序开发[J]. 无线电通信技术，2001，27(6)：43-44.

# 高速动态位移导轨系统设计

王曰明　孙佳卓　王海川
（青岛前哨精密机械有限公司，山东·青岛，266000）

**摘要**：随着科技技术的不断发展，对位移滑台的速度、精度等技术指标提出了更高的要求，传统的传动方式已无法满足如此高速度、高精度的要求。其存在三个难点问题：一是移动滑台的速度越高精度就难以保证；二是以往的气浮结构形式难以满足速度的要求；三是气浮导轨各气浮面的直线度平行度垂直度要求高。本文以高精度的气浮导轨为基础配合直线电机、气浮滑台、光栅尺等实现了高速高精度的要求，

**关键词**：气浮导轨；气浮滑台；光栅尺；高精度

## 1　引　言

高速动态位移导轨系统是一种高速高精度的计量仪器，提供高速高定位精度的计量标准，主要应用于高速摄影测量等。高速动态位移导轨系统以矩形花岗石气浮导轨为基础，配合高刚性的气浮滑台和直线电机系统，通过敞开式光栅反馈系统，实现高精度、高速度、高刚性、高稳定性、高定位的伺服运动及定位。

## 2　高速动态位移导轨的主要结构

高速动态位移导轨系统主要由矩形花岗石气浮导轨、气浮滑台、敞开式光栅尺、位移驱动控制系统、数据采集处理系统等组成。气浮滑台置于已经调整水平的矩形花岗石气浮导轨上，其中矩形花岗石气浮导轨开槽侧面粘贴敞开式光栅，此光栅作为测量反馈标准，通过 U 形槽直线电机带动气吸附滑块在矩形花岗石导轨上运动，经过数据处理可以给出气浮滑台的移动速度及移动的长度量，如图 1 所示。

### 2.1　矩形花岗石气浮导轨

矩形花岗石气浮导轨系统作为整个系统的基础主要由矩形花岗石气浮导轨及可调支撑组成。气浮导轨选用“济南青”花岗石，具有变形小、稳定性好的特点。其加工精度高、热膨胀系数小，适合与气浮工作台配合使用。设计的导轨尺寸为长 6.6 m，截面尺寸为 500 mm×600 mm，导轨精度面由有 2 个主气浮面，3 个辅助气浮面、1 个敞开式光栅尺安装面组成，工作面的加工精度可以达到 10 μm。可调支撑可以实现上下微调，实现气浮导轨的水平调整。采用花岗石气浮导轨如图 2 所示。

### 2.2　气浮滑台

气浮滑台采用专有的气吸附专利技术、通过与花岗石导轨的 5 个工作面配合形成具有一

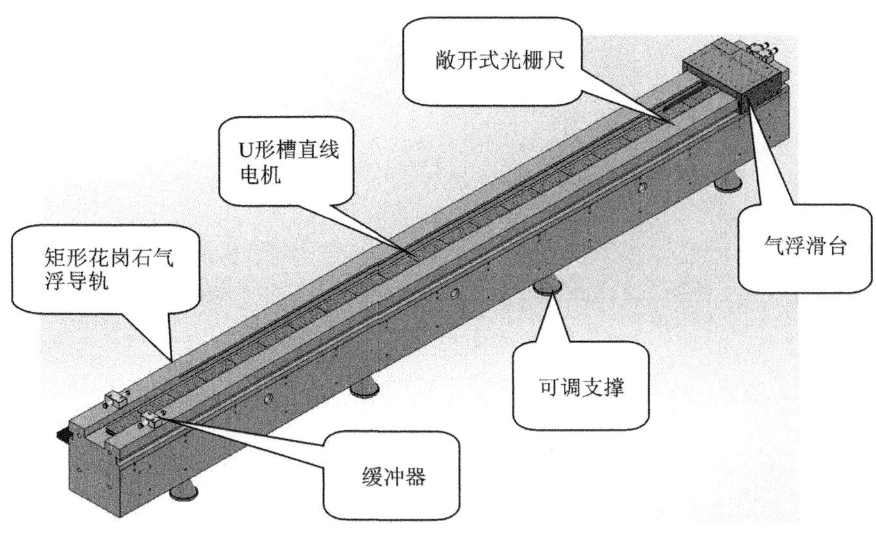


**图 1　高速动态位移导轨系统**

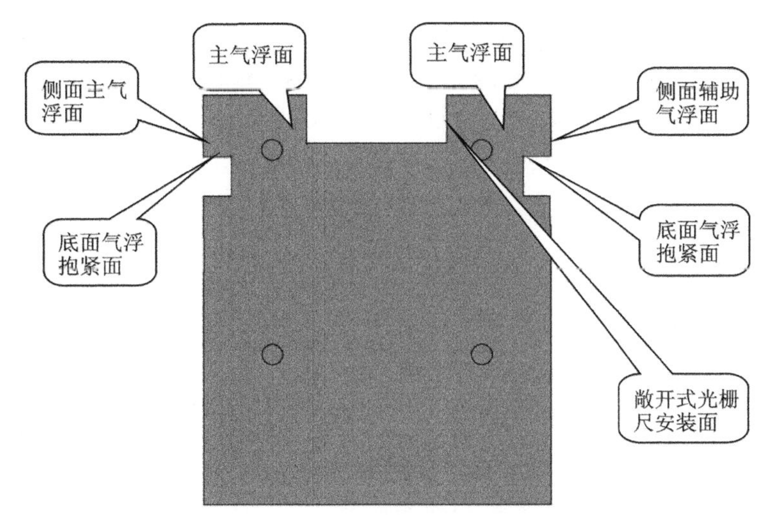


**图 2　矩形花岗石气浮导轨**

定刚度的气膜吸附在精密花岗石导轨上。滑块采用新型航空铝材料，由主吸浮滑台、侧气浮滑台、1 个联接支架和辅助气浮滑台等组成，通过固紧螺钉将联接支架固定在主吸浮板上，2 个支撑杆通过联接支架上的螺纹孔将 2 个石墨辅助气浮块紧紧压在导轨的的长侧面上。气浮滑块的工作面是精加工平面，其上各有截流孔在工作面上的各自截流孔之间开有均压槽通以压缩空气后该面形成气浮面。在气浮滑台均压槽中间加工有低压腔，低压腔中设置有空气吸气孔。将空气轴承吸浮块对应的放在一个侧面也有同样精度的导轨上，压缩空气通过截流孔高速喷出，在气浮滑台与导轨之间就形成一个均匀的较小的气隙（气膜），与此同时，低压腔中的空气又通过吸气孔被吸走，由于真空吸附作用使气浮滑台吸向导轨，调节调压阀，使喷出和吸出的空气达到所需平衡，此时，在“气浮”和“真空”双重作用下，吸浮块可沿导轨两平面构造的方向几乎无摩擦的高精度运动。气吸附滑块如图 3 所示。

**图 3 气浮滑台**

## 3 结 论

本文介绍的高速动态位移导轨主要使用高精度花岗石气浮导轨、超硬铝气浮滑台及直线电机相结合的驱动方式，相比传统的机械传动方式，直线电机能够直接地产生运动部件的直线运动，设备的结构简化，不需要中间转换过程，其动态响应性能和定位精度都大大提高，通过和气浮配合的方式，设备的稳定性更好。通过系统集成可以实现 5 m/s 运行速度(负载 50 kg，加速度 7 $m/s^2$)、0.005 mm 定位精度的整体指标。

## 参考文献


[1] 濮良贵，纪明刚. 机械设计. 7 版. 北京：高等教育出版社，2001.

[2] 孔庆华，刘传绍. 极限配合与测量技术基础. 上海：同济大学出版社，2002.

[3] 周忠，汪凯. GB/T1184—1996 形状和位置公差未注公差的规定. 北京：中国标准出版社，1997.

[4] 刘振幅，等. JJG117—2005 岩石平板检定规程. 北京：中国标准出版社，2005.

# 航空航天紧固件材料的选用

陈佃峰　孔艳霞　夏杰　李雨顺

（东方蓝天钛金科技有限公司，山东·烟台，264003）

**摘要**：航空航天飞行器紧固件结构形式多、材料种类多、使用环境复杂苛刻。紧固件作为紧固连接应用最广的连接件，其选择的好坏直接决定了飞行器的安全可靠。材料的选择是紧固件设计选用的第一步，也是最重要的一步，既要考虑连接部位的力学特性，又不能影响连接的功能特性。对紧固连接，在众多的材料中如何选择正确的材料去满足设计需求，是一件非常繁杂的工作，本文提供的是简单选择紧固件材料的基本知识，设计者并不需要是一个老练的冶金师，他的责任是评估出紧固件的预定工作环境，然后确定满足要求的紧固件应有的设计参数。

**关键词**：紧固件；材料；设计选用

## 1　概　述

紧固件是工业装备实现具体功能的构件，又称连接件或标准件。但在以航空航天装备为代表的高端装备中，往往以功能结构件出现，是产品功能实现的不可或缺的构件。据统计，一架典型的单通道支线客机（C919、A320、B737、MC－21 等）使用的紧固件就有数万类上百万件；一发火箭有数万种、数十万件紧固件，大推力火箭的使用数量更是达到了上百万件，其中涉及材料种类多、结构形式多、规格品种多。特别是进入 21 世纪以后，以复合材料为代表的新材料在航空航天装备上的应用成为衡量飞行器先进性的标志，而以复合材料连接为代表的新的连接需求的出现，对新型紧固连接的设计制造带来了巨大的挑战。紧固件的设计与选型直接关系型号的成败，成为影响型号发展的重要因素。

紧固件产品的选用设计涉及到目标飞行器的安全、经济、寿命与质量。紧固件产品基本具有如下三个特性：

### 1.1　物理特性

物理特性是原材料的一种内在属性，它在制造紧固件的过程中不变或者仅有很小的改变，如：密度、热膨胀系数、电阻、热传导率、透磁性等，这些因素往往是紧固件选择的决定性因素。

### 1.2　机械特性

机械特性是对外加负载的反应，其主要取决于原材料，但由于紧固件产品的结构、加工方法和热处理制度的不同，其性能又区别于原材料，抗拉强度、屈服强度、硬度和延展性等特性都有较大区别。原材料的选择建立在物理特性的平台上，最终紧固件的综合特性在产品结构设计与制造工艺作用上形成。

### 1.3 功能特性

功能特性是紧固件满足各种工况的功能设计，它在制造过程中得以体现，如：自锁性能、密封特性、摩擦系数等特性是在对其外型制造和尺寸控制的过程中获取的。

紧固件的一般选用步骤如下：

① 在设计指标确定后，第一要务选择满足环境要求的材料的选择；

② 满足装配需求的几何结构；

③ 满足寿命和使用要求的表面处理的选择；

④ 综合考虑减重和结构承重的要求，进行设计选型的优化。

## 2 材料的选择原则

材料的选择是紧固件设计选用的第一步，决定了紧固件产品的物理特性，同时又不能影响其功能特性。目前航天紧固件中常用的材料有：碳钢、不锈钢、铝合金、钛合金、高温合金、铜合金等。每种材料都具有不同的使用特性，每种材料按照添加合金元素的不同，又有更多的细分材料牌号，在设计选用时需要综合考虑多重指标，在保证设计使用要求的前提下，选择性价比最高的产品。

比如，如果紧固件的主要目的是满足连接强度，那么就应当优先考虑选取钢制紧固件。

如果紧固件需要在腐蚀性的环境中工作，那么首先要考虑采用不锈钢、钛合金等耐蚀材料，并充分考虑后续的表面处理方式。

如果要求有较高的导电性能，则转用铝和铜；反之，如果主要考虑紧固件的绝缘性，那就要采用非金属材料。

如果要减轻紧固件的重量，铝制材料是首选，但如果在减轻重量的同时还要求紧固件有较高的强度，那就要考虑采用钛合金。

如果紧固件是在高温或者低温的环境下工作，就需要考虑采用不锈钢或者高温合金。

常见紧固件材料的种类及表面处理方式如表1所列。

**表1 典型材料的表面处理方式及强度区间**

| 材 料 | 典型牌号 | 典型表面处理方式 | 典型强度区间/MPa |
|---|---|---|---|
| 碳钢 | 20＃、45＃ | 镀锌 | ⩾400 |
| 合金钢 | 30CrMnSiA<br>30CrMnSiNi2A | 镀锌 | ⩽1 500 |
| | | 镀镉 | |
| | | 镀镍 | |
| | | 镀铬 | |
| | | 镀镉钛 | |
| | | 达克罗 | |
| 不锈钢 | 304/321 | 钝化 | ⩾700 |
| | 316/316L | 钝化 | ⩾700 |
| | 1Cr7Ni2 | 钝化 | |
| | 17－4PH | 钝化 | ⩽1 350 |
| | PH13－8Mo | 钝化 | ⩽1 500 |

续表 1

| 材　料 | 典型牌号 | 典型表面处理方式 | 典型强度区间/MPa |
|---|---|---|---|
| | GH2132(A286) | 钝化 | ≤1 800 |
| | GH4169(Ni718) | 钝化 | ≥1 300 |
| | | 镀银 | |
| | GH738(Waspalloy ) | 钝化 | ≤1 355 |
| | | 镀银 | |
| | GH159(MP159) | 钝化 | ≤1 357 |
| | | 镀银 | |
| 钛合金 | TC4/TC16/TB3/TB8 | 阳极化 | ≤1 500 |
| | | 喷涂铝 | |

特别要注意的是碳钢、合金钢类零件在电镀表面处理时产生的氢脆问题，目前该工艺为在很多型号中为禁限用工艺。

## 3　典型材料指标

### 3.1　强　度

它是唯一的不需要紧固件提供或传递一些外部载荷的工作要求。当仅考虑紧固件的强度时，无须选择钢之外的其他材料。钢是目前最为经济且通用的材料。

碳钢是紧固件中最常用的紧固件，也是成本最低的紧固件，航空航天常用的有 8.8 级、10.9 级、12.9 级的产品；而一些超高强度材料的紧固件可以达到 1 500 MPa 甚至更高。目前随着型号的技术性能的提升，其主承力紧固件选用的强度基本都在 1 100 MPa 以上。

奥氏体、铁素体和马氏体三种基本类型的不锈钢，它们分别具有明显不同的强度特性。在奥氏体类型中，如 304、316 和 321 型(1Cr18Ni9Ti、0Cr18Ni9 等)，它们是不可热处理的。但是，这种材料制成的紧固件可以通过冷加工和拉拔硬化技术来改善强度。此种类型的紧固件退火后的抗拉强度为 500 MPa，而经过冷加工处理后的抗拉强度可以上升到 700 MP，而当采用拉拔硬化技术时，其强度可达 850 MPa。

从数量上看，铝制紧固件是飞行器中使用最多的紧固件产品，主要是铆钉类产品。铝制紧固件相对强度值较低，但它们的质量很轻，有较高的强/质比；在大多数环境中有着良好的耐腐蚀性，以及极为优秀的热、电传导率。航空航天飞行器中的大部分安装用铆钉都采用铝合金制造。铝合金的抗拉强度由纯铝的 100 MPa 起，到目前广泛使用以制造紧固件的 2024 和 7075 型铝合金的 400 MPa 不等，但很少有超过 400 MPa 的。

对于铜基合金(黄铜和青铜)，不能进行热处理强化。铜制紧固件强度的改善仅能通过对其原料的冷加工获得。但是，由于许多铜合金在成型之后要马上进行应力释放以消除脆性，它们的强度通常与那些基本合金相当。典型的抗拉强度范围由黄铜(Naval Brass)的 340 MPa 起到铝青铜的 720 MPa 不等。

高温合金有着极佳的强度特性和良好的防腐性以及韧性，又称超级合金，常用的铁基、镍基和钴基合金，使用成本是也铁基最低、镍基居中，而钴基最高。它们在高温或者低温下，有着其他合金无法比拟的功能特性，比如在液氢液氧环境、高温压气机等环境。在航天紧固件中，最常用的GH4169(Ni718)型合金,其热处理后强度可以达到1 300 MPa以上,如果在进行大变形量的冷拉处理后,其强度可以达到1 500 MPa以上。

钛合金具有极高的强质比和防腐蚀能力,在航空航天航海中具有广泛的应用。并且随着飞行器复合材料的大量使用,其与复合材料电位相近,使其使用量大幅增长。它优越的性能弥补了价格昂贵的不足,典型钛合金TC4(Ti-6Al-4V)制成的螺栓抗拉强度可达1 100 MPa,而另外一些材料(TB8等)则有可能达到1 300 MPa以上甚至更高。

有许多有效的理由认为非金属材料是工程应用原料理想的选择。但事实上它们却被用得很少,原因在于它们的强度。与那些金属材料比起来,塑料制的紧固件还不够结实。

### 3.2 腐 蚀

腐蚀是金属在其工作环境中逐渐变质的一种现象。腐蚀是潜移默化地进行的,它造成了大量浪费,而且控制腐蚀的花费极高。腐蚀是导致紧固件失效的直接原因之一,在选用时不但要考虑环境因素,还要考虑与被连接材料之间的电位腐蚀。

在做紧固件的应用分析时,首先要考虑的问题之一即是——紧固件将会在什么样的环境中工作?紧固件是否有受到腐蚀的可能?答案很少是否定的。这就要求我们去识别紧固件的暴露特点,预期可能出现的后果,并给出有效的对策。由于腐蚀现象的重要性:不光是暴露在空气中的腐蚀,还有电解腐蚀、高温氧化腐蚀,压力脆化腐蚀等多种腐蚀。

钢制紧固件的电镀层或涂层在其暴露在空气中时能起到很好的保护作用。一般来说,电镀层或涂层越厚,防护的效果就越好。但随着紧固件强度的增加,它们对应力腐蚀脆化的敏感性也增加了,同时电镀时产生的氢脆问题,也是一个令人头疼的问题,因此公司目前将钢制零件的电镀作为禁限用工艺之一。

在更严重的腐蚀环境中,例如海洋运输中,即使是电镀过或者有涂层的钢,也不可能完全适用。这便需要考虑不锈钢或者非铁合金了。在大多情况下,它们都会起到必要的抗腐蚀作用。腐蚀可以来自多种途径,通常抗腐蚀的有效对策有几种有效选择,任何一种类型的腐蚀都是设计者不应当忽略或者随意处理的。设计者应当仔细思考问题,当对最佳方案有任何疑问时,应当向有经验的冶金师请教。

### 3.3 高 温

大多数材料对温度都是敏感的,并且它们的特性随温度的升降而改变。温度上升对紧固件的主要影响是导致其强度性能的下降。当温度足够高时,大概260 ℃左右时,其他问题开始出现:包括镀层被破坏、高温氧化和/或高温腐蚀、膨胀系数失调、粘连和磨损。

几乎没有一种非铁制材料可以适应高温的工作环境,非金属材料则更不在考虑范围之内。当工作温度达到230 ℃时,比较经济的是中碳钢和超耐热不锈钢紧固件。当温度超过了230 ℃而达到465 ℃左右时,就应当选用铁基耐热合金(GH2132/A286等)。当温度更高时,且对强度要求比较高时,就需要考虑镍基(GH4169/Inconel718)和钴基(GH159/MP159)等合金。在高温下,金属除了强度的下降,最严重的问题就是镀层和涂层的松脱了。比如,常规的镉镀层在超过230 ℃的温度下就会开始熔化。在更高的温度下,采用高含量镍的镀层可以有效地提高产品的防腐效果,重要的是,它还可以起到润滑的作用。温度到465 ℃以上至760 ℃左右时,银镀层可以起到很好的防护作用。温度如果更高,就难以找到可以坚持足够长时间而不失效的镀层了。

### 3.4 低 温

在我国北方的冬天，气温有时会跌至－35 ℃。这时大多数金属紧固件的功能是能够满足应用的。但长期暴露在零摄氏度以下的环境中，紧固件的特性会有所改变。一般情况下，随着温度的降低，大多数金属的抗拉、屈服，抗剪强度都会有所上升，但延展性和韧性却都有所下降，这让紧固件变得很脆。因此，如低碳钢一类对缺口很敏感的金属是不适合应用于低温环境的。

目前常用的低温合金有300系列的奥氏体不锈钢和GH4169(Ni718)型合金，它们在低温的情况下，随着强度的升高，其延展性和韧性也能满足设计要求，在中低强度可以选用300系列的不锈钢，高强度可以选择GH4169材料。

## 4 常用紧固件材料简介

### 4.1 不锈钢

不锈钢是铁制合金的一族，每种的铬含量都超过了12%。铬，是一种抗腐蚀成分，因此所有的不锈钢都有较强的抗腐蚀性。一般来说讲，铬的含量越高，抗腐蚀性越好。

所有的不锈钢除了含有铁和铬的成分外，还含有碳，只不过碳的含量很低而且是被严格控制。碳和铬结合，会形成碳化物，使得其中的铬成份对抗腐蚀能力形成的作用变得非常微小。不锈钢之所以能不锈，是因为在其暴露的表面上会自动生成一层很薄的以至于肉眼看不见的氧化层。氧化层是非活性的，能够阻止内部被进一步氧化。

在紧固件的制造过程中，特别是在锻造和机械加工中，紧固件的表面会从加工工具或者钢模上划落的微小钢粒弄污。如果随后进行热处理，那么表面就有可能被加入其他成分。如果这样的紧固件未加清理就暴露在工作环境中，它们就会因嵌入表面的杂质而生锈。因此，在实际应用中，所有的不锈钢都把“钝化”作为最后的一道完成工序。

钝化，是指将紧固件浸泡在硝酸溶液中的一种清洗工艺。当紧固件取出时，其表面再次生成氧化层，但没有了嵌入其中的小颗粒。为了能有良好的防腐性能和外观，不锈钢紧固件必须做钝化处理。

不锈钢合金一般分为三类：奥氏体、马氏体和沉淀硬化不锈钢。每一种不锈钢都与其他两种不锈钢有着明显的性能区别：

#### 4.1.1 奥氏体不锈钢

常用的奥氏体不锈钢主要是“300系列”(0Cr18Ni90、304、316、321等)。作为一个大类，奥氏体不锈钢比沉淀硬化不锈钢和马氏体不锈钢有更好的防腐性能，不能进行热处理强化，可以通过冷加工改善其强度。它们在极低的温度下仍然有着良好的强度特性和韧性，其是不可磁化的。

目前不锈钢紧固件大约80%采用奥氏体不锈钢制造。虽然奥氏体不锈钢有25种或者更多的标准成分，并且具备相当多甚至更多的功能特性，但常用的仅有以下3类：

304类(含18%～20%的铬，8%～10.5%的镍，MAX0.08%的碳)是一种受控低碳类合金，按照GB3098.6中的规定，其属于A2组系列。相对较高的铬含量改善了它的抗腐蚀特性。它的冷热锻性能俱佳，通常在制造加工过程中必须加热的大型螺母的制造中采用。大多数其他类型的奥氏体不锈钢在冷加工时有着微小的可磁化性,因此必须进行退火以使其完全不可磁化。

316型合金(含16%~18%的铬,10%~14%的镍,2%~3%的钼,MAX0.08%的碳),其中的钼成分让钢具有了较高的抗表面腐蚀能力,从而大大改善了钢的抗腐性能,按照GB3098.6中的规定,其属于A4组不锈钢。316合金在高湿高盐环境中比304系列合金有更优异的防腐性能。

321型合金(含17%~19%的铬,9%~12%的镍)是经过稳定化处理的奥氏体不锈钢,321型合金的稳定化处理用钛金属,退火消除了渗碳物的析出,因此也消除了晶粒间腐蚀。

#### 4.1.2 马氏体不锈钢

马氏体不锈钢是铁铬合金——含12%~17%的铬,碳含量较高,是可热处理强化的不锈钢,但马氏体不锈钢的抗腐蚀性能不像奥氏体不锈钢那么好。但是,经过热处理之后,它们在暴露在大气或者海洋中的环境中都展示出了良好的性能。在600 ℃的高温下,它们的强度仍非常可靠。尽管如此,当它们暴露在零摄氏度以下的气温中时,会丧失韧性。马氏体不锈钢在所有情况下都是可以被磁化的。

#### 4.1.3 沉淀硬化型不锈钢

有近5%的不锈钢紧固件采用沉淀硬化型不锈钢制造,并且这种不锈钢的应用面还在增长。这种材料有着如奥氏体不锈钢钢一样优越的抗腐蚀特性、高温下良好的功能特性以及如马氏体不锈钢一样的强度特性。

17-4PH不锈钢(含15.%5~17.5%的铬,3%~5%的镍,0.07的碳MAX,1.15%~45%钶加钽),是制造沉淀硬化型不锈钢紧固件中应用得最广泛的一种材料,它有着优越的延展性和强度特性,经过热处理后的强度可以达到1 100 MPa,是取代12.9级钢制螺栓的理想材料。

不锈钢紧固件并非不会受到应力脆化现象的影响,虽然它不像高强度碳钢那么敏感,但失效状况确实会发生。奥氏体不锈钢紧固件很少有应力脆化的问题,但有时高强度马氏体不锈钢紧固件却会出现这样的问题,这由它的暴露特性和载荷量决定。

### 4.2 铝合金

铝一直是轻的代名词,随着工程中越来越强调通过减轻质量来保持能量,铝的使用量注定要增长。同规格的铝制紧固件与钢制紧固件质量相比,质量轻2/3,且具有较高的比强度。铝是不可磁化的,热电传导性很好,约为同体积下铜传导性能的2/3。在正常环境下,铝有足够的抗腐蚀能力,而且当预计的暴露环境很恶劣时,它的抗腐蚀能力可以通过阳极处理得到极大地改善。阳极处理是一种在金属表面形成氧化膜的电加工工艺。阳极处理不仅增强了抗腐蚀的能力,同时还增强了对磨损和划伤的保护能力。阳极镀层出于装饰和辨认的目的有着许多种颜色。在大气腐蚀中,铝在表面形成一层淡灰色的氧化膜。这些腐蚀产物不会污染铝的表面,或者蔓延到毗邻的表面上,它和其他许多金属在腐蚀作用下的表现在这一点上不一样。

纯铝的抗拉强度约为1 000 MPa,增加少量合金元素而极大提高强度是可能的。经热处理后,对2000系、6000系、7000系的铝合金的强度有很好的作用。虽然铝合金的牌号种类有很多,但常用的有如下几种:

2024-T4型铝合金(含4.5%的铜,1.6%的锰,1.5%的镁,其余为铝),它在强度、抗腐蚀性、制造性、经济性的结合上达到了完美的平衡,广泛地应用于螺纹紧固件的制造。

用 7075 - T73 型铝合金(含 1.6%的铜,2.5%的锰,0.3%的铬,其余为铝)制成的螺栓、螺钉和双头螺栓在强度上有了微小的提高,而且由于“T73”特殊的热处理工艺,使它能在很大程度上阻止应力腐蚀的发生。

## 4.3 钛合金

钛作为一种工程材料,是在过去的 50 年中发展起来的。这看起来是一段很长的时间,但事实上,作为工程材料来讲,这个时间还相对较短。钛最吸引人的特性在于它们极高的强-质比。它们的质量只有同体积钢的 57%,强度却可以和经过热处理的铁碳合金相媲美。

钛合金在恶劣的环境下展示出了优越的抗腐蚀性能,这也是它应用于化工设备制造的主要原因。它有较好的高低温特性、不可磁化性和较低的热传导系数和热膨胀系数。钛合金是以钛为基加入其他元素组成的合金。钛有两种同质异晶体:钛是同素异构体,有 α、β 钛两种。利用钛的上述两种结构的不同特点,添加铝、钒等其他元素,使其相变温度及组织含量改变而得到不同的性能,但是钛的加工难度非常高,而且在螺纹紧固件的安装和锁紧时,螺纹容易擦伤或卡死。

纯钛是不可热处理的,一般用来制造铆钉或者垫圈。

TC4(Ti - 6Al - 4V)是全球范围内使用量最大的钛合金材料,其经过固溶时效热处理后其抗拉强度可以达到 1 100 MPa,完全可以替代 12.9 级的钢制紧固件。同时由于其和碳纤维复合材料具有相近的电位差,其连接不存在电位腐蚀问题。在航空航天器上,随着复合材料用量的增大,其 TC4 钛合金选用的比例也随着增大。但是需要引起注意的是,当直径规格大于 0.75 in(19 mm)的 TC4 紧固件,其强度指标需要下调,基本为 1 000 MPa,主要原因是在大直径 TC4 固溶水淬时,容易冷却不及时,产品质量一致性不能保证。

## 4.4 高温合金

高温合金不锈钢材料的一种,又称超级合金,它的性能远远超出了那些制造紧固件时常用的普通材料。高温合金有着超强的强度特性,在极高温度下的稳定性和部分极底温度下功能特性。

除了与一些螺纹紧固件相关的机械性能外,超耐热不锈钢还将紧固件工程引入了一个全新的性能领域——蠕变、应力破裂、应力松弛、切口敏感性、高温氧化、热膨胀和热疲劳。

常用的高温合金材料有:铁基 GH2132、镍基 GH4169、钴基 GH159 等。

GH2132(A286)铁基高温合金,具有较高的屈服强度和持久、蠕变强度,适合制造承力部件,如涡轮盘、压力机盘、转子叶片和紧固件等。其常用使用温度在 425 ℃,经过热处理后,抗拉强度可以达到 1 100 MPa,且不需要进行电镀防护,也是一种替代 12.9 级电镀螺栓的理想材料,其产品成本相对钛合金较为便宜,但是比重与钢制产品相当。

GH4169(Inconel718)是镍基高温合金,是使用范围最广的“超级合金”,在 -253～700 ℃ 温度范围内具有良好的综合性能,该材料经过冷拉变形及时效热处理后,其抗拉强度可以达到 1 500 MPa 以上,且不存在电镀等问题,是超高强度紧固件、高低温紧固件产品的首选。

GH159(MP159)是钴基高温合金,该合多金具有超高强度、良好的塑韧性和高的应力腐蚀抗力等综合性能,该合金是超高强度紧固件的首选,其抗拉强度可以达到 1 900 MPa。

## 参考文献

[1] 高岩. 高端紧固件紧固工艺技术研究[D]. 大连:大连理工大学,2016.
[2] 谢仔新. 基于GM标准的高强度汽车紧固件复合热处理生产技术研究[D]. 杭州:浙江工业大学,2013.
[3] 赵树萍,吕双坤. 钛合金在航空航天领域中的应用[J]. 钛工业进展,2002(6):18-21.
[4] 李世洪. 经常拆装钢紧固件区域腐蚀防护改进探讨[J]. 南方农机,2017(16).
[5] 周晓东. 电镀工艺条件对镀锌板性能影响的研究[D]. 沈阳:东北大学,1999.
[6] 马军. 不锈钢的特性及应用和发展[J]. 中国化工贸易,2012(12):154-154.
[7] 张占元. 浅谈飞机重量与标准件[J]. 航空标准化与质量,2001(4):10-12.
[8] 李维荣. 螺纹紧固件防松技术和试验方法研究[D]. 合肥:合肥工业大学,2005.

# 一种参数可变的 $I^2S$ 数字音频传输格式的实现方法

薛沛祥　缪国锋　唐丽萍　陈庆磊
（中电科仪器仪表有限公司，山东·青岛，266555）

**摘要**：$I^2S$，集成电路内置音频总线，是数字音频设备之间音频数据传输常用的一种总线标准，其分为左对齐、右对齐、标准 $I^2S$ 总线三种模式。为满足型号各异的数字音频设备的测试需求，音频测试设备需要产生不同采样频率、不同字长和不同位数的 $I^2S$ 标准的数字音频激励信号。基于 DDS 时钟芯片和 FPGA，本文提出了一种采样频率（$f_s$）可变、音频数据字长（WordLength）可变，音频数据位数（Resolution）可变的 $I^2S$ 数字音频传输格式的实现方法，音频测试设备可输出左对齐、右对齐、标准 $I^2S$ 总线的数字音频激励信号，并可以任意设置音频数据的采样频率、字长和位数。

**关键词**：$I^2S$；左对齐；右对齐；数字音频；FPGA

$I^2S$(Inter－IC Sound Bus)，又称为集成电路内置音频总线，是飞利浦公司为数字音频设备之间的音频数据传输而制定的一种总线标准，其广泛应用于音频设备之间的音频数据传输。根据总线协议中数据位（SDATA）相对于帧时钟（LRCK）和位时钟（BCLK）的位置不同分为左对齐、右对齐、标准 $I^2S$ 总线三种模式。基于 DDS 时钟芯片和 FPGA，本文提出了一种采样率（$f_s$）可变，音频数据字长（WordLength）可变，音频数据位数（Resolution）可变的 $I^2S$ 数字音频传输格式的实现方法。

## 1　$I^2S$ 音频总线介绍

$I^2S$ 音频总线主要有以下 4 个信号。

① BCLK：串行时钟，也叫位时钟，即对应数字音频的每一位数据，BCLK 都有 1 个脉冲，BCLK 的频率＝2×采样频率（$f_s$）×音频数据字长（WordLength）；

② LRCK：帧时钟，用于切换左右声道的数据，LRCK 的频率＝采样频率（$f_s$）；

③ SDATA：串行数据，也就是用二进制补码表示的音频数据；

④ MCLK：主时钟，也就是系统时钟，为了系统之间能够更好的同步，MCLK 的频率＝256 或者 384×采样频率（$f_s$），256、384 是倍频数（Mult）。

根据 SDATA 数据相对于 LRCK 和 BCLK 的位置不同分为：左对齐格式、右对齐格式和 $I^2S$ 格式，下面以时序图为例说明上述几种格式。

### 1.1　左对齐格式

如图 1 所示是 BCLK 极性为上升沿时左对齐格式的时序图，数据 SDATA 在 BCLK 的上升沿有效。LRCK 的频率等于 $f_s$，其每周期传送左右声道的数据各一次，即一帧数据；BCLK

的频率＝2×$f_s$×WordLength，每周期 LRCK 包含（2×WordLength）个 BCLK；LRCK 的跳变发生在 BCLK 的下降沿，SDATA 的最高位（MSB）在 LRCK 有效后的第一个 BCLK 上升沿有效（BCLK 极性为上升沿），并依次传输剩余有效位，直至最低位（LSB）。图 1 中 SDATA 的有效位数 $n$＝音频数据位数（Resolution），Resolution≤字长（WordLength）；BCLK 的极性也可以设置为下降沿，如图 2 所示。

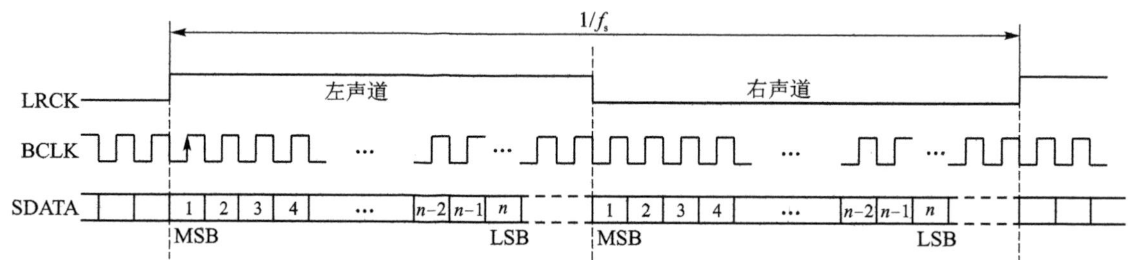


**图 1 左对齐格式时序图（BCLK 极性为上升沿）**

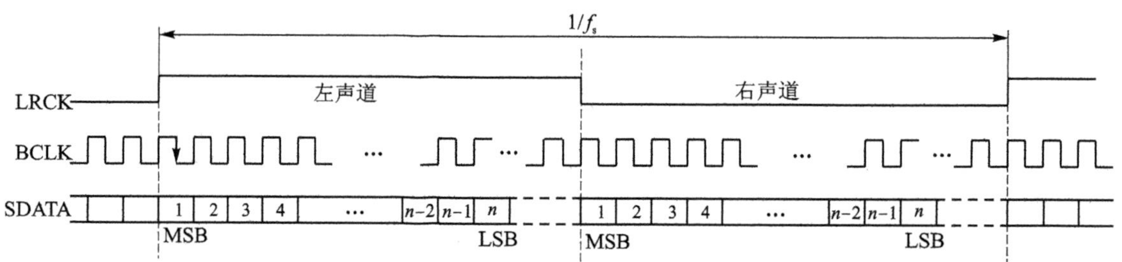


**图 2 左对齐格式时序图（BCLK 极性为下降沿）**

## 1.2 右对齐格式

如图 3 所示是 BCLK 极性为上升沿时右对齐格式的时序图。右对齐和左对齐的区别在于 SDATA 的传送时机不同，在右对齐格式中，SDATA 的最高位（MSB）在 LRCK 有效后的第 WordLength－Resolution 个 BCLK 的上升沿传输，在 LRCK 跳变前的最后一个 BCLK 传输完最低位（LSB）。同样的右对齐中 BCLK 的极性也可以设置为下降沿。

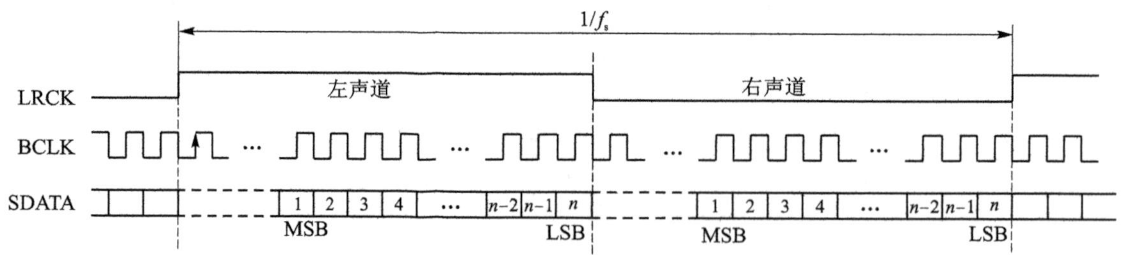


**图 3 右对齐格式时序图（BCLK 极性为上升沿）**

在时序图上，左对齐格式中有效数据靠近 LRCK 的左边跳变沿开始传输，右对齐格式中的有效数据靠近 LRCK 的右跳变沿结束传输。

### 1.3 I$^2$S 格式

如图 4 所示是 BCLK 极性为上升沿时 I$^2$S 格式的时序图。其时序图和左对齐类似，唯一不同是 SDATA 的传输时机比左对齐格式延迟一个 BCLK。在 I$^2$S 格式中 BCLK 的极性也可以设置为下降沿。

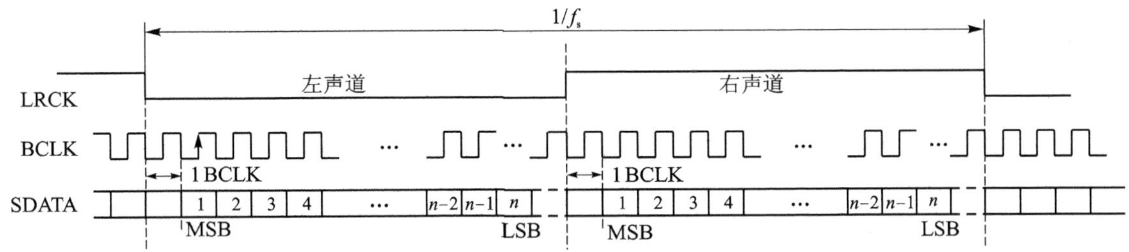


图 4 I$^2$S 格式时序图(BCLK 极性为上升沿)

根据上述时序图和主时钟 MCLK 等的论述，可以得知 LRCK、BCLK、MCLK、Mult(倍频数)和 $f_s$(采样率)在频率上有如下关系：

$$BCLK = LRCK \times WordLength \times 2 = f_s \times WordLength \times 2$$

$$MCLK = LRCK \times Mult = f_s \times Mult$$

$$MCLK = BCLK \times Mult / (WordLength \times 2)$$

## 2 实现方式

本文所述的采样率可变、字长可变和音频位数可变的数字音频格式，在硬件上主要有 DDS 芯片 AD9851 和 FPGA 实现，原理框图如图 5 所示。

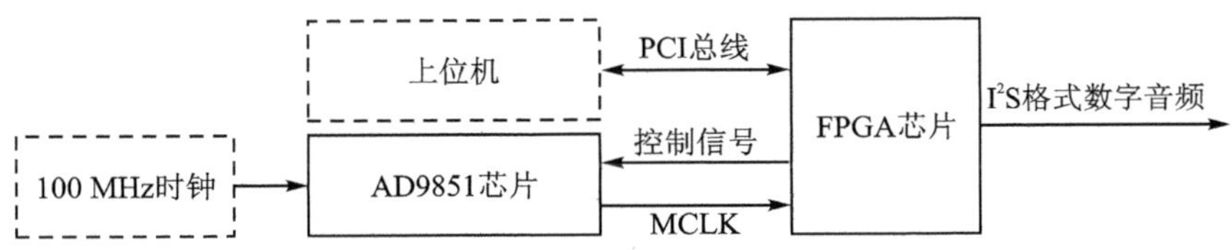


图 5 I$^2$S 格式数字音频实现原理框图

上位机通过 PCI 总线将左对齐、右对齐、I$^2$S 格式和采样频率($f_s$)、音频数据字长(WordLength)、音频数据位数(Resolution)等用户设置的数字音频格式参数，以及数字音频信号的波形类型、频率、幅度等信号参数传送给 FPGA 芯片，FPGA 根据上位机的数字音频格式参数，计算出系统时钟(MCLK)的频率，并改变 AD9851 的控制信号，使 AD9851 输出所需频率的 I$^2$S 总线的系统时钟(MCLK)。

在 FPGA 的代码逻辑中，根据上位机设置的 WordLength、Resolution 等参数，对 MCLK 进行分频得到帧时钟和位时钟的中间值 lrck 和 bclk，以 lrck(频率同 $f_s$)为驱动，并根据上位机设置的波形类型、频率和幅度等信号参数产生相应的 24 位数字音频信号数据 data；lrck、bclk 和 data，以及上位机设置的格式、BCLK 等参数共同驱动数字音频格式产生模块，产生相应格式的数字音频信号，输出 LRCK、BCLK 和 SDATA 信号，整个流程如图 6 所示。

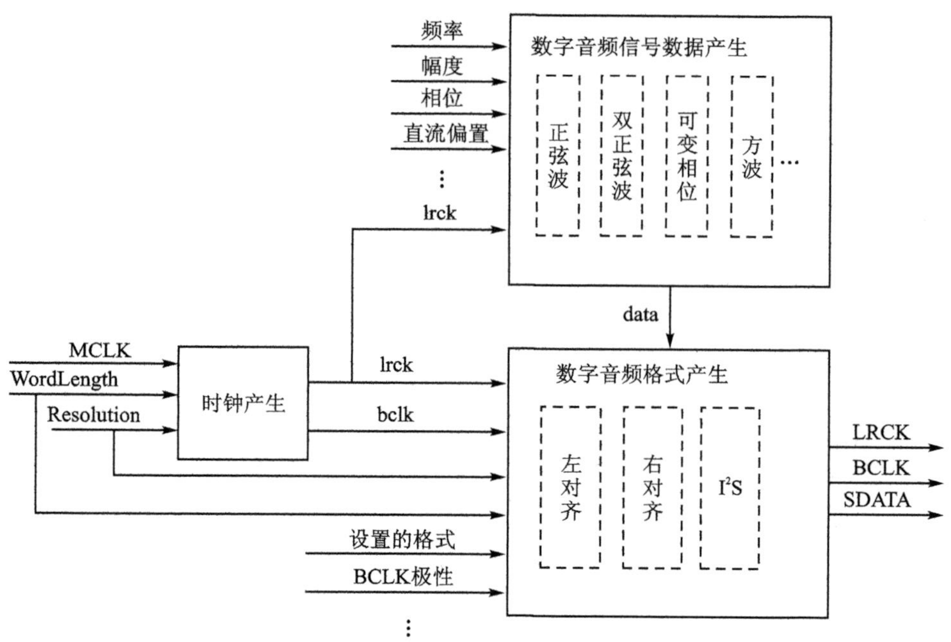


图 6　FPGA 代码逻辑功能框图

## 3　FPGA 代码逻辑实现方式

在图 6 所示的 FPGA 内部代码逻辑功能框图中，数字音频信号数据产生部分，本文不展开论述，重点论述时钟产生和数字音频格式产生。下面是时钟产生和数字音频格式产生的源码，源码使用 Verilog 语言编写，该源码在 vivado 2016.3 版本中编写并编译通过，所用 IP 核支持该软件版本及以上版本。

### 3.1　端口定义

```
input           lreset,                 //全局复位时钟
input           MCLK,                   //输入的主时钟信号
input [1:0]     Foramt,                 //左对齐、右对齐和 I²S 等音频格式选择
input [5:0]     WordLength,             //字长设置 8～32 位之间
input [4:0]     Resolution,             //音频位数(分辨率/比特)8～24 位之间
input           BCLK_Edge,              //位时钟沿选择
input [10:0]    Mult,                   //倍频数，最大是 1024，
input [31:0]    DataL_In,               //输入的左通道(通道 0)的数据
input [31:0]    DataR_In,               //输入的右通道(通道 1)的数据
output          LRCK,                   //输出的帧时钟
output          BCLK,                   //输出的位时钟
output          SDATA,                  //串行输出的数据
output          MCLK_OUT,               //主时钟 MCLK 输出

wire [7:0]      cnt_WLx4;               //字长 WordLength 乘以 4
wire [10:0]     ratio_MCLK_div_BCLK;    //BCLK 相对于 MCLK 的分频比
```

```
reg [10:0]    cnt_MCLK;          //MCLK 分频的计数值
reg [5:0]     cnt_BCLK;          //BCLK 分频的计数值
reg           lrck_tmp;          //LRCK 的中间变量
wire          bclk_tmp;          //BCLK 的中间变量
wire          nbclk_tmp;         //BCLK 的取反变量
```

## 3.2　产生 bclk

```
assign        MCLK_OUT = MCLK;
assign        cnt_WLx4 = {1'b0,1'b0,Word_Length}<<2;
wire  [23:0]  m_axis_dout_tdata ;
assign        ratio_MCLK_div_BCLK  = m_axis_dout_tdata[18:8] ;
Div_Ratio     MCLK_div_BCLK (
                    .aclk(MCLK),
                    .s_axis_divisor_tvalid(1'b1),
                    .s_axis_divisor_tdata(cnt_WLx4),
                    .s_axis_dividend_tvalid(1'b1),
                    .s_axis_dividend_tdata({5'b00_000,Mult}),
                    .m_axis_dout_tvalid(),
                    .m_axis_dout_tdata(m_axis_dout_tdata)
                   );// 使用除法 IP 核实现 Mult /(WordLength×4)
reg bclk_reg;
always @(posedge MCLK) //由 MCLK 分频产生 BCLK
begin
    if(lreset)
        begin
            bclk_reg    <= 1'b0;
            cnt_MCLK   <= 11'b0;
        end
    else
        begin
            if(cnt_MCLK >= ratio_MCLK_div_BCLK  - 11'b1)
            begin
                cnt_MCLK <=  11'b0;
                bclk_reg <= ~ bclk_reg;
            end
        else
        cnt_MCLK <= cnt_MCLK  + 11'b1;
    end
end
assignbclk_tmp = bclk_reg;
```

## 3.3　产生 lrck

```
always @(posedge bclk_tmp)// BCLK 分频产生 LRCK
begin
    if(lreset)
```

```
        begin
            lrck_tmp <= 1'b0;
            cnt_BCLK <= 6'b0;
        end
      else
        begin
          if(cnt_BCLK>= Word_Length - 6'b1)
              begin
                  cnt_BCLK <= 6'b0;
                  lrck_tmp <= ~ lrck_tmp;
              end
            else
              Cnt_BCLK<= Cnt_BCLK + 6'b1;
        end
end
```

## 3.4 左对齐格式

```
wire   Data_LJ;          //
wire   Data_LJ_L;        //左对齐格式 左通道的数据
wire   Data_LJ_R;        //左对齐格式 右通道的数据
wire   LRCK_LJ;          //左对齐格式的帧时钟
assign LRCK_LJ           = lrck_tmp;
assign Data_LJ_L         = (cnt_BCLK>= Resolution)? 1'b0:DataL_In[Resolution- cnt_BCLK - 6'h1];
assign Data_LJ_R         = (cnt_BCLK>= Resolution)? 1'b0:DataR_In[Resolution- cnt_BCLK - 6'h1];
assign Data_LJ           = LRCK_LJ? Data_LJ_L:Data_LJ_R;  //将左右通道数据通过帧时钟选择输出
```

## 3.5 I²S 格式

```
reg  Data_I2S;
wire LRCK_I2S;                      //I²S 格式的帧时钟
always @(posedgebclk_tmp)
    Data_I2S <=   Data_LJ;          //I²S 格式的数据比左对齐格式的数据延后一个位时钟周期
assign LRCK_I2S = ~LRCK_LJ;         //I²S 格式的帧时钟极性和左对齐格式的帧时钟相反
```

## 3.6 右对齐格式

```
wire   Data_RJ;
wire   Data_RJ_L;                   //右对齐格式左通道的数据
wire   Data_RJ_R;                   //右对齐格式右通道的数据
wire   LRCK_RJ;                     //右对齐格式的帧时钟
assign LRCK_RJ = lrck_tmp;
    assign Data_RJ_L = (cnt_BCLK<Word_Length - Resolution)? 1'b0:DataL_In[WordLength - cnt_BCLK -
6'h1];
    assignData_RJ_R = (cnt_BCLK<Word_Length - Resolution)? 1'b0:DataR_In[WordLength - cnt_BCLK -
6'h1];
    assign Data_RJ = LRCK_RJ? Data_RJ_L:Data_RJ_R;  //将左右通道数据通过帧时钟选择输出
```

## 3.7 各种格式信号归一处理

```
assignnbclk_tmp = ~ bclk_tmp;//
assign BCLK = (BCLK_Edge)? nbclk_tmp: bclk_tmp;//位时钟沿选择
assignLRCK = (Foramt == 2'b00)? LRCK_LJ:((Foramt == 2'b01)? LRCK_RJ:((Foramt == 2'b10)? LRCK_I2S: 1'b0);//通过设置的不同对齐格式,选择 LRCK 的源信号
assignSDATA = (Foramt == 2'b00)? Data_LJ:((Foramt == 2'b01)? Data_RJ:((Foramt == 2'b10)? Data_I2S:1'b0);//通过设置的不同对齐格式,选择 SDATA 的源信号
assign sample_rate_clk = LRCK;
//将 LRCK 输出,用于读取音频信号数据,上升沿读左通道的数据,下降沿读右通道的数据
```

代码实现的思路是:根据 LRCK、BCLK、MCLK 和 Mult 的关系,由 MCLK 分频得到 BCLK 的中间值 bclk_tmp,再由 bclk_tmp 分频得到 LRCK 的中间值 lrck_tmp,然后再根据设置的左对齐等模式,输出对应格式的帧时钟和位时钟;左通道和右通道数据的更新分别发生在 lrck_tmp 的上升沿和下降沿。

# 4 FPGA 代码运行结果

根据图 6 所示的功能框图,以及上一节的代码,在某音频分析仪中的 Xilinx 公司 K7 系列 FPGA 中实际运行该代码,并使用开发工具 Vivado2016.3,获取了 FPGA 代码实际运行时的时序图,以字长 32 位,音频数据位数 24 位为例。

如图 7 所示为左对齐格式下,BCLK 极性是上升沿的时序图。在该 LRCK 周期内,当 LRCK 为高时,左通道数据是 24 位数据 0x80c8bb(十六进制),SDATA 的数据依次传送的是 32 位二进制数据 0b10000000110010001011101100000000,高 24 位刚好是 0x80c8bb;当 LRCK 为低时,右通道的数据亦然。

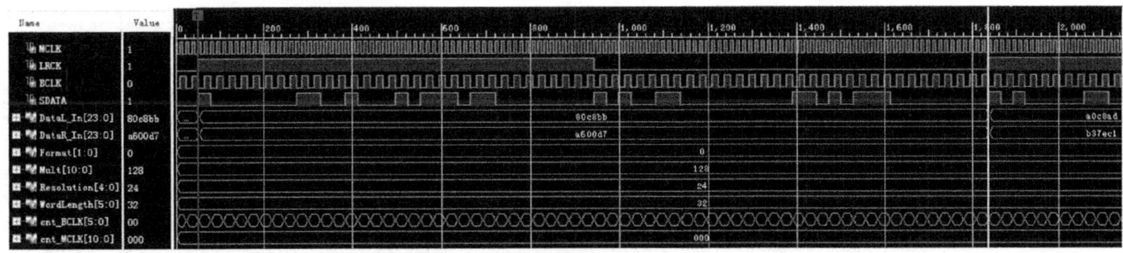


图 7　左对齐格式时序图 1

如图 8 所示为左对齐格式下,BCLK 极性是下降沿的时序图。

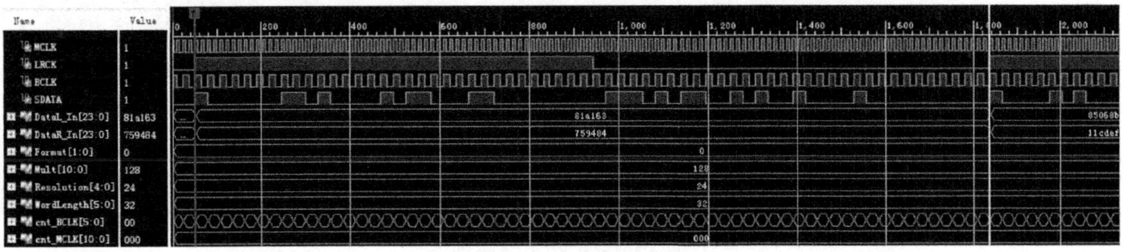

图 8　左对齐格式时序图 2

如图 9 所示为右对齐格式下，BCLK 极性是上升沿的时序图。在该 LRCK 周期内，当 LRCK 为高时，左通道数据是 24 位数据 0x5f4a6f(十六进制)，SDATA 的数据依次传送的是 32 位二进制数据 0b00000000010111110100101001101111，低 24 位刚好是 0x5f4a6f；当 LRCK 为低时，右通道的数据亦然。

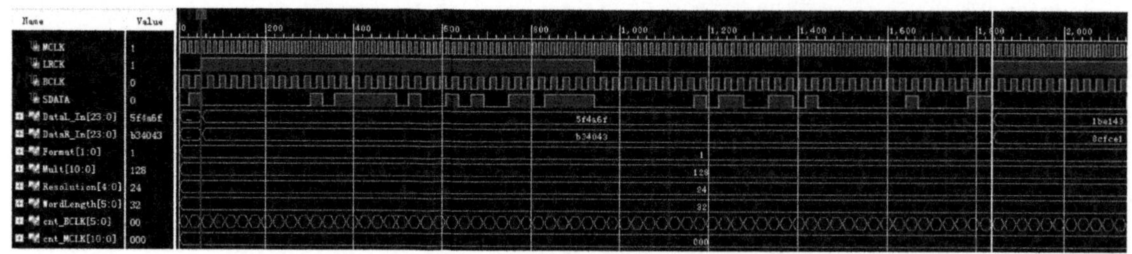


**图 9 右对齐格式时序图 1**

如图 10 所示为右对齐格式下，BCLK 极性是下降沿的时序图。

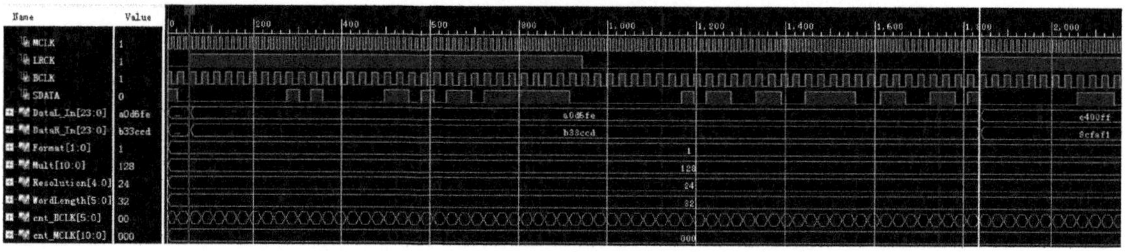

**图 10 右对齐格式时序图 2**

如图 11 是 $I^2S$ 格式下，BCLK 极性是上升沿的时序图。在该 LRCK 周期内，当 LRCK 为低时，左通道数据是 24 位数据 0x851e59(十六进制)，延迟一个 BCLK 周期，SDATA 的数据依次传送的是 32 位二进制数据 0b100001010001111001011001，高 24 位刚好是 0x851e59；当 LRCK 为高时，右通道的数据亦然。

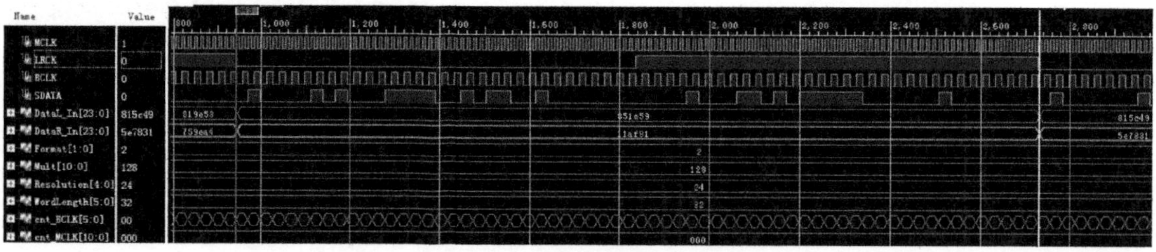

**图 11 $I^2S$ 格式时序图 1**

如图 12 所示为右对齐格式下，BCLK 极性是下降沿的时序图。

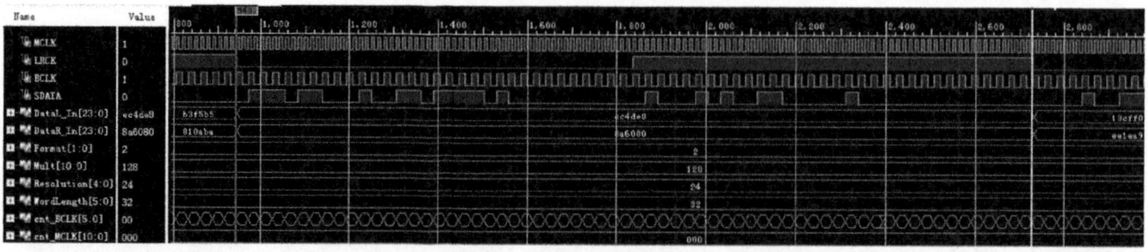

**图 12 $I^2S$ 格式时序图 2**

## 5 结 论

本文详述了 $I^2S$ 音频总线各种对齐格式的逻辑时序图和信号的逻辑关系，提出了一种基于 DDS 芯片和 FPGA 的实现方式，设计了 FPGA 的相关逻辑代码，最后对代码进行了在线仿真。从仿真结果可以看出，本文提出的方法可以实现左对齐、右对齐和 $I^2S$ 格式的音频总线，并且采样率、字长和音频数据位数可任意设置，为数字音频测试设备提供了很好的接口实现方式选择。

## 参考文献

[1] 赵海亮，李琦. 一种 $I^2S$ 音频数据处理电路的 FPGA 设计[J]. 桂林电子科技大学学报，2016，36(6)：461-465.

[2] $I^2S$ bus specification[S]. Philips Semiconductor.

[3] 卢宏基，张丹. 基于 AD9851 的软件调频电路设计[J]. 安徽大学学报，2007，31(4)：36-39.

[4] 侯小华，施杰，毛惠丰，等，基于 FPGA 的高精度数字化正弦信号生成的新方法[J]. 计算机测量与控制，2007. 15(6)：824-840.

# 轮式车辆分体式磁流变阻尼器设计与试验

田文广　黄鑫

（烟台中天连接技术研究院，山东·烟台，264000）

**摘要：**针对磁流变阻尼器容易存在的过热、磁场利用率低和沉淀等问题，结合轮式车辆减振对拉压阻尼力成比例控制的需求，设计了磁流变液单向流动的分体式大阻尼力磁流变阻尼器，并完成样机试制和台架拉压试验。试验证明该分体式磁流变阻尼器能够有效提高磁场利用率，散热条件好，同时拉压阻尼力成比例控制，阻尼力动态调节满足轮式车辆减振控制的要求，为轮式车辆减振应用提供了一种可靠有效的新型阻尼装置和重要的研究依据。

**关键词：**轮式车辆；分体式；单向流动；磁流变阻尼器

## 0　引　言

磁流变液(Magnetorheological Fluids，MRF)是一种可控流体，它在外加磁场作用下，其磁性悬浮粒子被感应，铁磁性颗粒沿磁场方向形成链状或链束状有序结构，能在短时间内由液体变成具有一定剪切屈服强度的黏塑性体，并随着磁场强度的增大，剪切屈服强度增大，从而对液体的正常流动产生极大的阻尼作用。磁流变阻尼器是一种利用磁流变液体的流变效应制成的通过控制磁场大小使阻尼力连续顺逆可控可调的智能阻尼装置。由于磁流变液体性能和阻尼器结构设计方面的原因，现有的磁流变阻尼器还存在过热、磁场利用效率不高、沉淀、结构复杂等问题。此外，在车辆减振应用时，减振器应满足拉伸行程产生的阻尼力大于压缩过程产生的阻尼力，以便在压缩行程中充分利用弹性元件的弹性来缓和冲击，在拉伸行程能又迅速衰减振动针对现有磁流变阻尼器存在的问题和车辆减振应用需求，本文设计了一种分体式磁流变阻尼器。

## 1　分体式磁流变阻尼器设计与优点

本次设计的轮式车辆分体式磁流变阻尼器如图 1 所示。

该磁流变阻尼器原理设计具有以下突出优点：

① 解决沉淀问题。因磁流变液体中的铁磁颗粒粉末比重较大，静置时会出现凝聚和沉降现象，使工作介质中磁性颗粒减少，影响磁流变阻尼器的阻尼控制效果。该设计能保证无论在拉伸行程还是在压缩行程，磁流变液始终从下腔流入，上腔流出，磁流变液中的磁性颗粒在液流冲击作用下被快速搅拌并均匀地分布在磁流变液中，解决了磁流变液的沉淀问题。

② 利于散热和维修。将阻尼发生装置设计成分体式串联结构，线圈置于缸筒内且靠近筒壁，减小了阻尼器的径向尺寸，散热条件好，便于维修；引线可以从缸筒壁引出，简单可靠，同时使密封条件得到改善，解决了将线圈放置在活塞上带来的种种缺陷；设置在磁流变阻尼器外围的储液腔体，既可解决磁流变阻尼器的液体补偿又能补充液体。

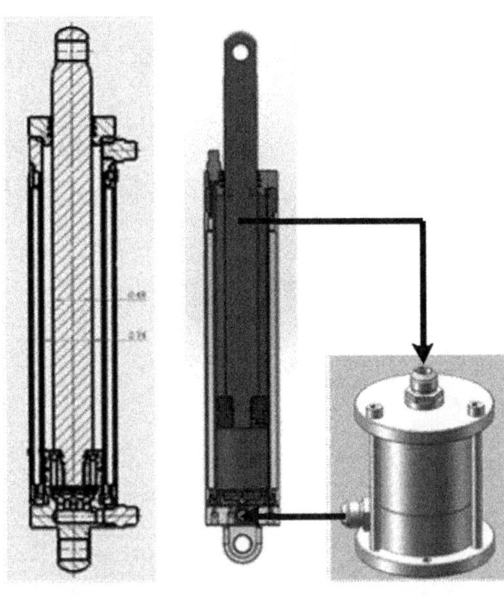

图 1　分体式磁流变阻尼器原理图

③ 解决输出拉、压力的匹配问题。该磁流变阻尼器原理方案实现了在拉伸过程中阻尼器活塞的受力面积大，在压缩过程中的受力面积小，两个截面积的大小可根据两个方向输出力的要求进行匹配设计，从结构上解决两个方向对输出力的要求，使控制难度和能耗降低。

④ 提高了磁场利用效率。磁流变阻尼发生装置采用线圈外置的平行环形缝隙结构，如图 2 所示：外绕式励磁线圈产生的磁力线平行于线圈的轴线，在磁流变液的流动方向上设置换向装置，使磁流变液体通过阻尼发生装置时主要为径向流动，保证了磁流变液的流动方向与磁力线方向垂直，使磁场对磁流变效应的贡献得到大幅度的提高。采用平行缝隙结构可获得较长的磁流变阻尼工作通道，提高了阻尼器的出力范围，同时可通过增加平行缝隙的数量方便地增加阻尼力，轴向尺寸增加小，便于加工制造和维护。

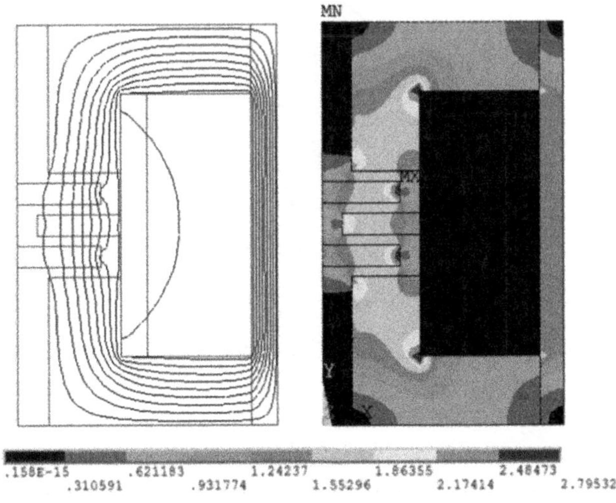


图 2　阻尼发生器磁路分析

## 2 分体式磁流变阻尼器台架拉压试验

试验在 MTS－808 拉压试验机上完成，该试验机是一台液压伺服控制拉压试验机，如图 3 所示。根据磁流变阻尼器的具体工作工况，调节输入电信号，对磁流变阻尼器进行拉压试验，通过力传感器输出监测、记录、显示试验数据和波形。

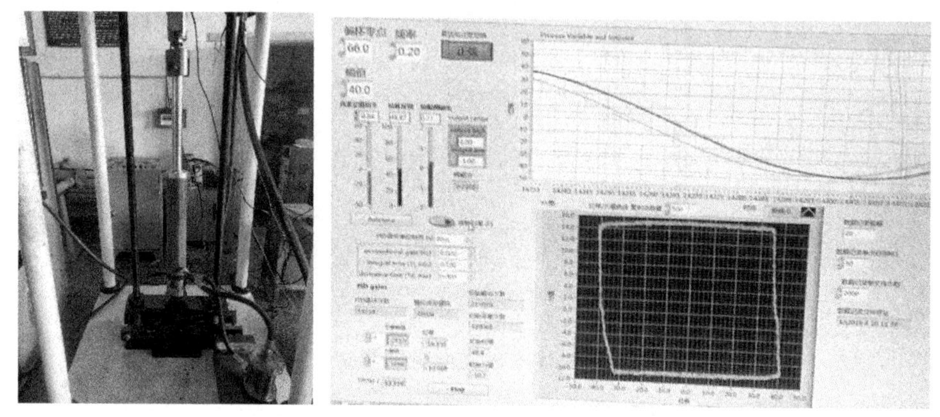

图 3 分体式磁流变减振器示功特性测试

测得激振幅值 20 mm，频率 0.4 Hz 下，拉伸和压缩阻尼力与电流的对应关系，如图 4 所示。

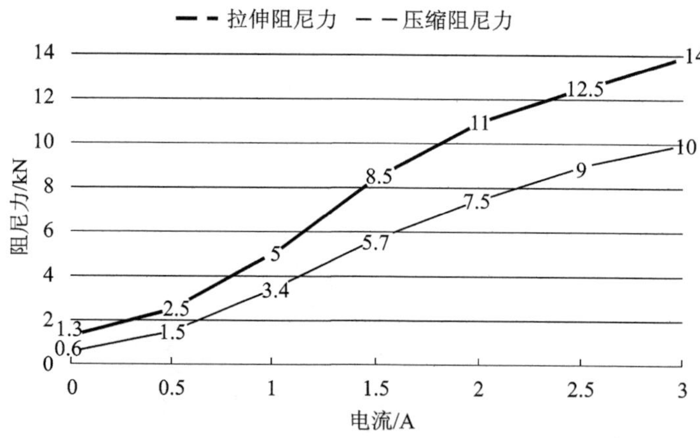


图 4 电流大小对阻尼力的影响

上述试验结果表明，平行圆盘缝隙阻尼发生装置效果良好，阻尼力随电流增加显著增大；示功图较为圆滑、饱满，减振效果良好；拉压阻尼力的比例与理论设计接近，满足工程应用，达到了设计目的。

## 3 结 论

① 新型磁流变阻尼器在工作原理和结构上都有突出特点。有效解决了磁场利用效率，输出拉、压力的匹配和沉淀问题。将阻尼发生装置设计成外置串联结构，线圈置于缸筒内且靠近

筒壁，减小了阻尼器的径向尺寸，散热条件好，便于维修。

② 实验设计准确合理。通过试验测得新型磁流变阻尼器的拉压阻尼力成比例，控制结构设计合理有效，可满足车辆减振对阻尼器阻尼力大小控制的要求；平行圆盘缝隙式阻尼发生装置能明显提高磁流变阻尼器的磁场利用率，使阻尼力范围更大，更易控制，为车辆减振应用提供了一种可靠有效的新型阻尼装置。

## 参考文献

[1] 曹民，喻凡. 车用磁流变减振器的研制[J]. 机械工程学报，2004，40(3)：186-190.

[2] 熊超，郑坚，张进秋，等. 磁流变智能阻尼器的工作原理及设计[J]. 机械设计与研究，2004，20(2)：50-53.

[3] 周玉丰，陈花玲. 磁流变阻尼器结构改进设计与性能研究[J]. 宁夏工程技术，2005，4(4)：325-327.

[4] 蒙延佩，廖昌荣，张红辉，等. 汽车磁流变阻尼器磁路设计及相关问题研究[J]. 功能材料，2006，37(5)：768-770.

# 一种新型的磁流变阻尼器及其在半主动控制车辆悬架中的应用研究

黄鑫　田文广

（烟台中天连接技术研究院，山东・烟台，264000）

**摘要**：研制了一种新型的磁流变阻尼器，并进行了阻尼器的阻尼特性试验。在性能试验的基础上，提出了描述磁流变阻尼器阻尼特性的非线性滞回模型。采用磁流变阻尼器实现车辆悬架系统半主动控制，提出一种基于最优控制理论的半主动控制方案，给出了悬架系统在B级公路路面激励下控制数值仿真结果。结果表明基于最优控制理论的半主动控制磁流变阻尼器有明显的控制效果，可以有效地提高车辆的乘坐舒适性，具有良好的应用前景。

**关键词**：磁流变阻尼器；磁流变液；半主动控制；车辆；悬架系统

## 0　引　言

磁流变液（Magnetorhelogical Fluid，MRF），又称为磁致变液，是一种新型的智能材料，具有良好的动力学稳定性和温度稳定性，其流变特性不受制造及使用过程中杂质影响等优点。磁流变液目前在柔性机械卡具、机械人手臂、液压阀门、离合器、制动器、减振阻尼器、光学仪器的精密抛光以及航空航天等许多领域得到了广泛应用。

由磁流变液制成的阻尼器构造简单、响应速度快、耐久性能好、阻尼力大且连续可调，是一种典型的可控流体阻尼器，适用于作为结构振动控制及车辆悬架系统振动控制的作动器。车辆主动悬架可提高车辆的乘坐舒适性和操纵稳定性，但是由于其价格昂贵、能耗高、结构复杂、可靠性差，大大限制了主动悬架的推广。被动悬架减振器的阻尼特性不能根据路面状况和车辆运行状态进行实时的调节，因而控制效果有限。半主动悬架较之主动悬架，结构相对简单，能量消耗少，价格低廉，所以具有良好的应用前景。

## 1　磁流变阻尼器试验及磁流变阻尼器的数学模型

我院自行研制的阻尼器结构如图1所示。该磁流变阻尼器主要由外缸体、内缸体（绕线圈）、活塞、补偿装置、导管等几个重要部分组成。阻尼器线圈电阻为12 Ω，额定电流2 A。

LORD公司制造的RD－1005型磁流变阻尼器的补偿采用氮气蓄压器来实现，这种补偿装置成本高，不宜安装及拆卸维修。而本文采用的是弹簧机械结构式的补偿装置（见图1），该补偿装置由活塞、弹簧等部分组成，结构简单，成本低廉，易安装维修。

本文的磁流变阻尼器的阻尼特性试验是在西安交通大学机械结构强度与振动国家重点实验室完成的。实验的主要设备是125 kN的MTS实验系统。磁流变阻尼器阻尼特性实验原理如图2所示，即由MTS系统对磁流变阻尼器施加简谐位移激励，在不同电流工况下由MTS系统采集磁流变阻尼器活塞的位移、速度及阻尼力等实验数据并存储到计算机中。改变MTS

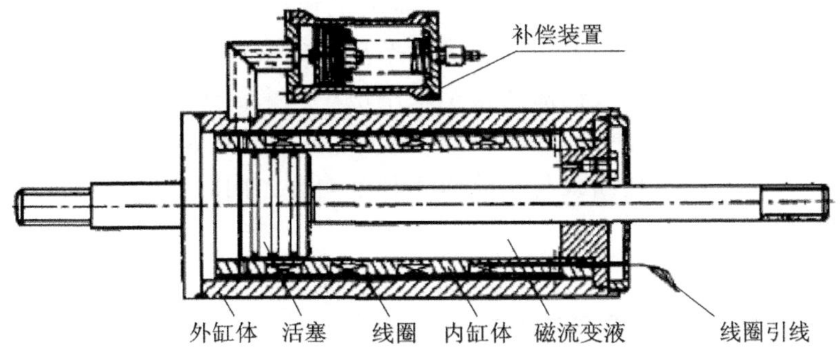


**图 1 磁流变阻尼器结构示意图**

实验系统对磁流变阻尼器简谐位移激励的振动频率和振幅，重复以上实验。

图 3 是磁流变阻尼器在振动频率为 0.25 Hz，振幅为 15 mm 的简谐激励的作用下，在不同的电流工况的位移-阻尼力和速度-阻尼力曲线。实验表明：磁流变阻尼器的阻尼特性表现为非线性滞回特性；最大阻尼力随电流递增，当电流到达一定程度时，最大阻尼力出现饱和；最大阻尼力与振动位移及速度基本无关。为了描述磁流变液在屈服前的非刚体特性和磁流变阻尼器的非线性滞回特性，基于本实验，假定磁流变液在屈服前为非线性塑性流动，屈服后为线性粘性流动，可以建立以下非线性滞回模型，即

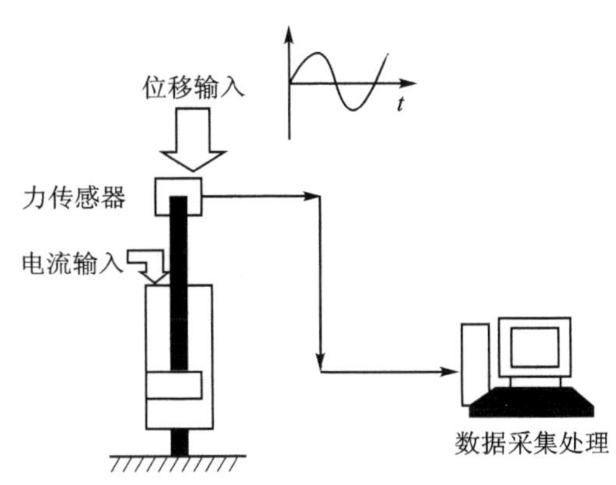


**图 2 实验原理图**

当 $\dot{u}\geqslant 0$、$u\geqslant 0$ 或 $\dot{u}\leqslant 0$、$u\leqslant 0$ 时，

$$F_u(t)=f_0+C_b u(t)+\frac{2}{\pi}f_y\arctan[k(u(t)-\mathrm{sign}(\dot{u})u_0)] \tag{1}$$

当 $\dot{u}\leqslant 0$、$u\geqslant 0$ 或 $\dot{u}\geqslant 0$、$u\leqslant 0$ 时，

$$F_u(t)=f_0+f_y \tag{2}$$

式(1)、(2)中：$f_0$ 为偏置力；$C_b$ 为屈服后的粘性系数；$f_y$ 为极限屈服力；$k$ 为非线性曲线的形状系数；$u(t)$为活塞与缸体间的相对运动速度；$u_0$ 为滞回速度。

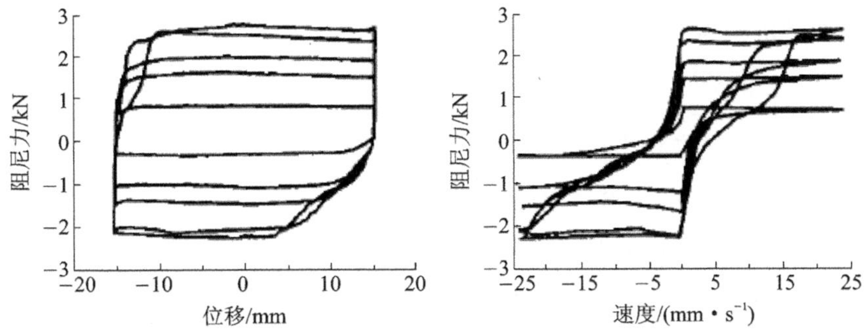


曲线由内到外对应的电流分别为0 A，0.5 A，1.0 A，1.5 A，2.0 A

**图 3 不同电流下阻尼力与位移、速度的非线性滞回曲线**

从式(1)、(2)中可以看出,本文磁流变阻尼器阻尼特性的非线性滞回模型包括两个部分:一部分为两条单值的非线性曲线;另一部分为两条单值的线性曲线。

应用如式(1)、(2)所示的非线性滞回模型采用最小二乘法进行线性与非线性回归,可以重建位移-阻尼力和速度-阻尼力曲线。图4是电流为0.5 A时重建的位移-阻尼力和速度-阻尼力曲线。由图4可以看出,重建曲线与实验曲线基本吻合。同时,该模型可以方便地应用于动力学分析与实时控制。

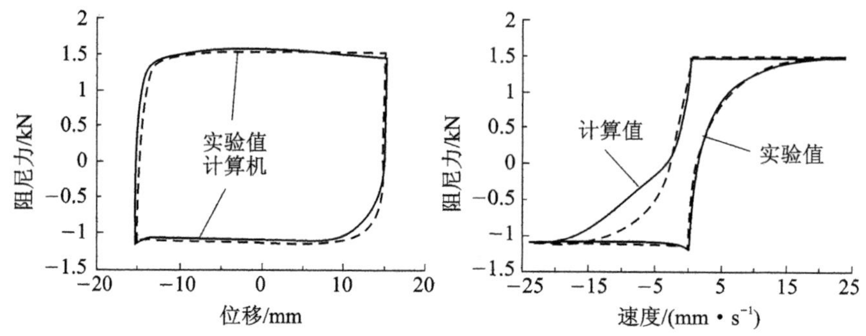


**图4 阻尼力与位移、速度的实验曲线与模拟曲线**

## 2 车辆系统动力学模型及随机激励路面模型

本文采用四分之一车辆模型,分析起来方便,但又不失研究的重要性,模型结构如图5所示。车辆系统运动微分方程为

$$\boldsymbol{M}\ddot{X}(t)+\boldsymbol{C}\dot{X}(t)+\boldsymbol{K}X(t)=\boldsymbol{W}\boldsymbol{Q}(t)+\boldsymbol{E}\boldsymbol{F}_u(t) \tag{3}$$

式中:$\boldsymbol{M}$、$\boldsymbol{C}$、$\boldsymbol{K}$ 分别为四分之一车辆模型的质量、阻尼、刚度矩阵;$m_1$、$m$ 分别为车辆簧下及车体质量;$k_1$、$k$ 分别为轮胎及悬挂刚度;$c_1$ 为轮胎阻尼,$c$ 为被动悬架阻尼;$\boldsymbol{W}$ 为激励位置矩阵;$\boldsymbol{Q}$ 为路面激励矩阵;$\boldsymbol{E}$ 为控制力位置矩阵;$\boldsymbol{X}$ 为输出向量;$\boldsymbol{F}_u(t)$为磁流变阻尼器的阻尼力;$q$ 为位移时程激励。

$$\boldsymbol{X}=\begin{bmatrix}x_1\\x_2\end{bmatrix},\quad \boldsymbol{W}=\begin{bmatrix}k_1 & c_1\\0 & 0\end{bmatrix},\quad \boldsymbol{Q}=\begin{bmatrix}q\\\dot{q}\end{bmatrix},\quad \boldsymbol{E}=\begin{bmatrix}-1\\1\end{bmatrix},$$

$$\boldsymbol{M}=\begin{bmatrix}m_1 & 0\\0 & m_1\end{bmatrix},\quad \boldsymbol{K}=\begin{bmatrix}k_1+k & -k\\-k & k\end{bmatrix},\quad \boldsymbol{C}=\begin{bmatrix}c_1+c & -c\\-c & c\end{bmatrix}$$

研究车辆在随机路面下的响应时,通常使用路面谱来建立研究所需的随机激励路面模型。路面谱在标准ISO/TC108/SC2N67中的定义如下:

$$Gq(n)=Gq(n_0)\left(\frac{n}{n_0}\right)^{-W},\quad n<n_0 \tag{4}$$

式中:$n$ 为空间频率,$\mathrm{m}^{-1}$;$n_0$ 为参考空间频率,$n_0=0.1\ \mathrm{m}^{-1}$;$Gq(n_0)$为参考空间频率 $n_0$ 所对应的路面谱值,即路面不平度系数,$\mathrm{m}^2/\mathrm{m}^{-1}$;$W$ 为频率指数,决定路面谱的频率结构,分级路面的频率指数 $W=2$。对应于ISO的B级路面标准,$Gq(n_0)=64\times10^{-6}\mathrm{m}^2/\mathrm{m}^{-1}$,构造出时域内的随机激励路面模型。

## 3　控制算法

本文采用两种控制手段进行仿真对比，即为被动控制及半主动控制。被动控制时悬架为被动悬架，不采用磁流变阻尼器，悬架阻尼为常阻尼 $c$。半主动控制时，采用磁流变阻尼器，通过改变外加磁场的大小动态调节磁流变阻尼器的控制力。本文提出的半主动控制算法是一种基于系统最优控制的半主动控制算法。

定义状态向量 $\boldsymbol{Z}(t)=\begin{bmatrix}\boldsymbol{X}(t) & \dot{\boldsymbol{X}}(t)\end{bmatrix}^{\mathrm{T}}$，由方程(3)得

$$\dot{\boldsymbol{Z}}(t)=\boldsymbol{AZ}(t)+\boldsymbol{BF}_u(t)+\boldsymbol{HQ}(t) \tag{5}$$

式中：$\boldsymbol{A}=\begin{bmatrix}\boldsymbol{0}_{2\times2} & \boldsymbol{I}_{2\times2}\\ -\boldsymbol{M}^{-1}\boldsymbol{K} & -\boldsymbol{M}^{-1}\boldsymbol{C}\end{bmatrix}_{4\times4}$；$\boldsymbol{B}=\begin{bmatrix}\boldsymbol{0}_{2\times1}\\ \boldsymbol{M}^{-1}\boldsymbol{E}\end{bmatrix}_{4\times1}$；$\boldsymbol{H}=\begin{bmatrix}\boldsymbol{0}_{2\times2}\\ \boldsymbol{M}^{-1}\boldsymbol{W}\end{bmatrix}_{4\times2}$。

对于方程(5)所描述的系统，可以引入线性二次型最优性能指标

$$J(t)=\int_0^{\infty}[\boldsymbol{Z}(t)^{\mathrm{T}}\boldsymbol{SZ}(t)+\boldsymbol{F}_u(t)^{\mathrm{T}}\boldsymbol{RF}_u(t)]\,\mathrm{d}t \tag{6}$$

式中：$\boldsymbol{S}$、$\boldsymbol{R}$ 分别为状态向量和控制力向量的权矩阵，用于调整系统反应与控制力两者之间的相对重要程度。基于最优控制理论，最优控制力为

$$\hat{\boldsymbol{F}}_u(t)=-\boldsymbol{R}^{-1}\boldsymbol{B}^{\mathrm{T}}P\boldsymbol{Z}(t) \tag{7}$$

式中：$P$ 由以下 Riccati 方程求出

$$P\boldsymbol{A}+\boldsymbol{A}^{\mathrm{T}}P-P\boldsymbol{BR}^{-1}\boldsymbol{B}^{\mathrm{T}}P+\boldsymbol{S}=\boldsymbol{0} \tag{8}$$

磁流变阻尼器是通过改变磁场强度来调整阻尼力的，所以该阻尼力不可能在瞬时达到最优控制力，只能通过调整磁场强度使输出的阻尼力接近最优控制力。所以本文结合最优控制理论以及饱和控制理论提出以下半主动控制算法，即

$$\boldsymbol{F}_u(t)=\begin{cases}\hat{\boldsymbol{F}}_u(t), & \hat{\boldsymbol{F}}_u(t)u(t)>\boldsymbol{0}\text{ 且 }|\boldsymbol{F}_{u\min}(t)|<|\hat{\boldsymbol{F}}_u(t)|<|\boldsymbol{F}_{u\max}(t)|\\ \boldsymbol{F}_{u\max}(t), & \hat{\boldsymbol{F}}_u(t)u(t)>\boldsymbol{0}\text{ 且 }|\boldsymbol{F}_{u\max}(t)|<|\hat{\boldsymbol{F}}_u(t)|\\ \boldsymbol{F}_{u\min}(t), & \text{其他情况}\end{cases} \tag{9}$$

式中：$\hat{\boldsymbol{F}}_u(t)$为最优控制力；$\boldsymbol{F}_{u\min}(t)$为电流最小(0 A)时的阻尼力；$\boldsymbol{F}_{u\max}(t)$为电流最大(2 A)时的阻尼力，$u(t)=\dot{x}_1(t)-\dot{x}(t)$。

## 4　算例分析

为了验证以上控制算法对车辆系统振动响应的控制效果，本文采用如图 5 所示的四分之一车辆模型，假设车辆以 17 m/s 的速度在 B 级路面上行驶。车辆系统的实际参数如下：车体质量 $m=238$ kg，簧下质量 $m_1=39$ kg，悬架刚度 $k=16\ 000$ N/m，轮胎刚度 $k_1=160\ 000$ N/m，轮胎阻尼 $c_1=14.6$ N·s/m，被动悬架阻尼 $c=1\ 650$ N·s/m。

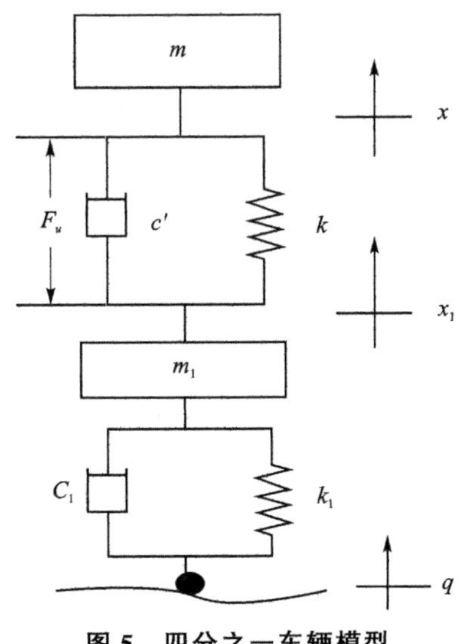

图 5　四分之一车辆模型

图6～图8分别为车体的位移、速度、加速度响应。从图6～图8可以清晰地看出，采用磁流变阻尼器作为悬架作动器的半主动悬架比被动悬架，车体的位移、速度、加速度响应均显著下降，起到了很好的减振效果。图9为车体加速度响应的幅频特性图，由图9可见，车体在半主动控制下的加速度响应在人体敏感的频段得到了显著的减弱，车辆乘坐舒适性得到了很大的改善。

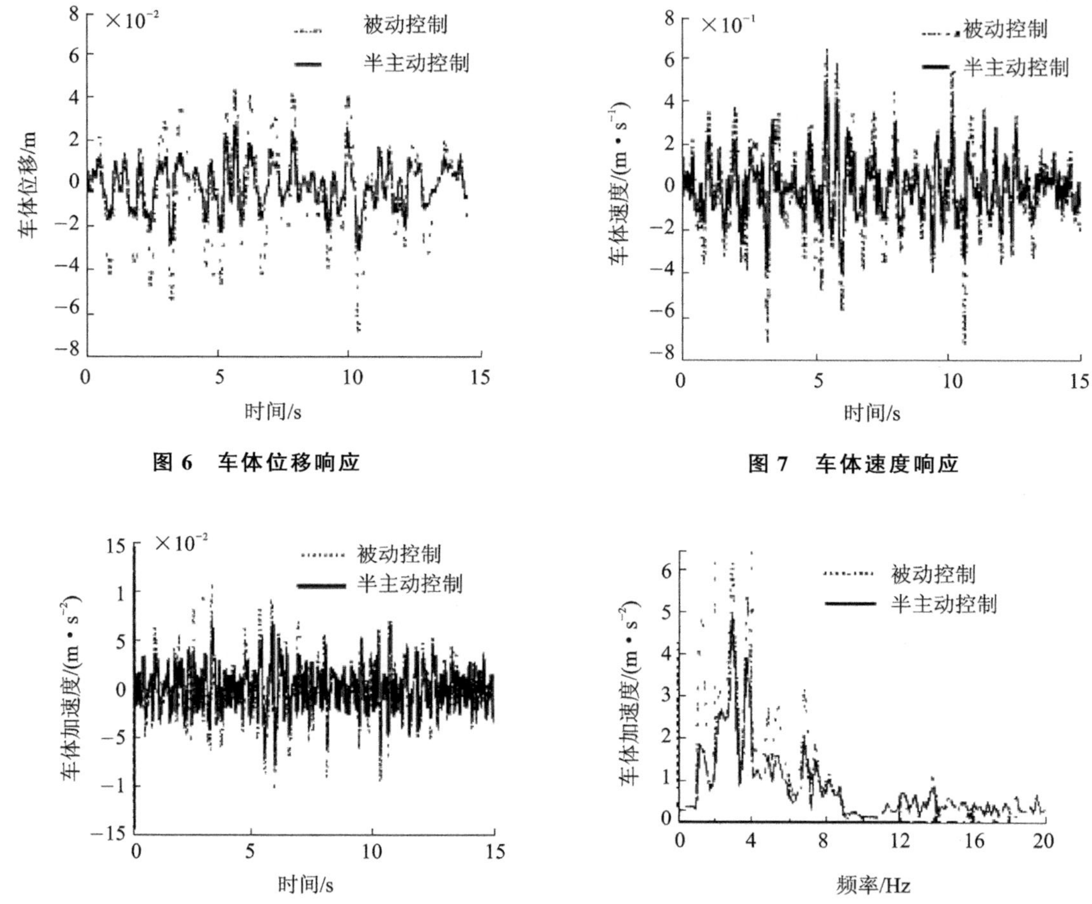


图6 车体位移响应

图7 车体速度响应

图8 车体加速度响应

图9 车体加速度响应幅频特性

## 5 结 论

本文在试验的基础上提出了可以描述磁流变阻尼器阻尼特性的非线性滞回模型，并采用磁流变阻尼器实现了悬架系统的半主动控制。通过数值仿真表明，对于车辆悬架系统振动控制问题，磁流变阻尼器是一种理想可控流体作动器，可以提供足够大的连续可调的阻尼力。同时，通过本文的仿真分析研究表明本文提出的半主动控制算法是行之有效的，基于此算法的磁流变阻尼器可以有效的改善车辆的行驶平顺性，提高车辆乘坐舒适性，具有较大的实用价值和广泛的应用前景。

# 参考文献

[1] Yokoyama M,et al. A model following sliding mode controller for semi-active suspension systems with MR dampers[A]. Pro-ceedings of the American Control Conference[C]. Arlington,June,2001,VA:25-27.

[2] Janocha H. Application potential of magnetic field driven new actuators[J]. Sensors and Actuators,Physical A,2001,91,S:126-132.

[3] 周云,等.磁流变阻尼器对高层建筑风振反应的半主动控制[J].地震工程与工程振动,2001,21(4):159-162.

[4] 申永军,等.采用磁流变阻尼的一种改进型半主动控制汽车悬架研究[J].振动、测试与诊断,2001,21(4).

[5] 汪建晓,等.磁流变液阻尼器用于振动控制的理论及实验研究[J].振动与冲击,2001,20(2):39-46.

# 军用霍尔接近开关传感器的磁路和电接口设计

刘强　许涛　王阳　徐春明

（山东航天电子技术研究所，山东·烟台，264003）

**摘要**：霍尔接近开关传感器是基于霍尔效应，以非接触检测的方式判断运动机构位置信息的传感器。随着军用领域对接近开关传感器需求的增加，其对霍尔接近开关传感器的可靠性设计提出了更高的要求。本文首先介绍了霍尔接近开关传感器的原理，然后分别从传感器的磁路和电接口可靠性设计两方面进行研究，并总结了各种磁路和电接口设计的优缺点及适用场合。

**关键词**：霍尔；接近开关；磁路；电接口设计

## 1　引　言

接近开关传感器是一种具有开关量输出的位置传感器，无需接触检测对象就可判断运动机构的到位情况，广泛应用于机床、冶金、化工、轻纺、交通等民用领域和航空、兵器、船舶等军用领域。接近开关传感器具有响应速度快、无磨损、工作寿命长、电性能稳定、抗振能力强、无压力、无火花等优点，可实现自动控制、测速等多种功能。

本文介绍了霍尔接近开关传感器的原理，以及在军用领域中，传感器常用的几种磁路形式和电接口形式，为高可靠军用霍尔接近开关传感器的磁路和电路设计提供参考。

## 2　霍尔接近开关传感器的原理

霍尔接近开关传感器利用霍尔效应，通过霍尔开关芯片的输出动作来判断运动机构的位置信息，是理想的电子开关量传感器。

### 2.1　工作原理

霍尔接近开关传感器以固定在运动机构上的永磁体作为触发媒介，传感器内置的霍尔感应片感应永磁体产生的磁场。当机构运动时，带动永磁体相对传感器运动。如图 1 所示，当永磁体接近传感器内的霍尔感应片，其磁场达到了霍尔感应片设定的工作点磁场（如图 2 中的 230 Gs 处）时，霍尔感应片输出电压，经处理电路，驱动传感器的输出状态发生切换；当永磁体远离霍尔感应片，其磁场达到设定的释放点磁场（如图 2 中的 150 Gs 处）时，传感器输出状态再次发生切换。通过传感器

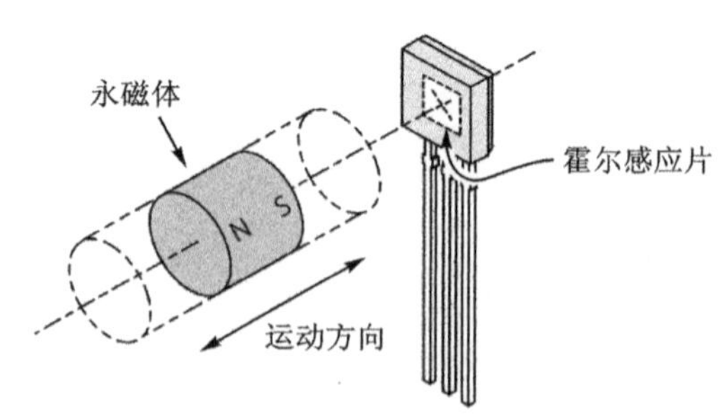


**图 1　霍尔接近开关传感器工作示意图**

输出电平的变化可判断永磁体与传感器的位置信息。这就是霍尔接近开关传感器的工作原理。

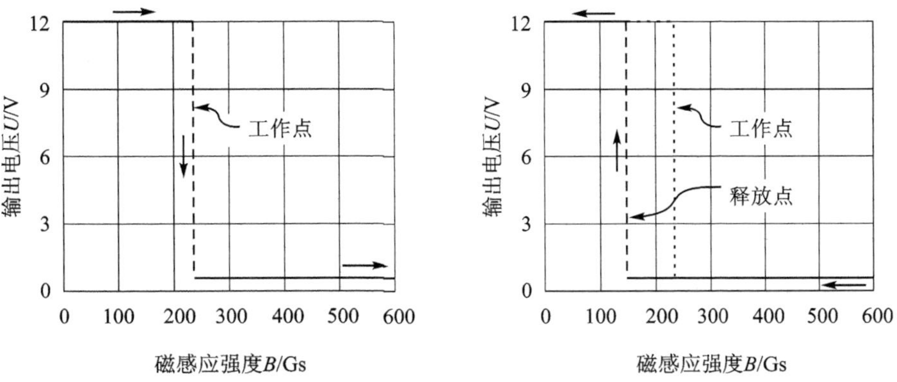


**图 2 霍尔接近开关传感器输出电平切换示意图**

## 2.2 电路原理

霍尔接近开关传感器的电路主要由供电保护电路、滤波电路、霍尔开关芯片和输出电路组成。其中霍尔开关芯片为霍尔接近开关传感器的核心器件。它主要由霍尔感应片、稳压源、运放、施密特触发器、晶体管或场效应管等构成，原理框图如图 3 所示。

霍尔感应片为半导体材料。它利用霍尔效应，感应其表面的磁场，并输出霍尔电压。如图 4 所示，当为霍尔感应片的两端接入电源，并在垂直感应片的方向施加磁场时，霍尔感应片就会产生与磁场成线性关系的霍尔电压 $V_{HALL}$。

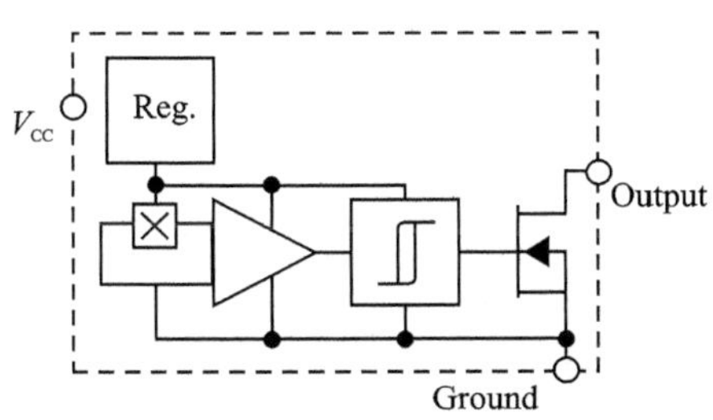


**图 3 霍尔开关芯片原理框图**

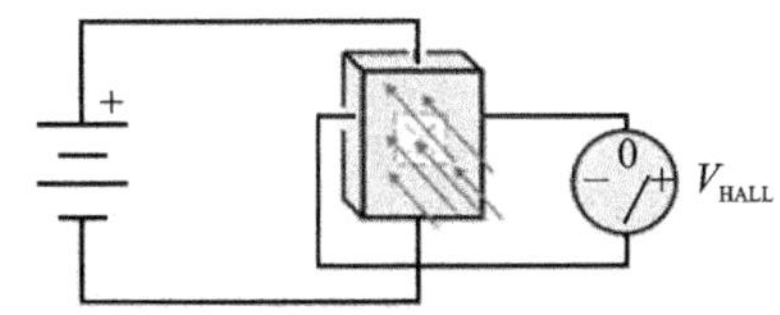


**图 4 霍尔感应片输入/输出示意图**

霍尔电压与电源、供电电流有关联，因此增加基准源，保证霍尔感应片供电电压恒定，提高霍尔电压的输出精度。

霍尔电压一般为毫伏级，不能直接驱动输出电路，因此使用运放将霍尔电压放大。

施密特触发器使得开关芯片具有数字输出的能力，当磁场达到芯片的工作点磁场或释放点磁场时，输出会迅速地切换电平信号。同时，施密特触发器提高了芯片对噪声信号的抗干扰能力。

输出端一般采用晶体管或场效应管，使得开关芯片具有数字逻辑兼容性。为了能驱动继电器、LED、可控硅等多种负载，霍尔接近开关传感器设计输出接口电路，扩展开关芯片的输出性能。

霍尔接近开关传感器通过使用霍尔开关芯片，以及合理设计的外围电接口，就可检测永磁体的磁场和位置信息，输出开关信号，实现霍尔接近开关传感器的位置判断功能。

## 3 磁路设计

霍尔接近开关传感器的磁路可以有多种形式。由于军用传感器对磁路的稳定性和可靠性要求更高，因此磁路设计主要采用接近式、单极侧滑式和双极侧滑式三种。

接近式磁路即永磁体磁极平面平行于霍尔感应片表面，并沿垂直于霍尔感应片表面的方向接近或远离霍尔感应片。磁路形式及霍尔感应片处的磁场变化如图 5 所示。这种磁路原理简单，对安装精度要求低，缺点是永磁体和传感器距离过近易造成碰撞。

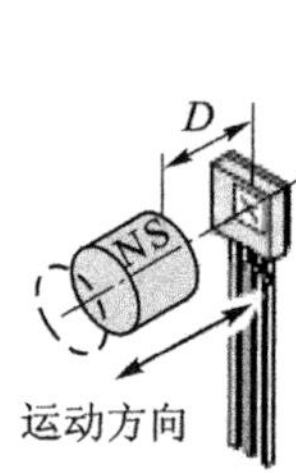


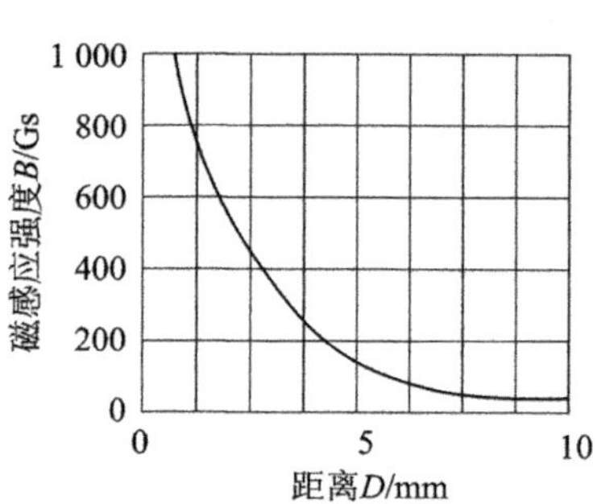


**图 5 接近式磁路形式**

单极侧滑式磁路即永磁体磁极平面平行于霍尔感应片表面，并沿该平行方向从侧边滑过霍尔感应片。磁路形式及霍尔感应片处的磁场变化如图 6 所示。这种磁路可以避免永磁体和传感器机械碰撞，且测试精度较高，缺点是磁路需仿真，对设计精度造成误差的因素较多。

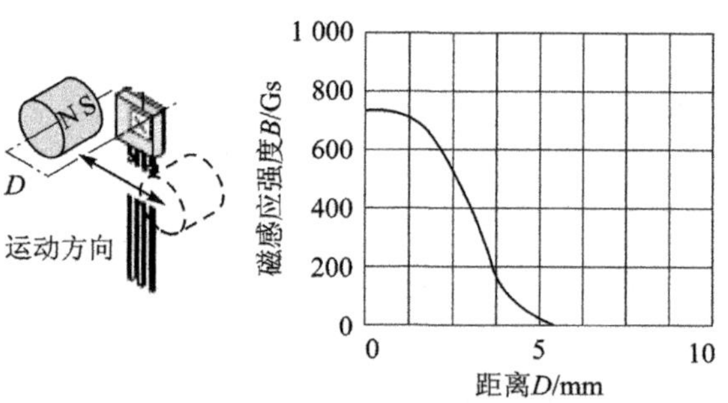


**图 6 单极侧滑式磁路形式**

双极侧滑式磁路中的永磁体由两个或多个子磁体粘合而成，且 N、S 极交替分布。永磁体的运动方向与单极侧滑式磁路相同。该种磁路形式及霍尔感应片处的磁场变化如图 7 所示。这种磁路的磁场斜率陡峭，测试精度最高，多用于精密位置信息检测中，其缺点是磁路仿真复杂，且对结构安装精度要求较高。

上述三种磁路形式的磁路稳定，设计原理简单，可基本包含常见运动机构的位置测试工况，满足军用领域对高可靠、高精度传感器的要求。具体磁路应结合安装机构的结构形式、测试精度、安装精度等要求进行选择与设计。

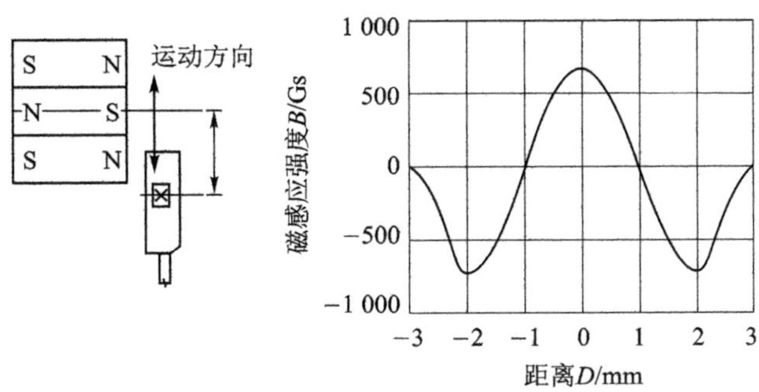


**图 7 双极侧滑式磁路形式**

## 4 电接口设计

霍尔开关芯片常见的输出接口为 NPN 型集电极开路形式，本文以此为例，介绍霍尔接近开关传感器的常见输出电接口形式。

(1) 与数字集成电路的电接口

当输出端接数字集成电路时，只需要在开关芯片的输出端，外接合适的上拉电阻及上拉电源即可。与 TTL 电路的接口设计如图 8 所示。

(2) 与 LED 灯的电接口

当驱动电流较小，不超过霍尔开关芯片的最大输出电流时，可直接在输出端和电源端串接合适的电阻和 LED，如图 9 所示。当霍尔开关芯片输出端饱和时，开关闭合，LED 支路导通，灯亮；当霍尔开关芯片输出端截止时，开关断开，LED 支路短路，灯灭。

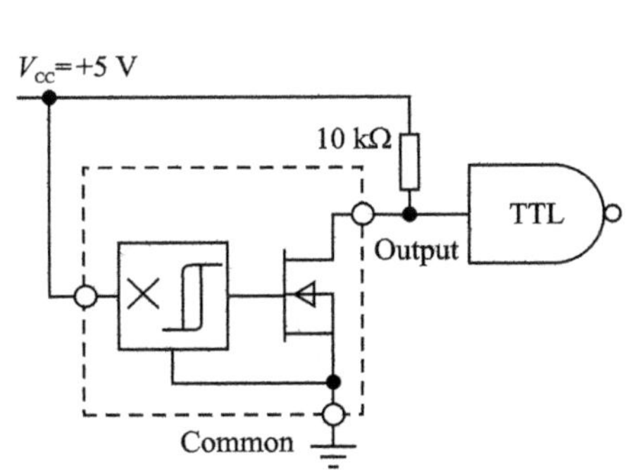


**图 8 与 TTL 电路的接口示意图**

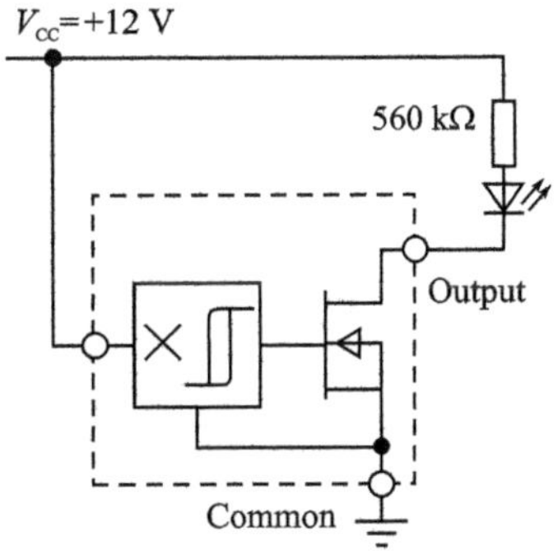


**图 9 与 LED 的接口示意图**

(3) 与需求大电流负载的电接口

若驱动电流较大，超过了霍尔开关芯片的最大输出电流，则应外接晶体管进行扩流，如图 10 所示。通过设置合适的电阻，使得外接的晶体管处于截止或饱和状态。外接晶体管的数量由传感器最终的输出信号逻辑和负载的接法决定。

例如负载为继电器时，设计晶体管为其提供 40～60 mA 驱动电流，如图 11 所示。当霍尔开关芯片处于闭合状态时，晶体管的基极流过约 9 mA 电流，使得晶体管饱和，可提供足够电流驱动继电器。当霍尔开关芯片处于断开状态时，晶体管基极电流为零，晶体管处于截止状态，继电器不会动作。

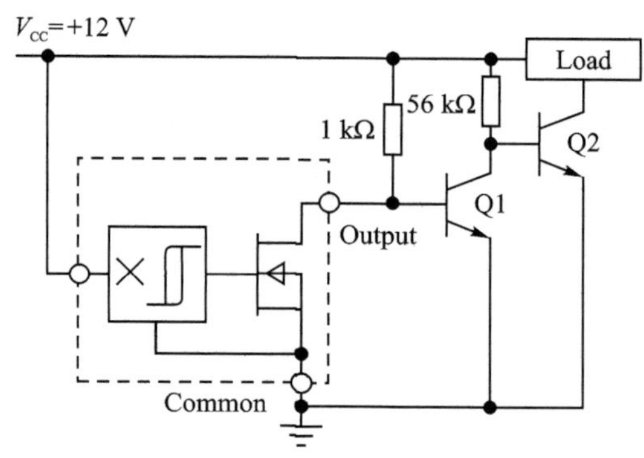


**图10 与大电流负载的接口示意图**

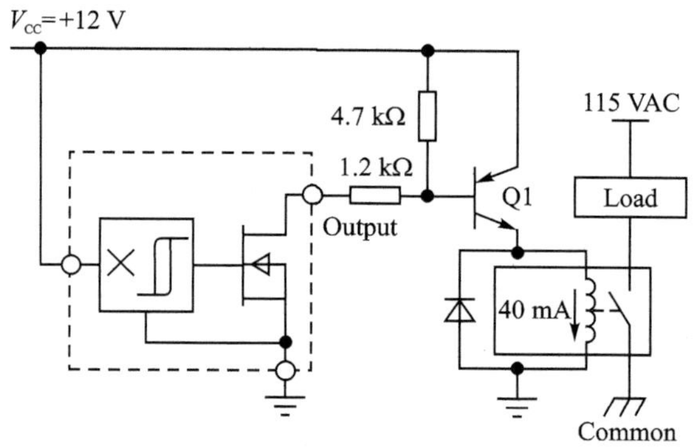


**图11 与继电器的接口示意图**

霍尔接近开关传感器的输出电接口设计可按不同的负载需求和连接方式进行设计,电路简单、性能稳定,可满足军用领域驱动不同负载的需求。

## 5 总 结

由于军用领域对于霍尔接近开关传感器的需求越来越大,高可靠的磁路形式和电接口形式成为霍尔接近开关传感器设计的核心。本文研究了接近式、单极侧滑式和双极侧滑式三种磁路结构,以及与数字集成电路、LED、大电流负载的三种输出电接口设计,这些设计方法性能稳定、可靠性高,已在军用霍尔接近开关传感器中得到应用,可用于不同结构形式、不同输出用途的霍尔接近开关传感器设计。

## 参考文献


[1] 赵安堂,刘金凤. 浅谈接近开关在化工生产中的应用[J]. 广州化工,2011,39(5):142-143.

[2] 蒋方方. 轨道用霍尔传感器的应用[J]. 电子工程师,2004,30(7):68-69.

[3] 刘娇月. 常用接近式传感器的特性和选用[J]. 电气传动自动化,2015,37(2):47-52.

[4] 黄云. 霍尔传感器与强电一体化的应用[J]. 自动化与仪表,2005,5:77-99.

[5] 杨超武,包勇超,李文,等. 一种新型接近开关测速仪的设计[J]. 重型机械,2018,2:43-45.

[6] 秦玉伟. 一种可用于齿轮转速测量的磁阻式接近开关[J]. 现代电子技术,2011,34(14):183-184.

[7] 周清晴,李文旭. 接近开关的原理及应用[J]. 电子元器件应用,2007,9(6):18-20.

[8] 覃华芝. 接近开关输出电路的转换防范[J]. 企业科技与发展,2015,4:62-67.

# 一种雷达组网融合效能评估试验系统的设计与实现

于艺伟　熊伟　宋杰

（海军航空大学信息融合研究所，山东·烟台，264001）

**摘要**：本文针对雷达预警网开展雷达组网融合效能评估总体方案论证，设计与实现了融合效能评估试验系统。该试验系统主要由信号采集与数据管理系统、数据分析与效能评估系统两大部分组成。本文对融合效能评估试验系统中的信号采集与数据管理系统、数据分析与效能评估系统的设计进行了详细描述。其中，信号采集与数据管理系统主要包括多雷达同步采集与控制子系统和数据库存储管理与服务子系统；数据分析与效能评估系统研制主要包括数据重演与综合显示子系统和数据分析与性能评估子系统。

**关键词**：雷达；组网；融合；效能评估

## 1　引　言

雷达预警网是目前信息战的重要信息来源和防御作战的核心，主要担负对空袭兵力、兵器实施预警探测，为国土防空和战区防空作战体系提供预警情报，其性能的优劣直接影响预警目标探测能力，影响整个作战进程，甚至决定战争的胜负。对雷达预警网的实时性能监视与评估也是增强战斗力的重要方面。针对目前雷达预警网中的雷达数据时空同步误差大、系统性能评估难等问题，急需开展雷达组网融合效能评估技术研究。

## 2　系统组成

本文针对雷达预警网开展雷达组网融合效能评估总体方案论证，设计与实现了融合效能评估试验系统。该试验系统主要由信号采集与数据管理系统、数据分析与效能评估系统两大部分组成。融合效能评估试验系统组成如图 1 所示。

信号采集与数据管理系统包括多雷达同步采集与控制和数据库存储管理与服务两个子系统。其中，多雷达同步采集与控制子系统的主要功能是基于实际雷达网，对各类情报源、目标真值数据进行数据采集，实时同步记录雷达原始中/视频回波数据和雷达输出点迹数据，以及精确差分 GPS 设备、罗经、计程仪、AIS 民船目标数据、ADS－B 民航目标数据等辅助信息。此外，整个试验系统进行联网，采用集中控制方式对各节点试验雷达进行远程操控，并将同步采集的各类情报源、目标真值数据通过网络传输到评估中心的数据库中。数据库存储管理与服务子系统的主要功能是对各级各类的情报源、目标真值数据进行解析、整理和规范化存储管理，并可按记录时间、节点位置等检索条件进行数据库查询，输出相应的格式化数据，为数据重演与回放测试、数据分析与效能评估系统提供数据源。

数据分析与效能评估系统包括数据重演与综合显示、性能分析与效能评估两个子系统。

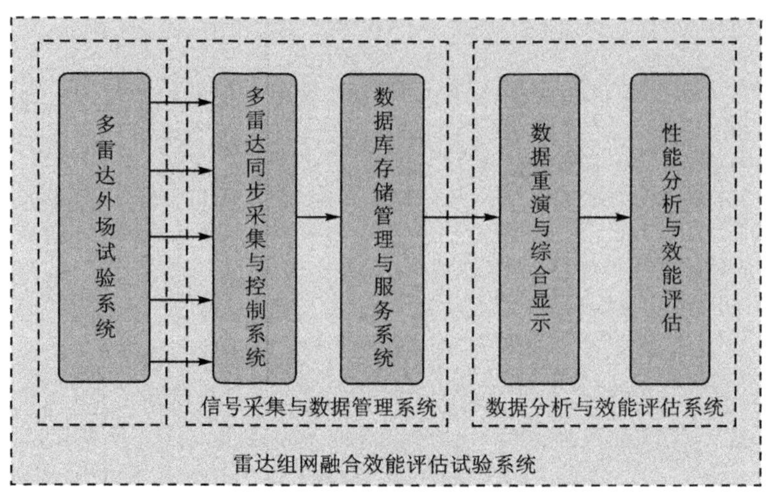


**图1　雷达组网融合效能评估试验系统**

其中，数据重演与综合显示子系统的硬件平台采用图形显示工作站和多显示屏分屏显示器，主要实现对采集的多级节点数据的情报综合显示，可针对给定的时间空间范围内的海空情态势进行复盘重演分析，可实现任意指定的情报源、情报中心、AIS(ADS－B)等各类目标数据的同步回放，并综合显示信息采集所涉及的节点位置分布、威力覆盖、数据流向等信息态势。数据分析与性能评估子系统的主要功能是对收集的情报源和融合中心数据进行事后情报分析，同时观察比对各情报源和融合中心数据，再现各相关信息源给出的目标态势变化过程。根据重点目标的空间区域以及出现消失时间，确定评估所需数据的时间范围和空间范围，并提取出所需数据段，查找出现情报异常情况的关键点，分析情报问题的原因。借助雷达原始回波信息以及自报位、AIS、ADS－B等真值辅助信息，对融合中心的多源信息关联/融合/识别效能、数据处理速度和容量等相关性能进行评估。

## 3　信号采集与数据管理系统设计

信号采集与数据管理系统包括多雷达同步采集与控制和数据库存储管理与服务两个子系统。

### 3.1　多雷达同步采集与控制子系统

多雷达同步采集与控制子系统基于实际雷达网，对各类情报源、目标真值数据进行数据采集，实时同步记录雷达原始中/视频回波数据和雷达输出点迹数据，以及精确差分GPS设备、罗经、计程仪、AIS民船目标数据、ADS－B民航目标数据等辅助信息。此外，整个试验系统进行联网，采用集中控制方式对各节点试验雷达进行远程操控，并将同步采集的各类情报源、目标真值数据通过网络传输到评估中心的数据库中。

(1) 多雷达同步数据采集平台硬件设计

本系统将采用“采集接口卡＋通用数据采集与分析系统”的硬件结构，建立统一的多雷达同步数据采集平台，以满足不同型号雷达数据采集的需求。多雷达同步数据采集平台结构框图如图2所示。

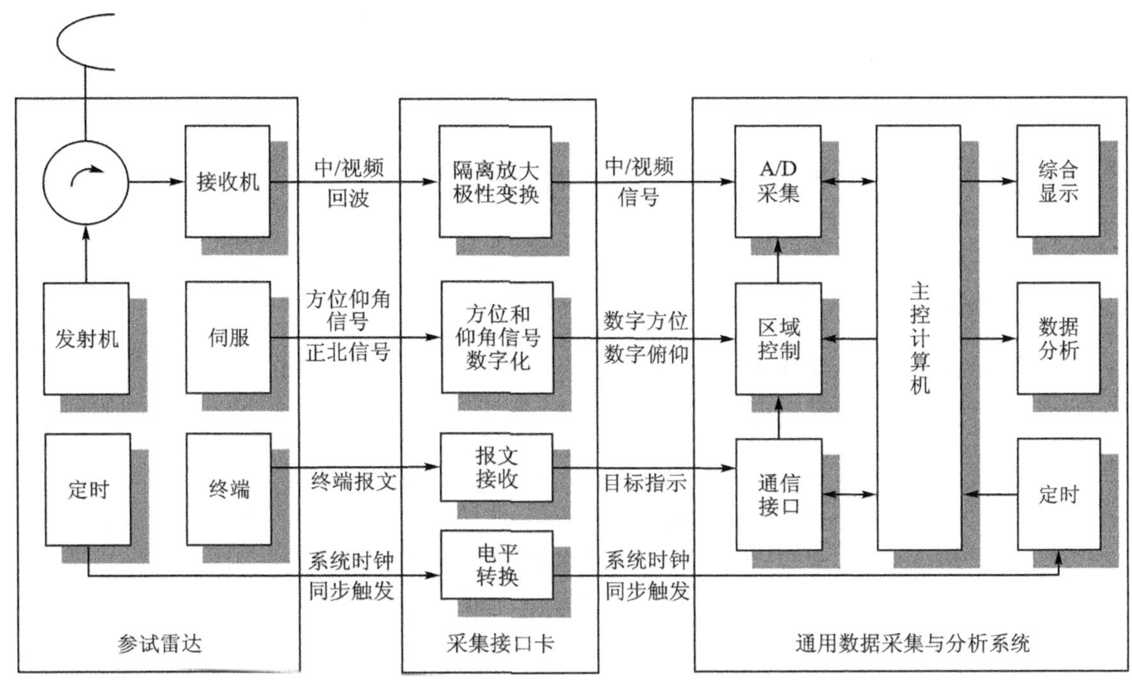


**图 2　多雷达同步数据采集平台结构框图**

数据采集接口卡设计完成以下任务：对雷达系统时钟和同步触发脉冲进行电平转换，形成TTL 电平的系统时钟和触发脉冲；若伺服系统送来的是数字格式的伺服数据则可以直接送往通用雷达数据采集卡，若伺服系统送来的是模拟的自整角机信号则需要使用 SDC 模块来完成方位和仰角信号的数字化；对模拟雷达中频/视频回波进行隔离放大、极性变换等处理，将信号变换到通用雷达数据采集卡要求的信号极性和动态范围。

通用数据采集与分析系统接收经过采集接口卡信号调理后的雷达系统时钟（TTL 电平）、同步触发（TTL 电平）、天线方位、仰角信号（数字信号，TTL 电平）和雷达中频/视频回波信号。并将采集数据通过计算机接口传输到计算机内存中，供计算机处理、显示和分析。设备可灵活选择适当区域对目标和杂波进行高速采集、存储，完成原始数据的记录与分析。

（2）试验数据采集与控制软件应用程序设计

试验数据采集与与控制软件设计主要基于 Windows 操作系统，应用程序采用数据抽取、坐标查表映射和 DirectDraw 等技术完成实时显示，同时采用多线程技术避免数据显示与实时采集的冲突。应用程序主要由采集控制、综合显示和数据回放等模块组成。

其中，数据采集处理控制模块完成采集参数设置、流程控制、信号处理模式选择；综合显示模块完成采集数据实时显示以及综合显示处理结果等功能；数据回放模块完成回放数据输出至本地计算机显示器或通过 D/A 实时硬件回放，数据回放时显示控制可控，可以对采集信号的局部特征进行放大，并进行细微特征分析。

## 3.2　数据库存储管理与服务子系统

数据库存储管理与服务子系统负责对各级各类的情报源、目标真值数据进行解析、整理和规范化存储管理，并可按记录时间、节点位置等检索条件进行数据库查询，输出相应的格式化数据，为数据重演与回放测试、数据分析与效能评估系统提供数据源。

在进行采集时，大量的试验数据必须实时记录到数据库中，试验数据管理与服务模块负责将采集的数据和相关的参考信息按预定义的数据结构加入到数据库中，同时负责对数据库中的信息进行检索。试验数据管理与服务模块具有数据导入、数据预览和数据选择等功能。

## 4 数据分析与效能评估系统设计

数据分析与效能评估系统包括数据重演与综合显示、性能分析与效能评估两个子系统。数据分析与效能评估系统的各个子系统的详细情况如下：

### 4.1 数据重演与综合显示子系统

数据重演与综合显示子系统硬件平台采用图形显示工作站和多显示屏分屏显示器，主要实现对采集的多级节点数据的情报综合显示。可针对给定的时间空间范围内的海空情态势进行复盘重演分析，可实现任意指定的情报源、情报中心、AIS(ADS－B)等各类目标数据的同步回放，并综合显示信息采集所涉及的节点位置分布、威力覆盖、数据流向等信息态势。数据重演与综合显示由态势、中心级回放、站级回放等部分组成，各部分的运行界面如图3所示。

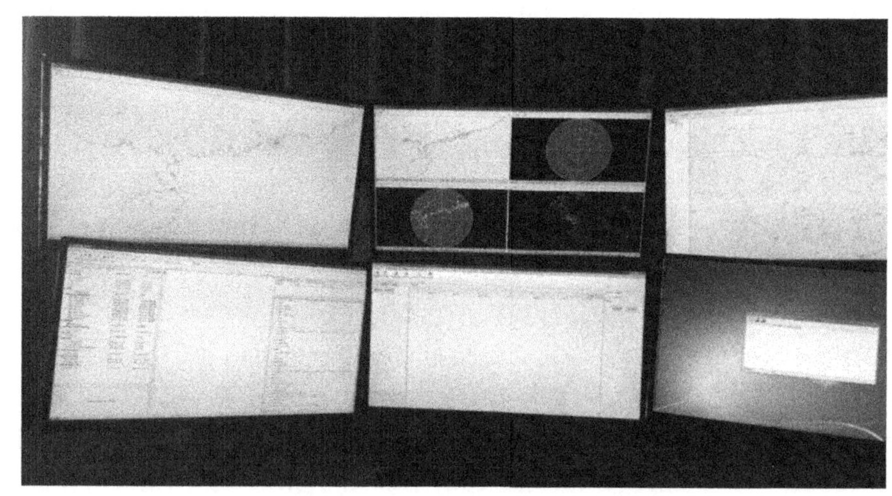

图3 数据重演与综合显示子系统运行界面

### 4.2 数据分析与性能评估子系统

数据分析与性能评估子系统对收集的情报源和融合中心数据进行事后情报分析，同时观察比对各情报源和融合中心数据，再现各相关信息源给出的目标态势变化过程。根据重点目标的空间区域以及出现消失时间，确定评估所需数据的时间范围和空间范围，并提取出所需数据段，查找出现情报异常情况的关键点，分析情报问题的原因。借助雷达原始回波信息以及自报位、AIS、ADS－B等真值辅助信息，对融合中心的多源信息关联/融合/识别效能、数据处理速度和容量等相关性能进行评估。

#### 4.2.1 雷达探测数据与辅助信息的数据关联、误差分析与校准

雷达对海面和低空目标探测时，其点迹数量非常大，在低空小目标和抗复杂电子干扰试验时，通常单雷达检测门限要降低，点迹数量会特别巨大，无用的杂波剩余和噪声数量明显增多，

所以找出有用的点迹是数据预处理的主要工作。找点和删点的原则是将 AIS、ADS 信息和雷达目标进行关联，可以对选择探测区域进行自动关联，也可以从实时监视画面中人工进行关联，采用动态波门逐步判断。最后将关联处理后的 AIS、ADS－B 信息直接与雷达探测的目标点迹进行比对，包括目标有无比对以及同批目标的数据比对，给出雷达对空、对海目标探测性能的误差曲线及威力评估报告。

雷达校准可分为误差标定和误差校准两个过程。误差标定又分为两个过程，先获得高精度数据基准（即目标真值），再将真值数据与雷达数据进行配准计算，用得到的标校误差校准雷达。基于 AIS 的雷达标校方法实质是一种 GPS 标校方法，但是又具有其自身的特点，最突出之处在于需对雷达目标航迹和非配合的 AIS 航迹进行关联。

通过本地 AIS 接收机接收多个海上目标船 AIS 航迹，与雷达观测航迹进行关联处理，得到航迹间的关联关系。用关联后的目标船 GPS 定位数据和本地 GPS 定位数据，解算出目标船相对本地雷达的极坐标，作为雷达探测目标船的真值。对雷达目标航迹和 GPS 目标航迹进行时空匹配和 Kalman 平滑，最后用雷达观测数据和匹配真值数据计算统计平均和统计标准偏差。将多个目标船获得的系统误差进行融合，求取一个最优的雷达误差进行校准。

#### 4.2.2　试验数据评估

数据评估的流程是将数据选择模块选择的数据块进行解析加载至直观的数据列表中，评估人员对评估数据进行选择、野点数据剔除、修改、组合等操作，形成用于性能评估的数据集，并利用将该数据集针对选择指标进行性能评估，最终将评估结果进行可视化显示。

（1）数据块添加

可将数据选择窗口选择的以时间为分割的数据，以列表的形式展示在数据块控件中，用于后续评估数据准备。

（2）数据加载

可将当前数据块加载至数据表格控件，便于直观查看。

（3）数据准备

数据准备是性能评估模块的一大核心功能，旨在通过计算机辅助手段，简化数据准备过程，加快数据准备速度，提高数据准备效率，具体措施如下：

1）数据表显示操作

针对已经加载在数据表格中的数据，可按条件对数据进行自定义检索、分组并能根据分组情况形成树状数据导航。同时针对数据字段多不利于观察的特点，可根据评估员的需要有选择地对数据字段进行自定义隐藏与显示。

2）数据表数据编辑

可根据数据准备需要，对数据表中数据进行修改、删除等操作。

3）数据可视化显示

可对数据表格中感兴趣数据采用 GIS 显示、目标生命周期显示、目标航迹显示等手段进行可视化显示，辅助评估员进行数据分析与准备。

4）数据缓存

针对评估中数据可能需要反复修改与组合的情况，系统提供临时缓存和文件缓存两种数据缓存的手段。临时缓存将数据保存在内存，并显示在数据缓存列表中，供有需要时进行加载与覆盖；文件缓存则将数据保存在本地计算机的独立文件中，方便在下次评估时直接进行加载。

（4）辅助数据构建与导入

可根据实际情况，构建与导入其他信号源的相关数据作为评估数据的辅助数据，提高评估的置信度。

（5）评估指标维护与选择

可对评估指标体系进行添加、修改、删除等维护，实现评估指标与评估算法的关联。在具体评估操作前，选择需要进行的评估的指标用于后续评估。评估指标体系维护窗口如图 4 所示。

| 指标类型 | 指标名 | 指标变量 | 算法名 | 算法类型 | 指标说明 |
|---|---|---|---|---|---|
| 基本情况统计 | 雷达覆盖范围 | BsSt_RadCov | BsSt_RadCov | m | 一种度量雷达覆盖范围的指标 |
| 基本情况统计 | 目标点迹上报速率 | BsSt_TarPoRepRat | BsSt_TarPoRepRat | m | 一种度量目标点迹上报速率的指标 |
| 基本情况统计 | 目标点迹乱序率 | BsSt_TarPoDisRat | BsSt_TarPoDisRat | m | 一种度量目标点迹乱序率的指标 |
| 基本情况统计 | 数据重复率 | BsSt_DatRepRat | BsSt_DatRepRat | m | 一种度量数据重复率的指标 |
| 及时性统计 | 目标类型标示完整性 | InSt_TarKinIndComRat | InSt_TarKinIndComRat | m | 一种度量目标类型标示完整性的指标 |
| 及时性统计 | 目标国籍标示完整性 | InSt_TarNatIndComRat | InSt_TarNatIndComRat | m | 一种度量目标国籍标示完整性的指标 |
| 及时性统计 | 目标敌我标示完整性 | InSt_TarIffIndComRat | InSt_TarIffIndComRat | m | 一种度量目标敌我标示完整性的指标 |
| 及时性统计 | 目标海空标示完整性 | InSt_TarSeaIndComRat | InSt_TarSeaIndComRat | m | 一种度量目标海空标示完整性的指标 |
| 及时性统计 | 目标舷号标示完整性 | InSt_TarNumIndComRat | InSt_TarNumIndComRat | m | 一种度量目标舷号标示完整性的指标 |
| 完整性统计 | 目标类型标示一致性 | CoSt_TarKinIndConRat | CoSt_TarKinIndConRat | m | 一种度量目标类型标示一致性的指标 |
| 完整性统计 | 目标国籍标示一致性 | CoSt_TarNatIndConRat | CoSt_TarNatIndConRat | m | 一种度量目标国籍标示一致性的指标 |
| 完整性统计 | 目标敌我标示一致性 | CoSt_TarIffIndConRat | CoSt_TarIffIndConRat | m | 一种度量目标敌我标示一致性的指标 |
| 完整性统计 | 目标海空标示一致性 | CoSt_TarSeaIndConRat | CoSt_TarSeaIndConRat | m | 一种度量目标海空标示一致性的指标 |
| 完整性统计 | 目标舷号标示一致性 | CoSt_TarNumIndConRat | CoSt_TarNumIndConRat | m | 一种度量目标舷号标示一致性的指标 |
| 一致性统计 | 航迹更新率 | PrSt_TraUpdRat | PrSt_TraUpdRat | m | 一种度量航迹[illegible] |
| 一致性统计 | 时延时统误差 | PrSt_TimErr | PrSt_TimErr | m | 一种度量时延[illegible] |
| 有效性统计 | 定位精度 | VaSt_PosAcc | VaSt_PosAcc | m | 一种度量定位[illegible] |
| 有效性统计 | 航迹质量 | VaSt_TraQua | VaSt_TraQua | m | 一种[illegible] |

**图 4　评估指标体系维护窗口**

（6）性能评估与结果展示

根据选择的需要进行评估的指标，启动算法进行数据分析，并将评估的中间信息进行实时展示，评估结束后进行本次评估结果的展示。评估结果显示如图 5 所示。

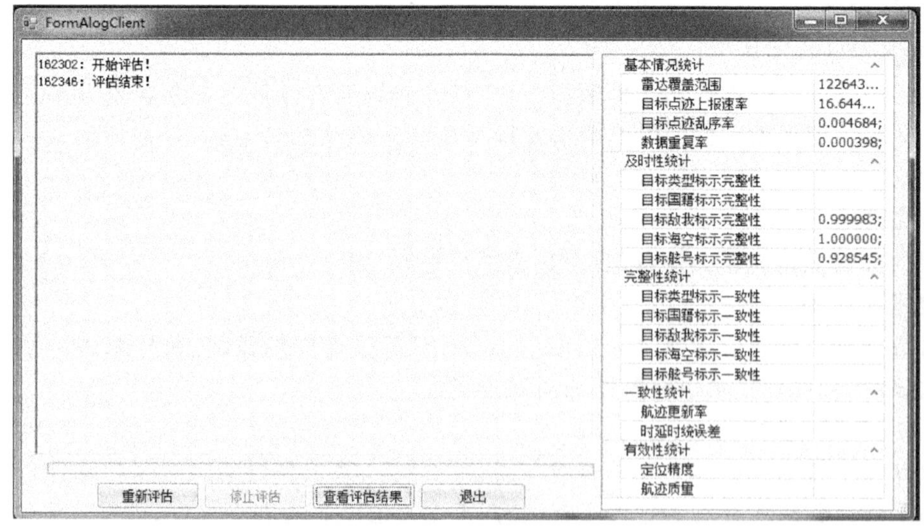


**图 5　评估结果显示**

系统整个的分析与评估过程主要包括以下5个步骤。

① 数据入库：采集到一批新数据，首先按照数据的格式，按照日期存储到系统数据库中。

② 数据显示分析：通过对已入库数据进行回放观看，分析数据的特点。

③ 数据选择：根据数据显示分析所掌握的基本情况，根据所要评估指标的需要，在大量数据中选择所需数据。

④ 数据修正：对选择的数据中的异常数据进行修正。

⑤ 数据评估：利用编写的评估程序，对数据进行指标评估。

## 5 结束语

本文针对雷达预警网开展雷达组网融合效能评估总体方案论证，并设计与实现了融合效能评估试验系统。详细介绍了融合效能评估试验系统的具体设计情况，主要包括信号采集与数据管理系统、数据分析与效能评估系统。其中，信号采集与数据管理系统主要包括多雷达同步采集与控制子系统和数据库存储管理与服务子系统；数据分析与效能评估系统主要包括数据重演与综合显示子系统和数据分析与性能评估子系统。本文对上述各子系统的软硬件设计，以及数据分析与性能评估过程进行了详细说明。

## 参考文献

[1] 李志伟，仲爱民. 机载自卫电子对抗雷达情报分析[J]. 现代雷达，2007，29(12)：105-108.

[2] 程辰. 电子战情报分析中多传感器检测与位置级数据融合技术的研究[D]. 成都：电子科技大学，2015.

[3] 康健. 基于多传感器信息融合关键技术的研究[D]. 哈尔滨：哈尔滨工程大学.

[4] 陈辉，刘永鹏，雷霆. 基于阵地优化的雷达性能评估系统设计[J]. 舰船电子对抗，2014，37(5)：83-88.

[5] 张娟. 雷达系统仿真、评估与实测数据分析[D]. 西安：西安电子科技大学，2006.

# 基于三元组网络的深度哈希遥感图像检索算法

熊振宇　吕亚飞　崔亚琪　熊伟
（海军航空大学，山东·烟台，264001）

**摘要**：本文提出了一种基于内容的遥感图像检索算法。通过构造一个深度三元组网络，提取出图像显著性特征，使同一类别的图像在语义空间中距离更近而不同类别的图像在语义空间中距离更远。在这样的语义空间中，可以直接使用欧氏距离等简单度量方法对图像的相似性进行度量，有效检索出同一类别的图像。本文还引入了哈希函数对高维空间中的图像特征进行降维。我们在公开的遥感图像检索数据集上展示了该算法良好的实验效果。

**关键词**：深度哈希；遥感图像；图像检索；三元组网络

## 1 引　言

随着遥感技术的发展，遥感图像采集能力有了显著提升，遥感影像的数量和质量大幅度提高。因此遥感图像检索（RSIR）越来越受到遥感界的关注。早期遥感图像检索系统根据地理位置、采集时间和传感器类型对图像进行检索，而这些方法与图像在视觉内容上的信息没有直接关系。随着基于内容的图像检索（CBIR）技术的大力发展，人们更加注重直接从图像的视觉内容中提取特征进行检索任务，因此基于内容的遥感图像检索近年来也取得了很大的进展。CBIR 的主要问题之一是如何从图像中寻找具有判别性和鲁棒性的特征。传统的方法依赖于手工提取的特征，而手工提取特征需要足够的专业知识和时间。目前流行的手工特征包括全局特征，如光谱（颜色）、纹理和形状特性，以及局部聚合特征，如可视单词包（BoVW）、局部聚合描述符向量（VLAD）和 Fisher 向量（FV）。深度学习的发展促进了包括基于内容的图像检索在内的许多领域的发展。从深度卷积神经网络（CNN）提取的特征包含高级的语义信息，在遥感图像检索中表现出优于传统手工特征的性能。此外，深度特征是自动从数据中学习的，不需要人工提取特征，这使得深度学习技术在大规模遥感图像检索中具有极高的价值。深度度量学习（DML）是一种集深度学习和度量学习于一体的新兴技术。该方法利用深度神经网络的识别能力，将图像嵌入到一个嵌入度量空间中，利用欧氏距离等简单度量可以直接测量图像之间的语义相似性。深度度量学习在人脸识别、人的再识别、自然图像检索等领域被证明是有效的。虽然遥感图像与普通的自然图像有很大的不同，但 DML 在基于内容的遥感图像检索方面仍有很大的潜力。

传统的最近邻算法（KNN）用于图像检索是非常耗费时间的，因此对于大尺度的遥感图像来说在检索的时间上和精度上都达不到要求。为了在不损失检索精度的前提下提高检索的时效性，最近基于哈希的检索算法应用在了遥感图像的检索算法当中。哈希算法的目的是学习一个哈希函数 $l=h(x)$，将高维空间中的图像特征 $x \in R^d$ 用低维度的二值编码表示 $l \in R^K$，其中 $d \gg K$。由于特征向量的值往往是实值，即浮点数，我们通过二值编码的形式大大降低了计算机耗费的存储空间，同时提高了计算的效率。局部敏感哈希（LSH）是最常见的一种无监督哈希算法，该算法从一个多元高斯分布中随机选择 $b$ 个向量来学习哈希函数 $[h_1, h_2, \cdots, h_b]$。在基于内容的遥感图像检索中，提出了两个基于最近邻搜索的哈希算法。在文献[10]中 Demir 等人将手工提取的特征通过哈希函数映射到一个核空间中。在文献[11]中，将哈希算法扩展到用多个哈希编码来表示每张图像，但是这些哈希编码都是从图像区域的光谱直方图中手工提取。由于从遥感图像中提取的特征以及所采用的哈希函数将影响二进制编码的生成，同时手工提取的特征可能无法准确地表示遥感图像的高级语义信息，这就将导致在复杂的遥感图像检索任务中准确率不高。基于深度卷积神经网络（CNN）的算法能够克服手工提取特征的局限性，能够从图像中学习到更加显著的特征。例如文献[12]中 Li 等人提出深度哈希神经网络（DHNN）来解决遥感图像中基于内容的检索问题。DHNN 算法同时学习了图像的深度语义特征和二进制的哈希编码，用交叉熵作为损失函数。该损失函数函数通常在解决分类问题中非常有效，但是它没能定义相似和异类图像之间的差异，而这种差异在基于内容的遥感图像检索中尤为显著。同时该损失函数优化网络模型时，正负样本之间没有边界阈值，网络的泛化能力较差。

在前人工作的基础上，本文提出了一种新的基于三元组深度神经网络的哈希算法方法来增强 RSIR。利用深度卷积神经网络，将遥感图像映射到同一语义空间中，使同类图像之间距离较近，异类图像之间距离较远。同时我们引入哈希函数来降低学习语义特征的维数，在提高检索精度的同时加快了检索的速度。我们在流行的 UCMD 数据集上进行了综合实验，结果表明，我们的方法明显优于最先进的方法。

## 2　模型方法

本文的所提出的三元组深度网络模型如图 1 所示。首先，我们将训练集中的图像输入到深度神经网络中进行特征提取，从全连接层 7 中我们能得到图像的高级语义特征。然后，我们对所提取到的特征进行哈希表示。最后，通过损失函数实现对模型参数的训练。

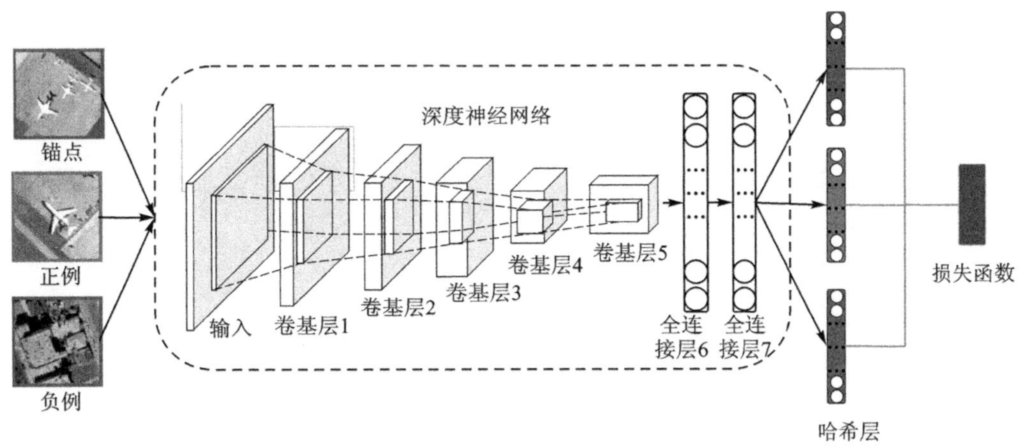


**图 1　三元组深度网络结构**

### 2.1　网络结构

假设训练图像为 $I = \{x_1, x_2, \cdots, x_P\}$，每一张图片 $x_1$ 都有与之对应的标签 $y_i \in Y =$

$\{y_1,y_2,\cdots,y_P\}$，我们的目标是通过该网络结构学习图像的压缩二进制编码 $h:I\to\{0,1\}^K$，其中 $K$ 表示哈希编码中的比特数。最后借助损失函数对模型进行训练，使相似的图像在汉明空间中距离更近，差异较大的图像在汉明空间中的距离更远。我们所提出的 CNN 模型通过将图像对和与之对应的标签进行训练，突破了手工提取特征和线性模型的局限性。对于深度神经网络的选取，为了获得一个泛化能力更强、精度更高的模型，往往需要大量的标注数据。本文借助了在 Imagenet 数据集中预训练好的模型，该模型采用了 VGG16 的网络结构用于对图像特征的提取。在训练过程中，我们将图片 $x$ 通过特征提取后，映射到了一个 $d$ 纬的欧式空间中。提取到的特征表示为 $Z=\{z_1,z_2,\cdots,z_P\}$，$z_i\in R^d$，然后我们将提取到的特征通过哈希函数进行哈希表示。

## 2.2 损失函数

该损失函数的构建受到文献[14]的启发。本文将锚点图像特征定义为 $z_i^a$，正例图像定义为 $z_i^p$，负例图像定义为 $z_i^n$。我们从特征集合 $Z$ 中随机地选择一张图片的特征作为锚点，其标签设为 $y_i$；正例图像也是从特征集合中选择与锚点同一类别，即标签相同的图像特征；而负例图像则是从特征集合中随机选择一张与锚点图像类别不同的图像特征，其标签为 $y_j$，$y_j\neq y_i$。三元组的特征集合为 $T=\{(z_i^a,z_i^p,z_i^n)\}$。

从三元组网络中提取的深度特征有非常高的纬度。在高维空间中，样本点之间的距离非常接近，我们很难进行距离的度量，所以我们需要对输出的高纬度特征进行降维处理。为了解决这一问题，我们采用哈希函数对数据进行降维处理，在哈希层中我们分别使用了 32 bit，64 bit 和 96 bit 的哈希编码对上一层的特征进行降维。三元组损失函数定义如下：

该损失函数的目的是在经过训练后，使同一类别，即锚点和正例图像在汉明空间中特征点之间的距离更近；不同类别，即锚点和负例之间的距离更远，如图 2 所示，具体表达式如下：

$$\|f(z_i^a)-f(z_i^p)\|_2^2+\alpha<\|f(z_i^a)-f(z_i^n)\|_2^2,\quad \forall\,(f(z_i^a),\quad f(z_i^p),\quad f(z_i^n))\in T \tag{1}$$

式中：$\alpha$ 是控制正样本对和负样本对大小的阈值；$T$ 是所有在训练集中的三元组的集合；$f$ 为哈希函数。

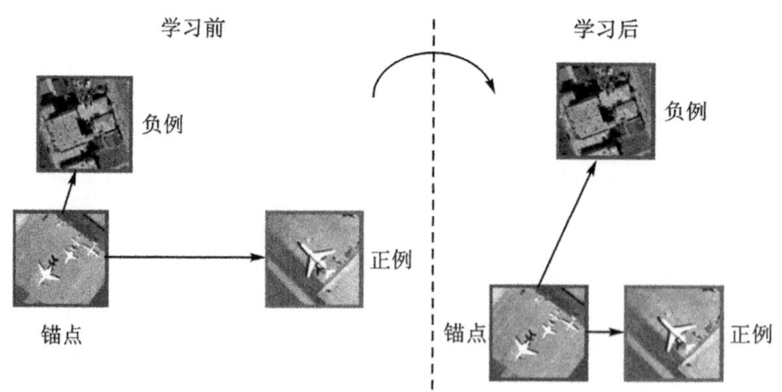


**图 2 训练前后的对比图**

对式(1)进行变换后，得到损失函数：

$$L_{\text{triplet}}=\sum_{i=1}^{M}\max\left(0,\|f(z_i^a)-f(z_i^p)\|_2^2-\|f(z_i^a)-f(z_i^n)\|_2^2+\alpha\right) \tag{2}$$

式中：$M$ 是训练样本的数量。

在哈希层中使用 sigmoid 函数将输出限制在[0,1]区间内。为了让最终的输出值更加接近二值编码 0 和 1，我们从文献[8]中获得启发，引入第二个损失函数，该损失函数的目的是最大化输出值与 0.5 之间的均方误差。该损失函数为

$$L_{\text{bit}}=-\frac{1}{K}\sum_{i=1}^{P}\|f(z_i)-0.5I\|^2 \tag{3}$$

式中：$I$ 为单位向量；$K$ 为单位向量的维度。

同样受到文献[8]的启发，引入第三个损失函数。该损失函数的目的是让输出正负样本的数量能够各占一半，即最后通过哈希函数表示后的二值编码 0,1 的数量能够保持平衡。

$$L_{\text{balancing}}=\sum_{i=1}^{P}[\text{mean}(f(z_i))-0.5]^2 \tag{4}$$

式中：$\text{mean}(f(z_i))$ 表示从哈希函数中输出的均值。

结合式(2)、(3)、(4)，该网络的损失函数表示为

$$L=L_{\text{triplet}}+\lambda_1 L_{bit}+\lambda_2 L_{\text{balancing}} \tag{5}$$

式中：$\lambda_1$ 和 $\lambda_2$ 为超参数。

# 3　实验结果

## 3.1　数据集

本文采用了 UC Merced(UCMD)数据集进行实验，该数据集一共有 21 类 RGB 三通道光学遥感图像，每一类有 100 张图像，一共有 21 000 张图像。每张图像的像素大小为 256×256，空间分辨率为 30 cm。如图 3 所示。

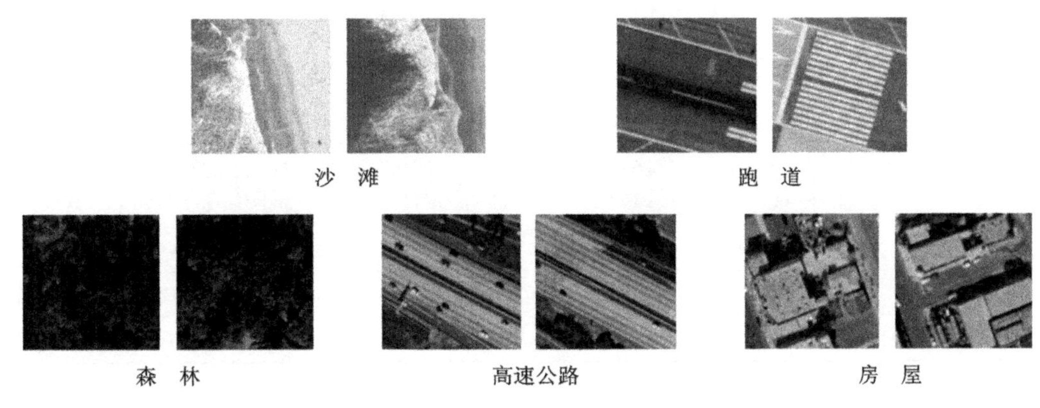


图 3　实验样例

## 3.2　实验设置

检索流程参考文献[16]中的检索流程图。在实验过程中，我们从该数据集中随机选取每一类图像中的 50%作为训练样本，剩下的 50%用作测试样本。在实验中，我们的网络是基于 tensorflow 框架进行搭建的。训练三元组网络采用了 Adam 优化器，训练的学习率为 0.000 01，同时每一个 batch 的大小为 30。训练的最大迭代周期设置为 30。三元组网络的损失函数中

阈值 $\alpha$ 设置为0.2。

## 3.3 评价指标

本文采用了平均精度(mAP)和前 $k$ 个检索结果的精度(P@k)两种评价指标对实验的结果进行测试。mAP的计算方法如下：

准确率($P$)的计算公式：

$$P = \mathrm{TP}/(\mathrm{TP}+\mathrm{FP}) \tag{6}$$

召回率($R$)的计算公式：

$$R = \mathrm{TP}/(\mathrm{TP}+\mathrm{FN}) \tag{7}$$

式中：TP为被正确地划分为正例的个数；FP为被错误地划分为正例的个数；FN为被错误地划分为负例的个数。平均精度(mAP)就是计算 $PR$ 曲线下的面积。具体平均精度(mAP)的计算公式如下：

$$MAP = \frac{1}{|Q|}\sum_{i=1}^{|Q|}\frac{1}{n_i}\sum_{j=1}^{n_i}\mathrm{precision}(R_i^j) \tag{8}$$

式中：$q_i \in Q$ 是查询图像；$|Q|$ 表示查询图像数据集的数量；$n_i$ 表示图像数据库中的图像与查询图像 $q_i$ 相关联的数量。假设与查询图像关联的图像排序为 $\{r_1, r_2, \cdots, r_{n_i}\}$，$R_i^j$ 就表示从检索排名第一到排名第 $j$ 的结果。

## 3.4 结果与分析

下面在UC Merced(UCMD)数据集下对比了7种当前最好的算法的mAP值，并分别列出了哈希层的维度取32 bit、64 bit和96 bit的结果。实验表明本文所提出的算法明显优于这7种算法，在这7种算法中，表现最好的是DPSH算法。当 $k=32$ 时，本文提出的算法精度值比DPSH高出了20%左右；当 $k=64$ 时，本文提出的算法精度值比DPSH高出了15%左右；当 $k=96$ 时，本文提出的算法精度值比DPSH高出了10%左右。具体结果如表1所列。

**表1 不同算法的mAP值**

| | PRH in [17] | KSH in [18] | SDH in [19] | COSDISH in [20] | DHN in [21] | DSH in [22] | DPSH in [23] | 本文算法 |
|---|---|---|---|---|---|---|---|---|
| $k=32$ | 0.1557 | 0.3039 | 0.2997 | 0.4998 | 0.6707 | 0.6317 | 0.7478 | 0.9261 |
| $k=64$ | 0.1744 | 0.3326 | 0.3144 | 0.5300 | 0.7313 | 0.6750 | 0.8174 | 0.9548 |
| $k=96$ | 0.1858 | 0.3539 | 0.3427 | 0.5594 | 0.7707 | 0.7502 | 0.8640 | 0.9610 |

为了更加直观地表示出检索结果，下面分别采用DPSH算法(左)和本文算法(右)对UCMD数据集中的五类图像进行了检索，检索结果的TOP10如图4所示。表的最左侧是在测试时输入该网络的查询图像；表的中间为根据查询图像返回的前10张检索图像；表的最右侧为查询图像的类别。结合表1中的实验结果，在本次实验中，我们采用了64 bit的哈希编码进行实验。从实验结果可以看出，在DPSH算法中，对于天桥这一类别，图像的特征较为显著，与其他类别的差异性较大，检索的精度较高；而对于房屋和室内公园这一类别，由于图像中包含的语义信息更加丰富，种类更加繁多，类内差异较大，类间差异小。所以在检索结果上，这两类的图像检索精度较差。而在本文提出的算法中，对于多种类，大差异图像依然有很高的精度。这

与该算法的设计初衷相符，目的是通过三元组网络减小同类中类内差异，增加不同类之间的类间差异，提高网络的判别能力。

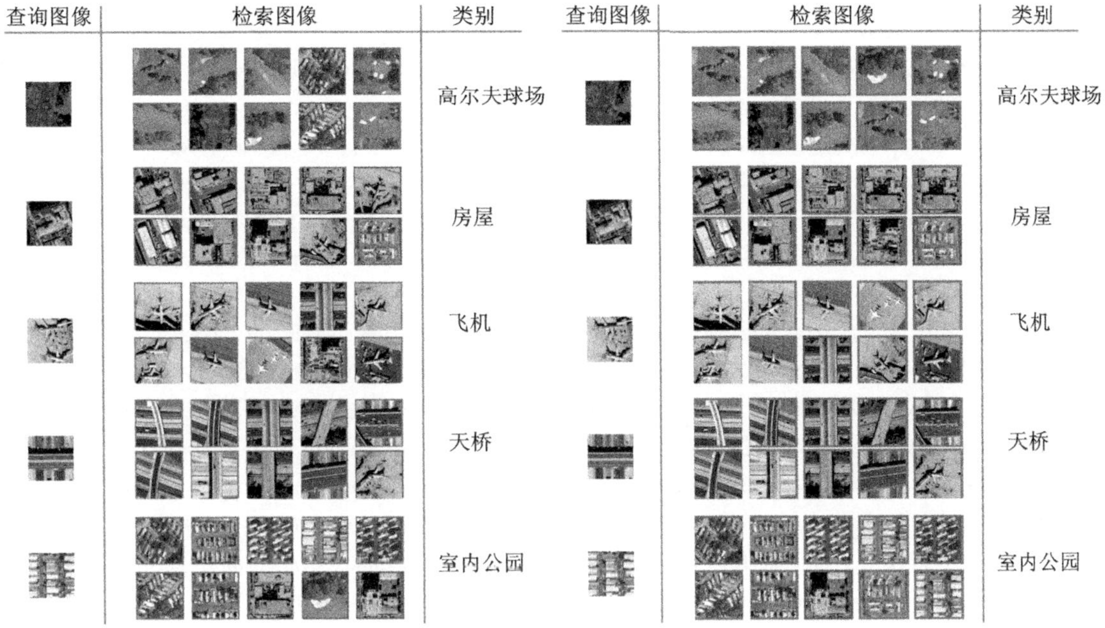

**图4 DPSH算法(左)和本文算法(右)在UCMD数据集上的TOP10检索结果**

## 4 结 论

本文提出了一种基于三元组网络的深度哈希检索算法，目的是对遥感图像进行快速检索，提高检索精度。首先借助深度神经网络对高分辨率的遥感图像进行特征提取，输出高级语义特征，再对输出的特征通过哈希函数进行特征降维，最后通过一个三元组损失函数和两个哈希控制函数对网络模型的参数进行优化。实验部分在公开的遥感数据集上进行了实验，实验结果表明本文提出的算法在遥感图像上的检索精度优于当前的哈希检索算法。在未来的工作中，我们希望将哈希算法用于多标签的遥感图像检索中，旨在提高具有丰富语义信息的遥感图像的检索速度和精度。

## 参考文献

[1] Yang Y, Newsam S. Geographic Image Retrieval Using Local Invariant Features[J]. IEEE Transactions on geoscience and Remote Sensing. ,2013,51(2):818-832.

[2] zkan S,Ate T,Tola E,et al. Performance Analysis of State-of-the-Art Representation Methods for Geographical Image Retrieval and Categorization[J]. IEEE Transactions on geoscience and Remote Sensing. Lett. ,2014,11(11):1996-2000.

[3] Napoletano P. Visual descriptors for content-based retrieval of remote sensing images[J]. Int. J. Remote Sens. ,2018,39(5):1343-1376.

[4] Ye F,Xiao H,Zhao X,et al. Remote Sensing Image Retrieval Using Convolutional Neural Network Features and Weighted Distance[J]. IEEE Transactions on geoscience and Remote Sensing. Lett. ,2018,15(10):1535-1539.

[5] Zhou W, Newsam S, Li C, et al. PatternNet: A benchmark dataset for performance evaluation of remote sensing image retrieval[J]. ISPRS J. Photogramm. Remote Sens. ,2018,145:197-209.

[6] Schroff F, Kalenichenko D, Philbin J. FaceNet: A unified embedding for face recognition and clustering. IEEE Conf. Comput. Vis. Pattern Recog. ,2015(6):815-823.

[7] Hermans A, Beyer L, Leibe B. In Defense of the Triplet Loss for Person Re-Identification. arXiv:1703.07737[cs],2017.

[8] Gordo A, Almazn J, Revaud J, et al. End-to-End Learning of Deep Visual Representations for Image Retrieval[J]. Int. J. Comput. Vis. ,2017,124(2):237-254.

[9] Roy S, Sangineto E, Demir B, et al. Deep Metric and Hash Code Learning for Content-Based Retrieval of Remote Sensing Images[J]. IEEE Transactions on geoscience and Remote Sensing. Symp. , 2018: 4539-4542.

[10] Demir B, Bruzzone L. Hashing-based scalable remote sensing image search and retrieval in large archives [J]. IEEE Transactions on geoscience and Remote Sensing,2016,54(2):892-904.

[11] Reato T, Demir B, Bruzzone L. An unsupervised multicode hashing method for accurate and scalable remote sensing image retrieval[J]. IEEE Geoscience and Remote Sensing Letters,2019,16(2):276-280.

[12] Li Y, Zhang Y, Huang X, et al. Large-scale remote sensing image retrieval by deep hashing neural networks[J]. IEEE Transactions on Geoscience and Remote Sensing,2018,56(2):950-965.

[13] Xia G S, Hu J, Hu F, et al. Aid: A benchmark data set for performance evaluation of aerial scene classification[J]. IEEE Transactions on Geoscience and Remote Sensing,2017,55(7):3965-3981.

[14] Wang J, Song Y, Leung T, et al. Learning fine-grained image similarity with deep ranking. CoRR, abs/1404.4661,2014.

[15] Yang H F, Lin K, Chen C S. Supervised learning of semantics preserving hash via deep convolutional neural networks[J]. IEEE transactions on pattern analysis and machine intelligence, 2018, 40(2): 437-451.

[16] 李宇,刘雪莹,张洪群,等.基于卷积神经网络的光学遥感图像检索[J]. 光学精密工程,2018,26(1).

[17] Li P, Ren P. Partial randomness hashing for large-scale remote sensing image retrieval[J]. IEEE Geosci. Remote Sens. Lett. ,2017,14(3):464-468.

[18] Demir B, Bruzzone L. Hashing-based scalable remote sensing image search and retrieval in large archives [J]. IEEE Trans. Geosci. Remote Sens. ,2016,54(2):892-904.

[19] Shen F, Shen C, Liu W, et al. Supervised discrete hashing[J]. IEEE Conf. Comput. Vis. Pattern Recognit. ,2015(6):37-45.

[20] Kang W C, Li W J, Zhou Z H. Column sampling based discrete supervised hashing. 30th AAAI Conf. Artif. Intell. ,2016:1230-1236.

[21] Zhu H, Long M, Wang J, et al. Deep hashing network for efficient similarity retrieval. 30th AAAI Conf. Artif. Intell. ,2016:2415-2421.

[22] Liu H, Wang R, Shan S, et al. Deep supervised hashing for fast image retrieval. IEEE Conf. Comput. Vis. Pattern Recognit. ,2016(6):2064-2072.

[23] Li W J, Wang S, Kang W C. Feature learning based deep supervised hashing with pairwise labels. 25th Int. Joint Conf. Artif. Intell. ,2016:1711-1717.

# 多层内埋功能结构变形后的几何特征研究

曲秀晓　李兴德　王鹏

（中国航空工业集团公司济南特种结构研究所，

高性能电磁窗航空科技重点实验室，山东·济南，250023）

**摘要**：多层内埋功能结构作为新型复合材料典型结构，其涉及到结构、强度、电磁、工艺等多学科技术的创新，本文针对多层内埋功能结构受外界载荷作用后的变形问题开展研究，得出一种求解多层内埋功能结构变形后几何特征的数学方法，可对多层内埋功能结构受载后的几何特征进行描述以及外形重构，并提出针对多层内埋功能结构的有限元建模方法以及内部特性的试验监测方法，该方法可用于内部结构复杂的复合材料电磁结构的强度计算及试验验证。

**关键词**：多层内埋功能结构；结构变形；几何特征

## 1　引　言

复合材料以比强度大、抗疲劳等优良特性广泛应用于航空航天等领域，其强大的可设计性使其在各领域衍生出新的结构。目前，随着高度融合的飞机复合材料蒙皮技术的发展，将功能单元埋入飞机蒙皮成为趋势。这种复合材料多层内埋功能结构受载后的结构形变直接影响结构的功能性能，因此，对形变后多层内埋功能结构的几何形状，特别是功能单元形变后的几何位置进行研究显得尤为重要。

本文以多层内埋功能结构变形后几何特征研究为目的，介绍了一种适用于多层内埋功能结构变形后几何特征计算的数学方法，提供了多层内埋结构变形后几何模型的重构方法，并从结构建模、试验验证的角度，对多层内埋功能结构受载变形后的建模计算及试验验证进行了系统的研究。

## 2　多层内埋功能结构仿真建模计算技术

### 2.1　二维单元

多层内埋功能结构中含有两大类截然不同的材料，即金属材料和复合材料。由于金属材料是以薄片、丝线和氧化物材料等形式的存在，不是承力的主要材料，因而，整个结构的计算仍然可以采用复合材料的力学性能（模量）为主进行计算，应力应变的分布也是以复合材料的应力应变为主要的分布。而内埋的金属结构的强度（断裂应力）应变极限（断裂应变）必须高于复合材料在气动载荷下的内部应力与应变。

而多层内埋结构结构仍属于薄壳结构，传统的二维壳单元仍然适合多层内埋结构的有限元建模。而二维壳单元的属性需要按照带埋入结构特征的材料许用值试验来获取，并且应考虑相关的环境条件，二维壳单元建模见图1。

国内外在进行印制电路板的有限元建模分析时，采用二维单元利用区域等效的方法来建立印制电路板的有限元模型，利用等效区域的结构力学试验数据作为有限元计算的基础数据，采用力学理论计算模型，求解结构应力、应变和变形，结果可靠。

## 2.2 三维单元

采用4节点四面体单元进行多层内埋结构的有限元网格划分，离散多层内埋结构介质层与功能层，保证每个单层板之间以及单层板和金属预埋件界面上的位移连续性，四面体网格见图2。由于单层板厚度方向尺度远小于长度和宽度方向尺寸，因此在确定有限元网格尺寸时，应以厚度方向尺寸作为参考标准，否则容易出现单元畸形，导致刚度矩阵奇异。

图1 二维单元离散结构图

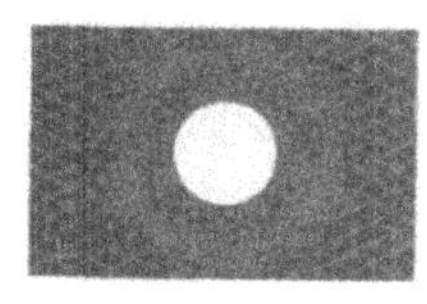
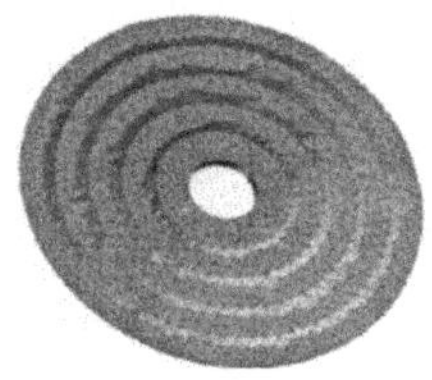

图2 四面体有限元网格

经典层合板理论中，复合材料单层板的强度准则一般采用Hill-蔡强度理论或蔡-吴张量强度理论，这两种强度理论适用于平面应力状态的单层板。复合材料层合板的损伤模式主要包括纤维断裂、基体断裂、纤维失稳、分层等形式。当某层中发生某种模式的损伤时，结构并未完全失去承载能力，其剩余强度仍然能够承受一定的载荷，因此前述两种强度准则是针对复合材料层合板的总体强度而言的。复合材料层合板分析中的材料主方向坐标固定为：1方向为增强纤维方向，2方向为垂直于纤维的方向（由1方向的向量逆时针转动90°），3方向为单层板平面的法线方向。计算时采用三维建模方法，平面应力问题的单层板强度理论不再适用于三维问题的求解。考虑到三维问题的复杂性，可以采用最大应力准则作为三维层合板模型的强度准则，即认为材料主方向应力达到许用应力时，就发生对应的结构损伤，此时的外载荷即为该层合板结构的极限载荷。如1方向最大拉应力超过许用值时即判定纤维发生断裂；2方向（垂直于纤维的方向）最大拉应力超过许用值时即判定基体在正应力作用下发生了断裂；3方向（层合板法向）最大拉应力超过许用值，且极值点位于某单层板的表面上，则判定该处发生层间脱粘。从偏安全的角度考虑，将层合板发生初始损伤时对应的外载荷作为其极限载荷。

## 2.3 垂直互联建模

针对含电子设备垂直互联结构的多层内埋结构，采用三维精细建模和质量等效建模相结合的方法进行多层内埋结构的有限元网格剖分与建模，利用三维体元模拟柱状垂直互联单元，保证互联单元与上下两层结构在焊点处位移连续，同时控制整体结构的有限元网格精度，计算结果在垂直互联处会存在应力集中问题，应根据整体结构尺寸及结构层次调整网格密度，必要时结合适当等效手段进行模型修正，保证计算结果精度，形成一种网格细化标准。

大量统计表明，焊点强度通常较高，周围环境的大温变和机械载荷都难以使焊点脱落。因此当仿真不关心焊点时可采用总质量等效的方法将焊点等效到基板上；当仿真专门研究焊点的稳定性、可靠性及对其进行疲劳估算时则可将焊点建成截球形。焊点在元件上的布置及建模简化如图3所示。

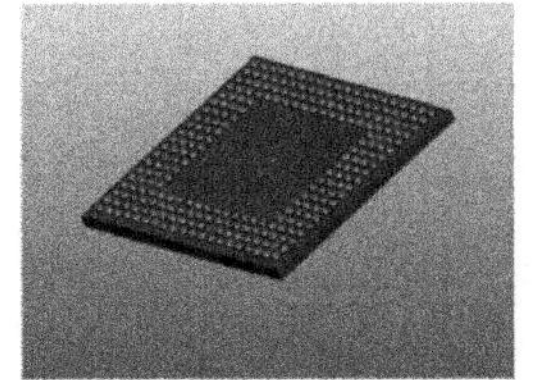

图 3　焊点在元件上的布置及建模简化

## 3　求解多层内埋功能结构变形后几何特征数学方法

空间几何学理论准确表征了空间点的矢量转换关系，在多层内埋结构的有限元模型中，对于近似平面的多层内埋功能结构，假设平面四边形的点为 $A$、$B$、$C$ 和 $D$，利用 $A$、$B$、$C$ 和 $D$ 点的坐标，建立单元的矢量方程，$\boldsymbol{AD}=m\boldsymbol{AB}+n\boldsymbol{AC}$，通过上述方程，求得参数 $m$ 和 $n$，作为以 $\boldsymbol{AB}$ 和 $\boldsymbol{AC}$ 为坐标轴的两个坐标，在受载变形后的单元曲线族上，利用已知的变形后的 $A'$、$B'$ 和 $C'$，再利用 $\boldsymbol{A'D'}=m\boldsymbol{A'B'}+n\boldsymbol{A'C'}$ 求得形变后的坐标 $D'$。矢量图如图 4 和图 5 所示。

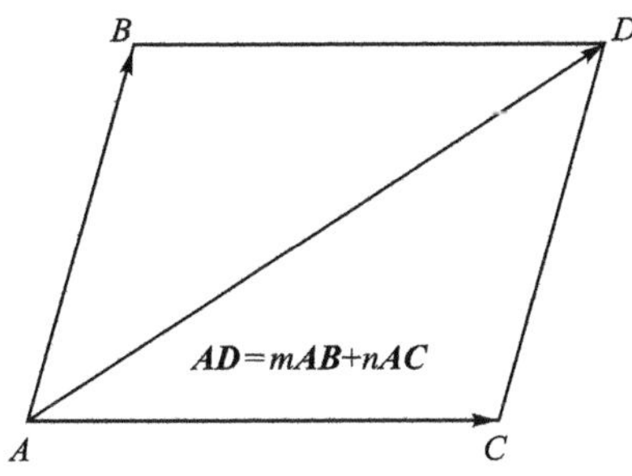


图 4　原局部坐标系

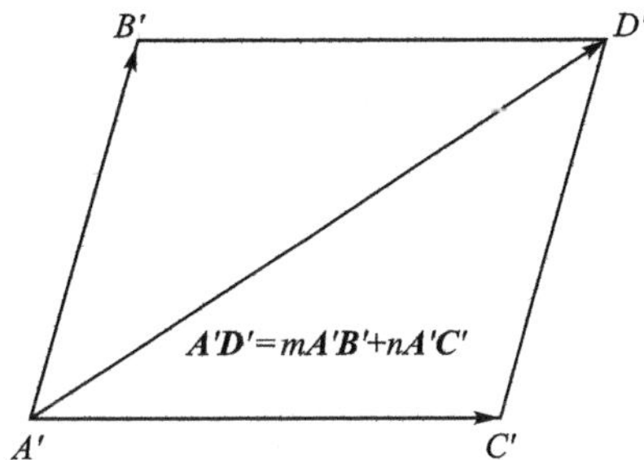


图 5　变形后的局部坐标系

当然，对于曲面结构单元有图 6 所示的位置关系，利用 $A$、$B$、$C$、$D$ 和 $E$ 点的坐标，建立矢量方程 $\boldsymbol{AE}=l\boldsymbol{AB}+m\boldsymbol{AC}+n\boldsymbol{AD}$，求得参数 $l$、$m$ 和 $n$，作为以 $\boldsymbol{AB}$、$\boldsymbol{AC}$ 和 $\boldsymbol{AD}$ 为坐标轴的三个坐标，在变形后的曲线族上，利用已知的空间 $A'$、$B'$、$C'$ 和 $D'$，再利用 $\boldsymbol{A'E'}=l\boldsymbol{A'B'}+m\boldsymbol{A'C'}+n\boldsymbol{A'D'}$ 求得在变形以后的坐标 $E'$。矢量图如图 7 所示。

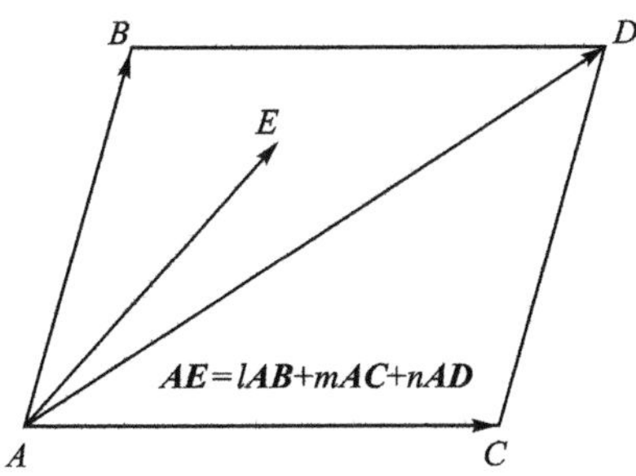


图 6　原三维局部坐标系

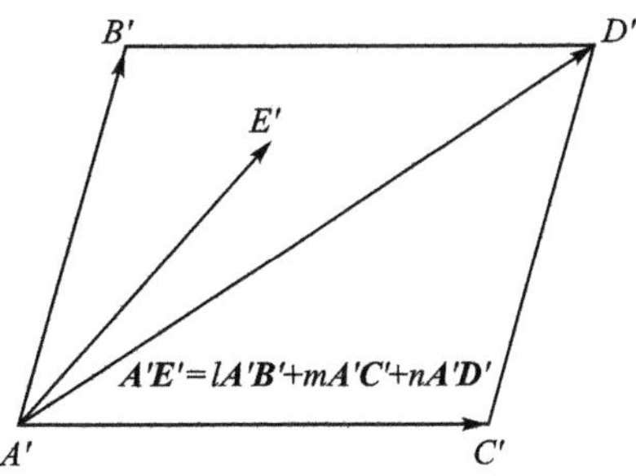


图 7　变换后的局部三维坐标系

由上述过程看出，若 $D$ 是平面上的嵌套单元的表征点，而 $ABC$ 是多层内埋有限元结构上的有限单元表征点，则在受到气动载荷作用后，$ABC$ 点的新位置是 $A'B'C$，可以通过有限元软件结合自编程序得到嵌套单元表征点 $D$ 变形后的新位置 $D'$。

同理，若 $E$ 是曲面上的嵌套单元的表征点，而 $ABCD$ 是多层内埋有限元结构上的有限单元表征点，则在受到气动载荷作用后，$ABCD$ 点的新位置是 $A'B'C'D'$，可以通过有限元软件结合自编程序得到嵌套单元表征点 $E$ 变形后的新位置 $E'$。

## 4 多层内埋功能结构变形后几何特征计算

以一类典型结构为例，在其结构上，布置了一系列的多层内埋结构，该结构在气动载荷的作用下，整体发生气动变形，其中内埋结构也发生相应的变形。按照空间几何理论建立方程，开发程序，进行内埋单元变形前及变形后的位置及形状计算。

第一，在多层内埋结构的有限元计算模型上，布置真实的内埋单元位置基准坐标系，在文件中，记录下相应的位置及坐标系。

在多层内埋结构有限元模型上，给出垂直的三个点坐标轴 $P_1(x_1,y_1,z_1)$、$P_2(x_2,y_2,z_2)$ 和 $P_3(x_3,y_3,z_3)$，读入有限元模型，检查 3 个点，将每个点插入到一个最近的有限元单元中，并且建立 3 个独立的插值函数。

第二，进行多层内埋结构在气动载荷下的变形计算，得到相应的结果 f06 文件。

第三，提取内埋单元基准坐标系位置在变形后的实际坐标。

将 3 个点所在单元的每个节点变形后的 $P(x,y,z)$ 坐标偏移量读出，与 nastran 有限元模型的节点坐标叠加，就得到了变形后的单元节点坐标。

第四，将标准的内埋单元，分别转换出变形前后的真正坐标。

再利用先前的每个坐标点独立的线性插值函数，得到变形后的 3 个坐标轴点坐标。这样，基本的坐标轴变换已经完成。

在 Unitcell. dat 中储存了每个单元在正直角坐标系下的坐标。通过上述的坐标轴几何转换关系，可以得到变形前和变形后每个内埋单元特征点的坐标。

某内埋结构变形前后的位置如图 8 所示。

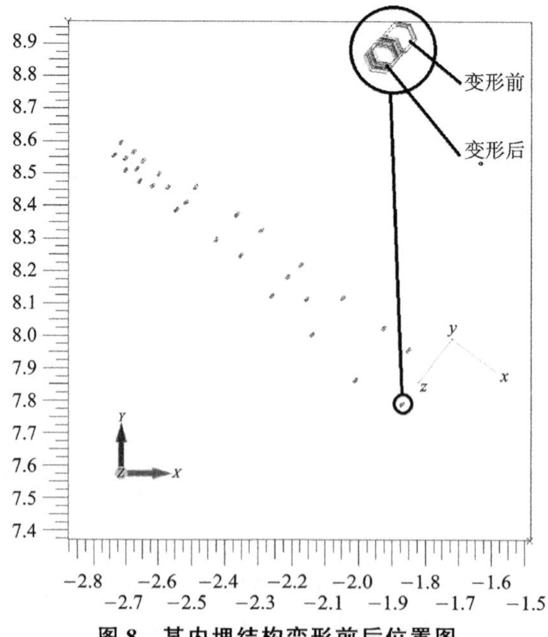


**图 8 某内埋结构变形前后位置图**

## 5　多层内埋功能结构变形后模型重构

对于受载变形后的典型结构可以应用曲面逆向设计，对变形后点云进行拟合，重构曲面。逆向工程最核心的问题是高品质曲面的重构，曲面重构是逆向工程的第一步，也是最关键的一步，最终产品外观质量好坏，很大程度上取决于曲面逆向质量的优劣。本文以一典型多层内埋结构为例，采用逆向曲面设计，拟合重构了形变后的多层内埋功能结构，点云导入、网格化及曲面拟合图如图 9～图 11 所示。

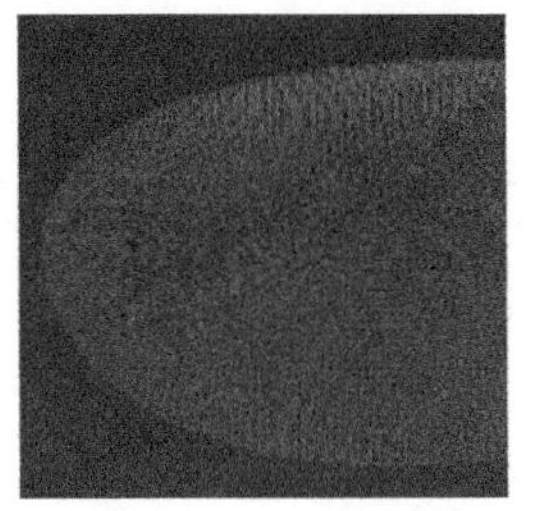

图 9　点云导入图

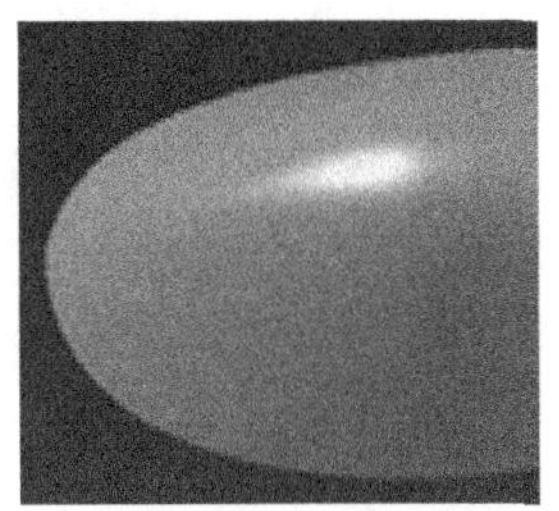

图 10　点云网格化

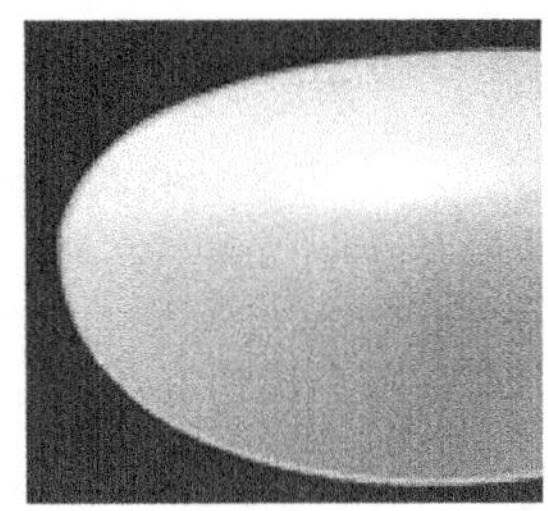

图 11　形变后拟合曲面

## 6　多层内埋功能结构变形后几何特征试验验证

目前，可以采用在多层内埋功能结构内部预埋光纤传感器的技术来测量多层内埋功能结构在受载后内部预埋结构的应变情况，验证多层内埋功能结构建模计算、几何特征计算的准确性。该方法是将微弯型传感器、相位调制型传感器、城墙型传感器、新型传感器等光纤传感器埋置在复合材料蒙皮中，以监测其应变和温度情况。其中布拉格光纤光栅传感器(FBG)以其体积小、优良的抗电磁干扰能力、测量稳定性、便于分布式测量等优点而受到研究人员的广泛关注。

操作时具体是将预浸料按照一定的铺层顺序进行铺叠，内埋功能结构，然后将光纤传感器沿一定方向埋置在功能层相应位置处，两端加热塑套管进行引出保护。按照一定的固化工艺曲线进行热压罐成型，整个过程过程注意对光纤的保护防止被折断。使用光纤熔接机将 FBG 传感器、跳线、SM130 高速解调仪连接起来，并用计算机进行数据采集。

FBG 传感器的工作原理是中心波长变化量反映的是所在位置的应变情况，获得材料内部的应变信息。可通过监测波长峰值和波长漂移值的变化，推测材料损伤的大小，实时监测多层内埋功能结构的内部应变情况。

## 7　结束语

本文确定了计算多层内埋功能结构变形后几何特征的数学方法，通过坐标基准变形插值确定多层内埋结构在结构变形前后的几何特征及其具体的差异，避免对细节进行不必要的详细建模，是一个参数化的求解过程。另外，通过曲面逆向设计将变形后的多层内埋功能结构模型进行了重构，并提出采用内埋光纤试验方法，对本文数学方法的准确性进行验证。

# 参考文献


[1] 赵明伟,等.高精度曲面建模优化方案[J].中国国象图形学报,2014.

[2] 史忠梅.GPS全球定位系统在带状控制测量中的实践应用[J].通信世界,2014.

[3] 许群,等.飞行器共形天线技术综述[J].现代雷达,2015.

[4] 陈文涛.共形承载天线力学性能的动态演化机理[J].西北工业大学,2015.

[5] 孙翠羽,等.利用多面函数拟合法解算连续化的深度基准面模型[J].华东交通大学学报,2013.

[6] 薛文慧.气动热环境下共形整流罩热辐射特性研究[J].哈尔滨工业大学,2016.

[7] 姚澜.三维纺织复合材料为基础的共形承载微带天线及其基板的结构设计和性能研究[J].东华大学,2007.

[8] 田明俊.智能反演算法及其应用研究[J]. 大连理工大学,2005.

[9] 胡海晓,等.基于FBG传感器的CFRP冲击损伤监测研究[J].第17届全国复合材料学术会议论文,2010.

[10] 李长春.埋入光纤进行复合材料中的应变测量[J].复合材料学报,1999.

[11] 杨建良.光纤传感网络用于复合材料结构状态检测的实验研究[J].传感器世界,1999.

[12] 赵海涛.基于光纤传感技术的复合材料结构全寿命健康监测研究[J].哈尔滨工业大学,2008.

[13] 何东晓.先进复合材料在航空航天的应用综述[J].高科技纤维与应用,2006.

[14] 姚金江.几何学[M].北京:电子工业出版社,2010.

[15] 沈观林,等.复合材料力学[M].2版.北京:清华大学出版社,2006.

[16] 谢汉龙. CATIA V5逆向造型设计[M].北京:清华大学出版社,2004.

[17] Donald H M. Pauline Baker. ComputerGraphics with OpenGL[M].北京:电子工业出版社,2005.

[18] 陈鑫,林逸.车身CAD技术[M].北京:人民交通出版社,2005.

# 基于极化转换超表面的宽带 RCS 缩减研究

李梦媛　张文武　刘晓春

（中国航空工业集团公司济南特种结构研究所，
高性能电磁窗航空重点实验室，山东·济南，250023）

**摘要**：本文设计了一种高极化转换效率的极化转换超表面(Polarization Conversion Metasurface，PCM)单元。在较宽的频带内，所设计的 PCM 单元及其镜像对称单元能够实现 180°的反射相位差，基于极化转换和相位相消的原理，由上述两单元构成棋盘结构可以实现雷达散射截面(Radar Cross Section，RCS)缩减。仿真结果表明，所设计的宽带极化转换超表面具有转换效率高、几何结构简单、对入射波极化方式不敏感等优点，为实现宽带 RCS 缩减提供了一种新的途径。

**关键词**：极化转换；RCS 缩减；宽带；超表面

## 1　引　言

电磁超材料(Metamaterials，MMs)是一种人造的亚波长复合结构，由于它能够实现诸多自然材料所不能实现的现象和功能而被广泛关注。电磁超表面(Metasurface)是电磁超材料的二维形式，它既保留了三维超材料的奇异特性，又克服了三维超材料在制备上所面临的困难，在操控电磁波传播方面表现出了非凡的特性。一般来说，通过对目标进行整形设计或在目标表面涂敷雷达吸波材料(Radar Absorbing Materials，RAM)可以吸收和消除雷达波能量，以达到减小雷达散射截面(Radar Cross Section，RCS)的目的。超表面的兴起为实现超宽带 RCS 缩减提供了新的思路。

极化转换超表面(Polarization Conversion Metasurface，PCM)是电磁超表面研究和使用的一个重要领域。由于 PCM 单元及其镜像单元的交叉极化散射相位分量相消，所以由上述两者构成棋盘结构可以实现 RCS 缩减。PCM 单元的极化转换效率(polarization conversion ratio，PCR)越高，所构成超表面的散射缩减效果越好。此外，由于极化转换材料在任意两个正交方向上具有完全相反的谐振状态，所构成的超表面对入射波的极化方向不敏感，因此极化转换超表面在 RCS 缩减技术方面具有很好的应用价值。

基于上述原理，本文设计了一种高极化转换效率的极化转换超表面单元。基于极化转换和相消干涉理论，通过对 PCM 单元及其镜像对称单元的组合设计，提出了一种用于宽带 RCS 缩减的超表面。仿真结果表明，该方案在 7～19 GHz 的工作频段内，转换率明显高于 90%，所构成超表面的散射缩减效果较好。

## 2　PCM 单元设计

本文设计的 PCM 单元如图 1(a)所示，它由斜轴对称图案，介质板和背面的金属接地板组成。斜轴对称图案是由金属条带，圆形贴片及两个等边的三角形贴片构成的，斜轴对称图案和背面的金属接地板分别附着在介质层的上下表面。PCM单元的镜像对称单元如图1(b)所示，所设计的超表面结构通过对这两个单元周期性组合，并对结构进行参数优化，实现了宽带RCS缩减。经过优化后的结构参数为：单元的周期性边长 $p$ 的长度为10 mm，金属条带 $L$ 的长度为4.86 mm，圆形贴片半径 $R$ 为2.1 mm，介质板材料选用的介电常数为2.2，损耗角正切值为0.003的Rogers RT5880，厚度 $d=3.2$ mm。

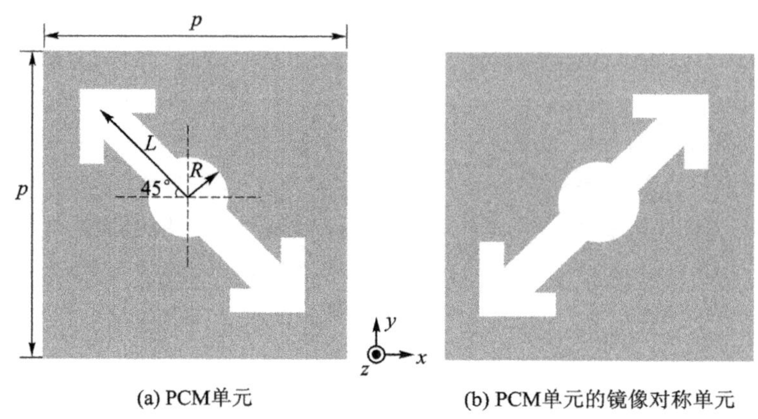


**图1 PCM单元结构**

此处定义 $\eta_{yy}=E_{yr}/E_{yi}$，$\eta_{xy}=E_{xr}/E_{yi}$ 表示不同极化转换的反射效率，极化转换效率 $\text{PCR}=\eta_{xy}^2/(\eta_{xy}^2+\eta_{yy}^2)$。其中，$E$ 表示电场，下标 $i$ 和 $r$ 分别表示入射与反射电磁波，$x$ 和 $y$ 表示电磁波的极化方向。在全波电磁仿真软件CST中，对上述PCM单元的共极化反射效率 $\eta_{yy}$ 和交叉极化反射效率 $\eta_{xy}$ 进行模拟，得到的反射率和极化转换效率如图2和图3所示。图2中的虚线和实线分别给出了共极化和交叉极化的反射率，结果表明，在工作频带内，交叉极化的反射率均大于−0.3 dB，而共极化在相同频带内的反射率很低。图3中给出的结果表明，在7～19 GHz的工作频段内，转换率明显高于90%。图4中给出的结果表明，PCM单元及其镜像单元的相位和相位差，在整个工作频带内保持在180°，由此，所设计的超表面可以实现宽带的特性。

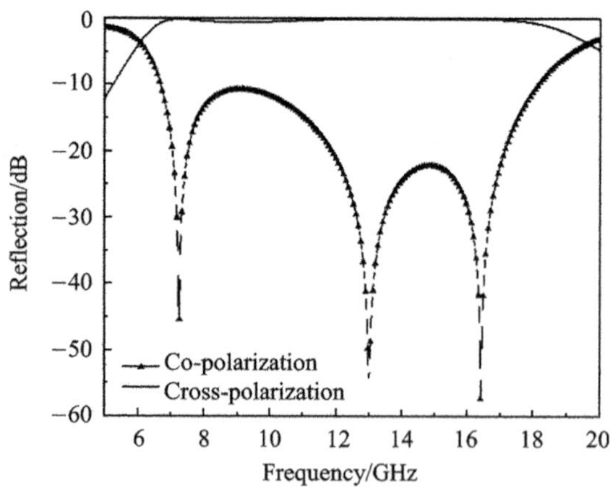


**图2 PCM单元反射率**

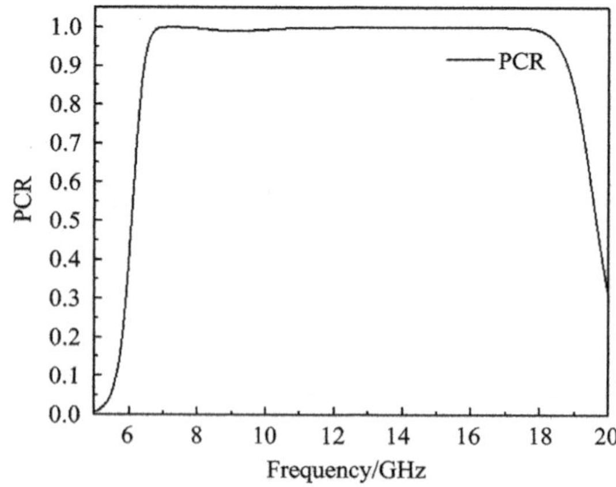


**图3 极化转换效率PCR**

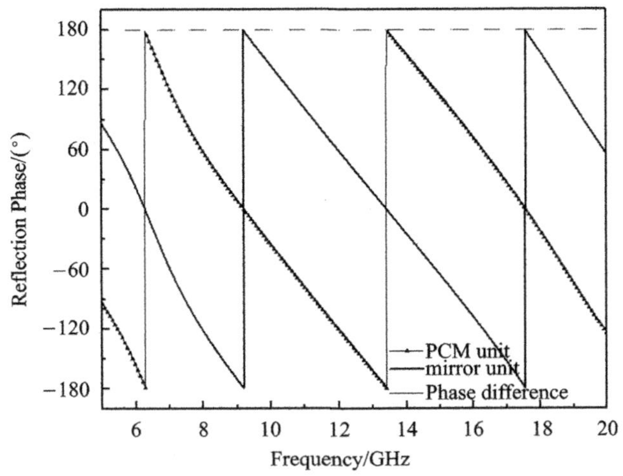


**图 4　PCM 单元及其镜像单元的相位和相位差**

## 3　超宽带超表面设计

基于上述的 PCM 单元，本文设计的具有高极化转换效率的超表面如图 5(a)所示，所设计的超表面由 4 个子阵组成，每个子阵由 6×6 个单元组成，子阵的尺寸为 60 mm×60 mm。图 5(b)是在 13.3 GHz 时，超表面在 $x$ 极化方向的电磁波入射下的散射图。图 6 给出了在 $x$ 极化方向的电磁波入射下，所设计的超表面和金属平板的 RCS 对比图，对比效果如图 7 所示。图 8 给出的是 13.3 GHz 下，$Y-Z$ 平面内金属平板与超表面的双站 RCS 对比图。从图中可以看出，在相同尺寸下，所设计的超表面的散射能量更加分散。

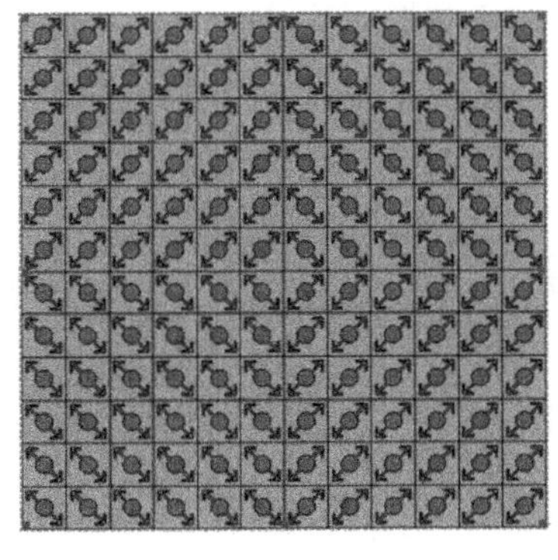

(a) 超表面

(b) 3D散射图

**图 5　超表面及其 3D 散射图**

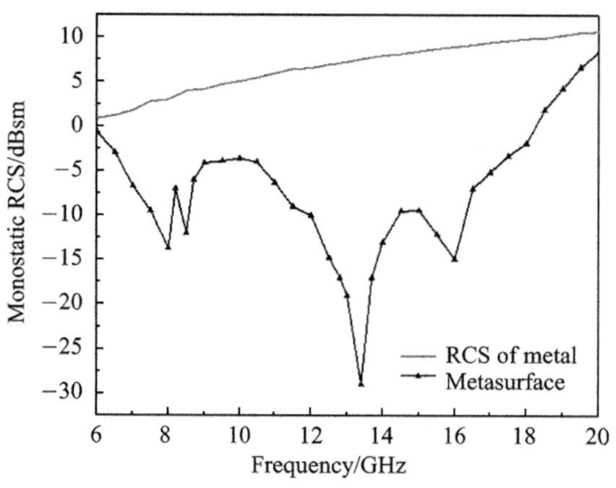


图 6 金属平板与超表面的 RCS 对比图

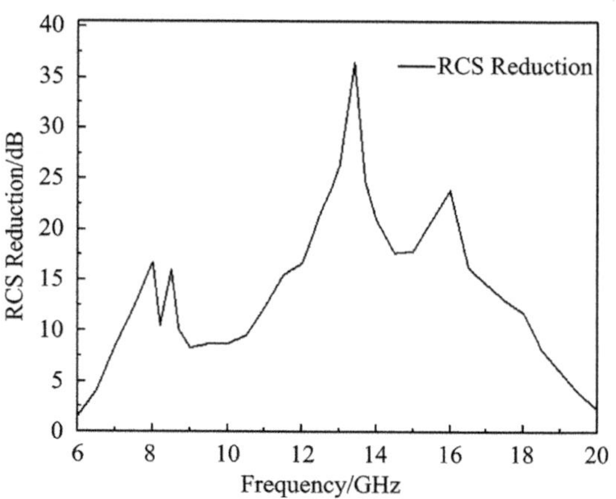


图 7 超表面的 RCS 缩减值

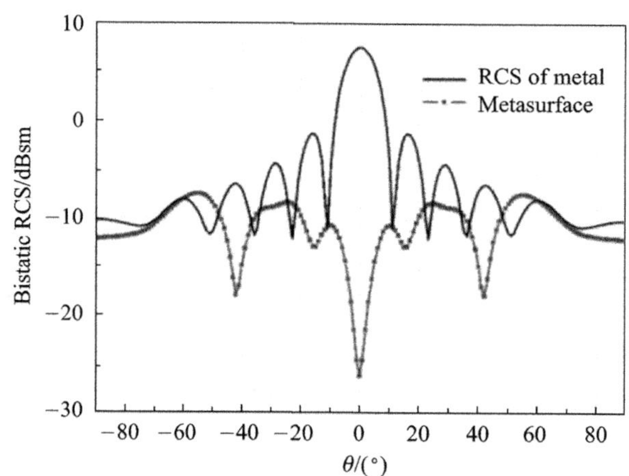


图 8 金属平板与超表面双站 RCS 对比图

## 4 结 论

本文设计了一种具有高极化转换率的 PCM 单元，利用该单元及其镜像单元组成了极化转换超表面。仿真结果表明，在相对带宽 90%的频率范围内，所设计的 PCM 单元的极化转换率超过 90%。所设计的宽带极化转换超表面具有转换效率高、几何结构简单、对入射波极化方式不敏感等优点，为实现宽带 RCS 缩减提供了一种新的途径。

## 参考文献

[1] Yu N，Genevet P，Kats M A，et al. Light Propagation with Phase Discontinuities：Generalized Laws of Reflection and Refraction[J]. Science，2011，334 (6054)：333-337.

[2] Emani N K，Kildishev A V，Boltasseva A，et al. Broadband Light Bending with Plasmonic Nanoantennas [J]. Science，2012，335(6067)：427-427.

[3] Li W，Xue Z，Ren W. Multiband polarisation insensitive metamaterial absorber based on circular fractal structure[J]. Iet Microwaves Antennas & Propagation，2016，10(11)：1141-1145.

[4] Dikmen C M, Cimen S, Cakir G. Design of double-sided axeshaped ultra-wideband antenna with reduced radar cross-section[J]. IET Microwaves, Antennas & Propagation, 2014, 8(8): 571-579.

[5] Samadi F, Akbari M, Chaharmir R, et al. Broadband polarization conversion metasurface for RCS reduction. 12th European Conference on Antennas and Propagation (EuCAP), 2018: 1-3.

[6] Kong C, Guo Q, Li Z, et al. Wideband RCS reduction based on polarization conversion metasurface. 2016 11th International Symposium on Antennas, Propagation and EM Theory (ISAPE), Guilin, 2016: 696-698.

[7] Gao X, Han X, Cao W P, et al. Ultra-Wideband and High-Efficiency Linear Polarization Converter Based on Double V-Shaped Metasurfaces[J]. IEEE Transactions on Antennas and Propagation, 2015, 63(8): 1-1.

[8] Jia Y, Liu Y. A Dual-Patch Polarization Rotation Reflective Surface and Its Application to Ultra-Wideband RCS Reduction[J]. IEEE Transactions on Antennas and Propagation, 2017, 65(6): 3291-3295.

# 浅析 PPQA 在 GJB5000A 软件开发中的实施

陈庆磊　薛沛祥　唐丽萍

（中电科仪器仪表有限公司，山东·青岛，266555）

**摘要**：GJB5000A《军用软件研制能力成熟度模型》的目的是优化军用软件研制过程，提高软件产品质量。过程和产品质量保证（PPQA）是军用软件研制能力成熟度模型中一个重要的关键过程域，本文阐述了 PPQA 过程域在软件开发项目中的实施过程及问题分析，提出了过程和产品质量保证的关键要素。

**关键词**：GJB5000A；PPQA；过程域；质量保证

## 0　引　言

随着时代发展，技术水平的提高，软件在航空航天、武器装备中的重要性日益增强。而我国的软件开发水平与美国的软件开发水平相比，差距依然比较大。软件产品的质量、进度、可靠性的控制和保证已经成为制约军品质量的瓶颈。为了尽快提高我国军用软件的开发水平，2008 年我国制定了 GJB5000A《军用软件研制能力成熟度模型》。要提高软件质量需要在软件开发阶段加强对软件研制过程的管理，软件研制过程的质量决定了软件质量。

## 1　PPQA 过程域的要求及实施过程

### 1.1　标准的要求

GJB5000A 对于过程和产品质量保证过程域有两个专用目标：SG1 客观地评价过程和工作产品，SG2 提供客观深入的了解；4 个专用实践：SP1.1 客观地评价过程、SP1.2 客观地评价工作产品和服务、SP2.1 交流并确保解决不符合项、SP2.2 建立记录。专用目标及专用实践之间的关系如图 1 所示。

### 1.2　实施步骤

GJB5000A 过程和产品质量保证过程的流程图如图 2 所示，下面从以下 4 个方面展开分析。

#### 1.2.1　编制软件质量保证计划

项目组根据项目需求形成软件开发计划，项目组内软件质量保证师依据软件开发计划，按照 GJB5000A 过程和产品质量保证过程域中文档编制的要求，编写软件质量保证计划。计划中包含以下内容：人员及分工、工作量、检查任务、时机、检查方法、输出的工作产品、沟通方式等。PPQA 计划应与项目总计划保持一致，既可单独成文，也可以融入项目计划的章节中。

客观评价过程和工作产品
客观评价过程
客观评价工作产品和服务
报告和记录
提供客观的理解
交流并确保不符合问题得到解决
建立记录
相关利益方

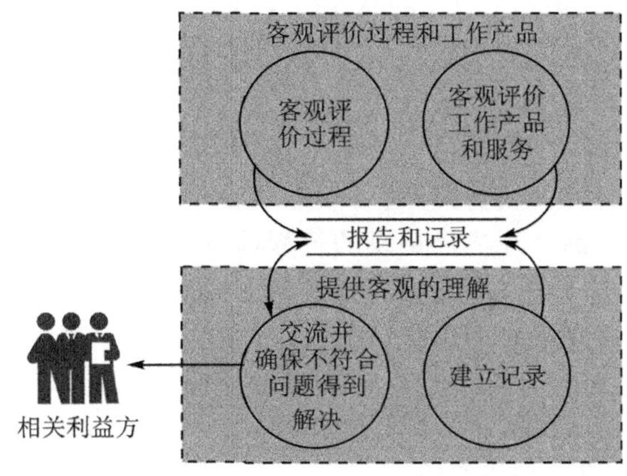

**图1　专用目标与专用实践关系图**

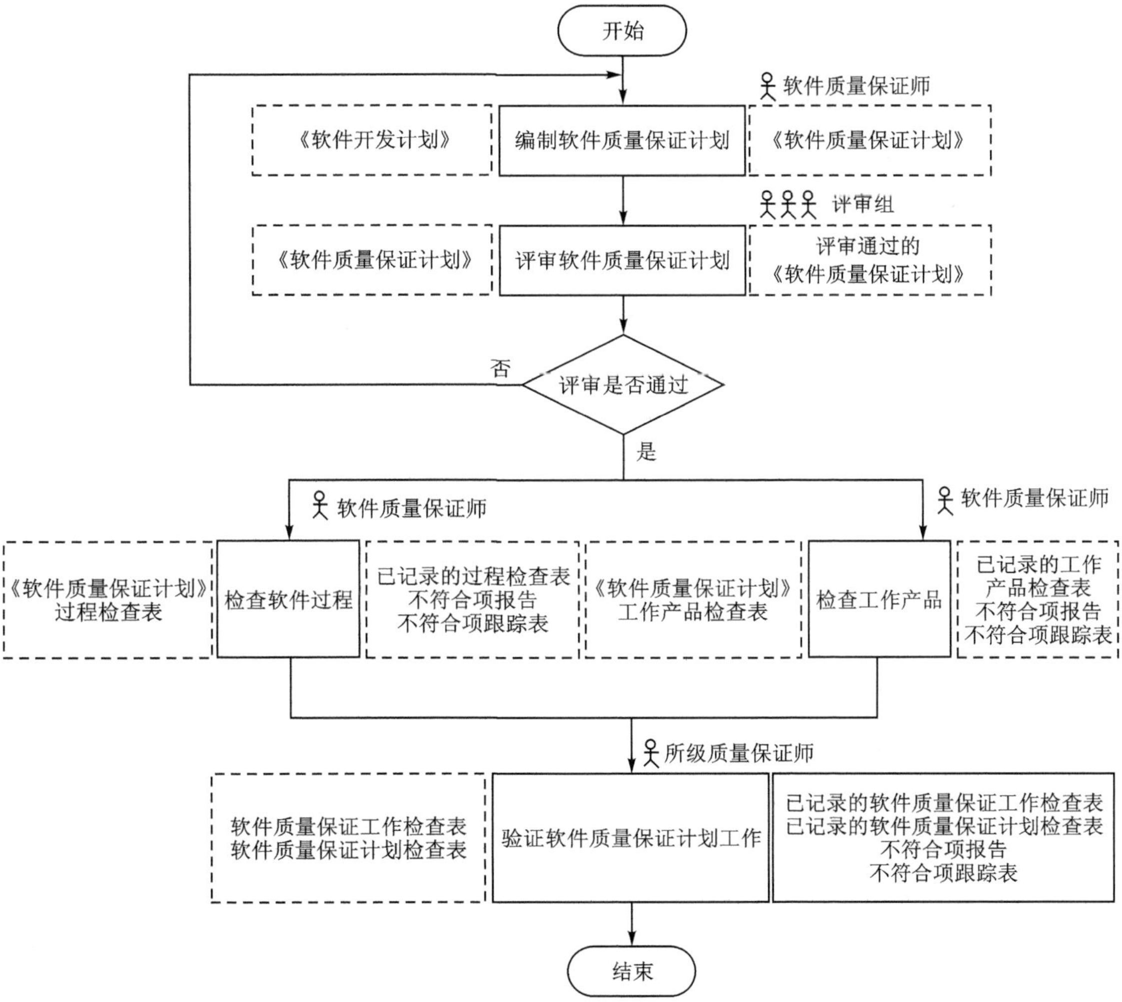

开始
软件质量保证师
《软件开发计划》
编制软件质量保证计划
《软件质量保证计划》
评审组
《软件质量保证计划》
评审软件质量保证计划
评审通过的《软件质量保证计划》
否
评审是否通过
是
软件质量保证师
软件质量保证师
《软件质量保证计划》过程检查表
检查软件过程
已记录的过程检查表
不符合项报告
不符合项跟踪表
《软件质量保证计划》工作产品检查表
检查工作产品
已记录的工作产品检查表
不符合项报告
不符合项跟踪表
所级质量保证师
软件质量保证工作检查表
软件质量保证计划检查表
验证软件质量保证计划工作
已记录的软件质量保证工作检查表
已记录的软件质量保证计划检查表
不符合项报告
不符合项跟踪表
结束

**图2　质量保证过程流程图**

### 1.2.2　评审软件质量保证计划

软件质量保证计划编制完成后，项目组负责人组织评审专家组对该计划进行评审，审核软件质量保证计划标准主要是遵循 GJB5000A 相关过程文件的要求和单位管理项目要求，判定该计划是否符合规范及要求。如果没有通过评审，则要依据专家的评审意见进行修改，完善后再次发起评审，直至通过专家组评审。

#### 1.2.3 检查软件过程和工作产品

软件质量保证计划通过后，质保师依据《软件质量保证计划》过程检查表和工作产品检查表，检查软件过程和工作产品。形成已记录的过程检查表和工作产品检查表，以及不符合项报告、不符合项跟踪表。

#### 1.2.4 验证软件质量保证计划工作

所级质保师依据软件质量保证工作检查表和软件质量保证计划检查表，验证验证软件质量保证计划工作，形成已记录的软件质量保证工作检查表和已记录的软件质量保证计划检查表，以及不符合项报告、不符合项跟踪表。

## 2 推行过程中的问题分析

### 2.1 弄虚作假的现象

所谓弄虚作假，就是软件研制过程与 GJB5000A 文件要求背离的现象。软件研制过程存在编造数据、捏造记录应付检查，导致项目组多项工作重复开展，既浪费时间，降低工作效率，又没有对软件研制水平的提高带来促进作用。

### 2.2 重视程度不够

项目组各层级人员并没有真正接受 PPQA 的过程管理理念，认为实施 PPQA 的过程会占用项目组人员较多时间。实际推行过程中，项目组人员多数仅仅在形式上做出改变，根本理念很难转变，加上项目周期短，任务重，对于过程改进活动不够重视。其实过程的改进必然带来新的理念，软件工程化的实施，有助于领导及负责人把控项目进度与风险，提高项目完成质量。

### 2.3 模板检查与实际操作不符

质保过程中的检查单不是固定的，应该根据项目实际情况适当裁剪，形成新的过程和工作产品检查单，进而提高模板的适用性及工作有效性。

## 3 实施要素

### 3.1 客观性

客观性是 PPQA 实施过程的重点之一。QA 人员应尽量独立于所有项目之外，如果人力资源紧张，QA 人员一定要是其他项目的同行人员，不能本项目的人员兼任。QA 人员的主要依据为检查单，检查单由项目组长和 QA 人员依据单位体系文件并结合本项目特点进行裁剪，在实施过程中，QA 人员必须严格对照检查项目逐一排查不符合项。

### 3.2 良好沟通

PPQA 活动贯穿整个软件研制过程，QA 人员与项目组成员的交流沟通必不可少。尤其是在发现不符合项时，及时与相关人员、项目组长进行交流沟通，确保不符合项得以解决。在不符合项得不到有效解决时，还应当与上级领导沟通，争取得到更多的支持与解决方法。

### 3.3　强化培训

PPQA 活动对于 QA 人员的水平要求较高，QA 人员必须对体系文件、流程、里程碑节点等环节有深入地理解，并且能够结合项目自身特点，对检查单做出合理的改动。鉴于 QA 人员在 PPQA 活动中的重要性，需要对 QA 人员进行一些综合或专项的培训，强化其对 PPQA 过程的理解。

## 4　结束语

本文简单介绍了 GJB5000A 模型、过程和产品质量保证（PPQA）过程域的要求及实施过程。同时分析了 GJB5000A 推行过程及 PPQA 过程中常见的问题，总结出 PPQA 实施过程中三个重要要素。军用软件能力成熟度模型作为软件过程管理的先进方法，将方法落实为切实可行的操作流程，形成适合企业发展的质量管理体系，关系到企业效益与军用软件质量的提高。

## 参考文献

[1] 李明树，杨秋松，翟键. 软件过程建模方法研究[J]. 软件学报，2009，20(3)：525-528.

[2] GJB5000A—2008 军用软件研制能力成熟度模型[S].

[3] 孙春艳，李传宝. 完善 PPQA 组织，提升质量管理水平[J]. 质量与可靠性，2009，144(6)：44-46.

[4] 石柱. 航天软件过程改进实践[J]. 航天控制，2006，24(2)：68-72.

# 基于西门子 840DSL 数控系统和 DRIVE-LINK 总线的"5+1"轴飞秒激光制孔设备的开发与应用

孙承秋　张晓兵

（青岛前哨风动工具制造技术有限公司，山东·青岛，266045）

**摘要：**基于西门子 840DSL 数控系统和 DRIVE-LINK 通信总线技术，结合五轴机械运动系统和三维扫描振镜光学运动系统，倾斜聚焦旋切激光加工运动系统，皮秒激光系统，开发了一种航空发动机涡轮叶片复杂异型气膜冷却孔激光制孔设备。详细阐述了机床整体方案设计、五轴运动系统设计、激光及外光路系统设计、三维扫描振镜光学运动系统、倾斜聚焦旋切激光加工运动系统、在线检测孔形及孔径装置、定位精度测量及校正系统、同轴 CCD 观察系统、控制系统设计、软件开发与集成、试验与结果分析等内容。通过机床重复定位精度测量和异型孔激光加工试验表明，其技术指标和加工指标达到了设计要求。

**关键词：**激光加工；三维扫描振镜；倾斜聚焦旋切激光加工；西门子 840DSL；DRIVE-LINK 总线；在线检测孔形及孔径装置；定位精度测量及校正系统

气膜孔冷却技术是 20 世纪 50 年代发展起来并在航空发动机上广泛使用的一种主动冷却技术，最初使用了直圆孔。美国 GE 公司等 20 世纪 80 年代中期开始使用冷却效率更高的异型孔，孔的形状经历了从直圆孔、简单异型孔到复杂异型孔的演变。通过使用先进的异型气膜孔冷却技术，GE 公司已经将航空发动机的总体冷却效率从 1985 年的约 0.3 提高到了 2010 年的 0.6 以上。由于未能突破复杂异型冷却技术，我国航空发动机冷却孔技术基本处于西方国家 1985 年的水平。目前国产新型发动机可靠性和总体性能提高的瓶颈之一就是先进气膜冷却孔制备技术。

气膜冷却孔制备技术主要包括电火花加工、电解加工、激光加工等。其中，激光加工作为一种非接触式的加工方式，具有快速、灵活、能量精密可控及对难加工材料的广适性等特点，越来越多地应用在航空航天等领域的难加工材料的高效精密加工中。

针对航空工业和燃气轮机叶片的激光精密打孔，德国 DMG 公司开发了 PowerDrill 系列机床。该机床把 300 W/500 W 纳秒脉冲 Nd:YAG 激光器与五轴运动系统结合起来进行复杂曲面的孔加工，利用 CCD 和 3D 位置传感器实现了工件的快速定位，是目前国际上最先进的气膜冷却孔加工系统。我国的激光加工机床制造技术与欧美等发达国家相比存在着很大的差距，并且西方发达国家在高精度的五轴联动激光加工机床出口方面对我国实行禁运。

青岛前哨和合作伙伴制造的五轴数控超快激光精密制孔设备，利用超短脉冲激光制孔优势：非热熔性，热影响极小，易于实现去除表面无再铸层、微裂纹，去除量可以控制在微米甚至亚微米尺寸，可以实现更高尺寸精度加工领域。

## 1　西门子 840DSL 数控系统和 DRIVE－LINK 通信总线技术

西门子 840DSL 是一款 5 轴 4 联动的数控系统，开放的 PLC，将数控系统和激光系统、三维扫描振镜光学运动系统、倾斜聚焦旋切激光加工运动系统、在线检测孔形及孔径装置、定位精度测量及校正系统、抽风除尘系统有机结合在一起。DRIVE－LINK 通信总线技术将数控系统和面板、I/O、5 轴驱动，通过总线方式进行通信，线少简化，故障率低。

## 2　三维扫描振镜高速扫描技术

扫描振镜的工作原理是，当输入一个位置信号时，装有镜片的摆动电机(振镜)就会按一定电压与角度的转换比例摆动一定角度，摆动电机的动作过程采用闭环反馈控制。因此，入射的激光束被可以沿轴高速摆动的 $X$ 轴和 $Y$ 轴和 $Z$ 轴振镜片反射，然后通过一片平场透镜聚焦，通过控制振镜摆动角度，即达到改变激光光束路径的目的。

与机械运动轴相比，扫描振镜的扫描速度快，可以解决机械轴运动的惯性加速减速问题，特别适合小范围的高速扫描，如 1 mm 范围内实现 500 mm/s 以上的扫描速度，大于 10 mm 则可以实现 10 m/s 的扫描速度。目前扫描振镜已经成为激光加工中一项非常重要的工具。我们五轴三维扫描振镜及倾斜聚焦旋切激光加工运动系统采用的德国 ASC 品牌。

## 3　机床设计与集成

### 3.1　整体方案设计

本文将五轴四联动运动系统和三维扫描振镜光学系统、倾斜聚焦旋切激光加工运动系统、在线检测孔形及孔径装置、定位精度测量及校正系统结合起来，组成“5＋3”轴的超快激光精密制孔设备，如图 1 所示。其中，五轴运动系统用于实现工件待加工处的定位，三维振镜扫描系统、倾斜聚焦旋切激光加工运动系统结合机械 $Z$ 轴焦点补偿可以实现微小局部的高速逐层去除加工，实现复杂曲面工件上复杂异型气膜冷却孔的制备。定位精度测量及校正系统用于提高批次工件加工的两维及三维曲面的法向定位。在线检测孔形及孔径装置用于在线异型孔加工的在线测量。定位精度测量及校正系统、在线检测孔形及孔径装置的应用提高了加工制孔的精度，实现了加工制孔的闭环控制。

### 3.2　五轴运动系统设计

五轴精密运动系统包括 $X$、$Y$、$Z$ 三轴直线运动模组，$B$ 轴和 $C$ 轴两个旋转运动模组。其中 $X$、$Y$、$Z$ 三轴运动模组采用龙门式结构。为了获得有效的隔震效果，底座、横梁、立柱和导轨基座均采用天然花岗岩经人工打磨制作，其中 $X$ 轴、$Y$ 轴模组均采用西门子伺服电机，导轨，滚珠丝杠采用 SKF 品牌。为了提高五轴的定位精度和运动精度，在 $B$ 和 $C$ 模块中安装了圆光栅编码器，形成了闭环控制，西门子 840DSL 开通了双向螺补功能。

该龙门式结构跨度为 1 600 mm，高度为 1 200 mm，$X$ 轴有效行程为 1 200 mm，设计重复定位精度为±10 μm，最大速度 6 m/min；$Y$ 轴有效行程为 800 mm，设计重复定位精度为

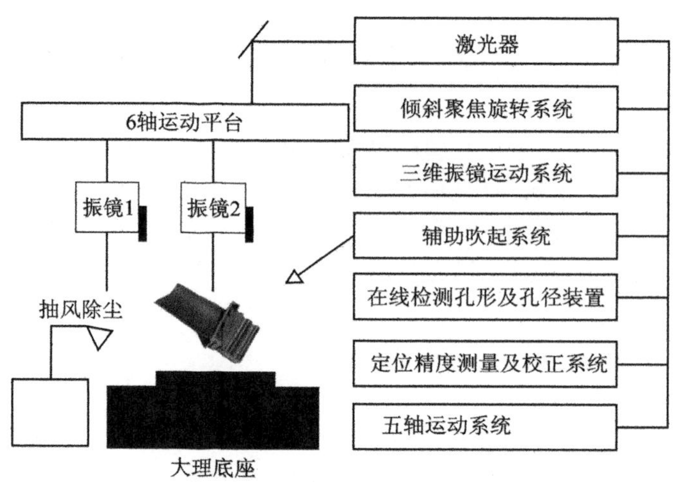


**图1　系统结构示意图**

±10 μm，最大速度6 m/min；$Z$轴有效行程为750 mm，设计重复定位精度为±10 μm，最大速度6 m/min。$B$轴旋转角度为±110°，设计重复定位精度10 arcsec；$C$轴旋转角度为360°，设计重复定位精度10 arcsec。五轴运动系统结构图如图2所示。

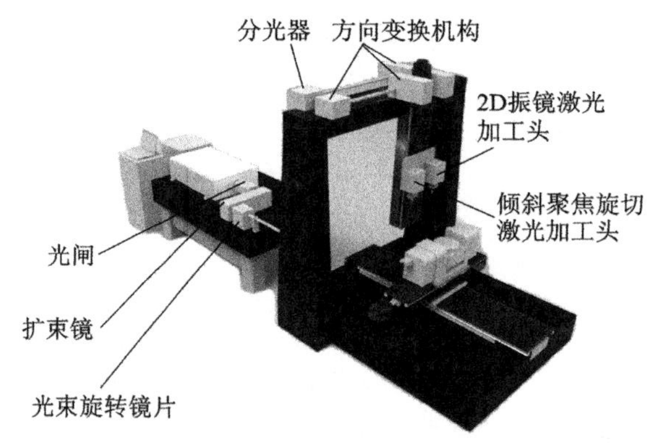


**图2　五轴运动系统结构图**

### 3.3　激光及光学系统设计

该系统包括激光器、外光路系统以及扫描振镜，倾斜聚焦旋切激光加工运动系统。其中，激光器选用高功率≥50瓦级皮秒激光器，波长1 030 nm，脉宽≤3 ps，最大单脉冲能量400 μJ，125 kHz，能实现高温合金、单晶金属、陶瓷材料、陶瓷基复合材料等难加工材料高速低损伤的升华式去除加工。如图3所示，激光器采用反射镜来进行导光。光学元件安装在固定件上形成反射镜组，再将整个反射镜组固定到机床合适位置。通过调节螺母的微调来校正反射镜，使激光束能精准的导入到扫描振镜内，并且最后一个反射镜与前一个反射镜之间的光束与扫描振镜$Z$向运动方向高度平行，这个设计保证了当扫描振镜在$Z$轴的上下移动时不影响激光束的光路，也解决了加工中焦距的实时补偿问题。

三维扫描振镜采用德国arc扫描振镜来实现小范围的高速扫描，其扫描速度435 cps(每秒转速)，位置跳转速度7 m/s。可以实现高重复频率激光的光斑重叠率控制，这为控制激光加工热累积效应提供了必要条件,如图 4 所示。

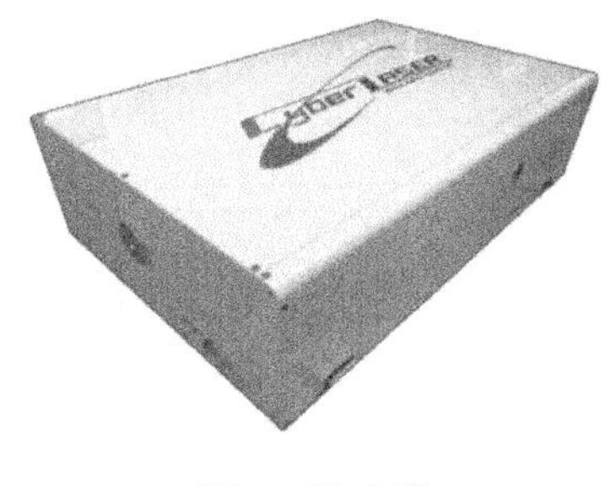

图 3　激光器

图 4　三维扫描振镜

## 3.4　定位精度测量及校正系统

由于超快激光精密加工对零件的精度及重复性要求比较严,为了保证加工精度,应用了定位精度测量及校正系统进行辅助。

定位精度测量及校正系统由雷尼绍无线侧头及配套安装刀座、OMV 软件和西门子 840DSL 后置组成,如图 5 所示。首先在 OMV 软件中导入要加工的工件数模,选择要碰撞采样的点,生成与西门子 840D 匹配的程序,通过 USB 传到五轴数控机床;然后数控机床执行该程序,每采集一点,当前点的位置信息存储到宏地址＃5601～5605 中,并转换到 OMV 软件能读到的宏地址＃500～504 中;接着 OMV 软件读到采集的数值后进行深度拟合生成偏置值。图 6 所示,最后 OMV 生成的偏置值通过 USB 传给数控系统 G54 零点偏置中,完成加工前的精确定位。

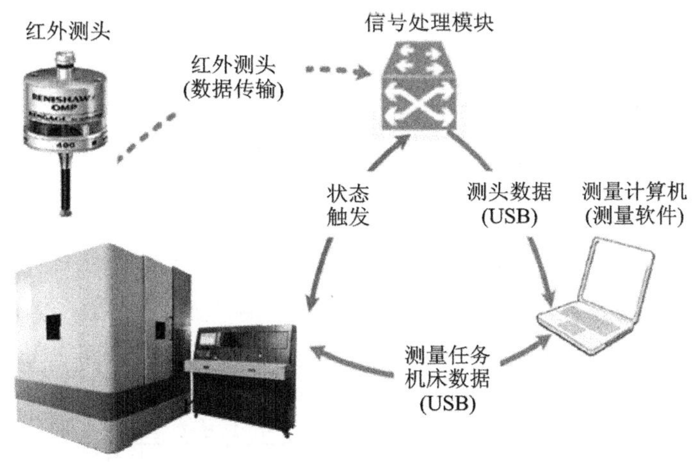


图 5　定位精度测量及校正系统

## 3.5　在线检测孔形及孔径装置

在线检测孔形及孔径装置主要利用在线相干成像技术的基本原理,检测不同深度层面对入射辅助激光的背反射或散射信号,结合空间的 3D 逐层扫描,可得到小孔的二维或三维结构图像。实时在线相干成像的基本工作原理,如图 7 所示,一束红外波段(840 nm 波长)的光束,通过分光,形成一束参考光和一束信号光。信号光入射到待检测的样品,不同的深度会使反向

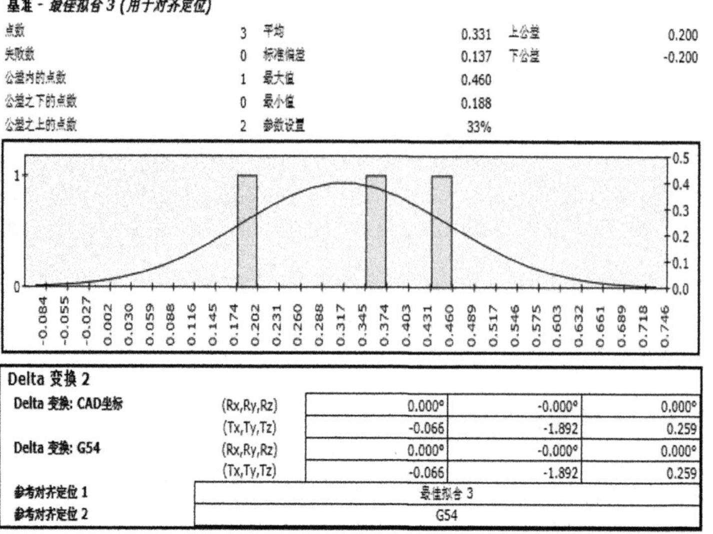


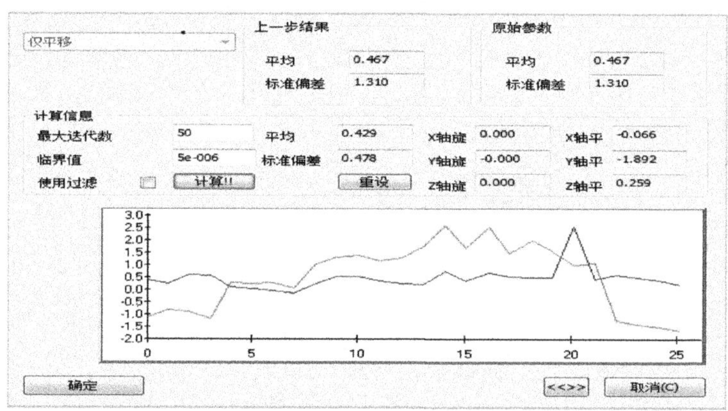


图 6 刀具偏置

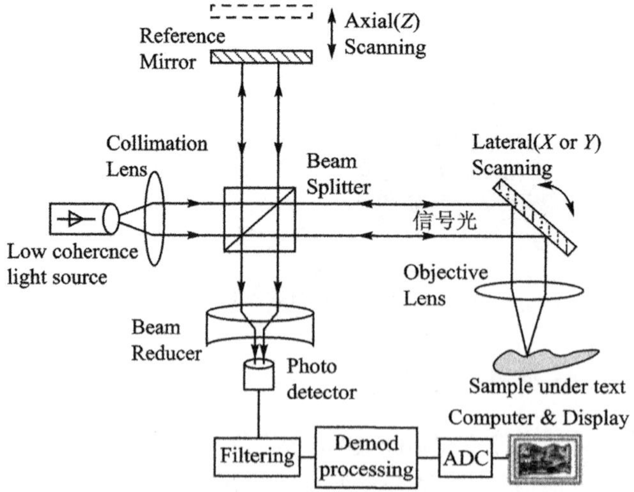


图 7 相干成像原理

散射的信号光发生相应的相位改变，反向散射回来的信号光同原有的参考光会形成光学干涉。经过专用的多核高速计算机工作站实时进行算法解析干涉图像，可以测量小孔的深度，如图 8 所示。

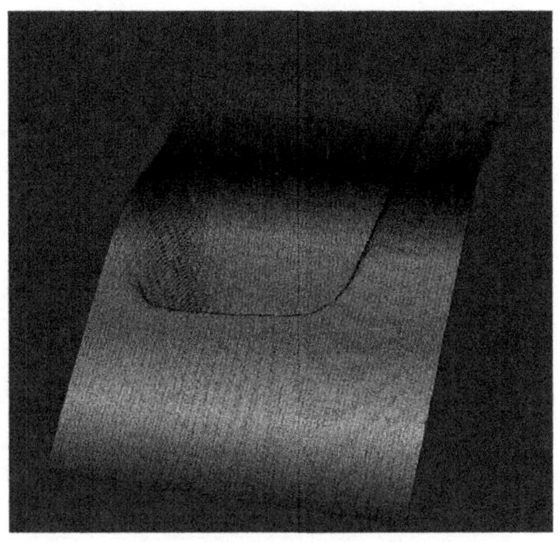

**图 8　在线检测孔形及孔径**

在线检测孔形及孔径装置采用德国 ARC 品牌 OCT 产品。

### 3.6　控制系统设计

五轴数控超快激光精密制孔设备设计的整套控制系统由两部分组成：一是有西门子 840DSL 控制的五轴机床及配套的激光及外光路的控制，数控系统通过 I/O 控制激光及光路、三维扫描振镜光学运动系统、倾斜聚焦旋切激光加工运动系统；二是在线检测孔形及孔径装置、定位精度测量及校正系统、同轴 CCD 观察系统与工控机组成一套系统，形成数据与西门子系统进行通信，如图 9 所示。

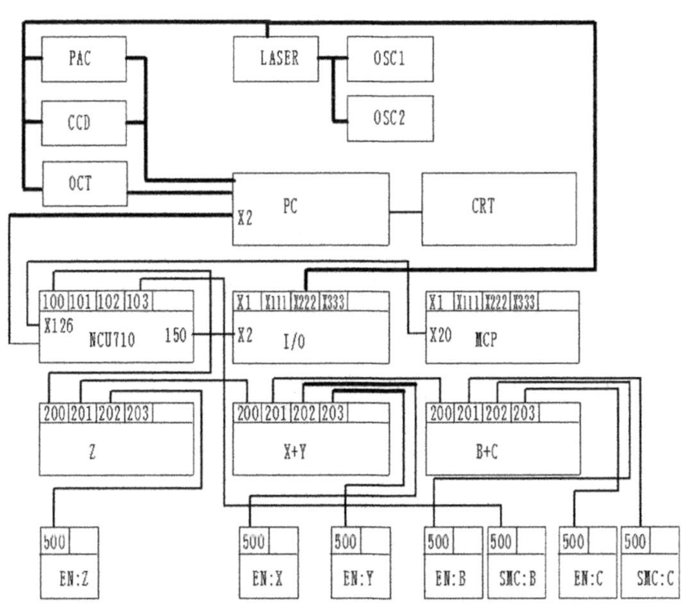


**图 9　五轴数控超快激光精密制孔设备电气连接图**

# 4　设备性能与加工试验

## 4.1　机床定位精度及重复定位精度

采用雷尼绍的激光干涉仪对激光加工机床的定位精度和重复定位精度进行测定，结果显示，该机床的直线轴定位精度均在 5 μm 以内，旋转轴的定位精度在 5 arcsec 以内，远远高于预定指标要求，如图 10 和图 11 所示，其他也高于设计要求。

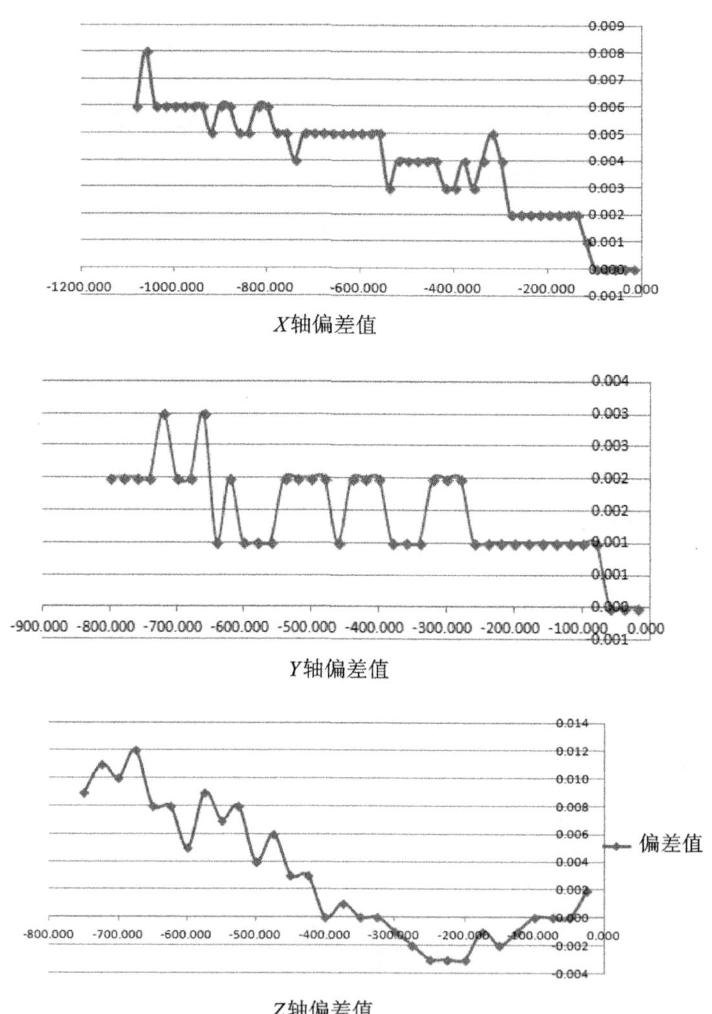


**图 10　激光干涉仪测得的 XYZ 轴原始数据图**

## 4.2　异型孔激光加工试验

利用五轴数控超快激光精密制孔设备在叶片上加工倾斜复杂异型气膜冷却孔阵列，加工效果好，效率高，用基恩士共聚焦显微镜 VHX－5000 对单孔质量进行测量分析，如图 12 所示，得到进气端圆孔直径 0.573 mm，异型孔内壁粗糙度 2.704 μm，满足技术指标要求。如

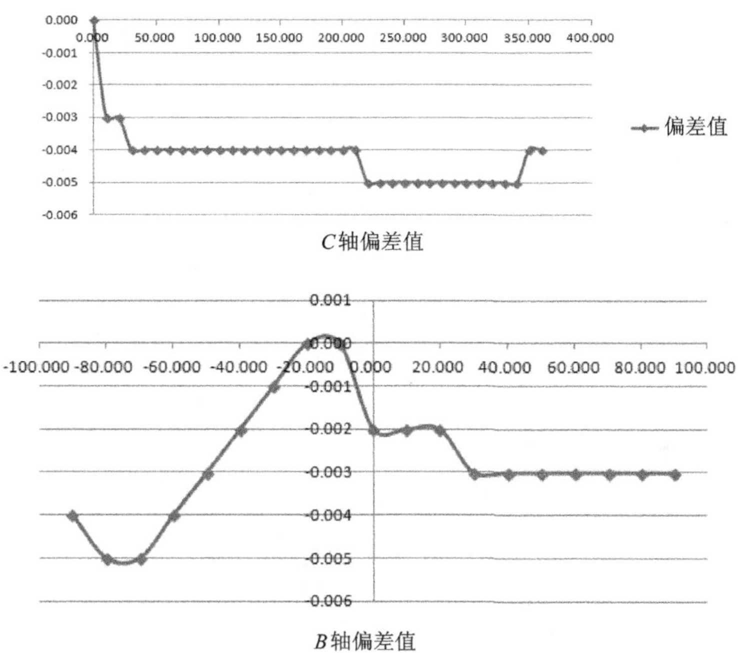


*C*轴偏差值

*B*轴偏差值

**图 11　棱镜和光管测得的 *B*/*C* 轴原始数据图**

图 13 所示，异型孔异型部分长度 2 793 μm、深度 1 093 μm，与异型孔设计模型的尺寸偏差也在公差要求范围内。异型气膜孔出气端形貌如图 14 所示。

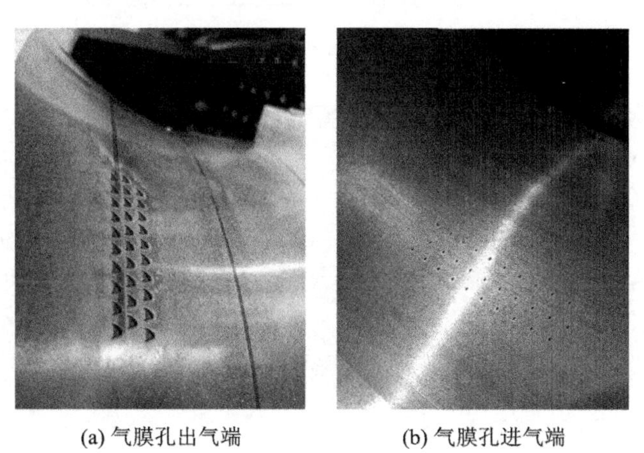

(a) 气膜孔出气端　　(b) 气膜孔进气端

**图 12　加工效果图**

## 5　结　论

本文基于西门子 840DSL 数控系统和 DRIVE - LINK 通信总线技术，结合五轴机械运动系统和三轴扫描振镜光学运动系统、三维扫描振镜光学运动系统、倾斜聚焦旋切激光加工运动系统、在线检测孔形及孔径装置、定位精度测量及校正系统、同轴 CCD 观察系统，开发了一种航空发动机涡轮叶片复杂异型气膜冷却孔加工用的五轴数控超快激光精密制孔设备。通过机床定位精度测量和异型孔激光加工试验表明，其技术指标和加工指标达到了设计要求。

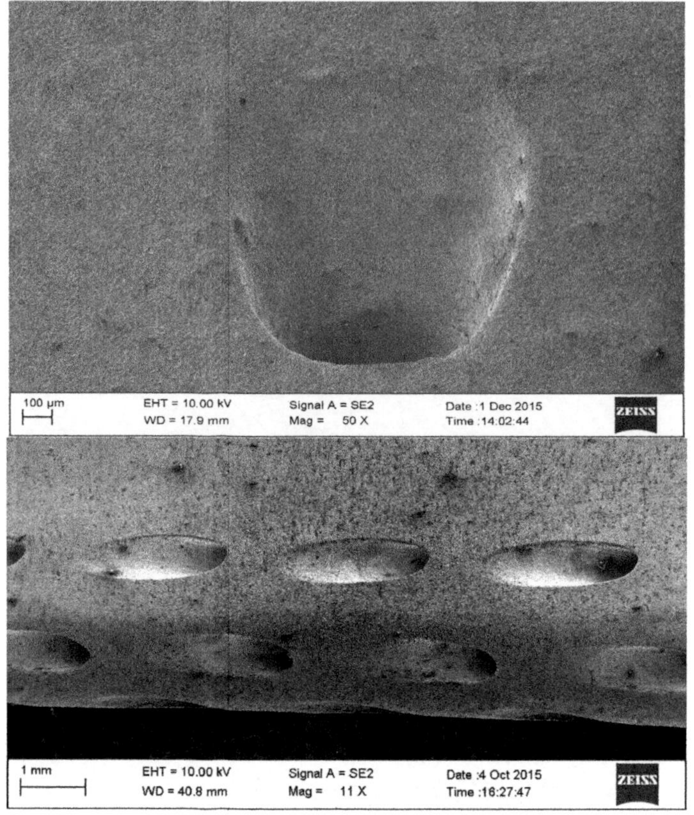


**图 13　异型气膜孔进气端圆孔直径测量**

**图 14　异型气膜孔出气端形貌**

该五轴数控超快激光精密制孔设备可实现高温合金、单晶金属、陶瓷基复合材料等多种难加工材料的精密孔加工，满足国家对飞机发动机叶片冷却孔加工的要求，具有广阔的市场前景。

## 参考文献

[1] 刘大响．刘大响自传[M]．北京：航空工业出版社，2014．

[2] 石青松．DMG 的激光加工技术[J]．金属加工（冷加工），2008，8：30-34．

[3] 周建忠，刘会霞．激光快速制造技术及应用[M]．北京：化学工业出版社，2009：16-19．

[4] 董海涛．嵌入式可重构 CNC 系统研究与实现[D]．武汉：华中科技大学，2012．

[5] LinuxCNC V2.7.14-34-gab44426[EB]. [2018-09-12]. http://linuxcnc.org/docs/2.7/pdf/LinuxCNC_Documentation.pdf.

[6] 谢林菲,游林儒. 基于 HAL 的 Classic Ladder 的研究与应用[J]. 组合机床与自动化加工技术,2010(2):41-45.

[7] Wings E, Muller M, Rochler M. Integration of real-time Ethernet in LinuxCNC[J]. Int J Adv Manuf Technol,2015,78 (9-12):1837-1846.

[8] 单春荣,刘艳强,郇极. 工业以太网现场总线 EtherCAT 及驱动程序设计[J]. 制造业自动化,2007,29(11):79-82.

[9] ZHANG Kehua, MA Jiahang, TIAN Linxiao, et al. Application research on the open source IgH EtherCAT master in open numerical control system LinuxCNC[J]. Manufacturing Technology & Machine Tool,2018(6):191-195.

[10] 高恩博,颜钢锋. 基于 Linux 嵌入式平台 BeagleBone Black 的 EtherCAT 主站设计[J]. 工业控制计算机,2016,29(11):28-30.

# 基于数字正交解调的塔康测距技术研究

缪国锋　刘磊　张光山　刘世超

（中电科仪器仪表有限公司，山东·青岛，266555）

**摘要**：塔康系统在军用导航上有着重要的作用，大量装备于军用飞机上。为了便于生产测试，设计了一款小型塔康信号模拟器并对测距技术进行了深入研究。本文提出了一种基于FPGA数字正交解调的测距技术，本文主要阐述塔康测距询问信号接收的基本原理和实现方案，描述塔康询问信号的提取，定时点检查以及时间延迟的设计过程。本设计主要在FPGA中实现，可以灵活设计，提高了测距的稳定性。

**关键词**：数字正交解调；超外差；塔康；带通采样定理

## 0　引　言

塔康（TACAN）是战术空中导航系统（Tactial Air Navigation System）的英文缩写，是美国在1948—1951年间研制的，它很早就成为了美国和北约的军用标准系统。这几十年来发展很快，是世界上普遍使用的十几种无线电导航系统之一，主要用于航空母舰、大型驱逐舰、大型加油机（如空中加油机、运输机）上，有着不可替代的作用。结合国内外塔康技术发展现状，我单位研制成功了一款用于测试塔康机载设备的塔康信号模拟器，本文将对测距技术进行深一步探讨。

## 1　超外差数字接收机及带通采样

### 1.1　超外差数字接收机

按照奈奎斯特采样定理，采样率要大于采样频率的2倍，才能不发生混叠，这样需要对L波段射频信号进行采样，现有器件处理非常困难，而且成本很高，采用带通采样恰好能解决这个问题。首先通过射频信号调理模块对输入信号进行功率调整和前端预选，输出合适幅度射频信号，再送到下变频模块。数字下变频模块将射频信号转换成187.5 MHz中频信号。它采用的是一级变频的工作形式实现宽带射频信号到中频信号的转换。输入信号经过程控衰减器及前置低噪声放大器后被送入混频器，衰减器一方面是为了保护混频器，避免过载，另一方面用于优化混频器电平以实现最大的测量动态范围。输入信号根据频率的不同与本振信号混频后产生187.5 MHz中频。高速ADC对中频信号进行带通采样，然后用数字正交解调技术可以恢复询问脉冲信号。塔康询问信号使用超外差接收机处理流程图如图1所示。

### 1.2　带通采样定理

设一个频率带限信号 $x(t)$，其频带限制在（$f_L$，$f_H$）范围内，如果其采样 $f_s$ 满足

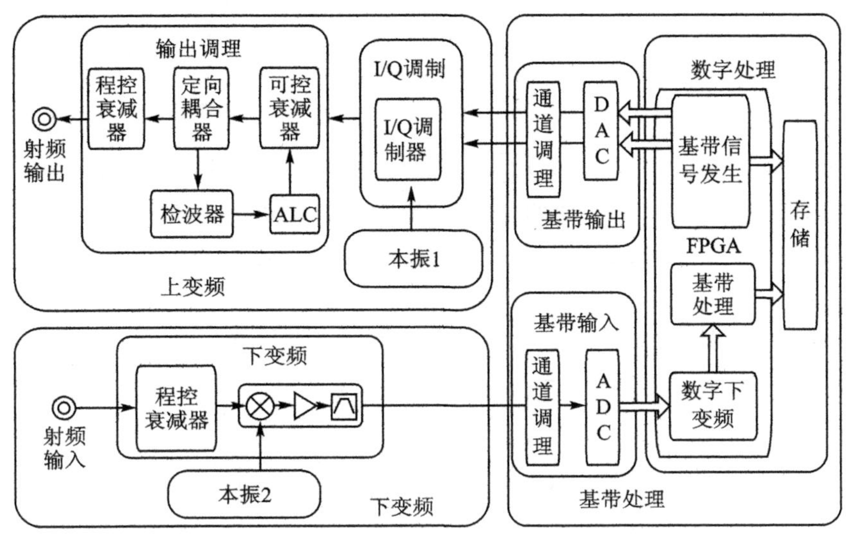


图1　塔康询问信号使用超外差接收机处理流程图

$$f_s = \frac{2(f_L + f_H)}{2M+1} \tag{1}$$

式中：$M$ 能满足 $f_s \geqslant 2(f_L + f_H)$ 的最大整数（$M$ 取 0,1,2,3,…），则用 $f_s$ 进行等间隔采样所得到的信号采样值 $x(nT_s)$ 能准确地确定原信号 $x(t)$，式(1) 中也可用带通信号的中心频率 $f_o$ 和频带宽度 $B$ 表示为

$$f_s = 4f_o/(2M+1) \tag{2}$$

式中：$f_o = \frac{(f_L + f_H)}{2}$，$n$ 取能满足 $f_s \geqslant 2B$ 的最大整数。显然，当 $f_o = f_H/2$ 时，取 $n=0$，式(1)就成为 Nyquist 采样定理。

综合以上考虑 $f_o = 187.5$ MHz，$M=1$，ADC 采样率为 $f_s = 250$ MHz。

## 2　数字正交解调与基带信号处理

### 2.1　数字正交解调

设处理过的带有塔康询问信号的中频信号为

$$\begin{aligned} x(t) &= A(t)[\cos(2\pi f_o t) + \varphi(t)] \\ &= A(t)\cos\varphi(t)\cos(2\pi f_o t) - A(t)\sin\varphi(t)\sin(2\pi f_o t) \\ &= A_I(t)\cos(2\pi f_o t) - A_Q(t)\sin(2\pi f_o t) \end{aligned} \tag{3}$$

式中：$A_I(t)$ 和 $A_Q(t)$ 分别是信号的同相分量和正交分量，以 $T_s = \frac{1}{f_s}$ 对信号进行带通采样可以得到以下公式

$$\begin{aligned} x(nT_s) &= A(nT_s)[\cos(2\pi f_o nT_s) + \varphi(nT_s)] \\ &= A(nT_s)\cos\left[\left(\frac{n\pi}{2}\frac{4f_o}{f_s}\right) + \varphi(nT_s)\right] \end{aligned} \tag{4}$$

$$\cos(2\pi f_o nT_s)=\cos\left(2\pi n\ \frac{2M+1}{4}\right)=(-1)^n\cos\frac{n\pi}{2} \tag{5}$$

$$\sin(2\pi f_o nT_s)=\sin\left(2\pi n\ \frac{2M+1}{4}\right)=(-1)^n\sin\frac{n\pi}{2} \tag{6}$$

式(5)、(6)已经映射成以{1、0、−1、0}和{0、−1、0、1}为周期的循环信号，这样数字本振信号就变成这两个周期序列，因此将采样后的携带塔康询问信号的中频信号(187.5 MHz)分成正交和同相两路信号，分别乘以数字本振信号，然后通过 FIR 滤波，CORDIC 运算将中频载波去掉，得到询问脉冲。

数字正交解调步骤以及各级处理后的波形图如图 2 和图 3 所示。

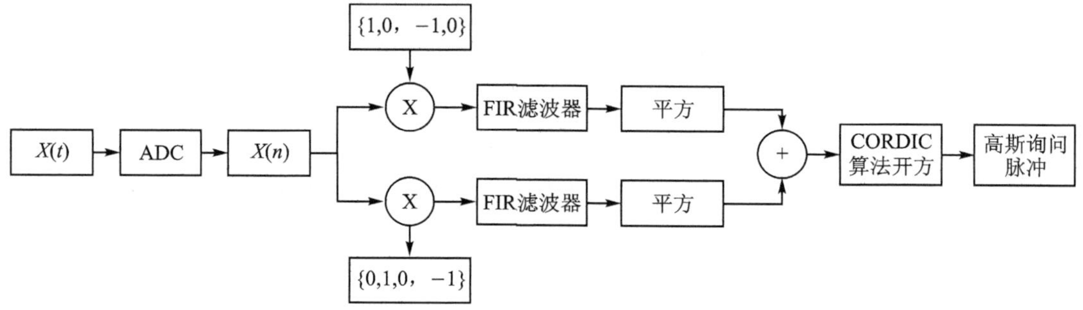


**图 2　塔康询问信号正交解调流程图**

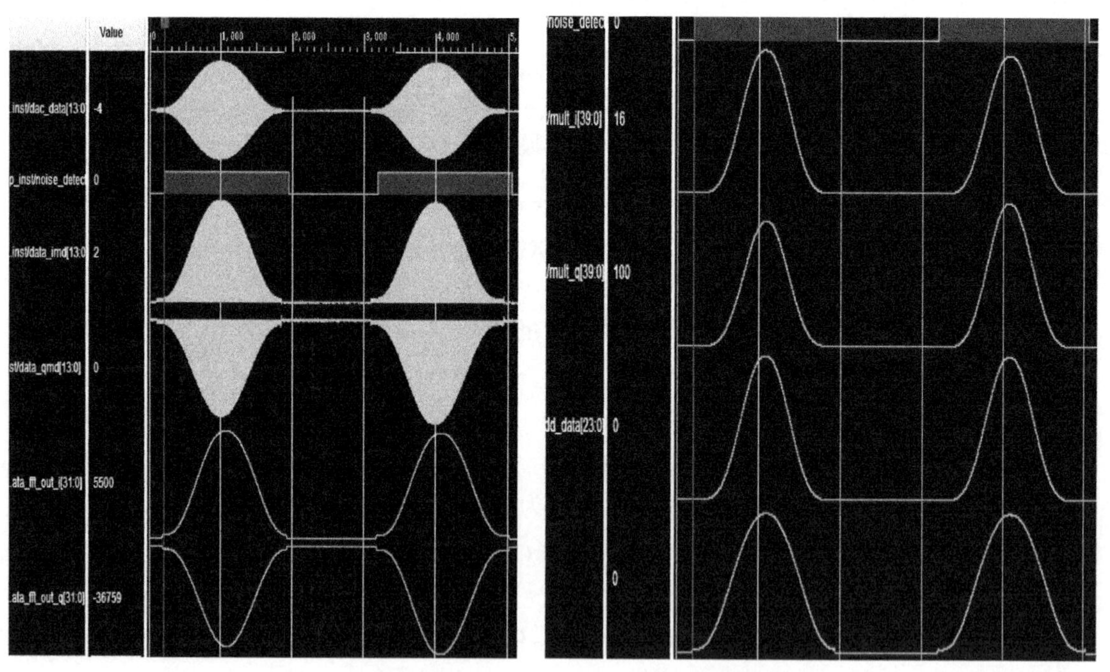

**图 3　塔康询问信号经过各级处理流程的波形图**

## 2.2　基带信号处理

理论上，导航塔康测距(DME)所用的原理是二次雷达测距原理，机上设备发射询问脉冲，被地面台应答器接收，经固定时间延时，地面应答机向机上询问器发射回答信号；机上设备收到回答信号后，根据询问发射和回答接收之间的时间间隔，就可以算出询问器和应答器之间的距离，公式如以：

$$D = C \times (T - T_0)/2 \tag{7}$$

式中：$D$ 为飞机与信标台的斜距；$C$ 为光速；$T$ 为机载设备发出询问脉冲到收到地面台应答脉冲的时间间隔。

带有 187.5 MHz 中频载波的塔康信号经过上述处理后得到只有询问脉冲的基带信号，首先将信号分成两路信号，一路将信号进行延迟，另一路进行峰值检测，取峰值的一半作为比较门限，将信号大于阈值时刻作为塔康询问信号到来的起始点进行计时，根据上位设定的初始距离和飞行速度进行加减运算，然后将运算值转化为延迟时间出发应答脉冲，完成测距。

图 4 为塔康完成测距的流程图。

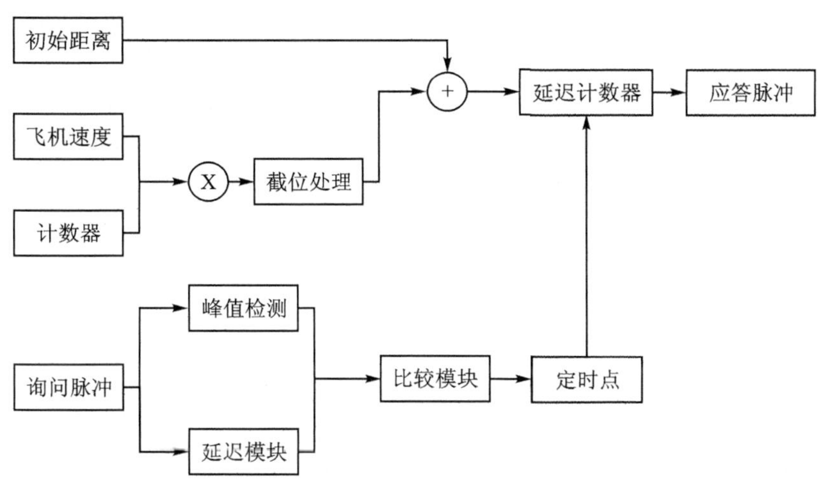


**图 4 塔康应答脉冲设计流程图**

## 3 结束语

本文简要介绍了超外差数字接收机的设计方案，塔康系统测距的原理及实现过程，着重描述了数字下变频数字正交解调所使用的原理，并进行了研究论证，塔康信号模拟器基带板中应答脉冲设计原理以及 FPGA 实现过程。本基带板支持动态可重配置，构建了通用的信号接收、信号发射、信号模拟等硬件通道，高度集成信号发生、信号分析、功率测量等多种功能，将信号产生与模拟算法功能尽可能用数字方法实现，直接将基带信号进行 IQ 调制，并将调制后信号进行信号调理后输出，该方法大大减少硬件电路，节省设备空间。

## 参考文献

[1] 张忠兴. 塔康系统. 西安：空军通信工程学院，1985：2-18.

[2] 张炳煌，雷宏. 超宽带 SAR 数字正交解调器设计. 电子测量技术，2016，29(6).

[3] 刘江庭. 数字化精密测距技术的研究. 现代电子技术，2012，35(7).

[4] 张朋. 塔康设备模拟器设计[D]. 成都：电子科技大学，2009：7-20.

# 海洋环境下飞机电连接器腐蚀及选型研究

郁大照[1] 张黎明[2] 王腾[1] 王泗环[1]

(1. 海军航空大学航空基础学院,山东·烟台,264001

2. 中国人民解放军91697部队,山东·青岛,266040)

**摘要**:针对现有电连接器海洋环境适应性不足的问题,对长期使用的飞机电连接器腐蚀形貌进行了宏微观分析,发现飞机暴露部位的电连接器腐蚀程度比较严重,壳体为铝合金极化、镀镍的电连接器易腐蚀,接触件腐蚀主要集中在插孔的尾部以及连接件的中间轴身,腐蚀形态以点蚀和局部腐蚀为主。通过综合加速腐蚀和海洋大气暴晒试验,得出电连接器壳体材料耐蚀性按从强到弱的顺序排列,给出了针对不同飞机局部环境的电连接器选型建议。

**关键词**:海洋环境;电连接器;腐蚀;选型

## 0 引 言

海洋环境具有典型的高湿、高热、高盐雾“三高”特点,如我国东南沿海和南方在湿热季节,平均气温高于25 ℃,日温差最大可达25 ℃,而平均相对湿度在80%以上,有的甚至超过95%。处于沿海机场的飞机机舱内进入大量含盐雾潮气后,湿度增大,极易形成盐雾和高湿热环境,导致金属机载附件的电化学腐蚀。同时舱内不通风环境极易诱发霉菌的滋生,使电子设备表面产生霉变,造成性能劣化、元器件失效等故障。

电连接器作为飞机线路传输信号的关键元件,机舱内的局部恶劣环境会使其壳体发生腐蚀,若其连接螺纹出现腐蚀,将造成电连接器密封性下降,或壳体腐蚀产物通过插拔行为进入电连接器内部而污染绝缘体,使电连接器的绝缘电阻显著下降,接触电阻增大、甚至断路或失效。因此,开展机载电连接器的腐蚀分析和选型研究,对于减轻腐蚀对飞机的危害,降低故障率,避免出现重大腐蚀故障,保障飞行安全具有重要意义。

## 1 海洋环境下飞机电连接器腐蚀状况分析

对位于沿海机场服役时间最长为10年,最短为3年飞机上可见的连接器情况进行了普查。由于对连接器进行日常维护保养,整体外观质量状况良好,但根据连接器在飞机所处的部位不同,其出现的腐蚀情况也不同。

由于设备舱属于密闭空间,连接器所处环境相对密封,所用连接器多为GJB 599系列产品,材料有铝合金镀镍及铝合金镀镉两种,产品表面均无明显腐蚀状况。

飞机起落架位置连接器出现了锈蚀等现象,尤其是前起落架经常受雨水的侵蚀,连接器腐蚀更为严重,如图1所示,且出现过连接器进水情况,目前采用自粘胶带将线缆与连接器包裹的方式进行防护。

发动机附近所用仿俄系列的连接器表面出现泛白现象,如图2所示。由于该系列连接器

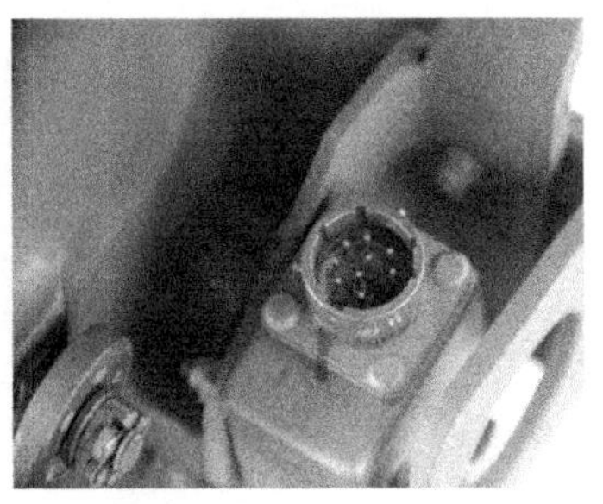

图 1　某型飞机前起落架前轮压缩位置连接器腐蚀外观

为铸造工艺，电连接器本身结构中避免不了一些气孔、杂质等缺陷，而这些缺陷会加快基体腐蚀；发动机附近的不锈钢材料连接器及钛合金转接盒等均完好。

图 2　发动机转接盒连接器腐蚀

通过检查分析发现，连接器腐蚀严重的部位主要位于外露的起落架处，然后是左、右起落架舱、机腹翼折叠处、发动机转接壳处，会有腐蚀发生；驾驶舱、工作舱、设备舱、挂弹发射架处内部封闭区域环境良好，未发现连接器腐蚀；壳体为铝合金极化、镀镍的连接器易腐蚀，壳体为不锈钢钝化、铝合金军绿色镀镉未发现腐蚀。

## 2　典型电连接器接触件腐蚀宏微观分析

对于飞机电连接器来说，内部插针插孔接触件的腐蚀会严重影响其电性能参数。为充分了解海洋环境对电连接器内部的影响，选择一使用 5 年的飞机电连接器进行分解，对其接触件进行腐蚀微观分析，分解后的插针插孔如图 3 所示。

体视显微镜下对试验件进行宏观观察和分析，整个实验过程中避免了对连接件的破坏，外观检查重点关注高应力区、异金属接触区、电路裸露区等易腐蚀区，并对观察结果做出腐蚀区的猜测。针对电连接件从正反面进行拍照并进行完整拼图，体视显微镜下宏观腐蚀形貌主要集中在插孔的尾部以及连接件的中间轴身，腐蚀形态以点蚀和局部腐蚀为主。

结合体视显微镜下的结果，在扫描电子显微镜下观察腐蚀形态并对腐蚀产物进行 EDS 能谱分析。扫描电镜下观察了连接件的中间轴身、插孔尾部位置。

图3 某型电连接器接触件

如图4(a)分析结果1显示了电连接器处于中间轴身的形貌,腐蚀形态为局部腐蚀。对该区域进行EDS能谱分析,点扫描显示的元素有:Cr、Sn、Ni和O元素。可以发现明亮区域没有Sn元素,而且O元素含量为1.01%,而灰暗区域发现除了有Sn元素外,还富有较高的O含量43.48%。说明灰暗区域明显为氧化区,除了生成新的氧化物外,基底也被破坏。

如图4(b)分析结果2显示了电连接器处于插孔尾部的形貌,腐蚀形态为腐蚀微裂纹。对该区域进行EDS能谱分析,点扫描显示的元素有:Cr、Si、Ni和O元素。可以发现明亮区域O元素含量为0.83%,而灰暗区域发现富有较高的O含量24.72%。说明灰暗区域明显为氧化区,含有9.06%的Si元素,我们认为这是基底的成分,6061-T651是6061铝合金的主要合金,是经过热处理预拉伸工艺生产的高品质铝合金产品。主要合金元素是Mg和Si,并形成$Mg_2Si$相,主要化学成分有(%):铝(Al)余量、镁(Mg)0.8~1.2、硅(Si)0.4~0.8等。

## 3 耐海洋环境连接器选型分析

由于海洋环境会导致电连接器的内外腐蚀,对长期处于海洋气候环境下服役的飞机,在连接器选型时应考虑海洋气候环境对产品腐蚀的影响。

为考核不同金属材料及表面镀覆耐盐雾腐蚀情况,对连接器常用的金属材料及不同表面处理零件按GJB 150A.11—2009进行了盐雾试验和酸性大气加速试验。结果表明铝合金镀镉(军绿色、彩虹色)、铝合金阳极化(黄色、白色)均能达到500 h盐雾要求,不锈钢镀镍、不锈钢钝化、钛合金能够达到2 000 h盐雾要求。电连接器壳体材料耐蚀性按从强到弱的顺序排列依次为:钛合金壳体>不锈钢壳体钝化>复合材料壳体镀镍>复合材料壳体镀镉>不锈钢壳体镀镍>铝合金壳体镀镉>铝合金壳体镀镍。

为综合评估、验证典型电连接器及不同防腐蚀安装工艺在海洋大气环境下的环境适应性,在海南万宁试验站进行了海洋气候环境暴露试验。试验样品材料包括铝合金镀镍、铝合金镀镉、不锈钢钝化、不锈钢镀镍、钛合金、复合材料镀镍及复合材料镀镉。结果表明,处于完全暴露环境的连接器,铝合金材料已出现了极其严重腐蚀及开裂现象,复合材料镀镉零件有发黑现象,复合材料镀镍、不锈钢材料、钛合金材料完好;处于半封闭舱室环境下的连接器铝合金材料出现了严重锈蚀,不锈钢材料完好(个别产品直纹滚花处出现锈蚀),复合材料、钛合金材料完好;处于模拟舱室环境下的连接器表面状态均完好。

基于外场腐蚀情况和试验数据,根据连接器在飞机上的工作部位及不同材料连接器的耐蚀能力给出选型意见,如表1所列。

此外,除考虑海洋气候环境下耐腐蚀的要求外,还要综合考虑不同工作区域选用的连接器

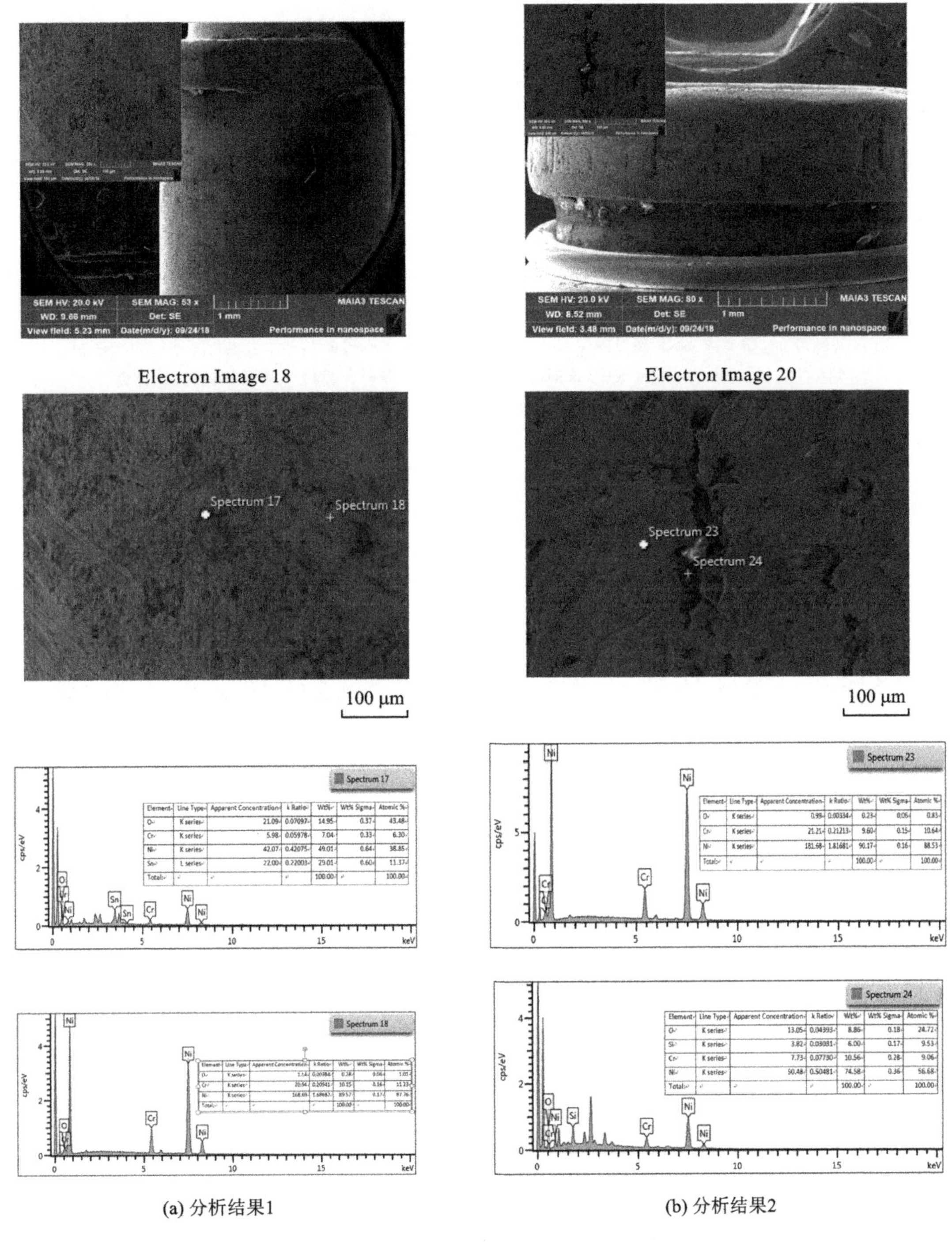


(a) 分析结果1　　(b) 分析结果2

**图 4　扫描电子显微镜微观分析(搭载 EDS 能谱)**

应满足其他性能要求，如防淋雨、耐高温、电磁兼容等；同时，产品质量、加工难度及成本也是应考虑的要素，如同一产品分别采用复合材料、钛合金、不锈钢材质时，其壳体质量比约为1∶3.1∶5.4，复合材料壳体可采用模具成型，与钛合金、不锈钢相比，其加工效率高，成本相对较低。

表1　海洋气候环境下飞机连接器选型意见

| 环境等级 | 结构区域 | 环境要素与使用特性 | 适用连接器类型 |
| --- | --- | --- | --- |
| 内部封闭 | 驾驶舱、工作舱、设备舱 | 相对湿度一般不大于80%,通常不直接暴露在海洋大气中,但偶尔受少量湿气、盐雾和燃料废气的作用 | 铝合金镀镉、复合材料、不锈钢钝化、钛合金 |
| 内部半封闭 | 机身、机翼(非气密)、发动机热影响区、旋罩组件及支架 | 相对湿度不大于95%,不直接暴露在海洋大气中,但受其密封性的影响,受到一般湿气(少量雨水、凝露)、盐雾、燃料废气等的作用 | 环境较好的部位:铝合金镀镉、复合材料、不锈钢钝化、钛合金<br>环境恶劣的部位:不锈钢钝化、钛合金 |
| 敞开外露 | 飞机外部、机翼后梁外侧、尾翼后梁外侧、起落架舱 | 相对湿度大于95%,直接暴露在恶劣海洋大气中,长期遭受高湿热、高盐雾和含燃料废气腐蚀大气的直接作用 | 不锈钢钝化、钛合金 |

## 4　结　论

① 现有电连接器三防设计还无法满足海洋环境适应性要求,在飞机外部、起落架舱、机翼折叠处等敞开外露区,会发生严重腐蚀。

② 外场使用和加速腐蚀试验表明,电连接器壳体材料耐蚀性按从强到弱的顺序排列依次为:钛合金壳体>不锈钢壳体钝化>复合材料壳体镀镍>复合材料壳体镀镉>不锈钢壳体镀镍>铝合金壳体镀镉>铝合金壳体镀镍。

③ 选择电连接器时,除考虑海洋气候环境下耐腐蚀的要求外,还要综合考虑不同局部使用环境及其他性能要求。

## 参考文献

[1] 陈群志,鞠明,余文波,等. 严酷环境下飞机外场腐蚀防护对策与措施[J]. 装备环境工程,2017,14(3):1-7.

[2] 张友兰,李树华. 海洋环境条件对机载电子设备的影响[C]// 中国电子学会电子产品防护技术1998研讨会论文集. 庐山,1998.

[3] 孙志华,汤智慧,李斌. 海洋环境下飞机的全面腐蚀控制[J]. 装备环境工程,2014,11(6):35-39.

[4] 刘世兴,杜洪增,白杰. 老龄飞机腐蚀问题研究[J]. 中国民航大学学报,2004,22(S1):72-76.

[5] 陈群志,房振乾,康献海. 军用飞机外场腐蚀防护方法研究[J]. 装备环境工程,2011,8(2):72-76.

[6] 周珺,王茜. 舰载机电气线路互联系统腐蚀问题分析及解决措施[J]. 航空科学与技术;2017,28(12):43-46.

[7] 朱蒙,李明,李刚,等. 不同环境下微动开关腐蚀形貌及接触电阻变化对比分析研究[C]. 2018年第五届装备环境工程发展论坛论文集,哈尔滨,2018:468-473.

# 基于前哨 QM270 浅谈金属 3D 打印技术

赵良兵　吉永良　王正田

（青岛前哨精密机械有限责任公司，山东·青岛，266045）

**摘要**：被誉为“第三次工业革命”的核心技术的 3D 打印（增材制造）是一种制造零件的新方法，该技术采用逐层材料堆积的方式，直接从数字模型中制造新零件。这种新型制造方法可以在较短的时间内生产出符合需求的高精度金属零件。相对于传统零件制造技术，金属 3D 打印技术具有高度的柔性和工艺适应性，在航空航天、机床制造、海洋勘探、汽车生产、模具制造和医疗领域中的应用受到特别的关注。随着中国制造 2025 的行动计划的进一步实施，作为制造行业最具有发展前景的金属 3D 打印技术，其重要性逐渐凸显出来。本文基于前哨公司自行研制的 QM270 金属 3D 打印机，首先介绍选择性激光熔化（SLM）技术和选择性激光烧结（SLS）技术，然后介绍前哨 QM270 金属 3D 打印机的基本原理和特点，包括技术的基本原理、优缺点及其具体应用领域，最后对金属 3D 打印技术的优势、目前面临的主要问题及未来发展趋势进行了总结与展望。

**关键词**：3D 打印；前哨 QM270；选择性激光熔化成形技术

## 0　引　言

金属 3D 打印技术其基本原理就是采用“离散堆积、逐层叠加”的方法制造金属零件，以零件的三维数模为起点，采用逐层堆积制造物体的过程，与以往的去除型和受迫变形型金属加工方式相比，能够制造任意复杂结构、近乎致密的金属零件。这种无需原胚和模具的制造方法给制造业带来新的设计灵活性，其节约材料，成形快速，缩短实验周期，缩短上市时间，能够制造传统方法所无法制备的各类异形、中空、点阵结构的零件等特点因而受到世界各国广泛重视。当前主流金属 3D 打印机采用的技术主要有选择性激光烧结技术（SLS）、选择性激光熔化技术（SLM）、直接金属激光烧结技术（DMLS）、电子束熔化成形技术（EBM）和激光工程化净成形技术（LENS）等。

## 1　两种金属 3D 打印技术对比

### 1.1　选择性激光烧结（SLS）技术

SLS 技术的基本原理是激光束在计算机的控制下按照零件切片轮廓选择性地烧结预先

在工作台上铺好的金属粉末，然后层层铺设金属粉末，层层烧结，最后叠加成形。SLS加工系统由激光器、零件扫描系统、粉末铺送滚筒、粉末烧结床和粉末回收系统等组成，结构原理如图1所示。先利用Solidworks、UG等软件在计算机上绘制好三维数模并将其转换成Stl文件，然后利用切分软件将文件按照一定的顺序进行切片并将切片数据传送到系统中。烧结开始前，将金属粉末预热到低于烧结点某一温度后，一侧的送粉缸上升至给定量，粉末铺送滚筒将粉末均匀地铺在粉末烧结床表面。激光束在计算机的控制下，按照设定的功率、路径及速度对截面轮廓进行烧结。然后粉末烧结床下移一个分层厚度，送粉缸上移一个分层厚度，粉末铺送滚筒重新铺粉，激光束再次进行烧结，如此反复，逐层叠加，直至三维实体零件烧结完成。

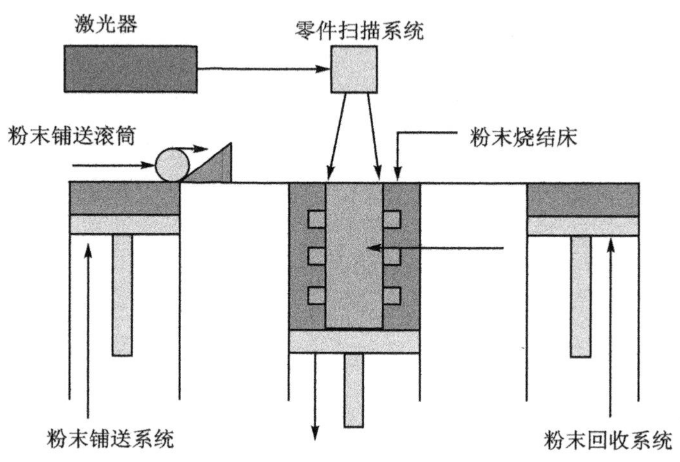


**图1 SLS加工系统结构组成**

SLS技术具有3D打印技术所共有的技术优点，可以实现设计制造一体化。此外，该工艺区别于其他技术，无需设计支撑结构，未烧结的粉末直接支撑成形过程中的悬空部分。但是SLS技术也存在很多不足：原材料成本高、零件表面粗糙度大，力学性能和机械性能差、零件大尺寸受限等。

## 1.2 选择性激光熔化(SLM)技术

选择性激光熔化成形(SLM)是在SLS基础之上发展起来的一种新技术。SLM技术是利用金属粉末在激光束的热作用下完全熔化，经冷却凝固而成型。为了完全熔化金属粉末，要求激光能量密度超过106 W/cm$^2$。目前用SLM技术的激光器主要有Nd-YAG激光器、$CO_2$激光器、光纤激光器。这些激光器产生的激光波长分别为1 064 nm、10 640 nm、1 090 nm。金属粉末对1 064 nm等较短波长激光的吸收率比较高，而对10 640 nm等较长波长激光的吸收率较低。因此在成形金属零件过程中具有较短波长激光器的激光能量利用率高，但是采用较长波长的$CO_2$激光器，其激光能量利用率低。

SLM的基本原理同SLS类似，利用计算机设计出零件实体模型，然后用切片软件将三维模型切片分层，得到一系列零件截面的轮廓数据，根据工艺要求输入合适的工艺参数，由轮廓数据设计出激光扫描路径，计算机控制系统将按照设计好的路径控制激光束逐层熔化金属粉末，层层堆积形成实体金属零件，成形原理如图2所示。SLM的整个加工过程在惰性气体保护的加工室中进行，以避免在高温下金属发生氧化。

SLM与SLS主要区别在于SLS并未完全熔化金属粉末，而SLM将金属粉末完全熔化后

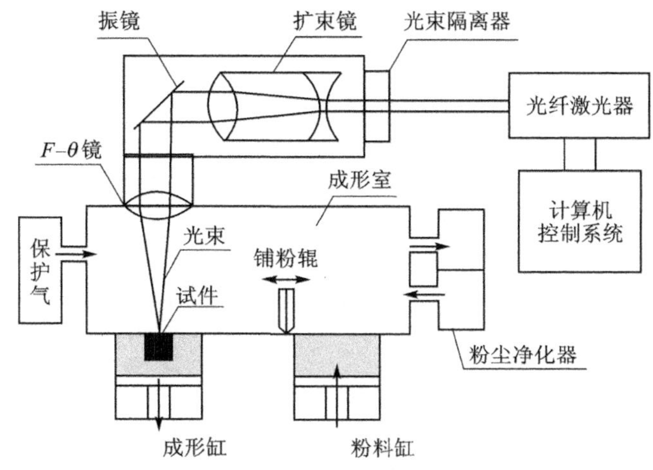


**图 2　SLM 加工系统结构组成**

成形。SLS 是选择性激光烧结，所用的金属材料是经过处理的，为低熔点金属或者高分子材料的混合粉末，在加工的过程中低熔点的材料熔化但高熔点的金属粉末是不熔化的。利用被熔化的材料实现黏结成形，所以实体存在孔隙，力学性能差，要使用的话还要经过高温重熔。SLM 是选择性激光熔化，顾名思义也就是在加工的过程中用激光使粉体完全熔化，在高激光能量密度作用下，金属粉末完全熔化，经散热冷却后可实现与固体金属冶金焊合成形。SLM 技术正是通过此过程，层层累积成形出三维实体的快速成形技术，因其工作过程中不需要黏结剂，成型的精度和力学性能都比 SLS 要好。然而 SLM 也存在一些缺陷，如 SLM 设备昂贵，制造速度偏低，工艺参数很复杂，需要加支撑结构。

## 2　前哨 QM270 型 3D 打印机简介

### 2.1　研究背景

在国家政策指引下，3D 打印进入了爆发期，市场涌现出大批设备制造商，产品结构、性能参差不齐。目前，国产设备性能相较于国外设备还有一定差距，如打印零件的性能、设备稳定性等。航空工业前哨在研发 QM260 型 3D 打印机的基础上，设计制造出更加先进的 QM270。

### 2.2　技术原理和特点

QM270 结构如图 3 所示，烧结开始前，将送粉缸调整至适当位置并装入金属粉，然后在舱室内充入一定量的氩气。将成形缸上顶板（粉末烧结床）加热到一定温度后，右侧的送粉缸上升至给定量，刮刀将粉末均匀地铺在成形缸上顶板（粉末烧结床）表面。激光束对截面轮廓进行烧结，然后成

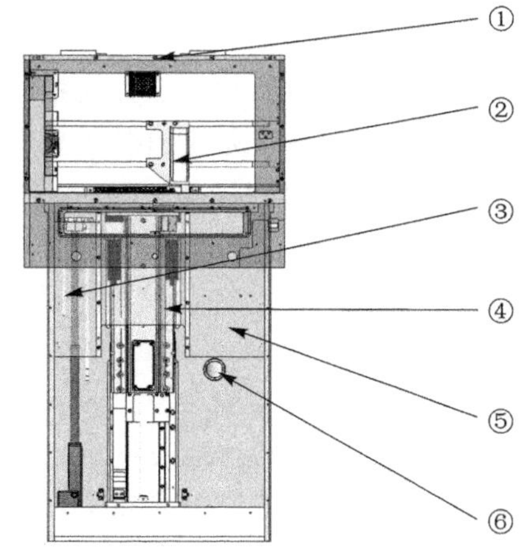


①—激光器；②—刮刀；③—收粉缸；
④—烧结成形缸；⑤—送粉缸；⑥—气体流通单元

**图 3　QM270 结构简图**

形缸上顶板(粉末烧结床)在滚珠丝杠和电机的驱动下,下移一个分层厚度,同时送粉缸上移一个分层厚度,刮刀重新铺粉,激光束再次进行烧结,如此反复,逐层叠加,直至三维实体零件烧结完成。烧结过程中,设备自动检测加工舱内氧气含量,防止零件氧化。

QM270相比于市场同类设备,其主要特点如下:

① 成形尺寸为255 mm×255 mm×300 mm,成形精度达到≤±0.1 mm/100 mm;

② 超精密加工,铺粉均匀,打印性能及稳定性优越;

③ 提高密封能力,加工氧含量达到$500\times10^{-6}$以下;

④ 冷却系统加入检测反馈系统,实时检测冷却水流量,保证光路性能。

### 2.3 应用领域

由于技术的高速发展,德国、美国、英国等很多国家已经有了SLM这项技术的制造商。每一家厂商所研究制作出来的机器型号都不一样,且所研究的范围和领域也不一样。只有这样多样化的技术才能更好地适应不同的需求。QM270所选用的激光选区技术制造出来的金属零件密度相当高,精确度和精细度也特别高,使物体表面十分光滑,且可以制造出特别薄的物体。此外,生产速度很快,一次的产量也很高。应用激光选区熔化技术的QM270范围也比较广泛,不仅可以在零件部件制造上加以运用,还广泛应用于航天航空、机械系统、生物行业、牙科行业等领域。

## 3 前景分析

随着工业4.0等以3D打印为技术支撑的概念的提出对3D打印设备提出了更高的要求,3D打印设备的发展方向主要体现在以下几个方面:

(1) 成形材料多样化

一方面,通过工艺研究,大幅度地增加可供3D打印设备成形的单一金属粉末材料的种类。另一方面,开发满足特定需求,能够成形功能梯度材料的新型3D打印设备。

(2) 高效化

目前3D打印设备成形效率比较低,难以满足实际生产的需要。通过提高激光功率,增加激光器数量、减少辅助时间等方式推出高生产率的3D打印设备以满足现代制造业发展的迫切需求,其中大功率激光器和多个激光器协同运行将成为发展趋势之一。

(3) 成形尺寸极限化

一方面,通过对金属凝固机理的研究和变形控制 ,开发能够成形1 m以上尺寸零件的大型3D打印设备;另一方面,采用直径为5 pm以下的金属粉末,研究微型SLM成型设备,能够制造壁厚在0.1 mm以下的微型零件。

(4) 过程控制智能化

实时对铺粉质量、熔池质量进行监测和评估,发现、分析并及时反馈给控制系统,快速调整激光功率、扫描速度等加工参数来修复缺陷、粉末的自动筛选及重复利用等。

(5) 高精度化

目前主流3D打印设备的成形精度还远没有达到数控机床切削加工的精度。需要通过研究激光功率、扫描方式、粉末颗粒直径以及自动的定向气流等对成形精度的影响,提高3D打印设备的成形精度。

## 4　结束语

目前3D打印金属零件昂贵，随着金属3D打印技术的逐步发展，预计制造成本会下降，表面光洁度的提升、零件质量的改进及零件尺寸的增加将会使其在各行各业开辟应用空间。未来可以根据材料的属性-结构-加工关系来预测零件性能，实现前期工艺质量缺陷监测，节省所需的原材料和制造时间。预测工艺模型化，更好地了解物理和冶金机制来应对性能变化，可将金属3D打印技术的优势发挥到淋漓尽致。

## 参考文献

[1] 吴伟辉，杨永强. 选区激光熔化快速成形系统的关键技术[J]. 械工程学报，2007(8)：175-180.

[2] 刘金柱，常宏杰. 激光熔融金属3D打印设备现状及其发展[J]. 中国设备工程，2016.09(下)：152-154.

[3] 蒲以松，王宝奇，张连贵. 金属3D打印技术的研究[J]. 材料工程，2018.03：78-84.

[4] 赵春阳. 浅谈金属材料3D打印技术[J]. 科技发展创新，2013，(13)：106-107.

[5] 杨静. 金属零件3D打印技术的应用[J]. 现代制造技术与装备，2017.1：140-142.

[6] Sheng Zhang, Qingsong Wei, Lingyu Cheng, et al. Effects of scan line spacing on pore characteristics and mechanical properties of porous Ti6Al4V implants fabricated by selective laser melting[J]. Materials and Design, 2013(63): 185-193.

[7] Dietmar Drummer, Katrin Wudy, Maximilian Drexler. Influence of energy input on degradation behavior of plastic components manufactured by selective laser melting[J]. Science Direct, 2014(56): 176-183.

[8] Luke N Carter, Christopher Martin, Philip J Withers. The influence of the laser scan strategy on grain structure and cracking behaviour in SLM powder-bed fabricated nickel superalloy[J]. Journal of Alloys and Compounds, 2014(615): 338-347.

# 航空航天刚挠结合板的可靠性加工和设计

刘强　许涛　王阳

（山东航天电子技术研究所，山东·烟台，264003）

**摘要**：刚挠结合板由于其可挠曲的特性，在航空航天领域的应用越来越广泛。本文介绍了刚挠结合板的组成、特点，以及在航空、航天领域的应用。针对刚挠结合板的特殊性，从材料选用、表面处理工艺、电气连接和结构设计等方面，为航空、航天用刚挠结合板的可靠性加工和设计提出建议。

**关键词**：刚挠结合板；可靠性；航空航天

## 1 引 言

航空、航天领域内电子设备小型化、高可靠性的发展趋势，对设备的组装和可靠性提出了更高的要求。印制板是实现电子设备功能的基础部件，其性能和可靠性决定着整个设备的功能实现和可靠性。传统的印制板为刚性板，其对装配结构和空间的依赖、板间互联的低可靠性和复杂性，制约着刚性板在复杂系统中的应用。刚挠结合板兼具刚性板的支撑功能和挠性板的可挠曲功能，可实现电子设备的三维安装，节省结构空间，并提高了电气连接的可靠性，因而在高可靠性领域得到了广泛应用。

本文研究了航空、航天用高可靠刚挠结合板的加工、电气连接和结构设计，为高可靠刚挠结合板的设计和使用提供参考。

## 2 刚挠结合板的组成

顾名思义，刚挠结合板是刚性板与挠性板相结合而成的印制板。制作时，将刚性子板和挠性子板层压，然后通过金属化孔实现刚、挠层间电气连接。刚挠结合板兼具支撑和可挠曲特性，应用更为灵活。图1为刚挠结合板的实物图。

图1　刚挠结合板实物图

刚挠结合板的加工工艺比较成熟，刚性板一般选用环氧玻璃布覆铜板，线路图形的保护一般采用喷涂防焊油墨；挠性板一般采用聚酰亚胺覆铜板，线路图形的保护采用聚酰亚胺膜覆盖，粘结片采用环氧胶系或低流动度半固化片。主要的制造工艺流程如图2所示。

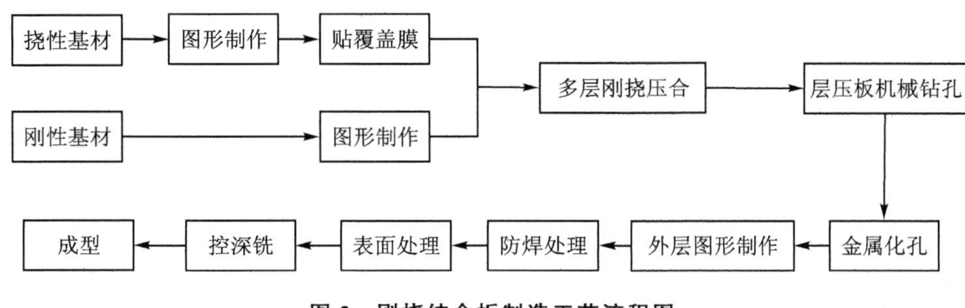


**图 2　刚挠结合板制造工艺流程图**

# 3　刚挠结合板的特点和应用

## 3.1　刚挠结合板的特点

刚挠结合板兼具刚性板和挠性板的优点，具有以下特点：

(1) 体积小、质量轻

由于挠性板使用的材料质量轻、厚度薄、可挠曲，因此对装配空间要求低，可有效利用结构空间，减小整机尺寸和质量。

(2) 结构空间灵活

由于挠性板的可挠曲特性，可以实现三维安装。刚挠结合板可在狭小的空间进行高密度布线，对结构空间要求低，降低装配难度。

(3) 电气连接可靠性高

挠性印制板的引入大大减少了电连接器、导线和焊点的数量，降低了人工误操作和故障发生的可能性，提高了电气连接的可靠性和使用寿命。

(4) 信号传输可靠性高

由于挠性板在传输路径上有多种选择，可大幅减少导线路径，减少传输信号损耗，高频信号传输的可靠性更高。

## 3.2　刚挠结合板的应用

刚挠结合板由于其特有的优势，已在汽车、手机、医疗设备等民用领域及飞机、航天器等航空航天领域得到了广泛应用。

图 3 为刚挠结合板在飞机电子设备中的应用。飞机内大量的操作面板都存在与底板电气连接的难题。将刚性印制板固定在操作面板和底板上，通过挠性印制板连接两个刚性印制板的电气连接，解决了传统焊线连接导线多、质量大、易出故障的难题。

图 4 为刚挠结合板在某航天遥感器上的结构示意图。该遥感器具有在轨调焦功能，焦面电路板位于移动结构中，电子学焦平面组件位于一个固定的框架内。焦面电路板和电子学焦平面组件通过挠性印制板进行电气连接。工作时焦面电路板在三维方向进行移动，其信号通过挠性板传输至电子学焦平面组件内。这样遥感器具有更高的机动性，且缩小了线缆空间，提高活动部件电气连接的可靠性。

此外，刚挠结合板在国内航空三轴线振动传感器、航空某电子系统、航天某型号变频组件、

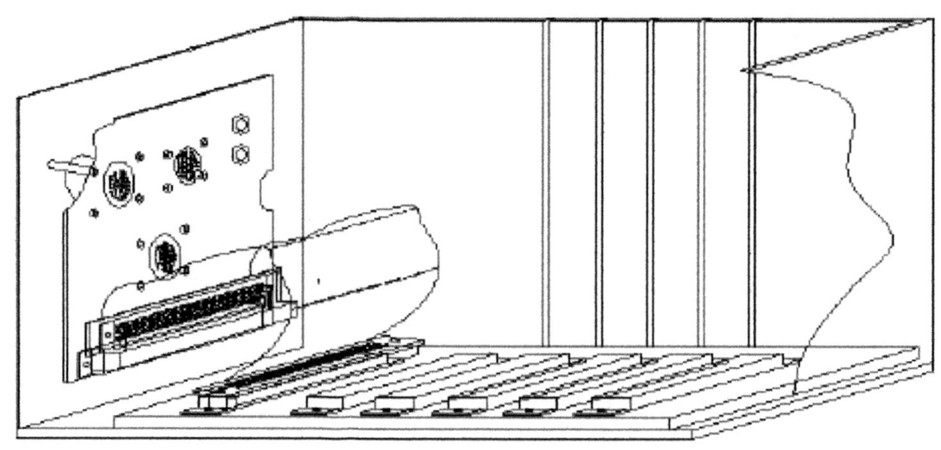

图3 刚挠结合板在飞机操作面板中的应用

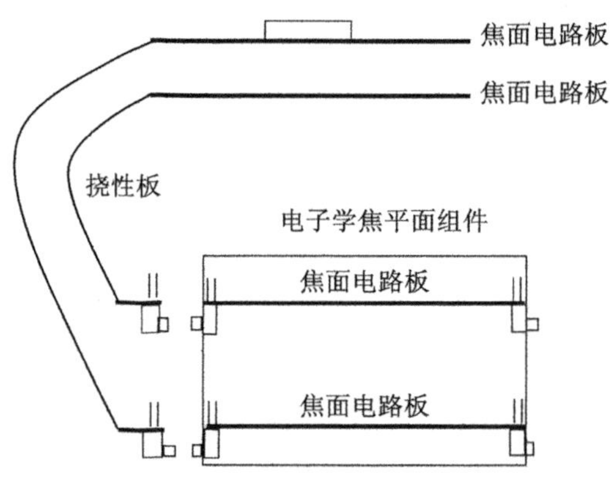


图4 遥感器上刚挠结合板的结构示意图

导航系统以及国外军用无人机红外成像系统、火星探测器等航空、航天领域中均有应用，利用其结构和电气连接的优势，解决了相关的难题。

# 4 刚挠结合板的可靠性加工

## 4.1 材料选用

刚性板基材主要有聚酰亚胺基材和环氧玻璃布基材，两者的部分性能如表1所列。

表1 两种刚性板基材参数对比表

| 参数<br>材料 | 玻璃化转变温度/℃ | 相对介电常数 | 表面电阻/Ω |
|---|---|---|---|
| 环氧玻璃布 | 130 | 4.8 | $5\times10^{14}$ |
| 聚酰亚胺 | 250 | 4.1 | $1\times10^{16}$ |

聚酰亚胺具有较低的热膨胀系数，高温性能稳定，但是其价格较高，层压工艺复杂，因此若产品工作温度不高，可选用加工难度较低的传统环氧玻璃布基材。

挠性板基材主要有聚酯和聚酰亚胺，聚酯主要用于民用领域，其耐热性差、热膨胀系数大。而聚酰亚胺的耐高温、拉伸率低、挠曲性好，适合航空、航天的恶劣工作环境，因此建议选用聚酰亚胺基材。挠性板基材参数表如表2所列。

**表2 挠性板基材参数表**

| 参数 | 聚酯 | 聚酰亚胺 |
|---|---|---|
| 极限张力/(N·mm$^{-2}$) | 172 | 172 |
| 极限延伸率/% | 120 | 70 |
| 体积电阻率/(MΩ·cm$^{-1}$) | 1 012 | 1 012 |
| 燃烧性 | 易燃 | 自熄 |
| 介电强度/(mV·m) | 300 | 275 |
| 耐热性能/℃ | 150 | 400 |

挠性板的粘结片主要有改性丙烯酸粘结片、环氧胶粘结片和低流动度半固化片。丙烯酸粘结片的热膨胀系数较大，在经受热冲击时容易导致金属化孔的断裂。环氧胶粘结片和低流动度半固化片与聚酰亚胺基材结合力较好，热膨胀系数较小，因此建议选用这两种粘结片。

## 4.2 表面处理工艺选用

目前印制板的表面处理工艺主要有喷锡、沉金、镀金等。

喷锡工艺即热风整平工艺，是表面处理的主流工艺，通过在印制板表面涂覆熔融锡焊料并用加热压缩空气吹平的工艺，在印制板表面形成一层抗氧化和可焊性高的涂覆层。其优点是焊料涂层一致性好、可焊接性能佳，可避免印制板上的腐蚀断线，提高电子产品的可靠性；缺点是容易产生锡珠，对间隙较小的焊盘容易造成短路。

沉金工艺是在铜焊点表面上镀镍金，通过化学氧化还原反应在电路板表面产生一层金属镀层，有效地隔绝铜和空气氧化。这种工艺的主要优点有焊盘不易氧化、光泽度好、镀层平整易焊接、性能稳定以及不易造成微短路。镀金实现的目的与沉金相同，但沉金相对于镀金而言，更易焊接、不易氧化、阻焊结合力强，且高频下趋肤效应对信号没有影响，因而沉金的应用更广泛。

目前在航空、航天的电子产品中，普遍采用焊接性能优异和可靠性高的SnPb焊锡。SnPb焊锡在沉金焊盘上焊接时，会在交界面产生金属化合物，该化合物较脆，从而使焊点发生脆性断裂，影响焊点的可靠性。这种效应俗称金脆。

目前避免金脆的方式主要采取搪锡去金的方式，这些要求在QJ3012－98、QJ3011－98、QJ3117－99、IPC/EIA J－STD－001E、ECSS－Q－ST－70－08C和MIL－STD－2000A等国内外的相关标准中均有所描述。然而现有标准仅对元器件镀金层的去金操作进行规定，对于镀金焊盘却没有详细要求。因此焊盘去金工艺并不成熟，焊盘去金后的可靠性不易保障。

因此应用到航天领域的刚挠结合板不建议采用沉金和镀金工艺，推荐采用传统的喷锡工艺。

# 5 刚挠结合板的可靠性设计

## 5.1 电气连接的可靠性设计

### 5.1.1 印制导线设计

相对于刚性印制板的常规布线，刚挠结合板有其特殊的布线规则。

① 挠性板弯折区的导线应做成直线，且弯曲轴垂直于导线方向，如图5所示。

② 挠性板印制导线尽量分布在多层，并平行交错排列。如图5所示，其中实线为顶层走线，虚线为底层走线。

③ 当弯曲发生在只有几根导线的挠性板位置时，应用不同长度的印制导线加固该处位置，如图6所示。

④ 根据GJB 7548《挠性印制板通用规范》的规定，刚挠结合板从刚性段到挠性段的3 mm范围内为过渡区，允许出现胶粘剂溢出、绝缘材料和导体局部变形、绝缘材料突出、裂纹、晕圈等缺陷，如图7所示。该过渡区内应尽量减少电气连接。

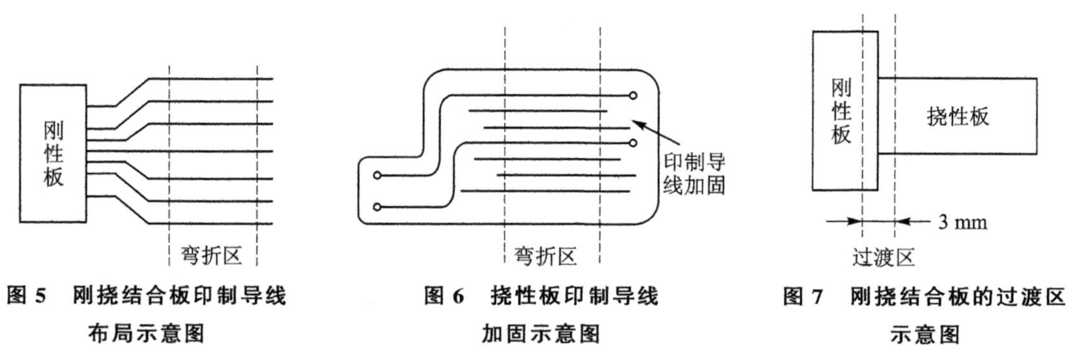


图5 刚挠结合板印制导线布局示意图

图6 挠性板印制导线加固示意图

图7 刚挠结合板的过渡区示意图

### 5.1.2 焊盘及过孔设计

高可靠刚挠结合板的焊盘和过孔主要遵循以下规则：

① 安装元器件的焊盘的电气连接，应至少在表层通过一段印制导线后，连接过孔进入内层。因为连续对焊盘加热，会损伤金属化孔，降低内层导电图形的电气连接可靠性。

② 焊盘或过孔应远离刚挠板结合处。刚挠板结合处所受应力较大，附近的过孔或焊盘，会影响挠性板的弯折性能，且过渡区可能有各种缺陷，焊盘和过孔可能导致不可靠的电气连接。

### 5.1.3 信号完整性设计

反射、串扰等多种原因可引起波形失真。刚挠结合板中经常会产生印制导线的拐角，印制导线由平行传输线转变为圆弧传输，会导致传输线特性阻抗匹配不连续，在应用到高频时会影响系统信号完整性。同时挠性板圆弧拐角易撕裂，是整个印制板的结构弱点。

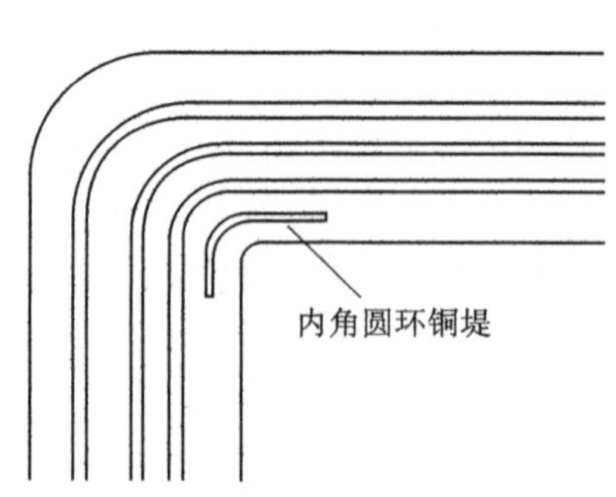


图8 刚挠结合板内角圆环铜堤结构示意图

文献[16]对5种刚挠结合板圆弧拐角结构的传输特性进行了仿真，结果显示内角圆环铜堤结构（见图8）的插入损耗最理想，明显降低了近端串扰噪声，是确保高频信号完整性的最优选择。该结构增强了挠性板强度,可在一定程度上防止撕裂,提高结构稳定性和可靠性。

因此,在高频应用中,挠性板应采用内角圆环铜堤结构,并应尽量减少圆弧拐角。

### 5.2 结构的可靠性设计

挠性板的外形设计应尽可能简单,避免出现拐角,不出现缝隙。拐角无法避免时,弯折处应倒较大的圆角,并在外形处添加宽铜堤。

在条件允许的情况下,挠性板使用较宽较厚的尺寸,以保证机械强度。挠性板自身具有一定的耐折叠性和耐久性。若装配后刚挠结合板的弯折半径过小,挠性板受力一直处于过载状态,会影响其可靠性和使用寿命。因此需要在结构中预留足够的弯折空间。

QJ 2152《挠性印制电路板技术条件》中对挠性板进行了挠性试验。使用直径为挠性板厚度 7～10 倍的硬质圆棒测试挠性板的挠曲性。

GJB 2830《挠性和刚挠印制板设计要求》中,对于超过两层导体复杂挠性印制板和粘合的挠性印制板,建议允许的最小弯曲半径是印制板最大厚度的 12 倍。

考虑到航天产品的可靠性要求,挠性板弯折半径应遵循 GJB 2830 的规定。

## 6 总 结

由于航空、航天电子产品对电气连接、结构和可靠性的要求越来越严格,传统的刚性印制板的无法完全适用,而刚挠结合板的出现解决了这部分需求。本文从前期的印制板加工以及后期的电气连接、结构设计着手,提出了一系列满足航空、航天领域刚挠结合板可靠性要求的建议,为刚挠结合板的设计和使用提供参考。

## 参考文献


[1] 张煜堃,来林芳,白巍.刚挠性印制电路板制造工艺技术及发展趋势[J].航天制造技术,2017,10(5):5-8.

[2] 王芝贤.刚挠印制板制作工艺浅谈[J].航空精密制造技术,2001,37(4):42-44.

[3] 徐伟玲,李佳宾,杨晶,等.航天遥感器上刚挠印制板的应用研究[C].第 19 届中国遥感大会论文,2014,659-665.

[4] 徐光跃,邹嘉佳,程明生,等.基于线缆替代的刚挠印制板互联技术在某型号变频组件中的应用[J].科学技术创新,2018,24:1-3.

[5] 姜志国,陈玉玲,史岩峰,等.刚挠印制板技术在军用传感器中的应用[J].传感器与微系统,2016,35(10):155-160.

[6] 彭卫红,刘东,朱拓,等.高可靠性 18 层刚挠结合印制板制作技术研究[J].印制板信息,2012,4:106-110.

[7] 刘兴.挠性印制板设计及其在系统设计中的应用[J].电子工艺技术,2011,32(3):160-162.

[8] 胡志勇.刚挠印制板在电子产品中的应用[J].印制板电路信息,2009,3:21-25.

[9] 石磊,郭晓宇.航天用刚挠印制板可靠性研究[J].电子工艺技术,2014,35(1):26-41.

[10] Chang C W,Ho C E,Yang S C,et al. Kinetics of $AuSn_4$ migration in lead-free solders[J]. Journal of Electronic Materials,2006,35(11):1948-1954.

[11] Peng S P,Wu W H,Ho C E,et al. Comparative study between Sn37Pb and Sn3Ag0.5Cu soldering with Au/Pd/Ni(P) tri-layer structure[J]. Journal of Alloys and Compounds,2010,437:431-437.

[12] Vivek Chidambaram,John Hald,Jesper Hattel. Development of Au-Ge based candidate alloys as an

alternative to high-lead content solders[J]. Journal of Alloys and Compounds,2010,490:170-179.

[13] Wu W H,Lin C S,Huang S H,et al. Influence of palladium thickness on the soldering reactions between Sn-3Ag-0.5Cu and Au/Pd(P)/Ni(P) surface finish[J]. Journal of Electronic Materials,2010,39(11):2387-2396.

[14] Chang C W,Ho C E,Yang S C,et al. Kinetics of AuSn4 migration in lead-free solders[J]. Journal of Electronic Materials,2006,35(11):1948-1954.

[15] 孙晓伟,程明生,陈该青. Sn-Pb焊点金脆失效行为研究进展评述[J]. 电子工艺技术,2017,38(6):315-318.

[16] 何飞,吴兆华,王全永. 挠性印制板拐角防撕裂结构信号传输性能分析[J]. 电子科技,2010,23(11):55-58.

# 夹持技术在智能设备上的广泛应用

高翔　赵淑晓　马明阳

（山东航天电子技术研究所，山东·烟台，264670）

**摘要：**本文针对AOI设备在面对PCB无工艺边或元器件距离印制板边缘较近无法夹持，导致检验工作效率降低，加长工作周期的弊端，进行一系列讨论并基于当前问题设计通用合适的工装夹具，便于航天军工类产品各种复杂多样的印制板进行检验，提高检验效率，并通过3D打印技术快速打印试样，工装验证合理性，可依据特殊印制板外形提前预备，对于批量产品，效率显著提高。

**关键词：**AOI设备；工装夹具；PCB；印制板；Pro/E

## 1　引　言

本章对当下AOI设备的现状进行讲解，并分析生产过程中AOI检测设备发现的问题，通过对当下问题的反馈，对当下解决措施提出质疑，通过课题对问题的分析得出解决措施，并试验实施可行性以提高生产效率及缩短生产周期。

在当前航天军工产业中电子装联的基础元器件检验阶段，AOI设备已经成为重要的检测工具和过程质量控制工具。随着科技的发展，技术的不断更迭，单一印制板产品实现向多功能方向发展，印制板上电子元器件数量在逐步增多，元器件也越来越密集，这就造成印制板本身的容占比越来越高，而且印制板尺寸在基于信息高度集成的发展过程中越来越小，对于大批量印制板产品如何保证产量的同时提升过程质量成为电子装联产品中必不可少的一个环节。与此同时AOI(光学自动检测)设备的出现，对焊接过程中常见的缺陷进行检测，保障了电子装联过程中的焊接质量，提升了产品的可靠性。

AOI检测设备是通过利用集成度更好的相机扫描PCBA产品，收集图像信息，并将测试中得出的检测点与相对应检测元件建立的标准数据库中的合格参数进行相对比较，在图像处理之后，检查目标产品上的缺陷，并通过输出显示设备标记缺陷，供维修人员修整和SMT工程人员改善工艺。AOI设备多是通过图形识别算法即将AOI系统中存储的标准数字化图像与实际测控到的图像进行比较，从而获得检测结果检测某个焊点，按照一个完好的焊点建立标准数字化图像与实际图像比较检测，结果是否通过，取决于三色光照射白光焊锡元器件表面来反映元器件焊锡表面的高度色差。

AOI设备的功能主要有以下两个：

① 可检测基础元器件上焊点存在的缺陷。（如无锡、漏焊、缺焊、锡量不足或过多，焊锡对焊盘的重合不良等多种情况）

② 可以利用设备对基本元器件型号、方向进行核对。

现阶段，小型工厂电子装联面对焊点检测的手段，只有两种：其一是直接忽略，不检测元器件焊点质量，不考虑小概率存在事件的影响及后果严重性。面对我所所涉及的产品，我们不容许这样的事情发生，对失误零容忍，面对任何问题都不能忽略，以万全的工作态度面对每一个产品，保证每一个产品的质量，以百分百的质量，面对客户与团队。其二是只进行简单的人工检测，通过显微镜对重要器件的焊点引脚进行检测，这种工作模式不但耗费大量的人力物力，而且会造成生产效率降低，不能保证产品的可靠性。因此 AOI 设备的引进，解决了这一问题，极大地节省了人力，提高了生产效率，再通过工序中对重要元器件的复检，极大地提高了产品的可靠性。

### AOI 设备存在的问题

AOI 设备在有其优越性的同时，也存在短板。基于我单位当前 AOI 设备的固有局限性，仅能对元器件距离印制电路板边缘大于 6 mm 的印刷电路板进行装夹检测。以本单位印制板种类而言，为了充分利用印制板容占比，多数印制板充分利用空间，印制板无边缘焊接，达到整体布局。因此，在此现状情况下，无边缘印制板没有足够的有效支撑，直接装夹进行检测会损伤器件，以致产生报废。在当前电子装联 AOI 设备检验过程中，大批量形式各异的印制板无法通过 AOI 设备进行检测，只能通过人工检验的检测方式来进行全盘复检，既耗费检验人员的大量时间，又降低了生产过程中的工作效率。因此，对于 AOI 设备不可夹持的印制板，在影响生产效率的前提下，研讨如何改进当前这一生产状态，提升检验效率，减少检验员工作量是一个重要的课题。本文课题即建立在此基础之上，当下对于 AOI 设备检验工作方式方法分析如图 1 所示。

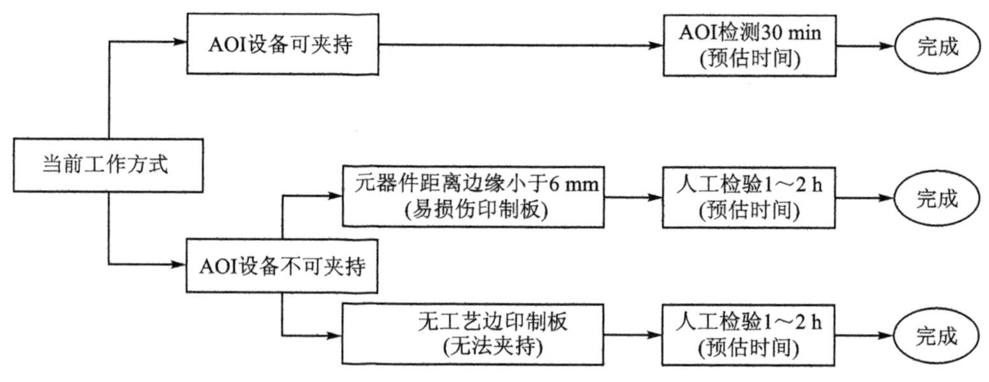


图 1　当下对于 AOI 设备检验工作方式方法分析

## 2　AOI 设备的背景及现状

对于本文中产生的问题，先进行整体的思路分析，并整理思维导图，考虑各项必要因素，制定应对措施，对所涉及设备进行必要元素的分析测量，通过分析结论设计相应的三维模型，再利用 3D 快速打印技术，制造试用工装进行试装，然后再根据试装结论，分析可行性并改进，最终定稿确定最终模型及尺寸，完成工装二维结构图纸，完成设计。最终通过一段周期使用，分析工作效率并得出结论。整体设计流程及思路如图 2 所示。

### 设计思路

在设计初期，要考虑到工装夹具的尺寸不能影响 AOI 设备检测。AOI 设备采用对焦成

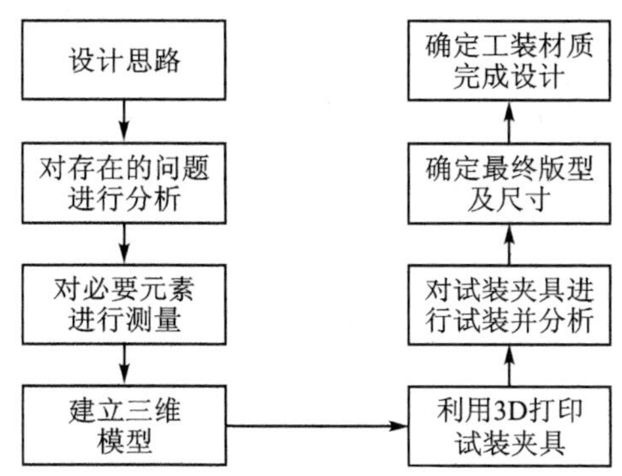


**图 2　整体设计流程及思路**

像原理，有一定的对焦范围，因此，工装夹具有一定的限制范围，不能超过或低于对焦区域。

设想中该工装夹具应具备的能力：可适应性能力、兼容性、快速、稳定、高效率。如何装夹无工艺边印制板与元器件干涉的印制板，依据设备限制如何设计满足尺寸范围要求。

夹具的主要用途是快速准确保持工件并支撑工件，使在夹具上生产的工件准确地固定在相应工作区域/范围内，以确保产品的精度和互换性，将复杂工作单一化，便于上手及降低难度，提高经济效益，高效工作。

## 3　工装夹具的设计及要点分析

在完成整体思路流程后，开始对所涉及的设备及产品进行分析，并根据限制设计出符合要求的工装夹具具体尺寸及模型。本节需要对 AOI 设备的基本元素进行分析测量以及对印制板尺寸外形进行分类，依据分析获得相应尺寸要求，设计工装的外形结构尺寸，并通过三维绘图软件制作出理论三维模型。

### 3.1　设计分析

AOI 设备在对可以进行检测的印制板有相应的尺寸及高度要求，由其原理可知，其采用的是高清相机感光成像原理，因此对于印制板相对于相机的焦距有相应的必要限制，另外，AOI 设备内部有感应传感器，防止在运行过程中，触碰印制板，造成设备人为损坏，因此在传感器的限制下，有其相应的高度要求，在结合两者要求，对照 AOI 设备说明解释的情况下，得知高度不应高于 AOI 设备装夹限位的 30 mm，才能确保成像清晰，判断准确。

在设计工装夹具时，要充分考虑印制板的情况，因此要对印制板进行必要元素分析。常规印制板厚度为 2～3 mm，四周边角或中间位置设计有安装孔，目的是为了固定印制板于相应结构边框，安装孔有相应标准尺寸，通常为 $\phi 2.2$～3.2 mm，安装孔周边为 10 mm×10 mm 禁部区。

### 3.2　尺寸及模型设计

对涉及设备进行系统分析及必要元素测量完成后，开始进行对工装的尺寸设计。本文中基于 AOI 检测设备的工装夹具设计，分为三种板式，每种对应不同尺寸做成通用样式，使其具有良好的兼容性，主要分为两个部件，一个为长条马蹄槽装主体，另外为可更换移动式耳片。

工装主体设计成长条马蹄槽装目的是在为了与设备装夹可以更好地对应，主体厚度为13 mm，上端3 mm，厚高4 mm凸台。一端为固定式耳片，与主体通过螺钉紧固，与主体融为一体。右端设计为可更换移动耳片，便于装夹各种尺寸印制板。工装主体内腔开通成槽宽3 mm，此处设计为正公差，以便于与移动耳片相互配插灵活。固定式耳片，宽13 mm。上下厚度为5 mm，中间槽与马蹄槽口宽度一致，深度为12 mm，耳片中心位置设计为M5螺纹孔。移动耳片一端做对称马蹄槽键，公差为负，耳片侧方位移做加长，目的是为了与固定印制板的螺纹孔有相互的错位，从而避免相互发生阻碍造成设计缺陷。侧位移部分中心位置做M4螺纹孔，目的是为了将移动耳片固定于工装主体上，形成一个良好的支撑体，达到紧固作用。

## 4　三维模型的建立及分析

本节通过完成的三维模型，利用3D打印机进行快速建立试用工装，利用试用工装，分析在设计过程遗漏的要点，检测模型的可实施性，并对工装进行实时的改进，达到最终符合要求的建模，完成设计。

在对工装必要尺寸设计完成后，利用三维建模软件Pro/E进行初版建模。

### 4.1　尺寸及模型设计

工装夹具初版建模如图3所示，可移动式耳片设计建模如图4所示。

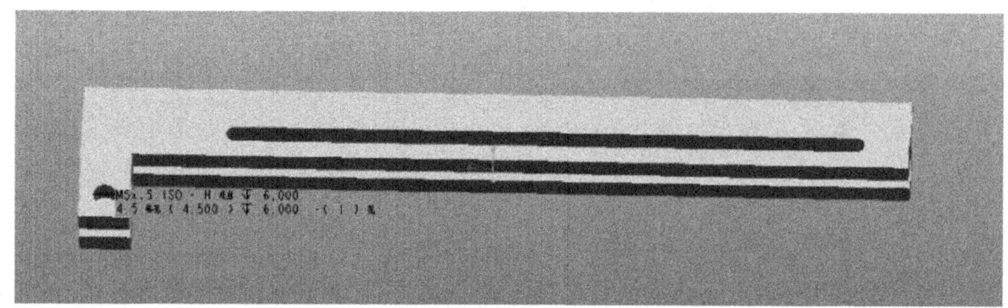

图3　工装夹具初版建模

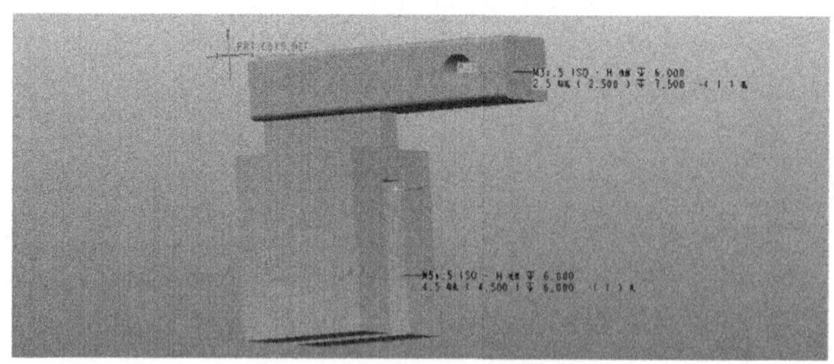

图4　可移动式耳片设计建模

### 4.2　尺寸及模型设计

在设计好所有具体尺寸后，完成三维模型建立后，利用3D打印机对三维模型解析并在短周期内制作试用工装进行装夹试用。

在实际过程中，利用3D打印试用工装装夹，工装材质为PLA，在实际装夹工装印制板时发现，3D打印材质的工装材质较软，没有足够的支撑强度，在工装装夹时，容易受到弯曲应力，发生形变，由于3D打印材质限制，工装会出现不同程度断层。试用3D打印快速设计工装如图5所示。

图5　试用3D打印快速设计工装

### 4.2　材质及防护措施

但是，在对于异形印制板产品，单批量使用时，3D打印材质有着制作成本上的优势，制作周期短，满足使用要求。因此，在正式工装选材时，要满足以下3点实际要求：

① 要有足够的支撑强度，避免受到弯曲应力，发生形变，损伤印制板；

② 要有相应的绝缘能力，满足印制板及元器件对绝缘等级的要求；

③ 要有一定的适应能力，对于不同版型有一定的兼容性。

在考虑到工装强度的要求下，不损伤印制板，最终确定材质，既能保证工装的强度足够支撑印制板，并且不会损伤印制板，选择了LY12铝合金，在能保证强度应力符合预期要求的情况下，还考虑了成本。

在工装设计完成后，与其相应配套的夹持组件，在设计初期就已经考虑，采用通用国标M5元宝形螺钉，螺杆顶部锥度倒角为45°，当印制板插入耳片槽内时，旋转螺杆使头部锥度自然正对安装孔锁紧，达到定位紧固作用。并在螺钉头部加装橡胶垫防护，以避免划伤印制板。

## 5　工装夹具的成型

最终成型工装展示如图6所示，装夹印制板侧边展示如图7所示，装夹印制板正面展示如图8所示。

图6　最终成型工装展示

图7 装夹印制板侧边展示

图8 装夹印制板正面展示

## 6 结束语

经过一段时间的试用，通过利用工装在AOI检验过程中，大大提高了生产效率，在一些异形印制板无法装夹的情况下，利用工装装夹用AOI检测，极大地提高了生产效率，经过统计，在此工装的制作基础上，提高了20%的工作效率，又在此基础上，分别设计了不同尺寸工装以适应不同尺寸，便于AOI检验人员进行参考试用。

## 参考文献

[1] 俞龙江，杨英，孙圣和．一种新颖的电路板短路和断路故障检测算法[J]．电子测量与仪器学报，2007(3)．

[2] 鲜飞．SMT测试技术综述．印制电路信息，2005(9)．

[3] 王家伟，胡庆夕，等．基于快速成型的快速夹具设计研究与应用[J]．机电一体化，2010(5)．

[4] 高俊，裴东，肖心友．军品质量检验技术[M]．北京：国防工业出版社，2004．

# SLM 技术工艺参数对 316L 不锈钢成型性研究

栾孟贵　王永艳　赵良兵

（青岛前哨精密机械有限责任公司，山东・青岛，266045）

**摘要：**采用选择性激光熔化快速成型 EOS M280 设备，研究了 SLM 技术的工艺参数对 316L 不锈钢粉末试件的成型过程和抗拉强度之间的关系，根据试验范围共设置了 9 种不同的工艺参数。研究结果表明：首先，316L 不锈钢粉末在选择性激光熔化成型过程中，具有高强度和塑性，在所设置试验参数下其最高抗拉强度可以达到 639 MPa；其次，扫描方式和扫描速度对抗拉强度都有很大的影响，采用相同的扫描方式时扫描速度越大抗拉强度越高，烧结成型时，层层交错加旋转扫描的试件抗拉强度高于 $X$、$Y$ 单方向垂直扫描的试件抗拉强度。

**关键词：**选择性激光熔化；扫描方向；扫描速度；316L 不锈钢粉末

## 0 引　言

选择性激光熔化（SLM）技术是根据 CAD 模型数据，通过激光逐层烧结，形成指定几何形状的零件。传统的加工方法以冷加工的减材制造为主，严重制约了复杂零件的加工制造，而 SLM 技术采用材料累积的方法来成型零件，大大降低了复杂零件的制造难度。因此，该技术已经在航空航天、医疗、汽车、模具等众多领域得到极其广泛的应用。但在激光成型过程中，众多因素（如激光功率、扫描速度、扫描方式、铺粉层厚等）影响着打印零件的结合强度与表面质量等。因此，寻求合理的工艺参数成为 SLM 技术的关键所在。

本文通过对 SLM 技术对 316L 不锈钢粉末成型性的研究，探讨在改变扫描方式和扫描速度两种工艺参数时，对 316L 不锈钢粉末的成型过程及成型零件的室温下拉伸性能的影响。

## 1　试验方法

### 1.1　试验方法及设备

选择性激光熔化技术试验的基本步骤：① 根据三维软件设计出零件的三维实体模型，保存为 stl 格式的文件；② 通过 Magics 软件对该三维模型进行零件摆放、零件修复和支撑添加等，如图 1(a)所示；③ 通过 RP - Tools 软件对零件模型进行切片分层，得到 sli 格式的文件，如图 1(b)所示；④ 将得到的 sli 格式的文件导入到 PSW3.6 设备的软件内，选择工艺参数，充入氮气至氧含量低于 0.7%，并将基板加热至合适温度，系统控制激光束按照该层的扫描路径对金属粉进行烧结，逐层堆叠至金属零件成型。

试验设备是采用德国 EOS 公司制造的 EOSINT M280，可打印的最大成型尺寸为 250 mm×250 mm×325 mm，采用 400 W 的 Yb -光纤激光器，扫描系统为高速扫描振镜，光斑直径为 0.1 mm，保护气体为氮气，其控制软件包括了 EOS RP - Tools、EOSTATE 和 Magics

(a) Magics处理图

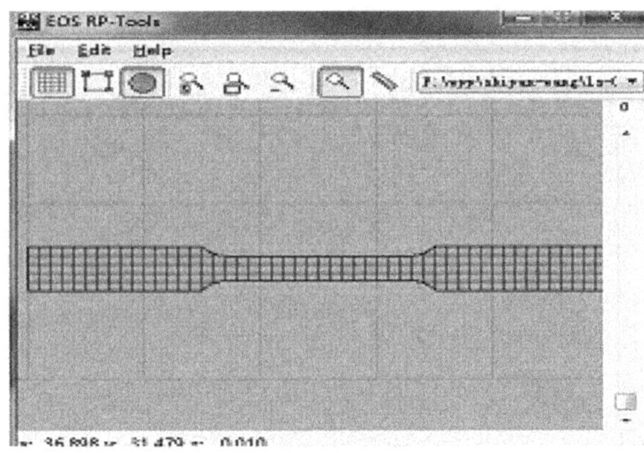


(b) RP-Tools处理图

图 1 Magics 和 RP-Tools 处理图

等 。该设备可打印包括钛合金(Ti64)、铝合金(AlSi4Mg、AlSi10Mg 等)、高温合金(铁基、镍基等)等航空航天、汽车等行业零部件常用材料,也可以打印如不锈钢(316L)等工业常用材料。

## 1.2 试验材料及环境

试验材料选择工业常用材料 316L 不锈钢粉末,其金属颗粒度为 400 目,密度为 4.04 g/cm$^3$,化学成分如表 1 所列。基板选用材质为 45#钢,尺寸为 250 mm×250 mm×28 mm。基板预热温度为 40 ℃,成型仓内充入氮气,控制氧含量在 0.7%以下。

表 1 316L 不锈钢粉末化学成分

| C | Cr | Ni | Mo | Si | Mn | P | S | O | Fe |
|---|---|---|---|---|---|---|---|---|---|
| 0.03 | 17.53 | 12.06 | 2.16 | 0.86 | 0.38 | 0.02 | 0.01 | 0.13 | Bal |

## 1.3 试验工艺参数

拉伸力学试样加工件尺寸为 50 mm×5 mm×4 mm,如图 2 所示。烧结成型后,利用线切割机将零件与基板分离,再通过万能实验机进行室温拉伸试验,加载速率为 0.15 mm/min。

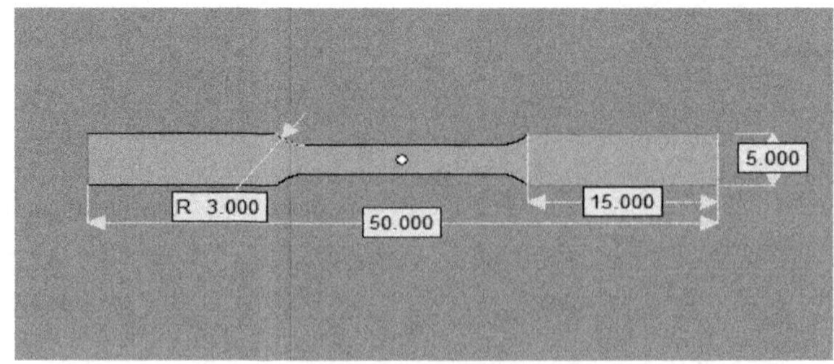


图 2 拉伸性能试件

试验的工艺参数如表 2 所列。

表 2 316L 不锈钢成型工艺参数

| Layer thinkness=0.04 mm, Disdance=0.11 mm, Power=260 W | | |
|---|---|---|
| 扫描速度/(mm·$s^{-1}$) | 序 号 | 扫描方向(Hatching) |
| 700 | 1 | Alternating |
| | 2 | Rotated |
| | 3 | Alternating Rotated |
| 900 | 4 | Alternating |
| | 5 | Rotated |
| | 6 | Alternating Rotated |
| 1 100 | 7 | Alternating |
| | 8 | Rotated |
| | 9 | Alternating Rotated |

注:Hatching 为扫描方向;Alternating 为 $X$、$Y$ 方向交替扫描;Rotated 为旋转 67°扫描;Alternating Rotated 为 $X$、$Y$ 方向交替加旋转 67°扫描。

## 2 试验过程及结果分析

### 2.1 试验加工过程

本次试验通过改变扫描方式和扫描速度两种工艺参数,来研究其对 316L 不锈钢粉末成型性的影响。烧结成型过程中,可以清楚地发现,相同扫描方式时(对应序号 1-4-7、2-5-8、3-6-9),随着扫描速度的增加,表面亮度有逐渐降低的趋势。相同扫描速度时(对应序号 1-2-3、4-5-6、7-8-9),可以非常明显地观察到,扫描方向为 Rotated 的零件表面亮度明显高于其他试件(对应序号 2-5-8)。同时,所有试件加工过程较为稳定,未出现断裂、塌陷、蹭刀等现象,表面质量良好,烟尘残渣较少,如图 3 和图 4 所示。

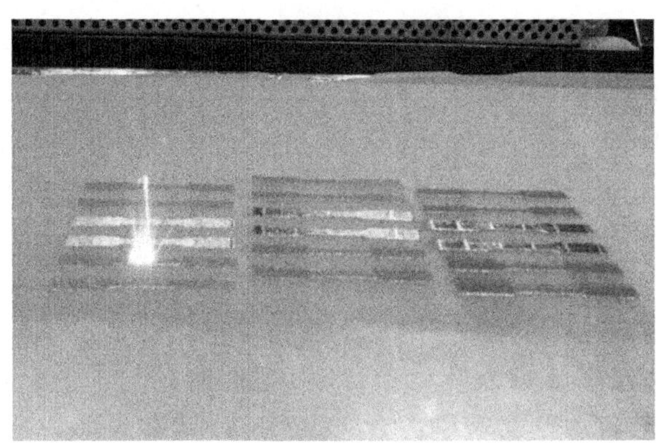

图 3 316L 不锈钢粉末成型过程

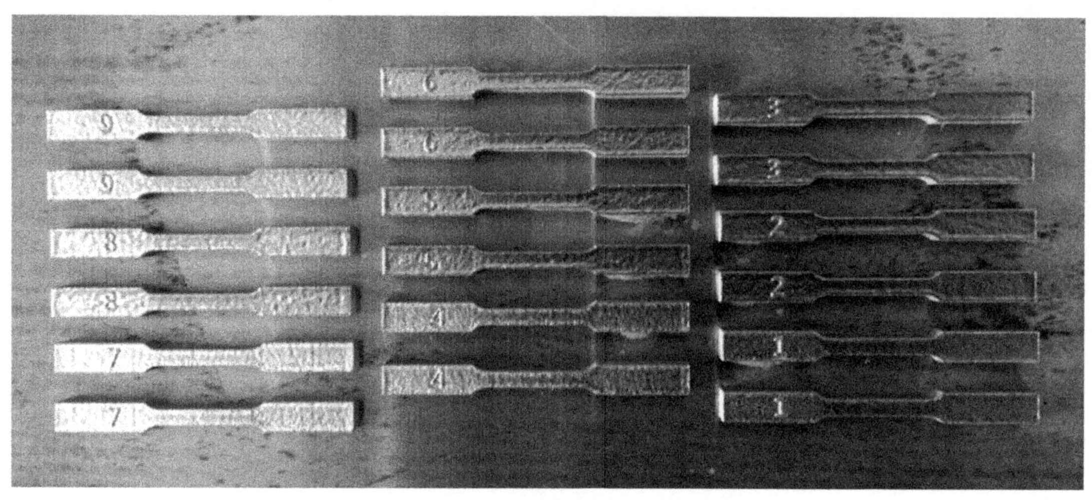


图4 316L不锈钢粉末成型结果

## 2.2 试验结果及分析

将所有成型试件按试验要求切割分离，恢复至室温后，进行室温下拉伸试验，拉伸试验结果如表3所列。

表3 试验样件抗拉强度数值表

| 扫描方向 | 扫描速度/(mm·$s^{-1}$) | 抗拉强度/MPa |
|---|---|---|
| Alternating | 700 | 582 |
| Alternating | 900 | 588 |
| Alternating | 1 100 | 610 |
| Rotated | 700 | 620 |
| Rotated | 900 | 632 |
| Rotated | 1 100 | 633 |
| Alternating Rotated | 700 | 630 |
| Alternating Rotated | 900 | 632 |
| Alternating Rotated | 1 100 | 639 |

通过拉伸试验结果对比可见，采用相同的扫描速度时，抗拉强度会随着扫描方式为Alternating、Rotated、Alternating Rotated的顺序逐步递增，在扫描速度达到1 100 mm/s，扫描方式为Alternating Rotated时，抗拉强度达到最大值，达到639 MPa，如图5所示。分析认为，在同一个扫描速度下，扫描方式的改变对于改善零件的成型质量有一定的影响。

扫描方式相同，扫描速度不同时，如图6所示，扫描方式为在Alternating时，抗拉强度随扫描速度增大呈现比较明显的上升趋势；采用其他两种扫描方式时，随扫描速度增加抗拉强度略有上升，且均超过了600 MPa。在Rotated扫描方式下，扫描速度在900 mm/s和1 100 mm/s时试件的抗拉强度基本一致。分析认为，同一种扫描方式下，提高扫描速度有利于成型零件的质量提升。

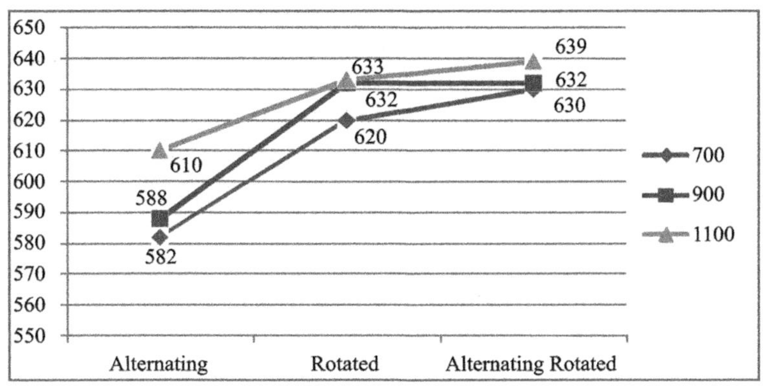


**图 5　相同扫描速度不同扫描方式**

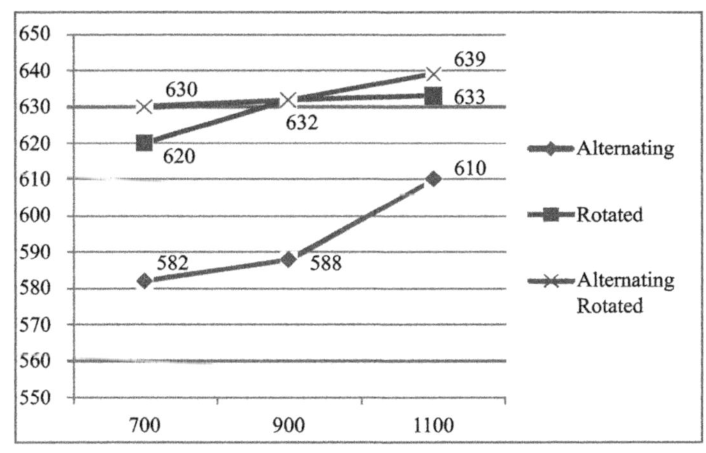


**图 6　相同扫描方向不同扫描速度**

通过以上分析结果表明：选择性激光熔化成型 316L 不锈钢粉末，在一定参数下抗拉强度能够达到其锻件水平，选择相同的扫描速度时，烧结时层层交错加旋转扫描成型的零件质量要明显优于 $X$、$Y$ 方向交替扫描成型的零件质量，选择相同的扫描方式时，提高扫描速度有利于成型零件的质量提升，而扫描速度达到一定值后，其拉伸强度变化较小，但是扫描速度过高时，需要综合考虑激光功率、铺粉层厚等其他参数的影响。

## 3　结　论

① 316L 不锈钢粉末通过选择性激光熔化成型后，具有较高的抗拉强度，在本次试验中采用 Alternating Rotated 扫描方式得到的最高抗拉强度为 639 MPa。

② 扫描方式和扫描速度对零件成型质量均具有一定影响，采用相同的扫描方式时，在一定范围内，扫描速度越高抗拉强度越高，打印成型时，相同的扫描速度下，层层交错加旋转扫描的试件抗拉强度高于 $X$、$Y$ 单方向垂直扫描的试件抗拉强度。成型零件采用合理的扫描方式及扫描速度，其抗拉强度可以达到同一材质的锻件的抗拉强度水平。

# 参考文献

[1] 王广春.增材制造技术及应用实例[M].北京:机械工业出版社,2014.

[2] 赵良兵,于承雪,王庆友选择性激光熔化成型316L不锈钢成型性对比研究[J].航空航天学报,2016.

[3] 孙婷婷,杨永强,郭明华.选区激光熔化316L不锈钢粉末形貌分析[J].激光杂志,2009,30(5):68-70.

[4] 杨迪,杨永强,何兴荣,等.316L不锈钢粉末光纤选择性激光熔化特性[J].强激光与粒子束,2010,22(8):1881-1886.

[5] Hilton P D,JacobsP F. Rapid Tooling:Technologies and Industrial Applications[M]. CRC Press,2000.

[6] Mohammadi S,Wictorin L,Erixsonetal L E. Cast Titanium as Implant Material[J]. Journal of Materials Science:Materials of Medicine,1995(6):430-440.

[7] Dietmar Drummer,Katrin Wudy,Maximilian Drexler. Influence of energy input on degradation behavior of plastic components manufactured by selective laser melting[J]. Science Direct,2014(56):176-183.

# 钛合金紧固件铝涂层性能试验研究

李霞　刘高峰　王文智　刘莹莹　连业江

（东方蓝天钛金科技有限公司，山东·烟台，264003）

**摘要：**本文结合美国及欧盟的铝涂层产品规范及实际应用的经验，选取附着力试验、耐腐蚀试验、耐脱漆剂试验、干涉压入试验、脆化试验等方法考察国产及进口涂铝液喷涂后的钛合金紧固件铝涂层的物理、冶金及电化学性能。附着力试验采用两种方法分别对杆部和头部进行评价，结果表明：在常温及加热后国产及进口涂铝液涂层与基体金属，附着力良好，附着力等级均为0级；水浸泡14天后附着力试验结果表明，国产及进口涂层与飞机底漆之间附着力均有所降低，但降低小于2个等级；耐腐蚀试验的目视结果显示，国产铝涂层试验件周围的腐蚀产物少于进口铝涂层试验件，而金相检测结果显示与涂层接触的铝合金埋头区的腐蚀深度关系为国产大于进口，国产涂层试验件与铝合金间的电化学腐蚀程度更深。所以，耐腐蚀试验的结果判定方法采用金相法更为准确。耐脱漆剂试验后国产涂层的铅笔硬度降低一个等级，进口涂层未降低，此外，国产及进口涂铝液涂层的干涉安装力及脆化性能无明显差异。

**关键词：**钛合金；铝涂层；附着力；耐脱漆剂；耐腐蚀性

钛合金紧固件以其优良的综合性能被广泛应用于现代先进飞机机体结构中，并在飞机连接装配中与铝合金材料接触连接。未经表面处理的钛合金紧固件表面具有较高的电位，与接触连接的铝合金形成较大的电位差，在潮湿的大气或海洋环境下极易产生电偶腐蚀，腐蚀严重则会引起结构发生失效破坏。

在紧固件表面粘附一层主要成分为酚醛树脂、铝粉、PTFE，防腐蚀颜料的涂层，可以很好地解决电偶腐蚀的问题。目前在钛合金紧固件表面喷涂铝的技术已广泛应用于全世界的航空制造业，但是我国对铝涂层原料的配方、喷涂工艺的研究起步较晚，对钛合金紧固件铝涂层性能的试验研究较少，且没有对铝涂层性能评价的相应标准，这一现状也是制约钛合金紧固件国产化的重要原因。本文结合美国宇航标准委员会颁布的NAS4006、Hi-shear公司的铝涂层产品规范及欧盟EN4473标准及实际应用中的经验选取附着力试验、耐腐蚀试验、干涉压入试验、耐脱漆剂试验、干涉安装力及脆化试验等方法对国产及进口涂铝液喷涂生产的铝涂层的厚度、附着力性、耐腐蚀性、耐脱漆剂性能、干涉安装力性能、脆化性能等进行全面的试验验证和评价，分析讨论二者的差异和特点，旨在为国产涂铝液的研发及我国铝涂层产品规范的制定提供借鉴。

## 1　试　验

### 1.1　试验材料

脱漆剂：Turco5351，德国汉高公司；铅笔硬度专用铅笔：PRISMACOLOR TURQUOISE；

分析纯甲基乙基酮；分析纯醋酸；分析纯氢氟酸；分析纯氯化钠；分析纯无水乙醇；去离子水等。

## 1.2 试验设备

金相显微镜：德国蔡司；高温蠕变持久试验机：深圳三思纵横，0.5级；盐雾试验箱：美国Singleton；万能试验机：深圳美斯特，0.5级；电热干燥箱；恒温水浴箱；铅笔硬度计；铅笔硬度工装；化学腐蚀试验板；涂漆附着力试验板；干涉配合试验板；网格尺；刀片；软刷等。

## 1.3 涂层制备

首先对紧固件进行前处理，包括：碱洗除油处理，表面粗化和干燥等。将前处理完成的零件上工装，过程中禁止裸手接触零件。然后，分别采用国产涂铝液和进口涂铝液与固化剂、稀释剂按比例混合搅拌，过滤，制备涂装用涂料。由同一操作员采用喷涂的方法对紧固件进行涂装，按照喷涂—预固化—喷涂—固化的工艺流程完成铝涂层的制备。

## 1.4 试验方法

### 1.4.1 涂层厚度

紧固件铝涂层厚度检测根据NASM 1312－12中金相法测覆盖层厚度的要求开展，取杆部横截面，依次进行镶嵌、磨抛、清洗、吹干。使用500倍金相显微镜获得杆部横断面的显微图像，在显微横断面长度上取5点测量涂层厚度，计算5点平均值为该试验件的涂层厚度。

### 1.4.2 附着力

根据紧固件的几何形状特点，分别对钛合金紧固件头部及杆部进行附着力试验。螺栓头部采用切割刀片（角度20°～30°）进行切割，确保产生的"V"形切痕能够割透涂层，同时基体材料的切痕深度尽量浅。采用网格尺来保证切痕的平行，切痕之间间隔约为1 mm，分别在纵向和横向切出3条垂直交错的切痕。然后，使用半年内生产的3M公司No.250胶带紧贴于紧固件头部，2 min后垂直于紧固件表面迅速移除胶带。对于紧固件的杆部，由于形状不符合ISO2409的要求，采用在杆部光滑面上将涂层切开直至露出基材的方法，然后把3M公司No.250胶带紧贴在切口处后，以垂直于紧固件表面的力道猛力撕下胶带。

### 1.4.3 铅笔硬度

准备好铅笔硬度测试专用铅笔（硬度6B～9H），每次试验前，保持铅芯端面为四方形。将铅笔硬度计平放在铅笔硬度工装上同时接触到试片或螺钉杆部，使仪器保持水平。将准备好的铅笔插入仪器，使笔芯与螺钉杆部接触后调整水平，使并固定锁紧，安装好压块。用拇指和食指抓在两个轮子中心，将仪器从后往前推约20 mm即可移开仪器。将铅笔按照由软到硬的顺序测试，第一支能将涂层刺破或擦伤的铅笔，视为最终涂层的铅笔硬度。在膜层上应至少进行3次试验来确定膜层的硬度。

### 1.4.4 耐脱漆剂

室温下将国产及进口涂铝液涂层紧固件在脱漆剂Turco 5351中静置24 h后，依次进行附着力和铅笔硬度试验。

### 1.4.5 耐腐蚀性能

将国产及进口涂铝液涂层紧固件及镀镉紧固件安装在经过阳极氧化处理的铝合金7075－T6板，在钻孔前，按MIL－A－8625Ⅱ型进行阳极化处理（密封、无色），钻孔大小应保证孔与紧固件光杆直径之间留出25.4～127 μm的空隙。两个紧固件头部边缘距离至少12.7 μm。使用铝合金螺母进行紧固，安装完成之后使用甲基乙级酮清洁装配组件，除掉所有的油脂和指纹，静止风干。装配完成的试验件进行醋酸盐雾试验 336 h，pH 值调节并维护在 2.8～3.1。试验程序是每天 4 次，每次 6 h 的循环，每个 6 h 循环包括：① 45 min 盐雾试验；② 2 h 直接空气净化(循环干燥)；③ 相对湿度为 45%～90%，温度为 33～37 ℃的环境下保持 3 h 15 min。

#### 1.4.6　干涉压入性能

干涉压入性能试验是分别选取 15 件国产及进口涂铝加十六醇试验件，直径为 6.35 mm (1/4 in)，安装在厚度 12.7 mm，孔径为 6.231～6.256 mm 的 7075 - T6 铝合金工装上。采用电子万能试验机，以 50.8 mm/min 的加载速率施加压力，直至螺栓光杆穿过工装，得到压缩试样所用的最大载荷。

#### 1.4.7　脆　化

本试验按照 NASM1312 - 5 进行，试验夹具的孔与紧固件直径的间隙为 0.025 4～0.076 2 mm，将国产及进口铝涂层试样通过试验夹具分别装在高温蠕变持久试验机上，并确保试样至少应有 2 扣螺纹伸出螺母顶面，再借助夹具施加导入载荷，导入载荷等于最小极限抗拉强度(UTS)的 80%，试样在 149±5 ℃的温度下暴露 72 h，最后剖开进行 200 倍金相观察确认紧固件是否有裂纹或其他异常金相组织。

## 2　结果与讨论

### 2.1　涂层厚度

涂层厚度检测按照 NAS1312 - 12 中规定的方法进行检测，虽然 NAS 4006 及 BMS 10 - 8 规定了对于涂层厚度检测的位置应选取可视表面，且定义被 19.05 mm 直径小球接触到的表面为可视表面，但是实际操作中难以操作。所以，定义出可操作性强的厚度检测位置选取法值得研究。考虑到紧固件铝涂层与铝合金基体接触紧密的位置是头部承载面、杆部以及螺纹，所以检测的位置从这 3 个位置选取。金相检测典型图如图 1 所示，每件的厚度值为 5 个位置的平均值。10 件国产涂铝液涂层厚度检测结果分布在 7～9 μm，进口涂层厚度分布在 7～11 μm 之间，二者厚度差异不大，且均满足 NAS4006 和 Hi - shear294 中对涂层厚度 5～13 μm 的要求。

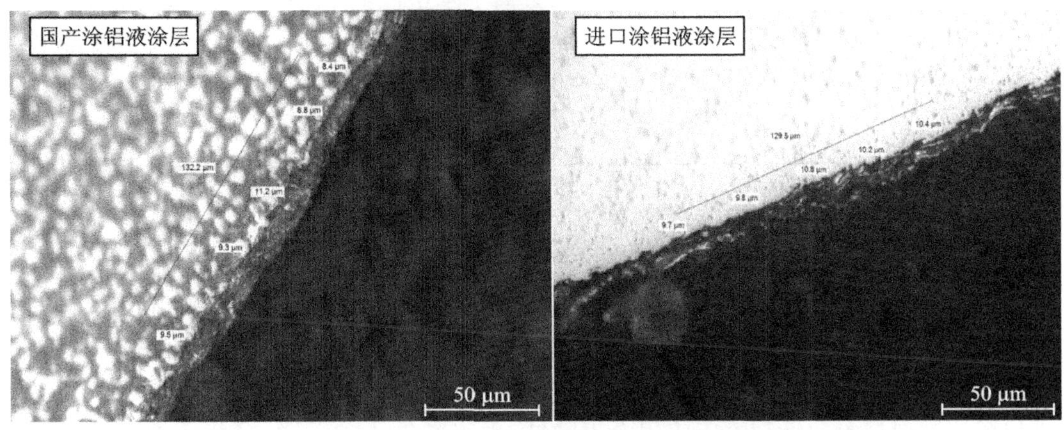


图 1　钛合金紧固件铝涂层厚度典型金相图

## 2.2 附着力

附着力性能主要是考察常温状态下铝涂层与基体金属之间，受热后铝涂层与基体金属之间以及水浸泡后铝涂层与飞机底漆之间的粘附性能，附着力性能直接影响铝涂层与连接件的装配使用。NAS4006 规定采用刮涂层法检查铝涂层附着力，但对于紧固件头部难以操作；BMS 10 - 85 和 Hi - Shear 294 分别规定了沉头紧固件采用落锤法，凸头紧固件采用 3M 胶带法。但是胶带的粘性及每批次的一致性难以评估，且胶带的有效期短。所以，本试验分别对常温状态，受热后及水浸泡后的铝涂层附着力性能按照本文 1.4.2 所述的划格法和刮涂层法对螺栓头部和杆部分别进行测试。测试结果如下：

### 2.2.1 常温及受热后铝涂层与基体金属附着力

受热后铝涂层与基体金属之间粘附性能的试验是将试验件放入称量瓶并置于加热至 190 ℃ 的电热干燥箱中，静置加热 4 h，空气冷却后按照本文 1.4.2 所述方法进行附着力试验。分别对常温及受热后国产及进口涂铝液涂层进行附着力试验，并对照 ISO2409 中的附着力试验级别表，常温及受热后二者附着力等级均为 0 级，结果表明二者与基体金属之间均表现出良好的附着力，没有明显差异，附着力试验结果典型图如图 2 和图 3 所示。

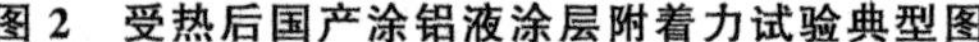

图 2 受热后国产涂铝液涂层附着力试验典型图

图 3 受热后进口涂铝液涂层附着力试验典型图

### 2.2.2 水浸泡后铝涂层与飞机底漆附着力

铝涂层与飞机底漆之间的粘附性能试验是将国产及进口涂铝液涂层试验件装配到试验工装上，并喷涂飞机底漆，模拟实际使用状态，在去离子水中浸泡 14 天。将浸泡后的试样与未浸泡的试验进行附着力试验，并对照附着力试验级别表，比较浸泡前后国产及进口涂铝液涂层的附着力变化以及二者的性能差异。试验结果如表 1 所列。

表 1 附着力降低等级表

| 编 号 | 附着力降低等级(级) | | | | | | | | |
|---|---|---|---|---|---|---|---|---|---|
| | 1# | 2# | 3# | 4# | 5# | 6# | 7# | 8# | 9# |
| 国产涂层 | 0 | 0 | 0 | 1 | 1 | 0 | 1 | 1 | 1 |
| 进口涂层 | 1 | 1 | 1 | 0 | 1 | 1 | 1 | 1 | 1 |

由表 1 可知，经过水浸泡 14 天后，国产涂铝液涂层的 9 件试验件中有 5 件发生附着力降低，进口涂铝液涂层有 8 件均发生了附着力降低，最大降低 1 个等级，结果表明国产涂铝液涂层与飞机底漆的粘附性能优于进口涂铝液涂层。

## 2.3 耐脱漆剂

耐脱漆剂性能是检验铝涂层性能优劣的一个重要指标，是考察产品在清洗维修过程中，为了防止清洗剂（脱漆剂）对紧固件表面铝涂层造成不利影响而设定的。为验证铝涂层对脱漆剂的抵抗能力，室温下将试验件在脱漆剂 Turco 5351 中静置 24 h 后，依次进行附着力和铅笔硬度试验，考察铝涂层的耐脱漆剂性能，并且对比国产及进口涂铝液涂层的耐脱漆剂性能优劣。结果如表 2 所列。

表 2 浸泡脱漆剂后的附着力及铅笔硬度

| 试验件编号 | | 国产 | | | | | | 进口 | | | | | |
|---|---|---|---|---|---|---|---|---|---|---|---|---|---|
| | | 1# | 2# | 3# | 4# | 5# | 6# | 1# | 2# | 3# | 4# | 5# | 6# |
| 附着力等级 | 未浸泡 | 0 | 0 | 0 | 0 | 0 | 0 | 0 | 0 | 0 | 0 | 0 | 0 |
| | 浸泡 24 h | 0 | 0 | 0 | 0 | 0 | 0 | 0 | 0 | 0 | 0 | 0 | 0 |
| 附着力降低等级 | | 0 | 0 | 0 | 0 | 0 | 0 | 0 | 0 | 0 | 0 | 0 | 0 |
| 铅笔硬度 | 未浸泡 | 9H | 9H | 9H | 9H | 9H | 9H | 9H | 9H | 9H | 9H | 9H | 9H |
| | 浸泡 24h | 9H | 9H | 9H | 8H | 8H | 9H | 9H | 9H | 9H | 9H | 9H | 9H |
| 铅笔硬度降低值 | | 0 | 0 | 0 | 1 | 1 | 0 | 0 | 0 | 0 | 0 | 0 | 0 |

由表 2 可知，国产及进口涂铝液涂层在浸泡脱漆剂前后的附着力均未降低，但是从铅笔硬度试验结果可知，进口涂铝液涂层的铅笔硬度未降低而国产的 9 件试验件中有两件的铅笔硬度从 9H 降低至 8H，满足 NAS 4006 及 Hi - Shear 294 铝涂层产品规范中不应降低 2 个铅笔硬度的要求，但是耐脱漆剂性能却劣于进口涂铝液。

## 2.4 耐腐蚀性能

耐腐蚀性能测试是通过模拟钛合金涂铝紧固件与飞机的铝合金基体装配状态，考察涂铝紧固件在严酷环境下的耐电化学腐蚀能力，NAS 4006 及 BMS 10 - 85 标准均是采用 ASTM G85 中的循环酸性盐雾试验，将涂铝试验件与镀镉试验件进行比对来评价铝涂层的耐腐蚀性能，而 Hi - Shear 294 对该性能的要求更严格，需要通过连续醋酸盐雾及周期浸渍两项试验来考察铝涂层的耐腐蚀性能。本试验选用 ASTM G85 附录 A2 中的方法，进行 336 h 循环盐雾试验，通过金相法测定涂铝紧固件的腐蚀深度并与镀镉紧固件对比，评判国产及进口涂铝液涂层的耐腐蚀性能。试验结果如图 4 所示。

由图 4 可知，国产及进口涂铝液涂层经过 336 h 酸性盐雾试验后，通过目视观察紧固件头部边缘与铝合金接触的位置均出现腐蚀物，国产涂层的腐蚀物较少，进口涂层有两件出现较多腐蚀物，但二者的腐蚀程度均小于镀镉试验件。为准确的判定腐蚀情况，从铝合金板上去掉紧固件，选取铝合金板上腐蚀较严重的 3 个位置，通过金相检查进一步确定腐蚀情况，确定与涂铝紧固件和镀镉紧固件接触的铝板的埋头区和头部周围铝板表面的腐蚀深度。

金相检测典型图如图 5 所示，镀镉件试验板埋头孔的腐蚀深度分别为 0.155 mm、0.122 mm、0.131 mm，平均值为国产件试验板埋头孔的腐蚀深度分别为 0.050 mm、0.064 mm、0.085 mm，进口件试验板埋头孔的腐蚀深度分别为 0.036 mm、0.042 mm、0.039 mm。由此可知，虽然目视观察进口件腐蚀物较多，但是实际腐蚀深度却小于国产件，国产涂铝液涂层在耐电化学腐

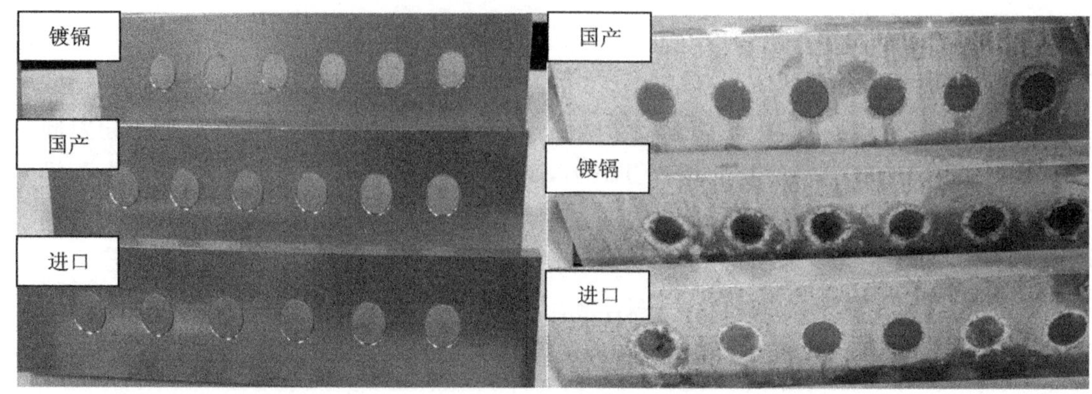


(a) 盐雾试验前形貌　　(b) 336 h盐雾试验后形貌

**图4　国产及进口涂铝试验件及镀镉试验件形貌图**

蚀性能上劣于进口涂铝液。另外，NAS4006及EN4473没有明确规定采用何种方法确定腐蚀程度，从金相检测结果可知，仅目视观察是无法准确判定真正的腐蚀情况的。

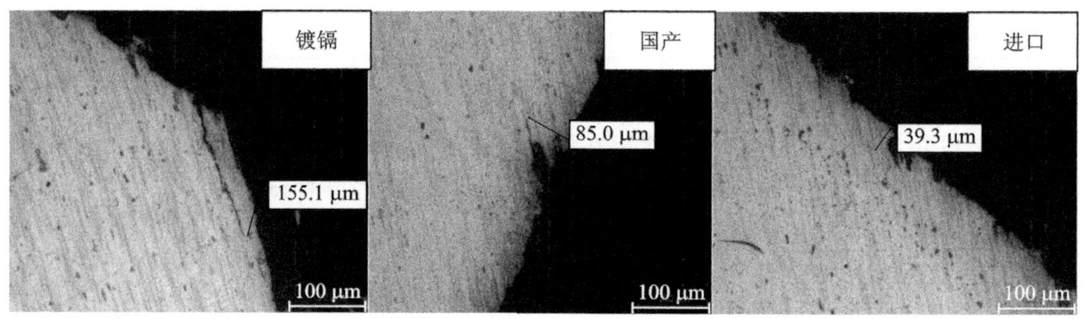


**图5　铝合金试验板腐蚀深度**

## 2.5　干涉压入性能

NAS4006和Hi-shear294均未对干涉压入性能做出要求，但BMS 10-85要求对铝涂层进行该项试验，本项试验主要是考察铝涂层的润滑性。试验结果如图6所示。

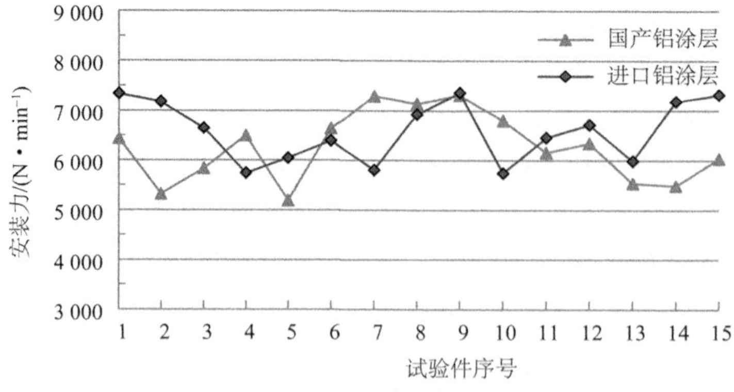


**图6　国产及进口铝涂层干涉安装力**

由图 6 可知，国产和进口铝涂层加十六醇润滑后的干涉安装力均在 5 000～7 500 N/min 之间，国产及进口铝涂层试验件的干涉安装力平均值分别为 6 266 N/min 和 6 584 N/min，均小于标准要求的 1/4 in 紧固件的平均安装力应为 7 120 N 或者以下，单次安装施加力不得超过 8 900 N。

### 2.6　脆　化

由于钛合金紧固件表面电镀镉后有应力脆裂现象发生，为考察钛合金涂铝紧固件是否会因为在加工及表面涂覆涂层时混入 H 原子或其他元素，而导致紧固件在一定温度和承载条件下发生脆断现象，采用脆化试验及金相检查的方法确定试验件的冶金特性是否发生变化。分别选取螺纹和头下圆角，这两处容易出现应力脆裂的位置进行金相观察，结果如图 7 和图 8 所示。

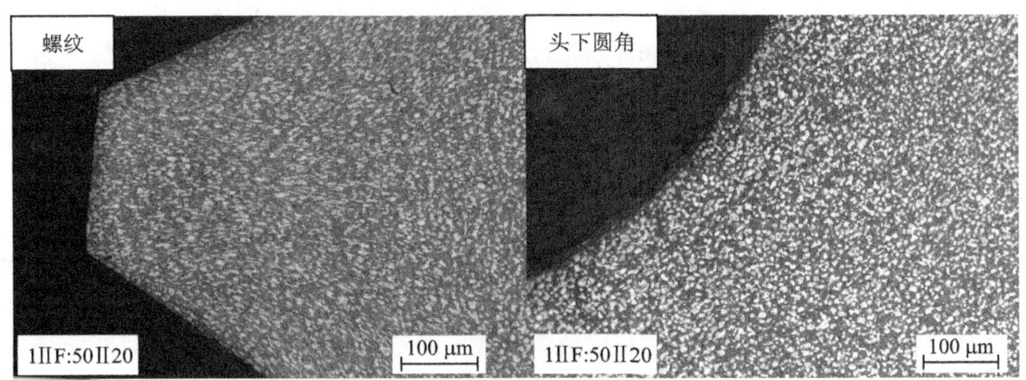


图 7　国产铝涂层试验件金相形貌

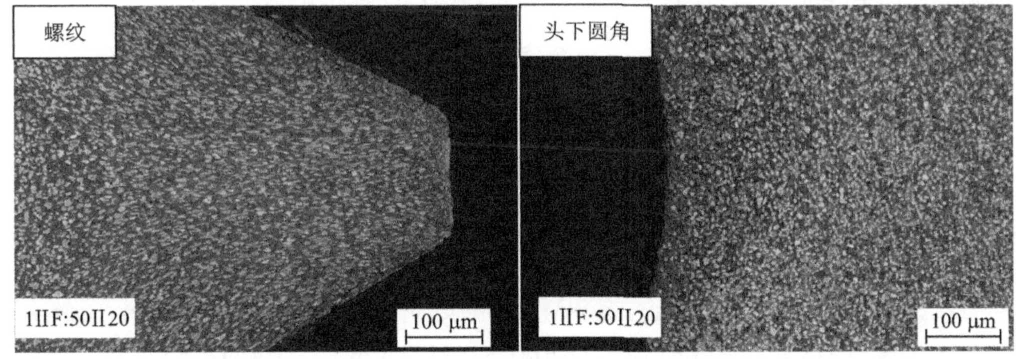


图 8　进口铝涂层试验件金相形貌

由上图可知，紧固件经过喷涂国产及进口涂铝液后并没有对紧固件基体的冶金特性产生影响，未产生裂纹和其他异常金相组织，国产及进口涂铝液涂层在该项性能上并无明显差异。

## 3　结　论

通过外观、厚度、附着力、耐脱漆剂、脆性、电化学腐蚀、涂漆附着力、干涉安装力测试，可以得出以下结论：

① 铝涂层厚度主要由操作者的技术水平及喷涂工艺决定，国产涂铝液涂层平均厚度均在7～9 μm之间，进口涂层平均厚度均在7～11 μm之间。二者均符合美国及欧盟的铝涂层产品规范规定的5～13 μm的要求。

② 国产及进口涂铝液涂层与基体金属在常温及加热后均表现出良好的附着力性能，附着力级别均为0级，杆部也未出现涂层与基体金属接触面分离现象。但是国产涂铝液涂层与飞机底漆的附着力在水浸泡14天后出现附着力降低1级，而进口涂铝液涂层的该项性能优于国产涂铝液涂层。

③ 耐脱漆剂试验后，国产涂铝液涂层试验件有两件降低1个铅笔硬度，为8H，但降低等级小于2个单位铅笔硬度的要求。进口涂铝液涂层的铅笔硬度未降低，该项性能优于国产涂铝液涂层。

④ 国产及进口钛合金紧固件在150 ℃和最小极限抗拉强度(UTS)的80%(20.72 kN)条件下保持72 h，试验件均为出现裂纹和异常金相结构。1/4 in规格的国产及进口平均安装力也十分相近，分别为6 266 N/min和6 584 N/min，进口铝涂层的安装力略高于国产铝涂层。

⑤ 目视观察结果显示进口涂铝液试验件的腐蚀产物多于国产件，但是金相检测结果显示与铝涂层接触紧密的铝合金埋头孔位置的腐蚀深度却是国产件的更深，说明国产涂铝液涂层的耐腐蚀性能优于进口涂铝液。

通过一系列的试验验证和比对可知，美国及欧盟的铝涂层产品规范对于铝涂层性能的评价方法并不完善，一份评价方法准确且应用性强的国产铝涂层产品性能评价标准亟待编制。试验验证和比对结果显示，国产涂铝液涂层在耐腐蚀性能及耐脱漆剂性能上劣于进口涂铝液涂层，其他性能二者并无明显差异，但是，值得关注的是耐腐蚀性能和耐脱漆剂性能是考察铝涂层性能最为关键，也是实际应用中最为关注的指标。国产涂铝液的性能仍与国外涂铝液存在差距，我们的研制重点应是在耐腐蚀性能及耐脱漆剂性能这两项性能上进行技术攻关，争取早日打破国外涂铝液的市场垄断，为钛合金紧固件国产化提供助力。

## 参考文献

[1] 万冰华. 航空航天钛合金紧固件铝涂层评价指标及方法研究[J]. 航天标准化，2017(1)：1-9.

[2] 徐良. 航空钛合金紧固件铝涂层性能规范研究[J]. 航空标准化与质量，2012 (1).

[3] 房昺，张鹏飞，原玲，等. 钛合金紧固件用铝涂料的性能与应用[J]. 涂料工业，2013，43 (5)：17-22.

[4] National aerospace standards committee. NAS4006 REV. 5 ALUMINUM COATING[S]. AROSPACE INDUSTRIES ASSOCIATION OF AMERICA，INC.，2014.

[5] National aerospace standards committee. NASM1312-12 REV. 2 FASTENER TEST METHODS，METHOD 12，THICKNESS OF METALLIC COATINGS[S]. AROSPACE INDUSTRIES ASSOCIATION OF AMERICA，INC.，2012.

[6] Danish standards foundation. DS/EN ISO2409：2013 Paints and varnishes—Cross-cut test[S]. DANSK STANDARD，2013.

# 材料技术

## 新型抗结冰材料的制备与表征*

赵绚　周翠平　张书香　李辉

（济南大学化学化工学院，山东省氟化学化工材料重点实验室，山东·济南，250022）

**摘要：**在交通运输、航空航天、电力通信等诸多领域，结冰给人类和社会带来诸多不便，甚至会严重地威胁到人们的生命安全。传统的除冰方法如机械除冰、加热除冰以及喷洒化学试剂等，不仅存在耗能大、效率低、成本高等问题，还可能会对设备表面等造成破坏或者对环境造成污染，设计制备高效、经济、环境友好的抗结冰材料已成为当前活跃的研究主题之一。研究发现两亲性含氟聚合物有着优异的抗结冰性能，本文以1,5-环辛二烯，五氟苯酚为基体原料，采用巯基-烯"点击"化学和开环易位聚合(ROMP)合成了含氟不饱和聚烯烃，并进一步通过"点击"化学合成侧基为甲氧基聚乙二醇巯基(MPEG-SH)的两亲性聚合物，制备功能性聚合物涂层，对其表面化学组成、微观形貌与润湿性能之间的构效关系进行了研究，并通过抗结冰实验研究了聚合物涂层的抗结冰性能。

**关键词：**两亲性聚合物；抗结冰涂层；冰剪切强度

## 1　引　言

结冰或者结霜现象给人们的日常生活和工业生产造成了很大的不便，具有非常大的潜在危险，严重威胁着人们的生命安全和社会安全。当冰在仪器设备表面形成并积累时，不仅会增加设备能量损耗，还会对设备表面造成一定的破坏，从而诱发一系列安全事故。尤其是低温条件下，在交通运输、航空航天、电力通信等诸多领域，由于结冰现象导致的事故屡见报端，如道路结冰影响行车安全，交通事故发生的几率大大增加；电缆电线或者高压电塔表面结冰时，将会导致线路因承重过载而断裂及高压电塔损坏；在飞机表面结冰，冰的积累会改变飞机的气动结构，影响气流场，使飞机飞行速率减慢，甚至导致上升力降低，使飞机的操纵性和稳定性降低，严重的积冰会造成飞机坠毁；除此之外，结冰现象也会对船舶、舰艇等产生影响。当气温很低时，海水会结冰，影响舰艇航行，同时冰块可能破坏船体表面的涂层，造成船体腐蚀等。因此，如何防止设备表面结冰以及除去表面的积冰是目前的研究重点。常规抗结冰或者除冰的方法主要有物理法（如机械除冰、加热除冰）和化学法（如喷洒盐水、抗结冰剂）。但该方法存在效率低、能耗高，污染环境等诸多问题。如路面结冰时，通常采用喷洒盐水或抗结冰剂使冰融

---

* 基金项目：山东省自然基金及重大基础研究项目（ZR2016EMM04，ZR2017ZC0529）；国家自然科学基金项目（No. 51103061）资助。

化，抑制结冰，但盐分和抗结冰剂会随着冰水渗入地下，影响周围的生态环境，而高压塔、信号塔等设备结冰时，常常需要人工机械除冰，不仅费时费力，而且还可能会对施工人员造成伤害，对设备造成损坏。目前，新型抗结冰的方法指被动防冰，主要是基于表面特殊的物理化学性质与微观形貌构筑抗结冰表面，在基体表面涂覆抗结冰功能涂层，减少冰对基体表面的黏附力，降低覆冰量。该方法能耗低，污染小，易实施，是一种较为理想的防冰方法。

两亲性聚合物是指同一大分子中同时含有化学性质不同的亲水性和亲油性链段，对两种相结构都具有亲和性的聚合物。氟的强电负性、高 C—F 键能(540 kJ/mol)、除氢外最小的范德华半径以及对碳链的屏蔽保护作用，使含氟聚合物具有高表面活性、高耐热稳定性、高化学惰性、憎水性和憎油性等优越的特性，聚乙二醇(PEG)是最常用的一种具有阻抗蛋白质非特异性吸附的非离子型亲水性物质。将两者结合所制备的两亲性含氟聚合物同时具有亲水(PEG)和疏水(有机氟)部分，并分别具有 PEG 和有机氟各自独特的性能，已被证实具有优异的抗蛋白吸附特性和良好的抗结冰性。

## 2　结果与讨论

本文基于有机氟材料的优良物理、化学性能，卓越的表面活性，以及两亲性共聚物在抗结冰方面的优异性能，制备了功能侧链改性的两亲性含氟聚合物，主要以 1,5-环辛二烯、巯基乙酸和五氟苯酚为原料，采用巯基-烯“点击”化学和酯化反应合成具有可聚合双键的环辛-4-巯基乙酸-五氟苯酯(CF)。经开环易位聚合(ROMP)合成了含氟不饱和聚烯烃(CFP)，并进一步通过“点击”化学合成侧基为甲氧基聚乙二醇巯基(MPEG-SH)的两亲性聚合物(CFP-PEG)，制备功能性聚合物涂层，对其表面化学组成、微观形貌与润湿性能之间的构效关系进行了研究，并通过抗结冰实验研究了聚合物涂层的防冰性能，以期制备具有持久抗结冰和低冰黏附力特性的涂层材料。

### 2.1　$^{1}H$-NMR 表征

如图 1 所示，a 处为乙烯基，其质子峰为 $5.60\times10^{-6}$；b 处为亚甲基，由于—C=C 的存在，其质子峰为 $2.13\times10^{-6}$，c、d、g、h 处同为亚甲基，其质子峰为 $1.29\times10^{-6}\sim1.31\times10^{-6}$；e 处为亚甲基，由于—S—C 的存在，其质子峰为 $2.75\times10^{-6}\sim3.12\times10^{-6}$，f 处为亚甲基，由于—S—C 和—C(=O)O 的存在使其质子峰为 $3.37\times10^{-6}$；j 和 k 处受—S—C 的影响，其质子峰分别为 $2.70\times10^{-6}$ 和 $2.61\times10^{-6}$；l 处为亚甲基，由于—S—C 和—C(=O)O 的存在，使其质子峰为 $3.74\times10^{-6}$；o 处为甲基，其质子峰为 $3.24\times10^{-6}$；c'、d'、g'、h'、i'处同为亚甲基，其质子峰为 $3.40\times10^{-6}$；m 和 n 处为端甲基，其质子峰为 $1.30\times10^{-6}$ 和 $0.96\times10^{-6}$。

### 2.2　FT-IR 表征

红外测试谱图如图 2 所示，从图中可以看出，(a)中位于 1 501 $cm^{-1}$ 处的峰即为 C=C 上的双键峰；1 780 $cm^{-1}$ 处为酯基上的 C=O 峰，1 080 $cm^{-1}$ 和 994 $cm^{-1}$ 分别为五氟苯酚上的 C—F 键和苯环特征峰，由此可得，酯化反应进行的较为理想。不饱和聚酯的 ROMP 反应，图 2(b)中 1 510 $cm^{-1}$ 处的 C=C 的吸收峰减弱，说明聚合物中双键的密度降低，单体聚合；接枝 HS-PEG 后，图 2(c)谱图中位于 1 510 $cm^{-1}$ 处的双键峰未完全消失，醚键与 1 080 $cm^{-1}$ 处的峰有所重叠，接枝上后也出现了 1 340 $cm^{-1}$ 处即支链末端的甲基的伸缩振动峰，由此可得虽有接枝但接枝不完全。

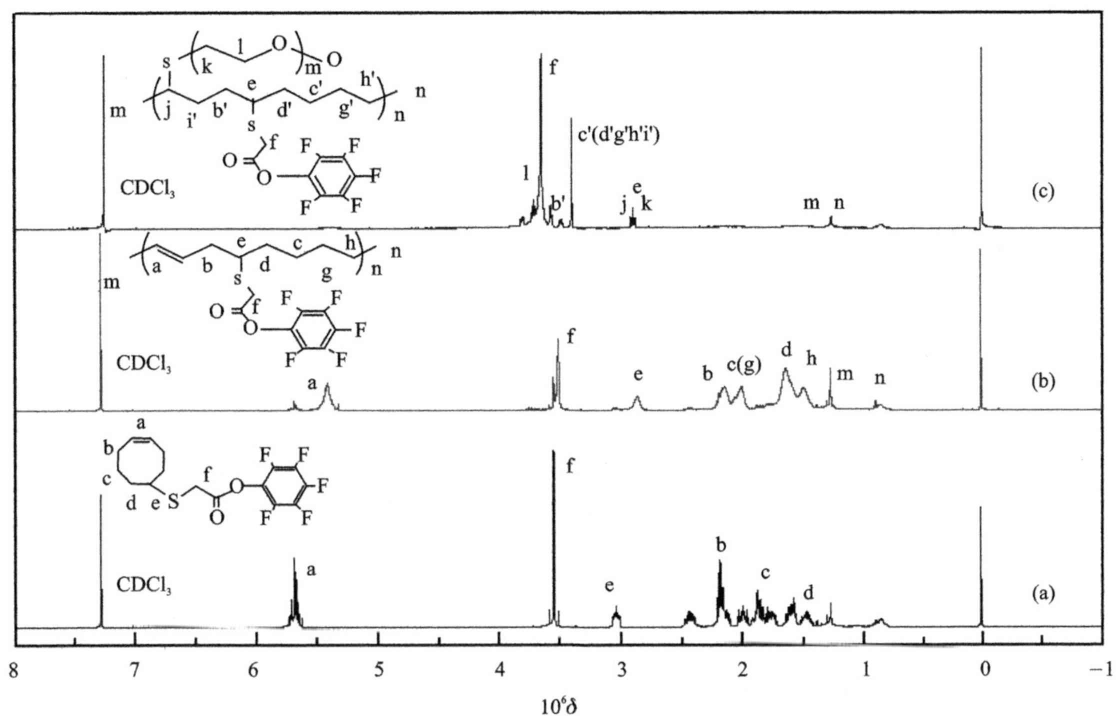


(a)—CF 的核磁谱图；(b)—CFP 的核磁谱图；(c)—CFP－PEG 的核磁谱图

**图 1　CF、CFP、CFP－PEG 的核磁谱图**

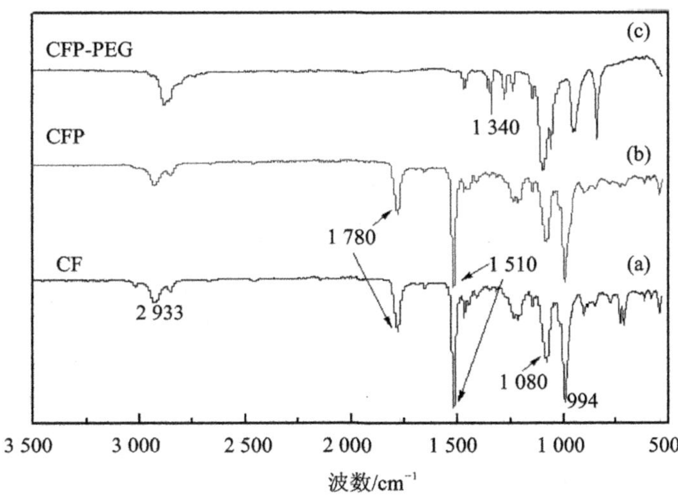


(a)—CF 的红外谱图；(b)—CFP 的红外谱图；(c)—CFP－PEG 的红外谱图

**图 2　CF、CFP、CFP－PEG 的红外谱图**

## 2.3　聚合物分子量及分布(GPC)

图 3 为产物 CFP 分子量分布图，由图我们可以得到，在 CFP－100∶1的 GPC 曲线中，其数均相对分子质量($M_n$)为 4.820×10$^4$，重均相对分子质量($M_w$)为 7.703 2×10$^4$，分子量分布系数(PDI)为 1.619，分布较窄；在 CFP－200∶1的 GPC 曲线中，其数均相对分子质量($M_n$)为

8.208 2×$10^4$,重均相对分子质量($M_w$)为1.732 58×$10^5$,分子量分布系数(PDI)为2.156,分布相对于前者较宽,即随着单体与催化剂比例的增大,分子量同步增大,分子量分布变宽。

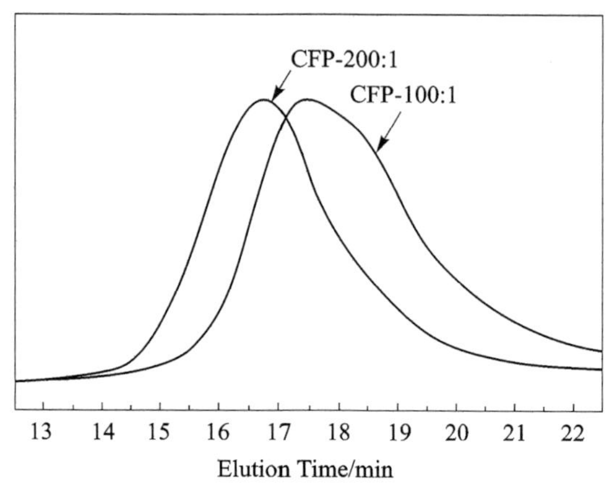


图3 CFP不同分子量产物GPC结果

## 2.4 聚合物表面润湿性能

环辛烯-4-巯基乙酸五氟苯酯ROMP产物接触角如图4所示,由图可知,分子量不同的CFP接触角无大差别,基本维持在105°左右,引入甲氧基聚乙二醇巯基支链后接触角大幅减小,为18.85°,5 s后接触角降至0°,4 μL水滴被完全吸附。这是因为聚乙二醇是具有良好生物相容性的一种电中性亲水高分子,由重复的氧乙烯基(—$CH_2CH_2O$—)组成,分子链的独特结构使其能够与水形成氢键,围绕PEG链的氢键可以结合大量的水分子,使水被吸附。

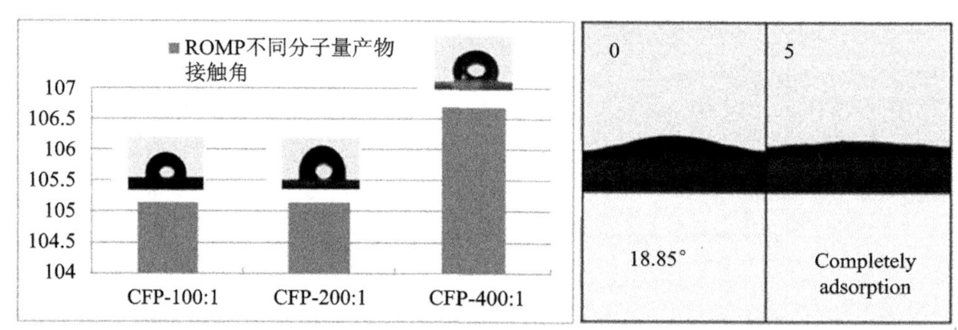


图4 CFP不同分子量产物及CFP-PEG对水的润湿性

## 2.5 两亲性聚合物抗结冰性能

如表1所列,CFP的不同分子量开环聚合物在−2 ℃未结冰,在−4 ℃结冰并测试聚合物膜的冰剪切强度,在接枝甲氧基聚乙二醇巯基后,聚合物的结冰温度降低,在−8 ℃未结冰且在−20 ℃所测冰剪切强度为74.220 kPa,相较于未接枝聚合物,接枝后的两亲性聚合物的冰剪切强度明显下降,原因是PEG是电中性的亲水高分子,易与水形成氢键,在表面形成水化层,由于水合作用使其与表面的水分子间的相互作用力减小,冰剪切强度下降,抗结冰性能增强。

表 1 CFP 及 CFP - PEG 产物抗结冰性能

| 试样编号 | 温度/℃ | 冰剪切强度/kPa |
|---|---|---|
| CFP - 100:1 | −2 | 未结冰 |
| CFP - 100:1 | −4 | 109.279 |
| CFP - PEG | −8 | 未结冰 |
| CFP - PEG | −20 | 74.220 |

## 3 结 论

本文利用巯基-烯"点击"化学和开环易位聚合(ROMP)合成了两亲性聚合物(CFP - PEG),并制备了功能性涂层,对其进行了性能测试。通过静态水接触角抗结冰实验测试,发现甲氧基聚乙二醇巯基的引入明显改善聚合物的润湿性,聚合物由疏水性变为亲水性,结冰温度降低,冰剪切强度明显下降,有较好的抗结冰性能。

## 参考文献

[1] LV J,Song Y,Jiang L,et al. Bio-Inspired Strategies for Anti-Icing[J]. ACS Nano,2014,8(4):3152 3169.

[2] Liu Q,Yang Y,Huang M,et al. Durability of a Lubricant-Infused Electrospray Silicon Rubber Surface as an Anti-Icing Coating[J]. Applied Surface Science,2015,346: 68-76.

[3] Cao Y,Wu Z,Su Y,et al. Aircraft Flight Characteristics in Icing Conditions[J]. Progress in Aerospace Sciences,2015,74: 62-80.

[4] 李辉,赵蕴慧,袁晓燕. 抗结冰涂层:从表面化学到功能化表面[J]. 化学进展,2012,24: 2087-2096.

[5] Jennifer S Z,Kevin A P,Sarah S,et al. Investigation of Intricate,Amphiphilic Crosslinked Hyperbranched Fluoropolymers as Anti-icing Coatings for Extreme Environments[J]. Polymer Chemistry. 2016,54:238-244.

[6] Yuta K,Daiki T,Yoshihiro S,et al. Poly[poly(ethylene glycol) methacrylate]s with OH Groups in the PEG Side Chains for Controlling Solution/Rheological Properties and toward Bioapplication[J]. ACS Applied Bio Materials,2019,2:1920-1930.

[7] Jennifer S Z,Adriana P S,Joel D R,et al. Dynamic Anti-Icing Coatings: Complex,Amphiphilic Hyperbranched Fluoropolymer Poly (ethylene glycol) Cross-Linked Networks with an Integrated Liquid Crystalline Comonomer[J]. Chemistry of Materials,2016,28(15):5471-5479.

# PAN 预氧化纤维结构演变的研究

王文莉　王成国　高权

（山东大学材料科学与工程学院，山东·济南，250061）

**摘要**：干喷湿纺聚丙烯腈原丝(PAN)在不同温度下(200 ℃、210 ℃、220 ℃、230 ℃)进行梯度升温预氧化，内部结构发生很大的变化。在 92 wt%的二甲基亚砜(DMSO)溶液中进行预氧化纤维的超声蚀刻以分离原纤结构，其结构由场发射扫描电子显微镜(FESEM)来表征；将预氧化纤维的超薄切片与溶液刻蚀相结合来研究纤维的内部结构，并且在高分辨透射显微镜(HRTEM)下观察到纤维中的层片状结构和原纤结构。原纤结构沿着纤维的轴向排列，而层片状结构则垂直于纤维轴排列。

**关键词**：PAN；预氧化纤维；超薄切片；溶液刻蚀；原纤；层片状结构

## 1 引　言

碳纤维作为一种新兴材料，由于其具有高比强度、高比模量、耐高温、耐腐蚀和相对密度低等优点，已广泛用于航空航天、国防军事等尖端领域以及高级体育用品、医疗器械等民用行业。达到工业生产规模的碳纤维有三种，根据前驱体的不同可分为 PAN 基碳纤维、黏胶基碳纤维和沥青基碳纤维。制备碳纤维的传统步骤包括纺丝原液的合成、纺丝、预氧化、碳化和表面处理。预氧化对碳纤维的性能、碳收率和生产效率有重要影响，是制备碳纤维的重要工艺。

常用的 PAN 原丝预氧化方法是梯度升温法，温度区间一般选用 200～300 ℃，预氧化介质采用流动热空气。预氧化过程中适宜的加热速率可减少皮芯结构的产生，提高碳纤维的性能；而适宜的牵伸在一定程度上可消除分子间空隙并增加主链结构对纤维轴的择优取向。预氧化阶段发生三种化学反应：环化反应、脱氢反应和氧化反应。脱氢反应导致碳碳双键和共轭结构的形成，与环化反应一起使线形 PAN 大分子转化为梯形结构，使得氧化的 PAN 纤维具有耐热性和不熔性。目前，研究预氧化工艺参数对 PAN 纤维热化学结构和皮芯结构的影响较多，但对 PAN 纤维预氧化过程中微原纤结构演变机理的研究较少。通过超声波刻蚀技术在 PAN 纤维中发现了两种不同的原纤维形态：一种是具有光滑表面和均匀无定形体积结构的原纤维；另一种是具有典型的 shish - kebab 结构的原纤维，其特征在于垂直于中心的 shish 取向的结晶薄片层。但微原纤及其片层结构在预氧化过程中的演变机理，以及预氧化牵伸和温度等工艺参数对微原纤结构演变的作用仍需进一步地研究。

本文采用超薄切片与 DMSO 溶液刻蚀相结合的方法，研究干喷湿纺 PAN 纤维在不同温度下进行预氧化得到的预氧化纤维的微观结构及其演变。通过高分辨透射电子显微镜(HRTEM)和场发射扫描电子显微镜(FESEM)观察纤维内部的结构。

# 2 实验方法

## 2.1 PAN 预氧化纤维的制备

过硫酸铵(APS)作为引发剂、DMSO 作为溶剂使丙烯腈和衣康酸(AN∶IA=99∶1)聚合，得到纺丝溶液。纺丝溶液从喷丝头中喷出后，经过一段空气然后进入凝固浴，利用干喷湿纺工艺制备原丝。实验室自制的 PAN 原丝分别在 200 ℃、210 ℃、220 ℃和 230 ℃下进行预氧化，预氧化之后收集纤维样品。

## 2.2 样品的制备

将纤维束包埋在环氧树脂中固化，之后在液氮中脆断以观察其横断面的结构；另外，将纤维束包埋在环氧树脂中，在室温下固化后用金刚石刀在平行于纤维轴的方向上制备超薄切片，厚度为 70 nm 左右，用覆有支持膜的铜网捞取切片。

## 2.3 溶剂刻蚀处理

将得到的预氧丝剪成 1～2 mm 的微段，置于装有 92 wt%的 DMSO 溶液的离心管中，将离心管放入超声清洗仪中进行刻蚀(75 ℃/40 kHz)，依次用等浓度的 DMSO 溶液、去离子水清洗后，自然干燥；将得到的不同温度下预氧化纤维的超薄切片分别置于 1 mL 离心管中，并加入 90 wt%的 DMSO 溶液作为溶剂，然后将离心管置于恒温水浴锅中(75 ℃)，依次用 50 wt%的 DMSO 溶液和去离子水洗涤，并自然干燥。

## 2.4 测试与表征

采用 JEOL-JEM-2100 型高分辨透射电镜(HRTEM)观察 PAN 预氧化纤维超薄切片刻蚀前后的内部结构，测试电压为 200 kV；采用 SU-70 型场发射扫描电子显微镜(FESEM)观察预氧化纤维横断面的结构，测试电压为 3 kV；采用 Rigaku D/max-c 型射线衍射仪测定纤维的晶体结构，CuKα 辐射源($\lambda$=0.154 1 nm)，加速电压为 40 kV，电流强度为 60 mA，扫描速度 10(°)/min，扫描间隔 0.02(°)/min，扫描范围 5°～50°。

# 3 结果与讨论

## 3.1 预氧化纤维横断面结构

如图 1 所示为在 200～230 ℃下预氧化得到的预氧化纤维横断面的 SEM 图及其局部放大图，图中圆形截面即为纤维的横断面。从图中可以看出纤维的横断面呈颗粒状，而这种凸起的颗粒状结构即为纤维内部的原纤结构的横断面。另外，在靠近纤维皮层的地方结构致密，而芯部结构疏松。这是由于预氧化过程中发生的氧化反应是从皮层向芯部进行的，先发生氧化反应的皮层更致密，在一定程度上阻碍了氧气向内的扩散，使得纤维皮层致密而内部较为疏松。

## 3.2 超声刻蚀对 PAN 预氧化纤维的原纤形态结构的影响

如图 2 所示为 PAN 预氧化纤维未经刻蚀处理的表面形貌图。可以看出未处理的预氧化

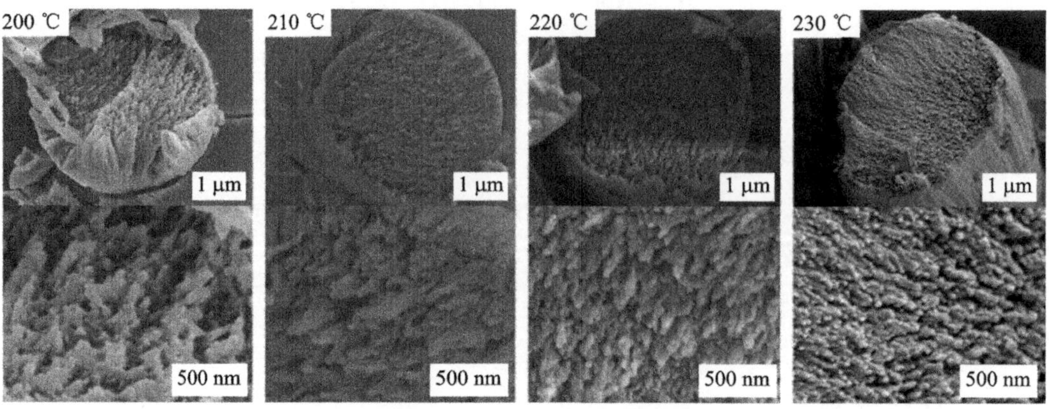


**图 1 预氧化纤维横断面的 SEM 图**

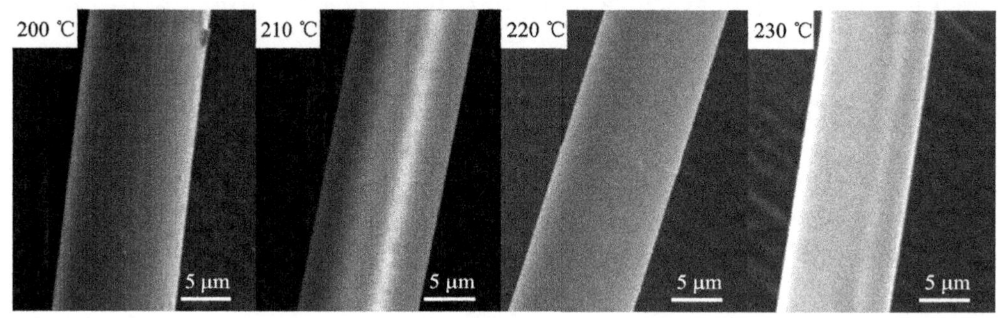


**图 2 PAN 预氧化纤维表面形貌图**

纤维具有光滑且致密的表面，纤维直径也较为均匀，在 10 μm 左右。如图 3 所示为 PAN 预氧化纤维在 92 wt%的 DMSO 溶液中刻蚀 9 h 后所得的 SEM 图，不同温度下的预氧化纤维表现出了不同的刻蚀程度。200 ℃和 210 ℃的预氧化纤维被均匀地蚀刻，表面粗糙。220 ℃下得到的预氧化纤维仅被部分蚀刻并出现沟槽，沟槽部分呈现出沿纤维轴排列的原纤结构。此外，230 ℃的预氧化纤维基本未刻蚀仍保持光滑的表面。这表明随着氧化温度的升高预氧化纤维的表面变得更致密，耐腐蚀性增强。刻蚀后纤维的直径呈现出不同程度的增大，但随着预氧化温度的升高刻蚀后的纤维直径减小。这是由于预氧化纤维的表面在早期是疏松的，溶剂在刻蚀过程中扩散到 PAN 大分子的缠结分子链中，削弱了分子间力发生溶胀从而增加了纤维直径。随着预氧化的进行，表层发生氧化反应，PAN 大分子链由线形转化为梯形，形成致密的表面层，阻止了溶剂的渗透并导致纤维直径的微小变化。

### 3.3 PAN 预氧化纤维超薄切片的溶剂刻蚀对其内部结构的影响

预氧化纤维的超薄切片具有规则的层板状结构，如图 4 中 a 所示。Ko 等人提出预氧化纤维的层状板结构似乎由微纤维和微纤维束并排组成而形成，这是预氧化纤维的基本单元。黄色箭头所示为纤维轴向，从图中可以看出层板状结构沿纤维的轴向排列，而层板状结构的形成与纤维纺丝过程中的拉伸有关，并且从 PAN 原丝中遗传而来。PAN 分子链在制备的纺丝原液中呈无序分布，当纺丝原液流过管道时，PAN 链段由于剪切力而局部有序。而当纺丝原液流过喷丝头时，由外力施加的拉伸效果进一步横向增加以形成层状。纯 DMSO 溶液是 PAN 的良好溶剂，而 90 wt% DMSO 溶液选择性地溶解 PAN 纤维。在溶剂刻蚀过程中原纤维之

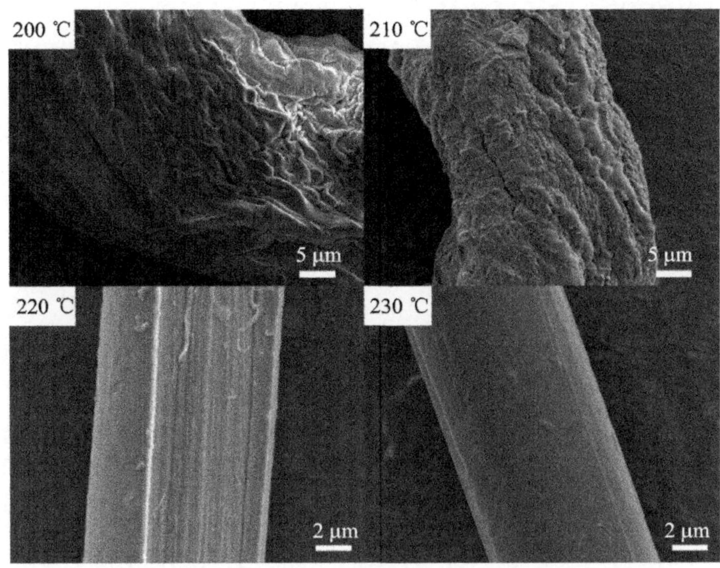


**图 3　PAN 预氧化纤维在 92 wt% DMSO 溶液中刻蚀 9 h 后的 SEM 图**

间的无定型区域被溶解，结晶区被保留。图 4 中 b、c、d 显示了在 90 wt% DMSO 溶液中蚀刻 4 h 后的超薄切片的 HRTEM 图像。由图 4 中 b 可以看出在结构较为薄弱的区域首先发生无定形区域的溶解，显露出互相缠结的网络状结构，其周围部分有微量刻蚀结构较为致密。图 4

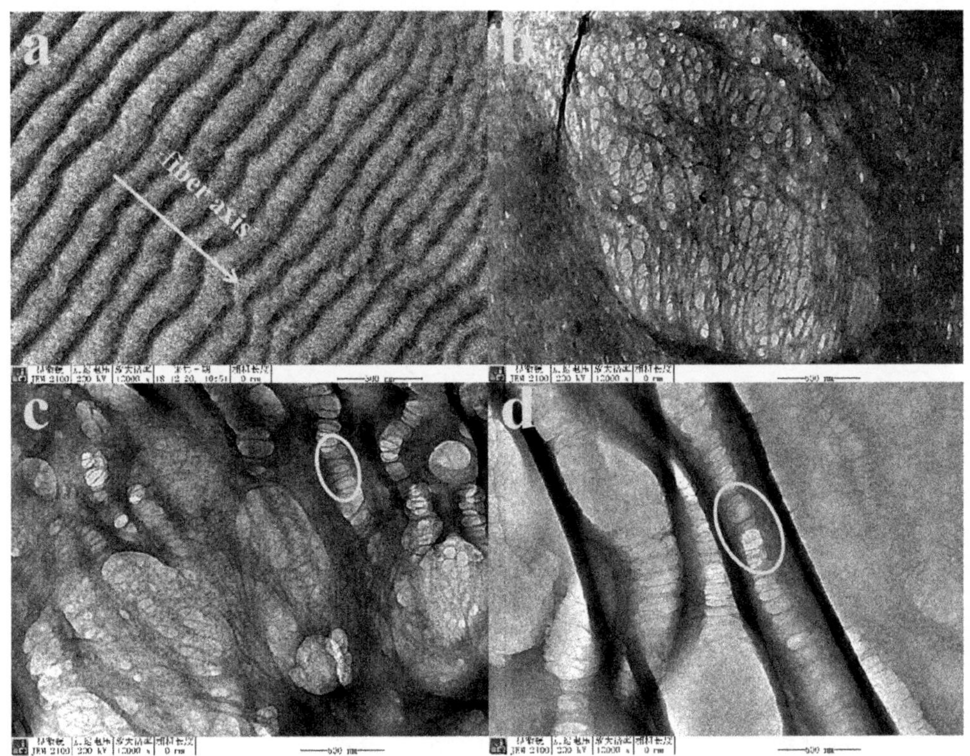


a—未刻蚀；b，c，d—刻蚀 4 h

**图 4　200 ℃ 预氧化纤维在 90 wt% DMSO 溶液刻蚀前后的 HRTEM 图**

中 c 则表现出大范围的刻蚀，除了网状结构外还出现了与纤维轴平行的黑色长条状结构，而这种结构也出现在切片的其他位置，如图 4 中 d 所示。这种黑色长条状结构即为原纤结构，而垂直于原纤维的线状结构（由黄色椭圆显示）则是由于片层结构中的非晶区域溶解后留下的。当 DMSO 溶液浓度增加到 92 wt%或增加刻蚀时间时，铜网上支持膜破碎使得切片掉落，因此超薄切片刻蚀的上限条件是 DMSO 溶液浓度为 90 wt%和刻蚀时间为 4 h。

### 3.4 预氧化纤维晶体结构的演变

在不同温度下对 PAN 原丝和预氧化纤维进行 XRD 分析，结果如图 5 所示。PAN 原丝在 $2\theta\approx17°$ 和 $2\theta\approx29°$ 处具有两个不同的衍射峰，分别对应于六方晶系的(110)晶面和(100)晶面。随着预氧化的进行，两个衍射峰的强度在整体上是逐渐降低的，但 $2\theta\approx17°$ 处的衍射峰在 210 ℃的预氧化纤维中明显增大。这是由于预氧化初期，纤维非晶区分子链由于受热活动性增强，在温度场和外力场（预氧化牵伸）的作用下，非晶区的分子链重排向有序化转变，从而形成准晶结构。因此，当预氧化温度为 210 ℃时，其衍射峰的强度稍有增大。当预氧化温度高于 210 ℃时，纤维的准晶结构因受热被破坏，开始向非晶转变，使其衍射峰强度减弱，晶粒尺寸和结晶度也逐渐降低。这说明，预氧化反应首先在非晶区进行，随着温度的升高，逐渐扩展到晶区。

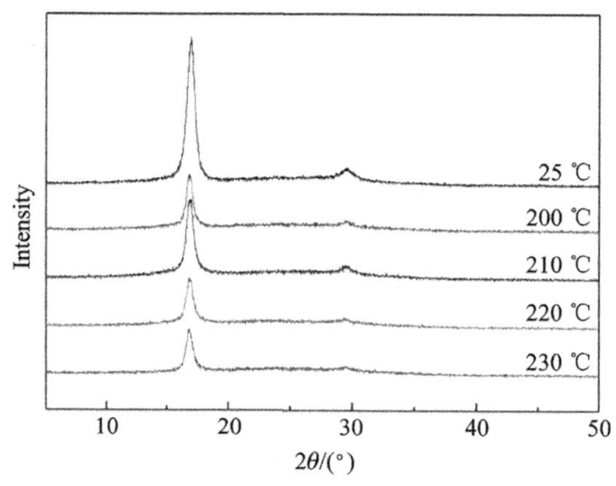


**图 5 不同温度下预氧化纤维的 XRD 图**

## 4 结 论

① 预氧化纤维在 92 wt%的 DMSO 溶液中的刻蚀是逐层进行的，由皮层到芯部。预氧化过程中发生脱氢、环化和氧化反应，使得纤维表面比芯部更为致密。在溶液中刻蚀时，预氧化纤维表面变粗糙，并出现剥离出原纤的沟槽。

② 预氧化纤维中存在着与纤维轴方向垂直的层片状结构和与纤维轴平行的原纤结构。由于超薄切片的厚度、铜网支持膜和预氧化程度的限制，在较高温度下预氧化的纤维在蚀刻后不能表现出原纤维结构。

③ 预氧化纤维在 $2\theta\approx17°$ 和 $2\theta\approx29°$ 处具有两个不同的衍射峰，随着预氧化的进行衍射峰强度逐渐降低。预氧化反应首先在非晶区进行，随着温度的升高，逐渐扩展到晶区。

# 参考文献

[1] Morgan P. Carbon Fibers and Their Composites[M]. Boca Raton: CRC Press,2005.

[2] Â Erik Frank S D C L. Carbon Fibers Precursor Systems,Processing,Structure,and Properties[J]. Angewandte Chemie International Edition,2014,53(21).

[3] Liu J,Xiao S,Shen Z,et al. Study on the oxidative stabilization of polyacrylonitrile fibers by microwave heating[J]. Polymer Degradation & Stability,2018,150:86-91.

[4] Rahaman M S A,Ismail A F,Mustafa A. A review of heat treatment on polyacrylonitrile fiber[J]. Polymer Degradation & Stability,2007,92(8):1421-1432.

[5] Wang Q,Wang C,Bai Y,et al. Fibrils separated from polyacrylonitrile fiber by ultrasonic etching in dimethylsulphoxide solution[J]. Journal of Polymer Science Part B Polymer Physics,2010,48(5):617-619.

[6] Schmidt Bilkenroth C K G J. Microscopic investigation of polyacrylonitrile fiber[J]. Journal of Materials Science,2018(53):4693-4704.

[7] Ko T H,Ting H Y,Lin C H,et al. The microstructure of stabilized fibers[J]. Journal of Applied Polymer Science,2010,35(4):863-874.

# 干喷湿纺 PAN 纤维微原纤结构转变过程的研究

高权　陈美玲　王成国

（山东大学材料科学与工程学院，山东·济南，250061）

**摘要**：聚丙烯腈(PAN)纤维是制备高性能碳纤维的主要前驱体。微原纤结构是 PAN 纤维中重要的结构单元，对内部微观结构演变以及纤维性能有着重要的影响。利用 X 射线衍射(XRD)、扫描电镜(SEM)、高分辨透射电镜(HRTEM)、氮气吸附脱附等测试方法对 PAN 纤维微观结构进行表征。其中，利用超薄切片和溶液刻蚀的方法对 PAN 纤维中的微原纤结构进行分离、观察。XRD 结果表明：只有致密化过程能够明显改善纤维的结晶性能和提高分子链的有序度。纺丝过程中，PAN 纤维的孔结构的比表面积和比孔容积逐渐下降。对微原纤结构而言：初生纤维的内部主要是由微原纤交联形成的网络结构组成的。在纺丝过程中，微原纤网络被拉伸，形成取向的原纤结构，因此，微原纤间的距离逐渐减小，微原纤的排列密度提高。最终，在原丝中形成取向、有序的微原纤结构，并且微原纤是由厚度约为 8.6 nm 的片晶堆叠而成。最终，获得拉伸强度为 6.82 cN/dtex 和拉伸模量为 87.96 cN/dtex 的 PAN 原丝。

**关键词**：PAN 纤维；微原纤结构；干喷湿纺；力学性能

## 1　引　言

碳纤维具有密度小、高比强度、高比模量等优异的力学性能，这些优异的性能使得碳纤维作为一种很好的复合材料增强相，在航空航天、汽车、压力容器等领域具有十分广泛的应用。其中，大部分的商用碳纤维是由聚丙烯腈(PAN)原丝经过低温预氧化和高温碳化制备而成的。目前，国内外的专家学者一致认为原丝的质量对碳纤维的性能起决定性的作用，因此，获得高质量原丝是制备高性能碳纤维的重要前提。

PAN 纤维是由一些细小的微原纤构成的，并且微原纤结构与纤维性能有直接的关系，并在碳纤维结构形成过程中扮演十分重要的角色。目前，许多学者做了很多研究，有助于我们了解微原纤结构本质和探讨微原纤结构与纤维性能之间的关系。然而，仍然存在一些问题，例如对微原纤结构的形成和转变机理，以及微原纤结构变化对纤维性能的影响。这可能与复杂微原纤的结构本身有关，这种结构复杂性源于宽的尺寸分布，空间排列(取向，原纤束的形成)，微原纤间的联结，以及不同微观形貌和分子链的排列。

对于高性能纤维而言，沿纤维轴向整齐排列的微原纤是增强纤维性能的关键因素。然而，微原纤的形成和取向过程需要极强的剪切和拉伸应力场。在纤维结构形成过程中，纺丝原液经过剪切力场和拉伸力场，凝固形成初生纤维，然后初生纤维经历多种不同的拉伸力场得到原丝。同时，为了获得更好的纤维结构，在拉伸过程中，引入了合适的拉伸条件和介质。由于缺乏足够的微原纤结构转变的信息和复杂的纺丝过程，对微原纤结构进行调控仍然是一个挑战。

本文研究了干喷湿纺过程中 PAN 纤维的微原纤结构转变过程。利用 X 射线衍射

(XRD)、扫描电镜(SEM)、高分辨透射电镜(HRTEM)和氮气吸附脱附法表征了微原纤结构变化,并测量了纤维的力学性能。

## 2　试验方法

### 2.1　PAN 纤维的制备

以丙烯腈(AN)和衣康酸(IA)为共聚单体,以二甲基亚枫(DMSO)为溶剂,以偶氮异丁氰为引发剂,在氮气气氛保护下反应 12 h,获得 PAN 溶液,最后经过脱单、过滤、静置,获得均匀的纺丝溶液。利用自制的纺丝设备,通过干喷湿纺工艺制备 PAN 纤维,所用纤维样品的取样点设置和详细的工艺参数,如图 1 所示。

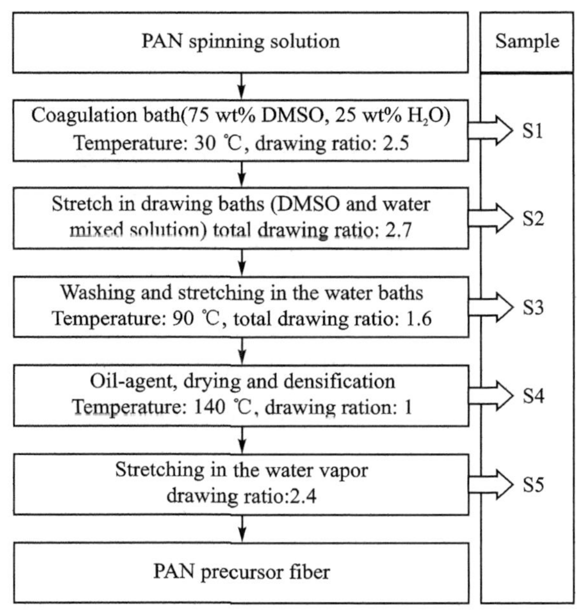


**图 1　干喷湿纺工艺流程**

### 2.2　样品的制备

横截面的观察:纤维在液氮中冷冻 10 min,然后用剪刀将纤维剪断,获得平整的纤维断面,用于 SEM 观察。

超薄切片的制备:利用超薄切片机(LKB－V,BROMMA Ltd.,Sweden),通过钻石刀切取纤维纵向超薄切片(平行于纤维轴向),厚度控制在 50 nm。

纤维超声刻蚀:将纤维剪碎至 1～2 mm,置于 1 mL 离心管中,滴加一定浓度的 DMSO 溶液,将装有样品的离心管放入超声清洗仪中,进行超声刻蚀处理(频率为 40 kHz,温度为 75 ℃)。DMSO 溶液浓度设置和处理时间,如表 1 所示。

纤维切片刻蚀:将纤维超薄切片放入离心管中,滴加一定浓度的 DMSO 溶液,放入 75 ℃的水浴锅中,静置处理,然后取出并用 DMSO 溶液和纯水进行清洗。DMSO 溶液浓度设置和处理时间,如表 1 所列。

表 1 纤维和超薄切片处理条件

| Sample | Ultrasonic etching | | Solution etching(Ultrathin section) | |
|---|---|---|---|---|
| | Concentration/% | Time/h | Concentration/% | Time/h |
| S1 | 85 | 6 | 80 | 1 |
| S2 | 85 | 6 | 70 | 1 |
| S3 | 90 | 6 | 87 | 0.5 |
| S4 | 90 | 6 | 87 | 2 |
| S5 | 90 | 6 | 90 | 1 |

### 2.3 测试与表征

(1) XRD

通过 X 射线衍射仪(D/max－c,Rigaku Co. ,Japan)表征纤维的结晶度变化。

(2) SEM 观察

样品经过喷金,采用 SEM(SU－70,Hitachi Co. ,Japan)观察纤维形貌,测试电压为 3 kV。

(3) HRTEM 观察

利用 HRTEM(JEM－2100,JEOL Ltd. ,Japan)观察 PAN 纤维超薄切片的形貌,测试电压为 200 kV。

(4) 孔结构表征

研磨 0.1 g 的 PAN 纤维粉末,然后采用全自动快速比面积分析仪(Belsorp－max,MicrotracBEL Ltd. ,Japan)测定纤维的孔结构。分别利用 BET 模型和 BJH 模型来计算纤维比表面积和孔径分布。

(5) 力学性能测试

利用纤维强伸度仪(XQ－1C,Donghua University,China)测定纤维的拉伸强度、模量和断裂伸长率。夹具距离为 20 mm,拉伸速率为 10 mm/min。

## 3 结果与讨论

### 3.1 孔结构分析

纤维中的孔结构是微原纤之间的空隙,微原纤在拉伸过程中的滑移和对齐导致孔结构的变化。在本小节,研究了纺丝过程中纤维的孔结构变化。

图 2 显示了纤维中的孔径变化,表 2 列出了纤维孔结构参数。在纺丝过程中,纤维中的微孔和介孔的数量都降低,纤维的比表面积和孔体积也逐渐减小,这表明牵伸能够有效消除孔缺陷。特别是在预牵伸过程(S1～S2)和致密化过程(S3～S4),纤维比表面积和孔体积降低最明显。孔缺陷的降低,一方面是由于预牵伸过程中残余 DMSO 溶剂的减少;另一方面是因为致密化过程中分子链的重排引起的孔塌陷。

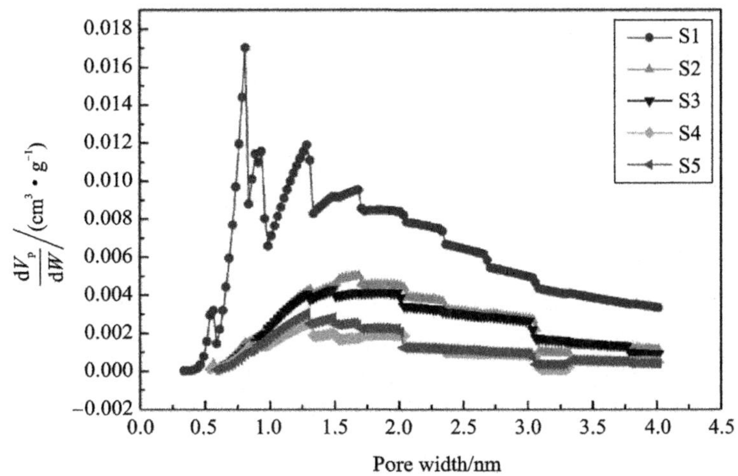


图 2　PAN 纤维的孔径分布

表 2　PAN 纤维的孔结构参数

| Sample | $S_{BET}/(m^2 \cdot g^{-1})$ | $V_t/(cm^3 \cdot g^{-1})$ | MPD/nm |
| --- | --- | --- | --- |
| S1 | 44.759 | 0.172 5 | 15.412 |
| S2 | 19.716 | 0.014 9 | 3.021 8 |
| S3 | 18.116 | 0.011 7 | 2.584 3 |
| S4 | 7.874 4 | 0.006 6 | 3.375 7 |
| S5 | 7.777 7 | 0.005 8 | 3.001 7 |

$S_{BET}$：standard specific surface areas；

$V_t$：total pore volumes；

MPD：mean pore diameter。

## 3.2　纤维结晶性能变化

图 3 是纺丝过程中 PAN 纤维 XRD 谱图。在 $2\theta=17°$附近的(110)晶面的衍射峰变得更为尖锐，说明 PAN 纤维的结晶度和分子链有序度在逐渐提高。特别是在致密化过程中，$2\theta=$

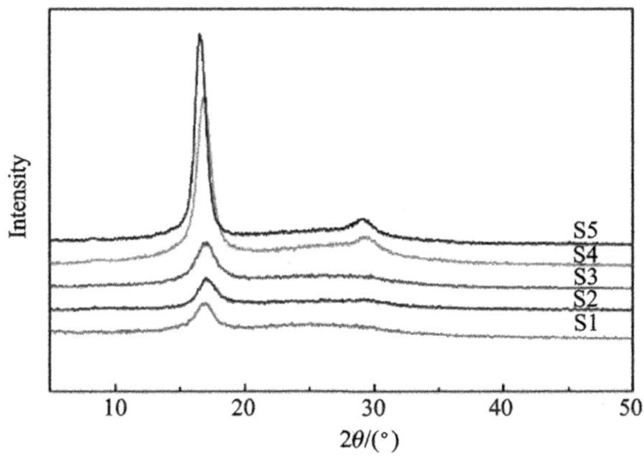


图 3　PAN 纤维 XRD 谱图

17°附近的衍射峰变化十分明显以及 $2\theta=29°$ 附近有衍射峰出现，这表明分子链排列更为有序，且致密化过程能够改善纤维的结晶结构。XRD结果表明，预牵伸、水洗牵伸、蒸汽牵伸虽然能够提高纤维分子链的有序度，但是其效果是有限的。只有致密化过程能够明显地改善纤维的结晶结构。

## 3.3 PAN纤维横截面形貌分析

图4是PAN纤维的横截面形貌，如图4(a)所示，所有纤维具有圆形截面。纤维S1中发现大量的孔结构和交联的网状结构，而在纤维S2中内部结构排列致密，纤维横截面变得平整。与纤维S2的横截面相比，在纤维S3～S5的横截面中观察到微原纤的断裂末端，这是在制样过程中，微原纤韧性断裂造成的，并且微原纤在横截面上均匀分布。

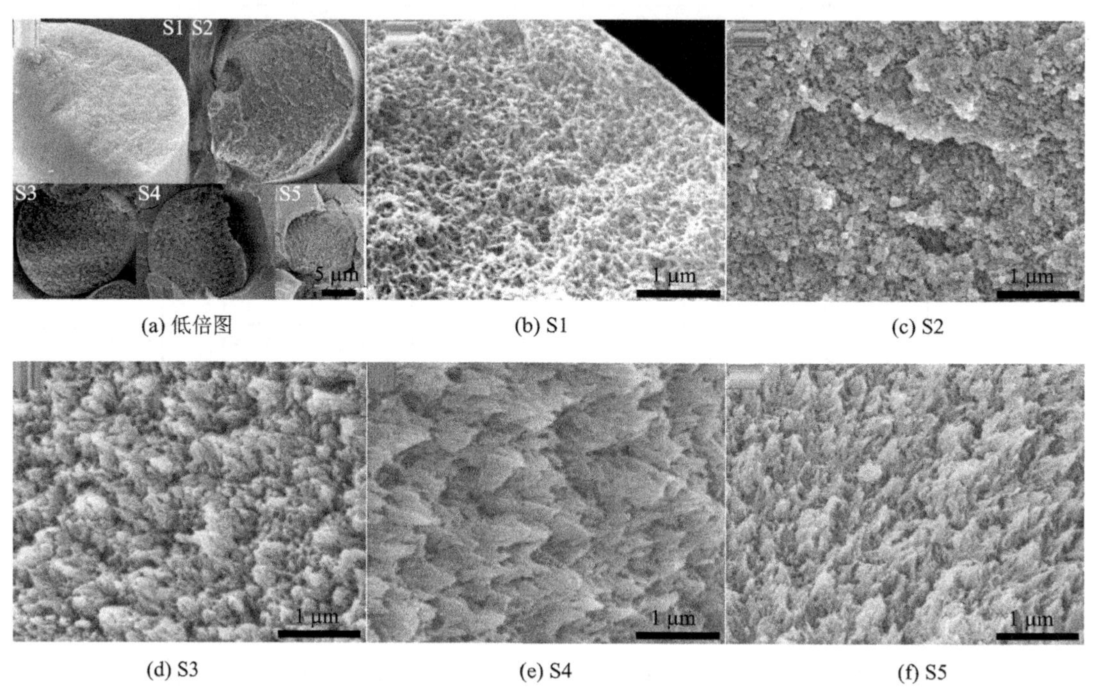


(a) 低倍图 (b) S1 (c) S2

(d) S3 (e) S4 (f) S5

**图4 PAN纤维的横截面SEM形貌**

## 3.4 超声刻蚀后的纤维的表面形貌

图5是PAN纤维经超声刻蚀后的表面形貌。如图5(a)所示，所有纤维具有光滑表面，并且随着纺丝过程的进行，纤维的直径在逐渐减小。经过超声刻蚀处理后，纤维表面变得粗糙。在纤维S1中，观察到带状原纤附着在纤维表面，其直径相对较大，是由多个细小微原纤聚合而成的。而在纤维S2～S5表面，单个独立的微原纤结构被剥离出来，并且微原纤排列的规整性也逐渐提高，特别是在纤维S5中，观察到微原纤更为精细的结构：细小的微原纤是由横向的小片晶(垂直于微原纤轴)堆叠而成的。

## 3.5 PAN纤维超薄切片的HRTEM形貌

图6是PAN纤维的纵向超薄切片HRTEM形貌图，分别从纤维表层和芯部选取两个区域放大。纤维S1主要由无取向和交联的网状结构和大量的孔隙构成的。经过牵伸后，网络结

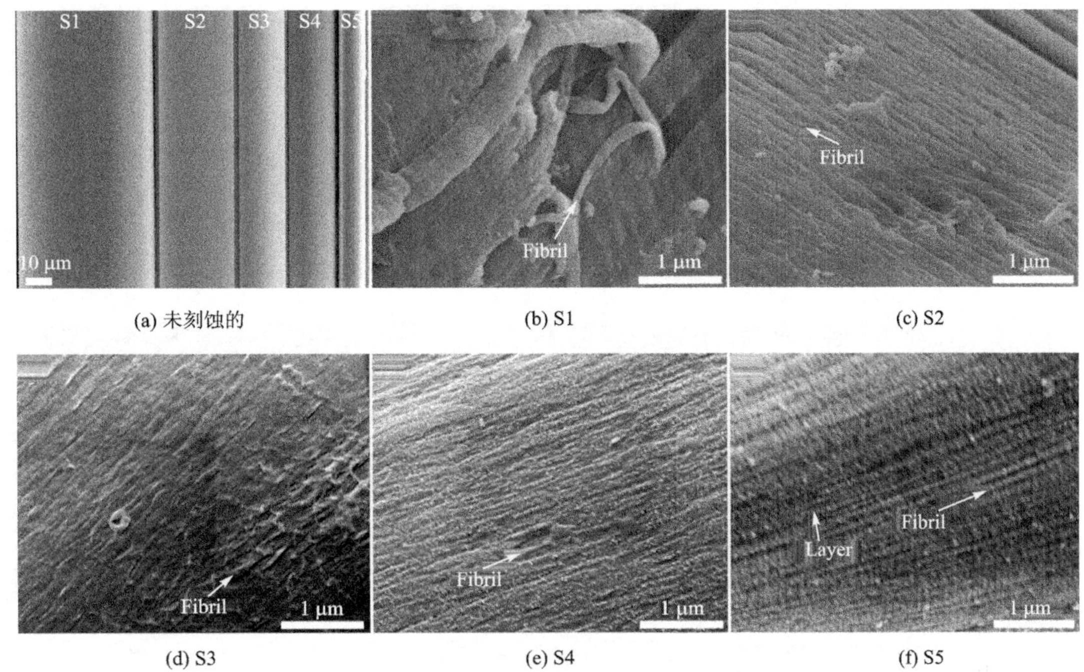


(a) 未刻蚀的 (b) S1 (c) S2

(d) S3 (e) S4 (f) S5

**图 5 PAN 纤维经超声刻蚀后的表面形貌**

构被拉伸，微原纤沿纤维轴向取向，并且原纤间的距离减小。经过水洗牵伸后，纤维 S3 主要由横向的片层(垂直于纤维轴)构成。然而，片层结构在致密化过程遭到破坏，使得纤维结构重排。最后在纤维 S5 中，形成了整齐排列的微原纤，并且也重新形成了横向片层结构，这作为微原纤间的联结桥梁，增强了微原纤间的联结。

为了得到更多的微原纤形貌信息，利用 DMSO 溶液刻蚀纤维切片。图 7 是 PAN 纤维超薄切片经过溶液刻蚀后的 HRTEM 图。纤维 S1 和 S2 中微原纤内部的小片晶结构被分离出来，这说明在纤维凝固过程中，分子链已经形成了小片晶或晶核。与图 6(c)相比，纤维 S3 中的片层结构被溶解，取向微原纤结构凸显出来，这表明横向片层结构主要是由微原纤间的分子链构成的。在致密化处理后，纤维 S4 中微原纤重排聚集，形成了直径较大的原纤。经过高倍蒸汽牵伸后，取向的微原纤排列更为紧密、规整，而且微原纤结构是由片晶和无定形组织堆叠而成的，其中片晶的厚度约为 8.6 nm。在图 7(f)中，纤维 S5 观察了 shish - kebab 结构，其中 shish 的直径约为 6.4 nm，而 kebab 片层的宽度(垂直于原纤轴向)和厚度(平行于原纤轴向)分别约为 16.6 nm 和 8.4 nm。

## 3.6 PAN 纤维的力学性能

图 8 是 PAN 纤维的应力-应变曲线。纤维 S1、S2 具有较大的拉伸变形量，其断裂伸长率较大，分别为 129.72%、85.11%。相反，纤维 S3～S5 的断裂伸长率下降明显，分别为 26.52%、19.99%、10.99%。如表 3 所列，在纺丝过程中，纤维的拉伸强度和初始模量逐渐提高，上升至 6.82 cN/dtex 和 87.96 cN/dtex。

在纺丝过程中，微原纤沿纤维轴向取向，并且规整排列。一方面，微原纤规整排列，可以降低空隙的数量和尺寸，减少纤维缺陷，从而改善纤维力学性能；另一方面，微原纤整齐排列，提高了纤维内部结构的有序度，从而增强了纤维力学性能。

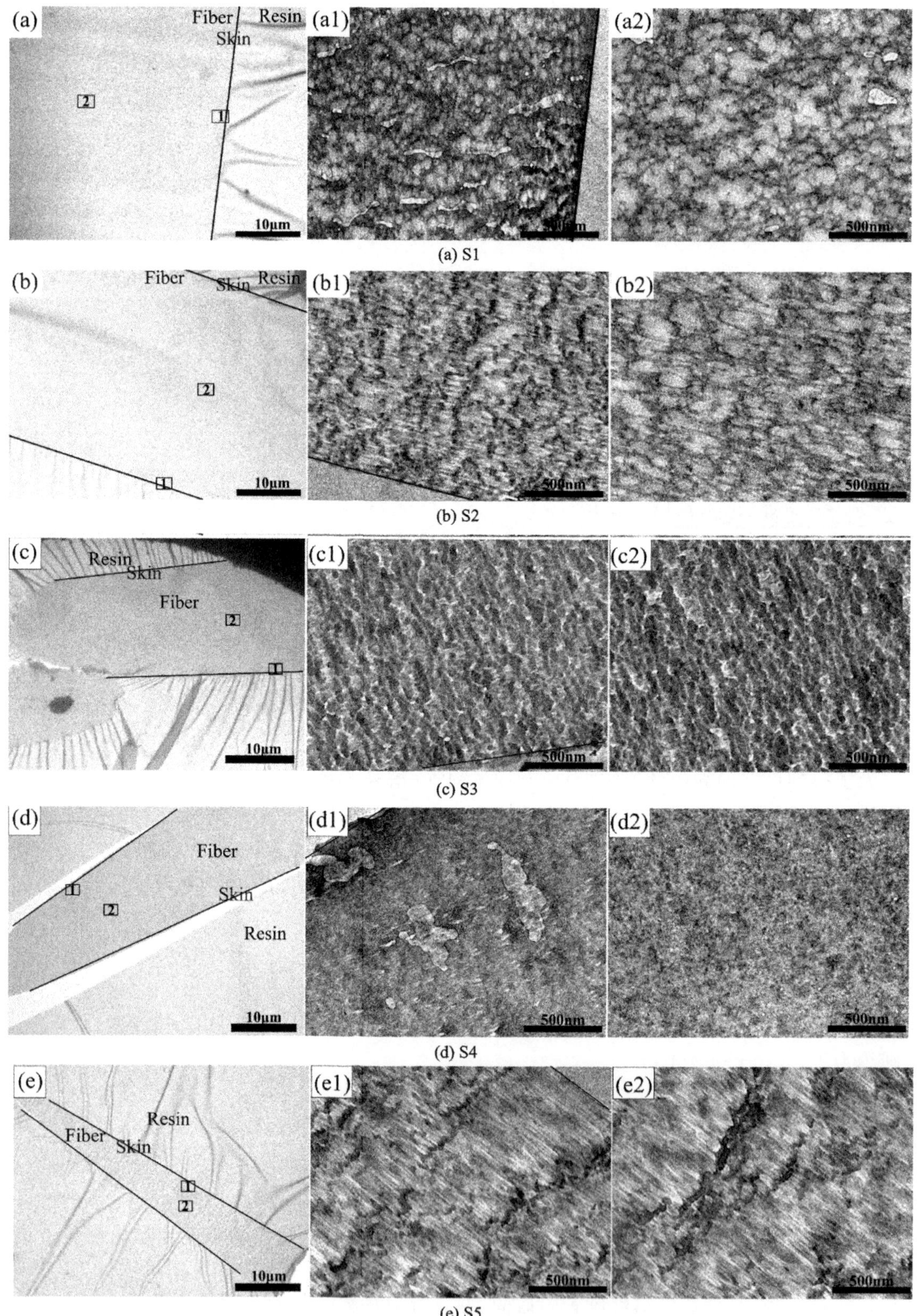


(a) S1

(b) S2

(c) S3

(d) S4

(e) S5

**图 6　PAN 纤维的纵向切片 HRTEM 形貌图**

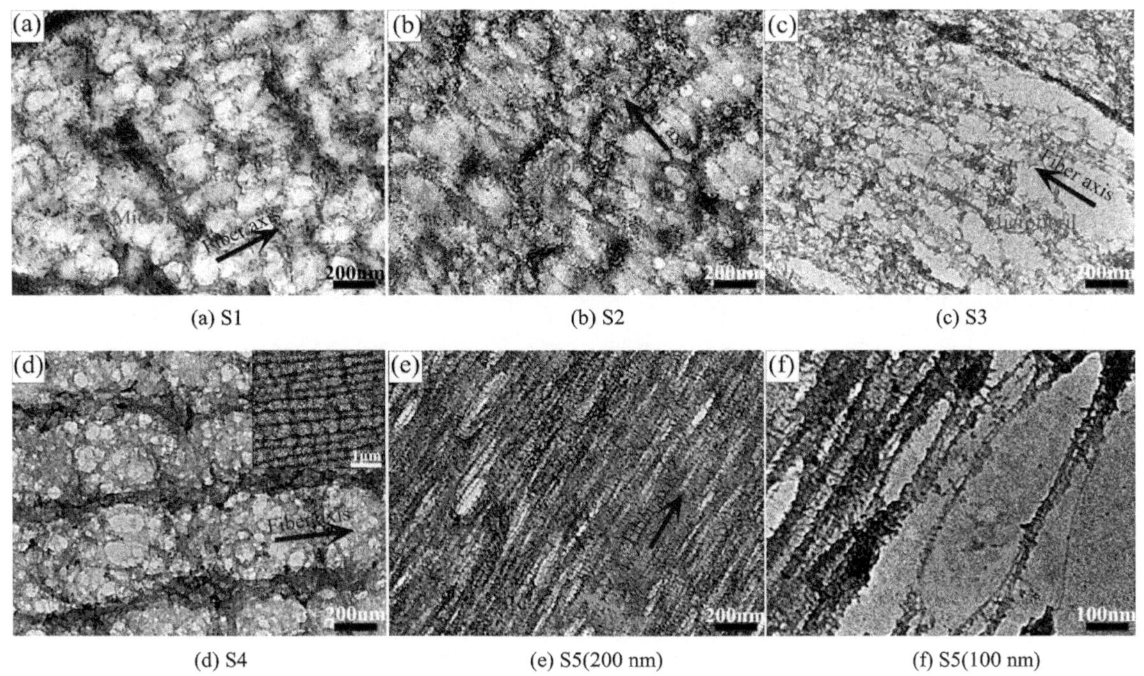


(a) S1 (b) S2 (c) S3

(d) S4 (e) S5(200 nm) (f) S5(100 nm)

**图 7 PAN 纤维超薄切片经过溶液刻蚀后的 HRTEM**

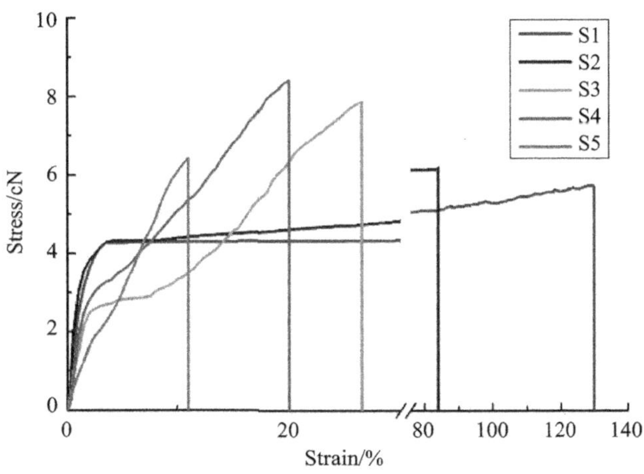


**图 8 PAN 纤维的应力-应变曲线**

**表 3 PAN 纤维力学性能**

| Sample | Elongation at break/% | Tensile strength/(cN·dtex$^{-1}$) | Initial modulus/(cN·dtex$^{-1}$) |
|---|---|---|---|
| S1 | 129.72 | 0.65 | 24.01 |
| S2 | 85.11 | 0.92 | 22.68 |
| S3 | 26.52 | 2.82 | 46.57 |
| S4 | 19.99 | 3.31 | 64.35 |
| S5 | 10.99 | 6.82 | 87.96 |

## 4 结 论

本文研究了干喷湿纺过程中PAN纤维微原纤结构演变过程。结果表明：在凝固过程中，初生纤维中形成了交联网状结构，在后续的牵伸过程中，网状结构被拉伸，微原纤沿纤维轴向取向，并且规整排列。同时，纤维的孔结构的数量和尺寸降低，减少了纤维内部缺陷。微原纤的整齐排列可以有效改善纤维的力学性能，最终获得拉伸强度为6.82 cN/dtex和拉伸模量为87.96 cN/dtex的PAN原丝。

## 参考文献

[1] Newcomb BA. Processing, structure, and properties of carbon fibers[J]. Composites Part A-Applied Science and Manufacturing, 2016, 91: 262-282.

[2] Taynton Philip, Ni Huagang, Zhu Chengpu, et al. Repairable woven carbon fiber composites with full recyclability enabled by malleable polyimine networks[J]. Advanced Materials, 2016, 28(15): 2904-2909.

[3] Gao Bo, Zhang Ruliang, He Maoshuai, et al. Effect of a multiscale reinforcement by carbon fiber surface treatment with graphene oxide/carbon nanotubes on the mechanical properties of reinforced carbon/carbon composites[J]. Composites Part A-Applied Science and Manufacturing, 2016, 90: 433-440.

[4] Nunna, Srinivas, Minoo Naebe, et al. Evolution of radial heterogeneity in polyacrylonitrile fibres during thermal stabilization: An overview[J]. Polymer Degradation & Stability, 2017, 136: 20-30.

[5] Morris E A, Weisenberger M C, Abdallah M G, et al. High performance carbon fibers from very high molecular weight polyacrylonitrile precursors[J]. Carbon, 2016, 101: 245-252.

[6] Zhao W Z, Lu Y G, Wang J, et al. Improving crosslinking of stabilized polyacrylonitrile fibers and mechanical properties of carbon fibers by irradiating with gamma-ray[J]. Polymer Degradation and Stability, 2016, 133: 16-26.

[7] Arbab S, Zeinolebadi A. Quantitative analysis of the effects of comonomers and heating conditions on the stabilization reactions of polyacrylonitrile fibers as carbon fiber precursors[J]. Polymer Degradation and Stability, 2017, 139: 107-116.

[8] Johnson D J, Tyson C N. The fine structure of graphitized fibres[J]. Journal of Physics D Applied Physics, 1969, 2(2): 787-797.

[9] Craig J P, Knudsen J P, Holland V F. Characterization of acrylic fiber structure[J]. Textile Research Journal, 1962, 32(6): 435-448.

[10] Tse Hao Ko, Hsing Yie Ting, Chung Hua Lin, et al. The microstructure of stabilized fibers[J]. Journal of Applied Polymer Science, 1988, 35(4): 863-874.

[11] Diefendorf R J, Tokarsky E. High-performance carbon fibers[J]. Polymer Engineering & Science, 1975, 15(3): 150-159.

[12] Perret R, Ruland W. The microstructure of PAN-base carbon fibres[J]. Journal of Applied Crystallography, 1970, 3(6): 525-532.

[13] Gao Quan, Min Jing, Wang Chengguo, et al. Correlation between fibril structures and mechanical properties of polyacrylonitrile fibers during the dryjet wet spinning process[J]. Journal of Applied Polymer Science, 2018, 136: 47336.

[14] Christina Kunzmann, Gregor Schmidt Bilkenroth, Judith Moosburger Will, et al. Microscopic investigation of polyacrylonitrile fiber fibrils separated by ultrasonic etching[J]. Journal of Materials Science, 2018, 53(6): 4693-4704.

[15] Fernandez Toribio J C, Aleman B, Ridruejo A, et al. Tensile properties of carbon nanotube fibres described by the fibrillar crystallite model[J]. Carbon, 2018, 133: 44-52.

[16] Cohen, Yachin, Edwin L. et al. Microfibrillar network of a rigid rod polymer. 1. Visualization by electron microscopy[J]. Macromolecules, 1988, 21(2): 433-435.

[17] Paul Tucker, Waller George. Microfibers within fibers: A review[J]. Polymer Engineering & Science, 1972, 12(5): 364-377.

[18] Wang Qifen, Wang Chengguo, Bai Yujun, et al. Fibrils separated from polyacrylonitrile fiber by ultrasonic etching in dimethylsulphoxide solution[J]. Journal of Polymer Science Part B Polymer Physics, 2010, 48(5): 617-619.

[19] Wang Qifen, Wang Chengguo, Yu Meijie, et al. Microstructure of fibrils separated from polyacrylonitrile fibers by ultrasonic etching[J]. Science China Technological Sciences, 2010, 53(6): 1489-1494.

# 机载多芯光缆自动测试系统设计与实现

徐桂城　宋平　韩顺利　闫继送　张志辉　鞠军委
（中电科仪器仪表有限公司，山东·青岛，266555）

**摘要**：机载多芯光缆在现代飞机上的应用越来越广泛，针对传统机载多芯光缆测试效率低、精度差等缺点，基于多款光缆测试设备，集成设计了一种机载多芯光缆自动测试系统方案，详细介绍了系统硬件的组成及连接、系统软件设计、自动测试步骤，实现了自动化测试系统，并进行了测试。

**关键词**：机载多芯光缆；自动化测试；系统集成；光纤通信

## 0　引　言

光纤通信系统以其传输速度快、传递信息量大、保密性强、频带宽、容量大、抗干扰性强、耐腐蚀、质量轻和价格低等优势，已在飞机机载环境下得到了大规模地应用。但是随着光纤通信网络的日渐复杂及通信光缆数量的不断增加，导致机载光缆的检测和维护成本逐渐提高，成为影响武器装备发挥正常作战效能和制约航空航天技术发展的重要因素。由于机载光缆纤芯数量众多，不同的光缆纤芯数目不同，且测试参量众多，导致测试过程烦琐复杂，传统的人工测试手段由于测试速率低和测试过程不稳定，已无法满足现有要求。

本文基于现有成熟测试仪器，设计并实现了一种机载多芯光缆自动测试系统，能达到对机载光缆的快速自动化测试，提高了测试效率，大大节约了测试时间及人工成本。

## 1　系统硬件的组成及连接

本系统是基于多款成熟测试仪器的机载多芯光缆自动化测试系统，以计算机为控制中心，通过多种接口与测试仪器相连，在测试软件的控制下完成各项指标的测试。在本自动测试系统中，需要光源、光功率计、光衰减器、光开关、OTDR、光插回损测试仪等测试仪器，并配以不同接口的多芯光缆转接组件，满足不同类型的机载光缆测试。其中，光源选用 Ceyear 6314CA 功率可调光源（6314CA），功率计选用 Ceyear 6337C 多通道光功率计（6337C），衰减器选用 Ceyear 6382B 可调光衰减器（6382B），光开关选用两台 Ceyear 6401－1×64 光开关（6401），OTDR 选用 Ceyear 6415C 机架式 OTDR（6415C），光插回损测试仪选用 Ceyear 6332A 光回波损耗测试仪（6332A）。为便于系统搭建及快速移动，所有仪器放置在两个减震箱内，系统组成框图如图 1 所示。

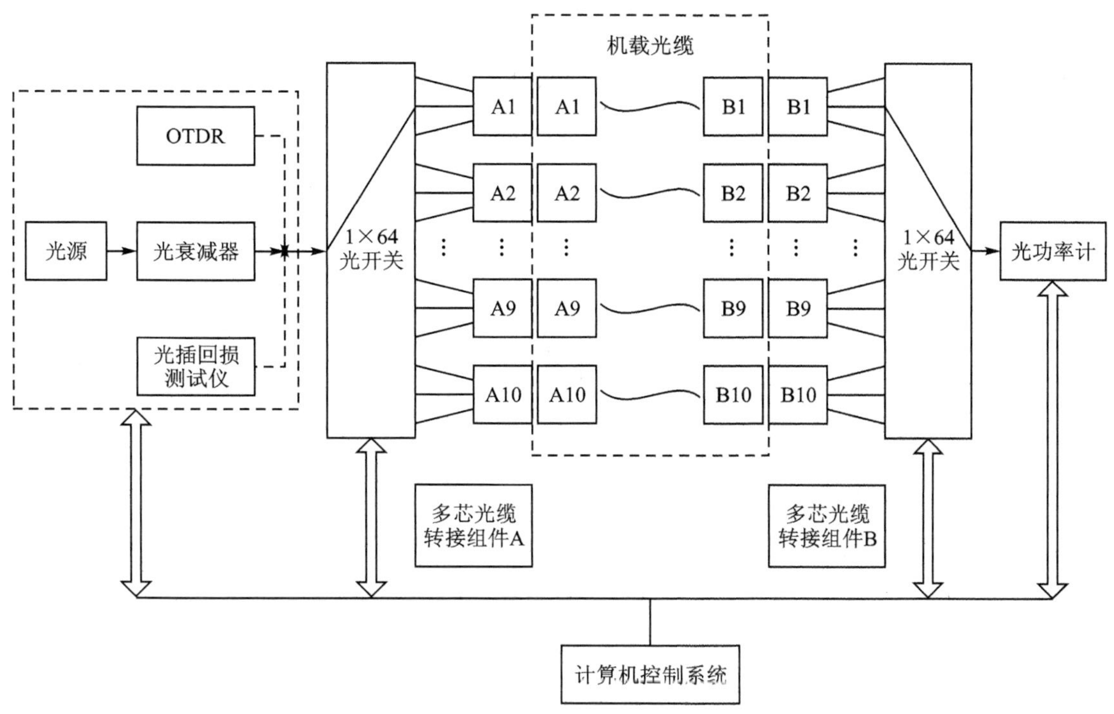


**图 1　系统组成框图**

在系统连接方式上，计算机使用 GPIB 分别与 6314CA 和 6382B 相连，通过 LAN 与 6337C、6415C 和 6332A 相连，通过 RS232 与两台 6401 光开关相连，仪器之间使用光纤跳线连接，多芯光缆适配器与光开关相连，待测机载多芯光缆两端与光缆适配器接头相连。

## 2　系统软件设计

本文基于 Windows 操作系统平台，设计和开发了机载多芯光缆自动测试系统软件程序，实现了机载多芯光缆自动测试系统的多项功能。

软件采用模块化的设计思路，使系统具有较高的独立性、可靠性、可维护性和管理性。在软件对仪器控制的设计中，有光源、光功率计、光衰减器、光开关、OTDR、光回损测试仪 6 个模块，实现了对相应测试仪器控制，并进行数据计算处理。系统软件功能框图如图 2 所示。

系统在软件程序的控制下具有连通性测试、链路损耗测试、多通道光功率测试、插回损测试四大功能，能够测试机载多芯光缆的多种功能参数。每个功能具有多个软件测试模块，系统软件将根据不同的测试内容调用不同的测试仪器，根据测试参数完成测试，并对测试数据进行保存管理，同时生成测试报告。

## 3　机载光缆自动测试步骤

每条机载光缆根据用途不同其连接器的光纤芯数也可能不同，系统配备多种具有不同纤芯数量的多芯光缆转接组件，在开始测试前需对机载光缆测试系统进行准备工作：

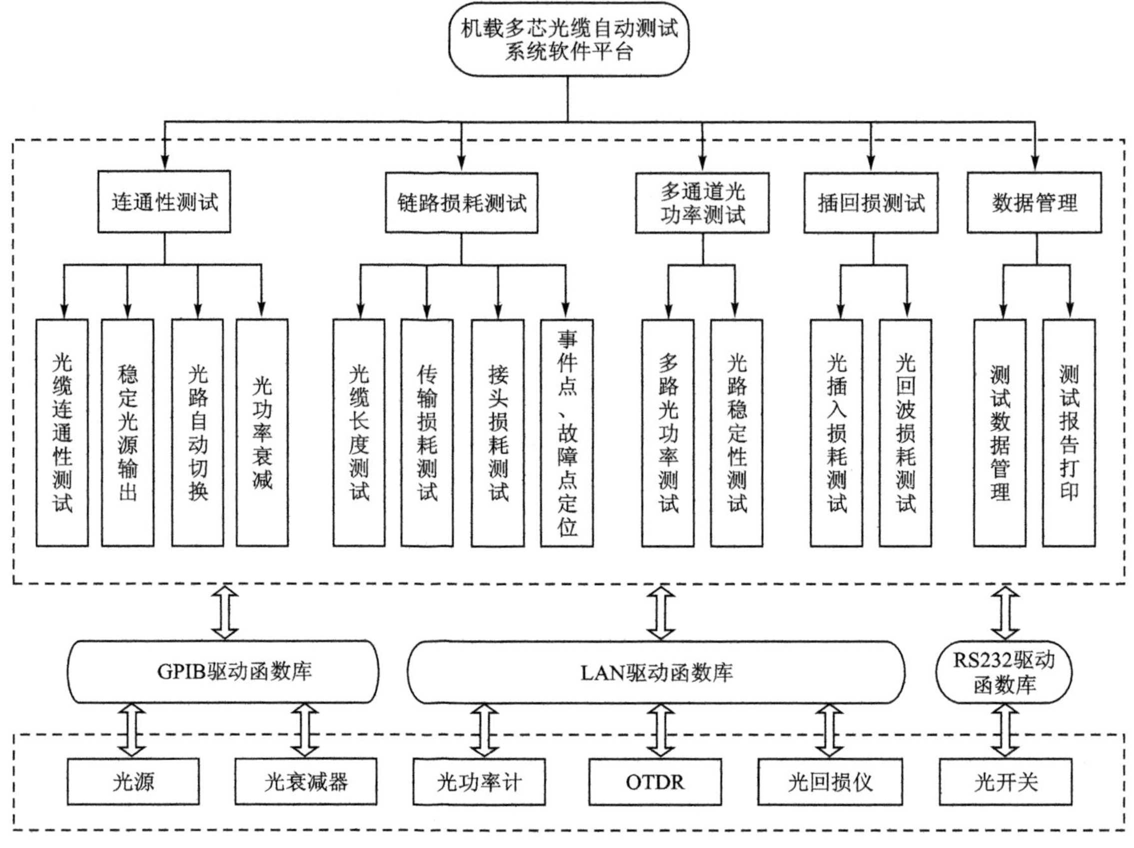


**图 2 系统软件功能框图**

① 选择合适的多芯光缆转接组件，与光开关连接，构成多芯光缆组件的 A 端和 B 端，将待测机载光缆两端分别与多芯光缆转接组件 A、B 端相连。

② 在系统测控软件中选择多芯光缆转接组件类型，系统将自动填充设置，形成正确的映射拓扑关系(设置完毕后保存，在测试不同功能时可直接调用)。

③ 启动测试仪器，开始测试，获取各转接接口内部的固有系统插入损耗，并作为参考保存。

上述准备工作完毕后，即可进行正常测试：

① 选择测试功能，启动测试，系统软件根据所选功能自动控制相关测试仪器进行测试。

② 系统软件根据机载光缆各通道光功率测试数据，结合之前输入的映射拓扑关系表、光纤链路故障点阈值判断标准及测试链路固有插入损耗，计算多芯光缆链路连接映射关系表及链路损耗。

③ 软件将测试数据进行保存，并以图形和表格的形式显示测试结果。

④ 自动生成测试报告，进行打印。

机载多芯光缆自动测试系统测试流程图如图 3 所示。

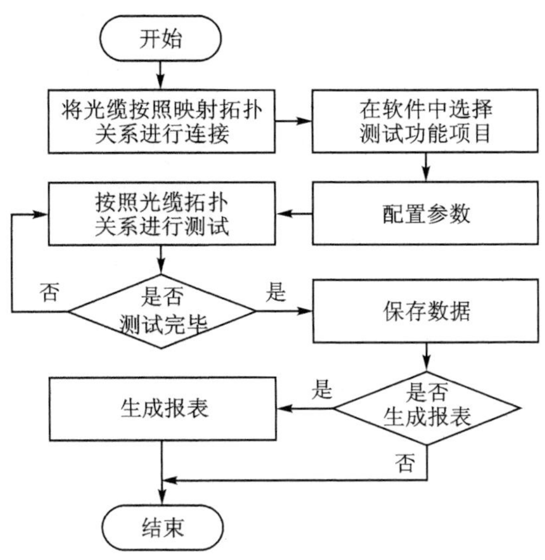


图 3　机载多芯光缆自动测试系统测试流程图

## 4　研究结果

根据上述软硬件设计方案，本文实现了机载多芯光缆自动测试系统，如图 4 所示为实物图。

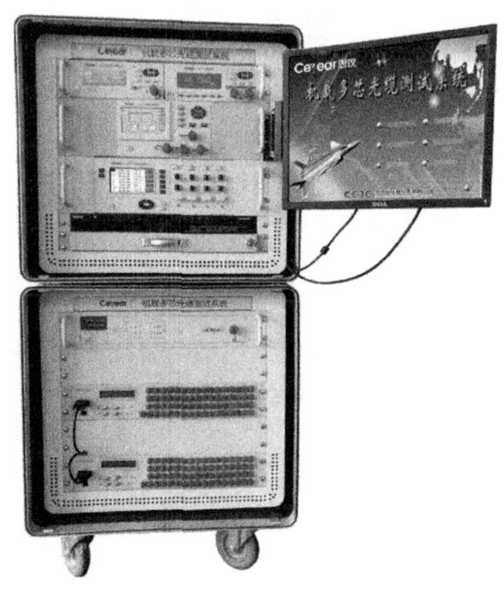

图 4　机载多芯光缆自动测试系统

使用机载多芯光缆自动测试系统进行机载光缆测试，分别测试 4 芯、8 芯、18 芯光缆，根据上述步骤将机载多芯光缆与系统连接后，设置相关参数后，系统自动完成测试，并将测试数据保存在计算机中，包括光缆各条光纤链路的连通状态、光纤距离、链路损耗、回波损耗 A、回波损耗 B、故障点类型和定位等。如图 5 所示为测试软件界面及测试数据。

根据上述测试结果，系统能快速完成所有机载多芯光缆测试，得到各条光纤链路的测试数据，并准确定位光纤断点位置，符合实际情况。

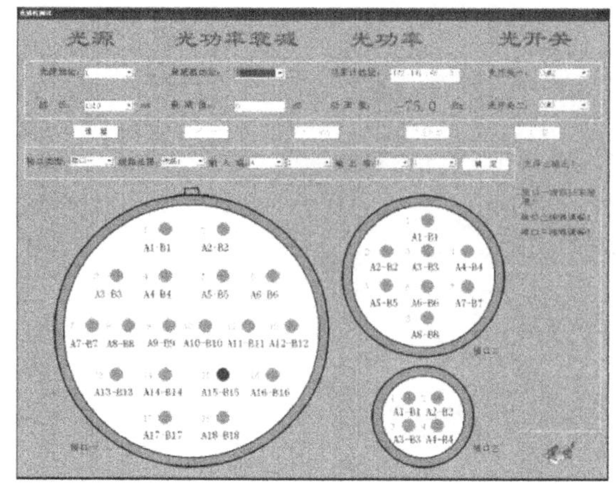


| 机载多芯光缆组件测试 | | | | | | | |
|---|---|---|---|---|---|---|---|
| 光缆编号 | 光纤编号 | 连通状态 | 光纤距离(m) | 链路损耗(dB) | 回波损耗A(dB) | 回波损耗B(dB) | 故障点类型 |
| J599-1 | A1 | 是 | 22.31 | 0.46 | 46 | 45 | 接头 |
| | A2 | 是 | 22.32 | 0.32 | 47 | 44 | 接头 |
| | A3 | 是 | 22.31 | 0.41 | 45 | 49 | 接头 |
| | A4 | 是 | 22.34 | 0.26 | 49 | 42 | 接头 |
| | A5 | 是 | 22.3 | 0.35 | 39 | 43 | 接头 |
| | A6 | 是 | 22.29 | 0.29 | 44 | 39 | 接头 |
| | A7 | 是 | 22.31 | 0.18 | 45 | 41 | 接头 |
| | A8 | 是 | 22.32 | 0.52 | 41 | 46 | 接头 |
| | A9 | 是 | 22.33 | 0.49 | 42 | 40 | 接头 |
| | A10 | 是 | 22.3 | 0.37 | 42 | 42 | 接头 |
| | A11 | 是 | 22.33 | 0.26 | 49 | 47 | 接头 |
| | A12 | 是 | 22.32 | 0.41 | 39 | 46 | 接头 |
| | A13 | 是 | 22.32 | 0.55 | 40 | 44 | 接头 |
| | A14 | 是 | 22.31 | 0.53 | 48 | 41 | 接头 |
| | A15 | 否 | *** | *** | *** | *** | 断点 |
| | A16 | 是 | 22.28 | 0.36 | 38 | 39 | 接头 |
| | A17 | 是 | 22.31 | 0.38 | 43 | 44 | 接头 |
| | A18 | 是 | 22.33 | 0.2 | 44 | 41 | 接头 |
| J599-2 | B1 | 是 | 2.31 | 0.37 | 42 | 42 | 接头 |
| | B2 | 是 | 2.32 | 0.26 | 49 | 47 | 接头 |
| | B3 | 是 | 2.31 | 0.41 | 39 | 46 | 接头 |
| | B4 | 是 | 2.34 | 0.55 | 40 | 44 | 接头 |
| | B5 | 是 | 2.3 | 0.52 | 41 | 46 | 接头 |
| | B6 | 是 | 2.29 | 0.49 | 42 | 40 | 接头 |
| | B7 | 是 | 2.31 | 0.37 | 42 | 42 | 接头 |
| | B8 | 是 | 2.32 | 0.26 | 49 | 47 | 接头 |
| | B9 | 是 | 2.33 | 0.38 | 43 | 44 | 接头 |
| | B10 | 是 | 2.3 | 0.2 | 44 | 41 | 接头 |

**图 5 软件测试界面及测试数据**

## 5 结束语

本文设计并实现了机载多芯光缆自动测试系统，通过对各个仪器之间的协调配合测试，系统能够快速准确地完成对各类机载多芯光缆的测试。本系统可简化操作方式，缩短测试时间，减少工作量，同时节省人力资源，降低因人为干预导致的操作失误。经过实际测试，本系统获得了预期的测试效果，运行稳定，使用方便。

## 参考文献

[1] 朱正红，陈永红，亢海龙，等. 机载光缆自动化检测设备的设计与实现[C]. 2015 年第二届中国航空科学技术大会论文集，2015.

[2] 邓柯，田泽，郭亮，等. 机载光纤通道采集记录仪的设计及实现[J]. 计算机技术与发展，2015，25(4).

[3] 李键，李敏，邓发俊. 机载光纤通道数据采集系统研究与设计[J]. 电子设计工程，2014，22(5).

[4] 章明. 多光路光缆快速测试法[J]. 江苏通信，2018，2.

[5] 蒋林伸. 光时域反射法在民航飞机光纤通信系统中的检测技术与研究[J]. 电子技术与软件工程，2017.

[6] 霍朝晖，张建琳，颜义红. 未来战机光纤通道航电总线试飞测试技术探析[J]. 测控技术，2011(8)：75-78.

# 基于超声波测量技术的热量表研究

靳占军　王鑫　于兴月　李泰毅
（烟台华蓝新瑞节能科技有限公司，山东·烟台 264003）

**摘要：**本文介绍了一种基于超声波测量技术的热量表实现方案。首先介绍了时差法超声波测流速的原理和PT1000铂电阻测温度的原理，以及使用TDC-GP21专用芯片实现流速及温度测量的具体过程。然后详细讲解了基于TDC-GP21的热量表硬件设计，以及具体功能实现流程。测量数据表明所设计的超声波热量表测量精度达到了国家2级表测量精度，并介绍了几种提高测量精度的方法。使用TDC-GP21芯片设计的热量表，精度高、成本低、结构简单，具有很好的应用前景。

**关键词：**超声波热量表；TDC-GP21；时差法；流量测量；温度测量

## 1　引　言

在我国北方冬季供暖地区，供暖计费一直都采用按建筑面积计费的方式，造成用户主动节能意识低下，能源浪费严重。随着我国对节能环保工作的重视，为了避免在冬季供热中不必要的浪费，提高用户主动节能意识，供热计费方式正在逐步向按用热量计费的方式转变。这就需要有一款能够计量用户用热量的仪表，热量表应运而生。

早期的热量表以机械式为主，成本高、计量精度低、寿命短。随着超声波测流量技术的发展，超声波热量表逐步占据热量表主流地位，克服了机械式热量表测量精度易受水质影响、量程比小、精度低、寿命短等缺点。

本文介绍一种基于超声波测量技术的热量表实现方式。与机械表相比，超声波热量表无机械运动部件，管道通透，无机械磨损，寿命长、不堵塞、量程比宽、精度高。根据测量原理不同，超声波热量表有多普勒法、噪声法、速度差法、时差法等多种方式，其中以时差法测量精度最高且最稳定。同时，以德国ACAM公司的数字转换芯片TDC-GP21为代表的高精度专用计时芯片的出现，极大地促进了超声波技术在热量表中的应用，使热量表进一步向高精度、小型化的方向发展。

## 2　超声波热量表测量原理

超声波热量表结构如图1所示，由超声波流量计、进/回水温度传感器和积分器三部分组成。超声波流量计用于测定流体流速，进/回水温度传感器分别安装在进水和回水管道上，用于测定用户的进水温度和回水温度，然后由积分器对时间进行积分，即可得到在这段时间内的用户热量消耗值。超声波热量表的重点技术是流体流速的测量和进/回水温度的测量。计算用户热量消耗值的公式如下：

$$Q_g = \int KGC_p(t_g - t_h)\mathrm{d}t \tag{1}$$

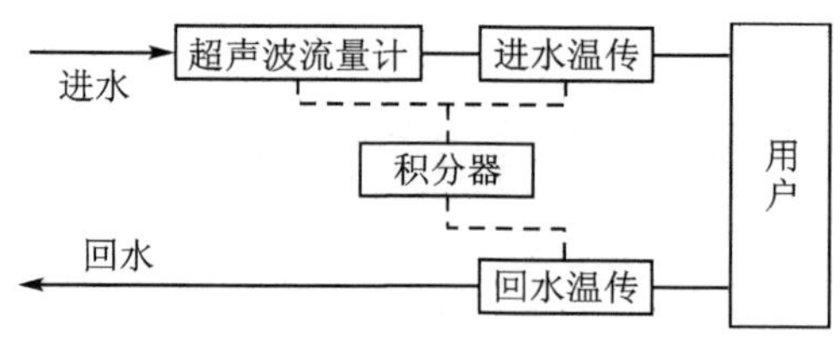


**图 1 超声波热量表结构框图**

式中：$Q_g$ 为用户在这段时间内的热消耗量；$G$ 为热媒的体积流量；$C_p$ 为水的定压比热容；$t_g$、$t_h$ 为热媒流进用户的进水温度和出水温度；$\mathrm{d}t$ 为这段时间的时间间隔，$K$ 为修正系数。

## 2.1　流体流速测量

超声波在管道液体中传播时，液体的流速会使超声波传播速度发生微小变化。通过分别测量超声波在顺水方向和逆水方向的传播时间，得到两个方向传播的时间差，时间差和液体流速是确定的函数关系，这就是时差法超声波测流速原理。

如图 2 所示，换能器是超声波发射和接收的关键部件，在热量表表体上倾斜相对安装 2 只换能器，当测量顺水传播时间时，换能器 1 发射超声波换能器 2 接收，反之测量逆水传播时间。设管径为 $D$，换能器水平距离为 $L$，两个换能器和表体轴线夹角为 $\theta$，超声波在静水中波速为 $c_0$，则当水流速度为 $v$ 时，超声波在顺水和逆水方向的传播速度如下：

$$v_d = c_0 \times \cos\theta + v \quad （顺水） \tag{2}$$

$$v_u = c_0 \times \cos\theta - v \quad （逆水） \tag{3}$$

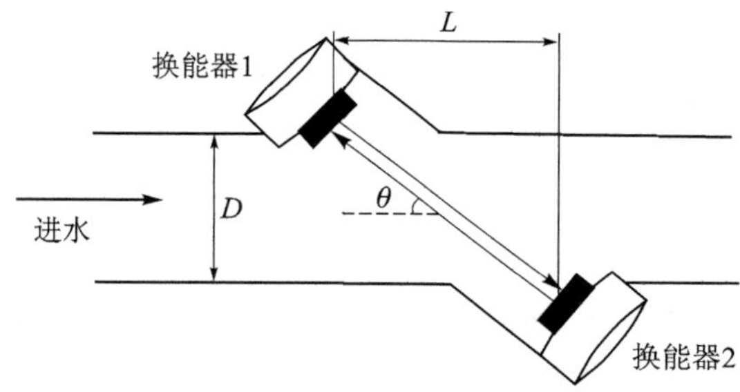


**图 2　时差法超声波测流速原理示意图**

在两个换能器间传播的时间如下：

$$t_d = \frac{L}{v_d} = \frac{L}{c_0 \times \cos\theta + v} \quad （顺水） \tag{4}$$

$$t_u = \frac{L}{v_u} = \frac{L}{c_0 \times \cos\theta - v} \quad （逆水） \tag{5}$$

由式(4)和式(5)可得到超声波在逆水、顺水方向的传播时间差，即

$$\Delta t = t_u - t_d = \frac{2Lv}{(c_0 \times \cos\theta)^2 - v^2} \tag{6}$$

超声波在水中传播的速度约为 1 500 m/s，远大于管道中流体的速度，式(6)可近似写为

$$\Delta t = \frac{2Lv}{(c_0 \times \cos\theta)^2} \tag{7}$$

由式(7)可得到水流速 $v$，即

$$v=\frac{\Delta t\times(c_0\times\cos\theta)^2}{2L} \tag{8}$$

求得水流速度 $v$ 后，根据管道横截面积，对时间求积分即可计算得到一定时间内的水流体积。在实际应用中，因为严格地对时间求积分运算在单片机中不易实现，一般采用短时间内体积累加的方式近似计算。

$$V=\frac{\pi D^2}{8L}\times\int\Delta t\times(c_0\times\cos\theta)^2\mathrm{d}t \tag{9}$$

## 2.2 进/回水温度测量

对热量表来说，温度测量是否准确，不仅关系到热消耗量计算的准确性，因为热媒的焓值、超声波在流体中的传播速度，以及热媒的密度都跟温度有关，还会影响这些量的准确校正。为了提高温度测量的准确度，我们采用严格配对的 PT1000 铂电阻测量进/回水温度。

PT1000 在温度为 0 ℃时阻值为 1 000 Ω，其阻值随温度的变化而变化，并且电阻值和温度值有确定的函数关系，在其测量范围内，温度与电阻值关系如下：

$$\begin{cases}R_t=R_0(1+At+Bt^2), & t\geqslant 0\ ℃\ 时\\ R_t=R_0[1+At+Bt^2+Ct^3(t-100)], & t<0\ ℃\ 时\end{cases} \tag{10}$$

式中：$R_0$ 为 0 ℃时 PT1000 的阻值，一般固定为 1 000 Ω；$R_t$ 为 $t$℃时的阻值，单位为 Ω；常数 $A=3.908\ 02\times10^{-3}/℃$，$B=-5.775\times10^{-7}/℃^2$，$C=-4.273\ 5\times10^{-12}/℃^4$。

由式(10)可知，测得 PT1000 电阻值 $R_t$ 后即可计算得到对应温度 $t$，这样温度采集的问题就转化为 PT1000 阻值测量的问题。

# 3 流速及温度测量的实现

在本设计中，超声波在流体中传播时间的测量和进/回水温度的测量，均由 TDC - GP21 芯片完成。TDC - GP21 内部集成有高精度计时单元、高速脉冲发生器、温度测量、时钟控制等功能，超声波传播时间测量精度高达 22 ps，同时芯片内部集成有模拟开关、比较器等部件，只需要少量外部阻容器件，使用普通单片机即可实现超声波热量表的设计。

使用 TDC - GP21 对超声波传播时间进行测量时，只需通过单片机对 TDC - GP21 发送顺流和逆流时间测量的操作命令，TDC - GP21 就可以通过内部电路产生的信号自动完成测量。测量结束后，TDC - GP21 根据内部高速时钟周期和硬件延迟计时电路自动计算超声波在顺流和逆流两个方向的传播时间，并将计算结果存储在相应的寄存器中，单片机读取到该数据，通过计算即可得到瞬时水流速。

TDC - GP21 对进/回水温度的测量，是通过电阻对电容的充放电时间进行测量而实现的。TDC - GP21 内部集成有专用的温度测量单元，通过控制同一个电容分别对参考电阻和 PT1000 温度传感器进行充放电，自动测得放电时间。假设测得的参考电阻、进水温度传感器的放电时间分别为 $t_{ref}$、$t_{in}$，因为参考电阻阻值 $R_{ref}$ 是已知的，所以根据下面的公式即可计算得到进水温度传感器的阻值 $R_{in}$，同理即可得到回水温度传感器的阻值 $R_{out}$，然后根据式(10)即可得到对应温度。

$$\frac{t_{\mathrm{ref}}}{t_{\mathrm{in}}}=\frac{R_{\mathrm{ref}}}{R_{\mathrm{in}}} \tag{11}$$

在单片机中进行式(10)的复杂计算是比较困难的,实际应用中一般使用查表差值计算的方式得到对应温度。

## 4 超声波热量表具体设计

TDC-GP21 专用芯片的出现,使超声波热量表的设计变得非常简单,使用普通低速单片机(如 MSP430 系列),外加少数阻容器件即可实现超声波传播时间和进/回水温度的精确测量。超声波热量表整体结构如图 3 所示,主要由电源模块、单片机模块、超声波测流速模块、测温模块、存储模块、通信模块、LCD 显示模块组成。其中单片机作为中心器件,协调控制热量表整体工作过程。

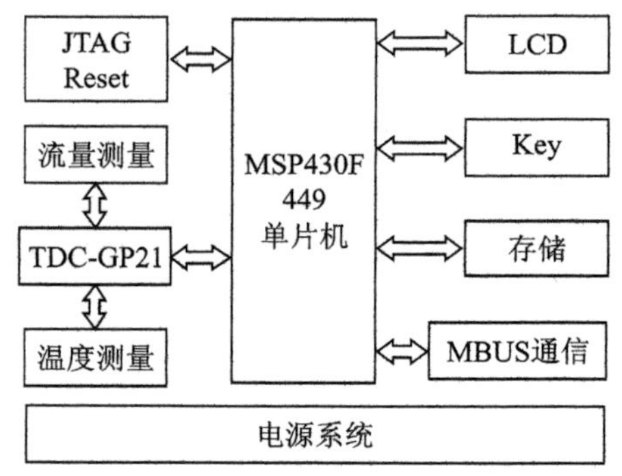


图 3 超声波热量表整体结构设计图

热量表在大多数应用场合没有外供电,一般需要内置 3.3 V 锂电池供电,为了保证电池使用寿命,必须要采用超低功耗设计。在本设计中,使用 MSP430 系列超低功耗单片机,外部晶振为 32 768 Hz,单片机主频设置为 1 MHz,较低的频率保证低功耗需求,其他器件上选择低功耗器件,并在控制策略上注重功耗的降低。

本课题使用 TDC-GP21 实现超声波时间差和温度测量,原理图如图 4 所示。

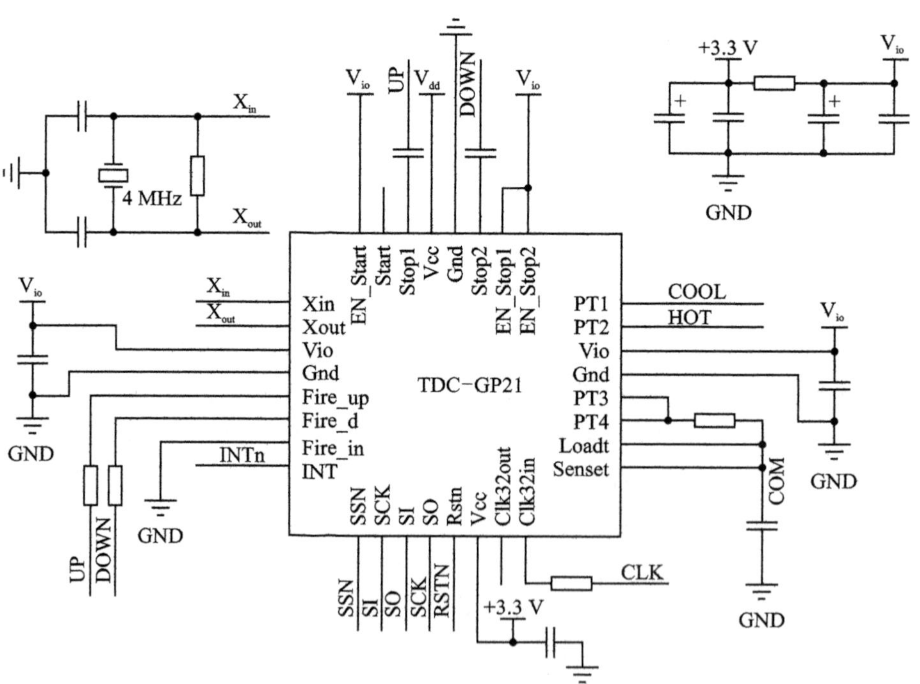


图 4 TDC-GP21 在热量表中应用原理示意图

TDC-GP21 需要两个时钟输入，高速晶振 4 MHz 作为芯片计时和脉冲产生的基准，低速晶振 32 768 Hz，作为高速晶振的校准时钟，低速时钟可以由单片机输出提供，图 4 中 CLK 信号引脚连接到单片机，由单片机输出提供 32 768 Hz。TDC-GP21 通过 SPI 总线与单片机连接。

TDC-GP21 具有内部脉冲发生器，可提供 48 mA 的驱动电流，对小口径热量表来说，足以提供超声波换能器的驱动源，Fire_up 和 Fire_down 引脚通过一个小电阻直接连接驱动换能器即可。TDC-GP21 集成有电容充放电法测量温度的功能，采用官方推荐用法即可，如图 4 所示，PT1、PT2 分别连接两只温度传感器，PT3、PT4 连接同一个参考电阻，这 4 个测温引脚通过所连电阻连接到同一个充放电电容上。

当进行流量测量时，过程如图 5 所示。单片机向 TDC-GP21 芯片发送 Start_TOF_Restart(0x05)操作码，自动启动 2 次时间测量，自动测量顺流时间和逆流时间，在测完每个时间后都会产生一次 STOP 中断，在每次中断后必须要读出测得的数据才可继续。

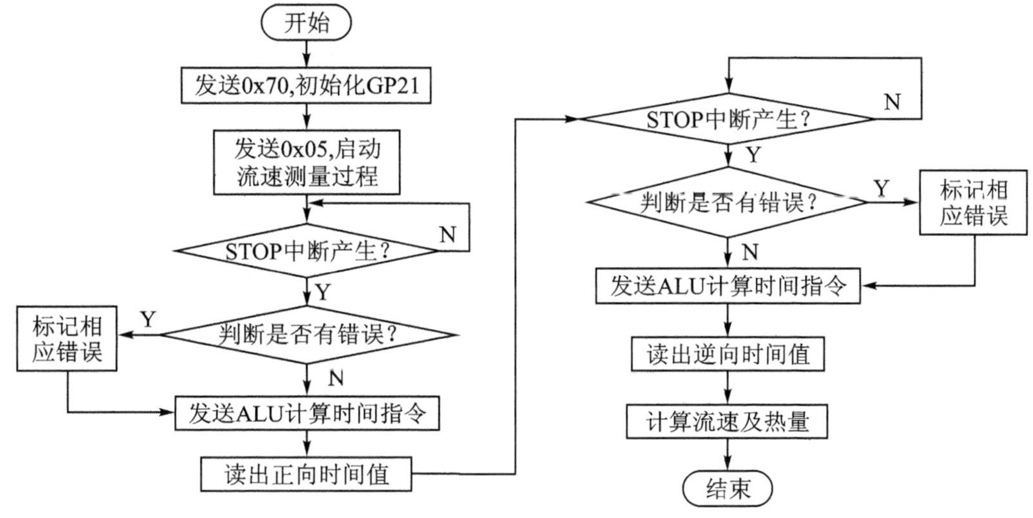


**图 5　热量表测流体流速流程图**

当进行温度测量时，过程如图 6 所示，通过向该芯片发送 Start_Temp_Restart(0x06)指令

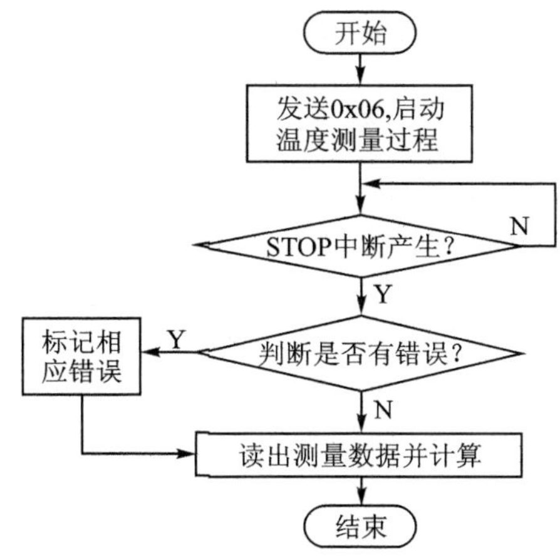


**图 6　超声波热量表测温度流程图**

即可启动温度自动测量，并且自动进行两次温度测量，通过取平均值提高测温准确度。当温度测量完毕后，该芯片 INIT 引脚给出信号，单片机接收到该信号后即可读出测量结构数据。TDC-GP21 测量 PT1000 温度时，可自动判断 PT1000 短路、断路等故障，通过读取判断 STAT 状态可判断是否有错误发生。

## 5 系统测试及分析

为了验证所设计的热量表测量效果，在水流速、进/回水温度、热量测量精度 3 方面进行了详细测试。

测试热量表口径为 DN25，其常用流速 $Q_s$ 为 3.5 $m^3/h$。经测试，所设计的超声波热量表在 0.05$Q_s$、0.1$Q_s$、$Q_s$ 三个流量点的流速测量误差分别为−1.52%、−0.80%、0.69%，热量测量误差分别为 1.34%、−0.91%、0.88%，所使用的 PT1000 进/回水温度传感器，配对温度误差小于±0.05 ℃，完全满足《热量表检定规程 JJG255—2010》对 2 级表的精度要求。

通过对测试对比、分析，总结出以下 4 点可以提高测量精度。

① 处理好电源和地平面。TDC-GP21 是高精度数字/模拟混合芯片，为了达到更好的测量精度，稳定、洁净的电源和地平面是非常重要的。为了减小数字脉冲信号对模拟信号造成干扰，可将数字地和模拟地分开进行单点接地。建议使用电池供电，不使用开关电源。

② 设置校准测量模式。温度变化会引起门电路的导通时间变化，影响测量精度，定时启动 TDC-GP21 校准模式，可有效减小测量误差。

③ 进行软件滤波，比如多次测量取平均值，可有效减小随机误差，提高测量精度。

④ 热量表安装时，表体前后应该有足够长的直管段，防止因流场不稳定带来的测量误差。

## 6 结束语

本文详细介绍了基于超声波测量技术的热量表实现方法，详细介绍了超声波测流速以及 PT1000 铂电阻温度测量的原理，并结合 TDC-GP21 专用芯片介绍了流速和温度测量的具体实现方式。通过测试分析，本文所介绍的超声波热量表可达到 2 级表的精度要求。

使用 TDC-GP21 芯片设计的热量表，不仅提高了测量精度，还可以很好地控制产品功耗和成本，大大降低了系统的设计难度，有很好的应用前景。

## 参考文献

[1] TDC-GP21 Ultrasonic Flow Converter datasheet[OL]. (2014)[2019-06-16]. http://www.acam.de/fileadmin/Download/pdf/TDC/English/DB_GP21_en.pdf.

[2] 梅彦平，张明君，等. TDC-GP21 在超声波热量表中的应用[J]. 仪表技术与传感器，2012，(2)：37-39.

[3] 鞠文涛. 超声波热量表的设计与研发[D]. 杭州：浙江大学，2008.

[4] 姚灵. 超声水表测量误差分析及处理[J]. 仪表技术，2015，(5)：1-4.

# 高精度复合测量系统

梁邦远　王曰明　宋彬辉
（青岛前哨精密机械有限责任公司，山东·青岛，266000）

**摘要：**高精度复合测量系统由测长机测长系统与线纹尺检测系统组成。系统综合了光栅传感器、运动控制卡、图像采集装置、检定软件、工业计算机等。系统采用计量光栅尺作为长度标准，采用工业计算机进行控制。功能方面系统主要解决了对大尺寸的线纹类量具的检测并且可以实现人工一次性装夹即可实现系统对整个量具的检测、定位，以及跟踪与识别，减少人为误差，提高工作效率，降低操作人员的劳动强度；系统还可以检定四等、五等量块以及对量棒与内径千分尺的校对。整套系统可实现对待检线纹尺类量具实现自动卷绕、自动瞄准、自动测量、自动生成检定记录的完全自主控制的功能，这套系统的出现填补了国内对大尺寸线纹量具的自动检测的空白。

**关键词：**高精度；测长系统；线纹检测；自动控制

## 1　引　言

线纹计量作为长度计量中的一项重要参数，一直承担着最基础的度量作用。当今社会随着科研、制造、建筑业等的不断发展，线纹尺作为距离测量的标准工具正在被大量地应用于各个领域。因此对各类线纹类量具的检定提出了更高的要求，传统的人眼对线瞄准、手工记录以及人工数据处理的方法已越来越不能满足如今线纹类量具的检定要求，迫切需要更高效率、更高精度的检定装置来代替传统的线纹检定台检定各类线纹量具。

由于测长机系统已经非常成熟本文不再赘述，本文主要是对线纹检测系统的设计介绍。

## 2　系统主要用途与设计目标

### 2.1　系统用途

高精度复合测量系统由测长机测量系统和线纹测量系统构成，适用的产品主要包括：检定四等、五等量块；校对量棒、内径千分尺和自制量棒及检定 E 型摇卷架式钢卷尺、钢直尺、皮尺等量具，如图 1 所示。

### 2.2　设计目标

综合考虑目前国内各种对线纹类量具检测设备的不方便性，与操作检测步骤的繁杂性以及设备使用的可靠性。我们设计的目标应尽可能降低人为参与的程度，提高设备的自主检测的能力，整个设备在自身尺寸 10 m 的情况下可以检测大于 10 m 或小于 10 m 的产品，以适应不同规格不同尺寸的产品，尽可能地满足一机多用的目的。这样不仅可以提高设备检测的可

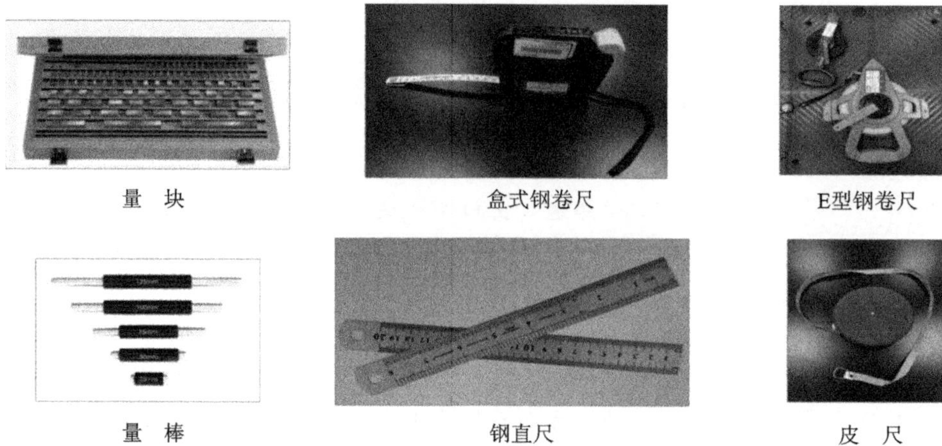


**图1　适用的主要产品**

靠性，而且可降低操作人员的劳动强度，提高检测效率。具体操作描述为，设备工作时首先人工将被检尺拉出10 m装夹在导轨后端的夹持工装之上；计算机在用户单击“开始检定”后，会根据用户自定义的检定位置信息，以光栅尺读数为基准，电机运动到零点位置；然后，摄像机拍摄线纹图片，自动分析出线纹信息，包括线纹宽度、线纹和端边距离等，检测10 m后卷尺电机启动通过计米器检测尺子所移动的距离，当卷尺电机收卷10 m后，继续重复检测；当所有的待检尺检定完成后，由计算机根据规程判定被检测线纹尺是否合格，并将检定数据生成检定记录，保存到数据库中供客户进行预览和打印。

## 3　系统概述

高精度复合测量系统（见图2）采用精密花岗石导轨和气吸附滑块等作为主要组件，整个测量系统采用伺服电机驱动，系统在实现了传统测长机功能需求以外的同时，在线纹检测系统（见图3）上运用工业相机（CCD）可实现对线纹量具在10 m内自动检测；大于10 m时能自动卷绕、自动瞄准、自动测量、自动生成检定记录的完全自主控制的功能，极大地提高了检测的效率。其运动定位及数据采集处理系统控制在微米量级，整套装置的测量不确定度$U=(3+L/200)\mu m(L=mm)$。

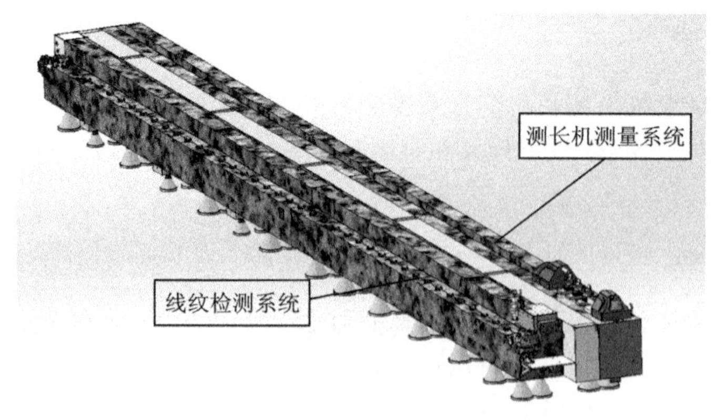


**图2　高精度复合测量系统示意图**

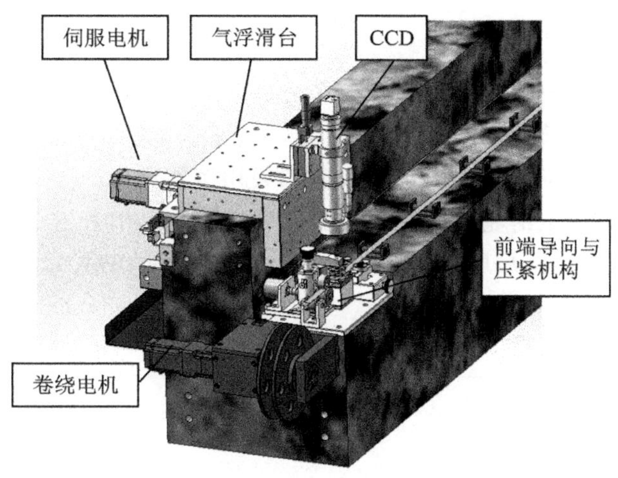


图 3　线纹测量系统局部示意图

# 4　技术难点分析

## 4.1　钢卷尺引张力的施加

在线纹类量具的检测过程中，对引张力的要求非常严格，其中标准钢卷尺全长在 5 m、10 m、20 m 应在(49±0.5)N 拉力下检定；大于 20 m 的标准钢卷尺应在(98±0.5)N 拉力下检定。设计过程中，如果采用传统的人工施加固定质量砝码的方法，系统就会增加许多人为的参与，还需设计独立的砝码机构使整个系统操作起来比较复杂烦琐，并且在检测不同规格的尺子时需要更换不同质量规格的砝码，严重影响了系统操作的简便性。最终我们采用了拉力传感器与伺服电机相互配合方法解决了这一难题；当被检尺子到达指定位置，后端压紧气缸压紧，卷尺电机施加力，此时与压紧气缸相连的拉力传感器达到所设定的规定值，反馈回电机，电机抱闸锁死，此时对尺带施加的力即为规范条件下同等砝码的重力。如图 4 所示为拉力传感器示意图

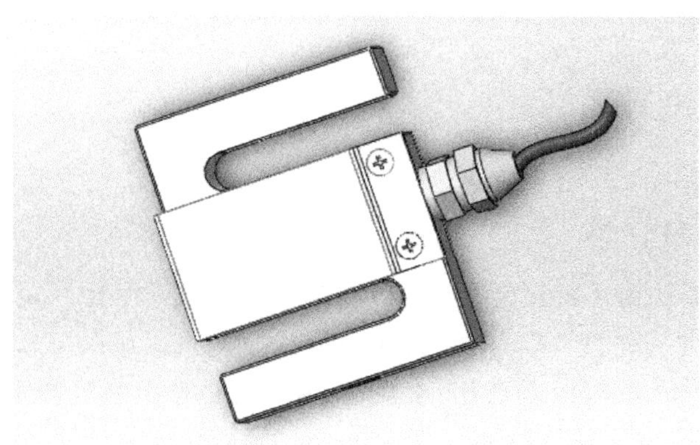

图 4　拉力传感器示意图

### 4.2　尺子距离的测算

由于卷尺电机在收卷尺子后并不能把尺子收卷的一点缝隙也没有，所以并不能单纯地依靠伺服电机的旋转来判断检测的尺子所收卷的距离，所以必须单独设计一个机构单独计算被检尺收卷过程中可以达到指定的收卷长度。我们采用了精密“计米器”来解决这个问题，计米器安装有橡胶轮通过与固定滑轮将被检尺夹紧，当被检尺运动时，会带动橡胶轮旋转，进而带动计米器旋转，从而记录被检尺所“走过”的距离，达到指定距离后，反馈给电机信号停止运动。如图 5 所示为计米器示意图

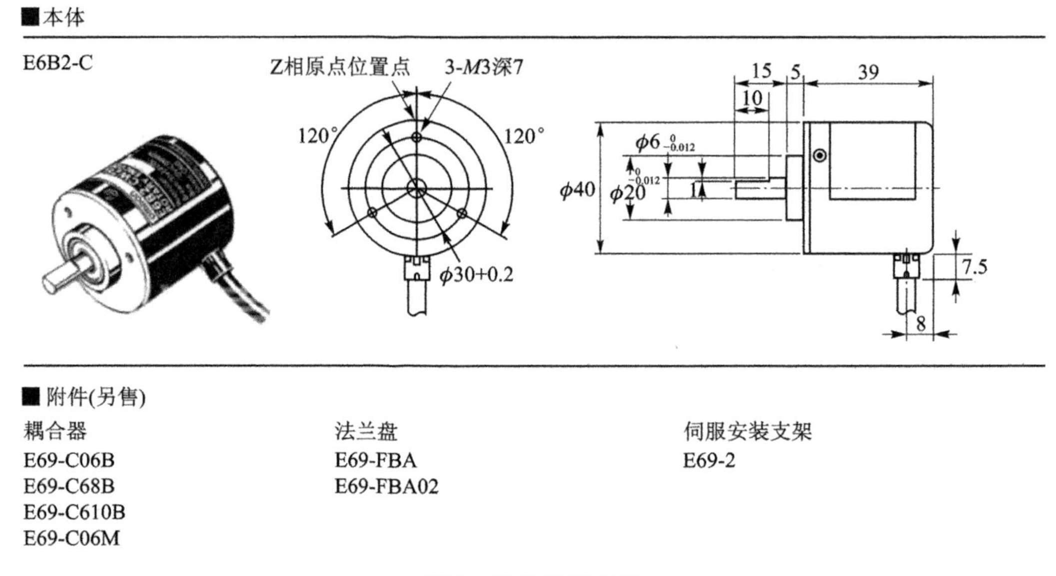


图 5　计米器示意图

### 4.3　程序逻辑控制

当系统检测的产品大于自身的尺寸时，在每次检验完成后，需要检测并记忆每次的终点值，并且需要将上一次的终点值作为下次检测过程的初始检测值，还需将每次累计的误差值传递给下一过程的检测，最终保证整个尺子检测完成后所有的误差是精确有效的。

## 5　主要结构设计

### 5.1　精密花岗石导轨

高精度复合测量系统由 4 根尺寸为 5 500 mm×400 mm×500 mm 的花岗岩导轨组成，其中 2 根拼接组成测长机系统的基础，两根拼接组成线纹测量系统的基础，两根导轨中间采用喷塑铝板遮挡。花岗岩导轨工作面无划伤、裂纹、夹层、锈蚀等影响气浮质量的缺陷。如图 6 所示为导轨截面示意图。

### 5.2　气浮平台

由主吸浮板、侧吸浮板和一个联接支架组成，通过固紧螺钉将联接支架固定在主吸浮板

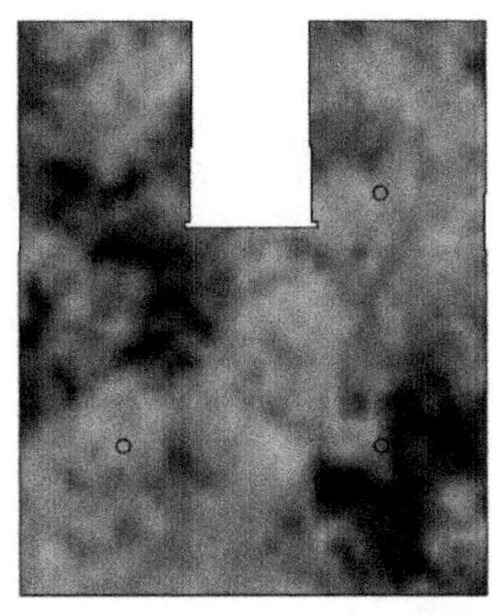
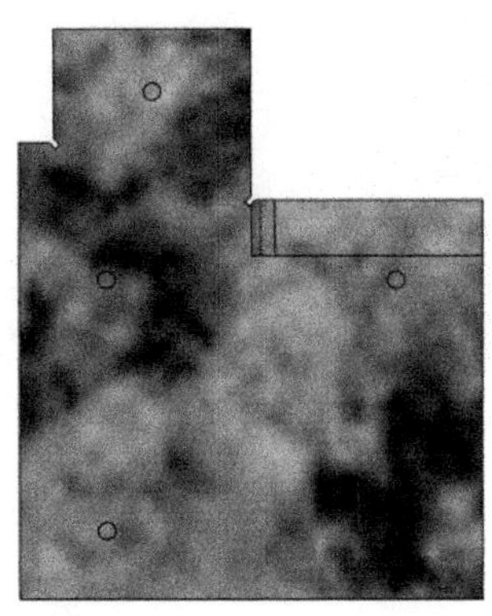

图 6　导轨截面示意图

上，2 个支撑杆通过联接支架上的螺纹孔将 2 个方气浮块紧紧压在导轨的的长侧面上。吸浮板的工作面是精加工平面，其上各有截流孔在工作面上的各自截流孔之间开有均压槽通以压缩空气后该面形成气浮面。在吸浮板上均压槽中间加工有低压腔，低压腔中设置有空气吸气孔。如图 7 所示为气浮平台示意图。

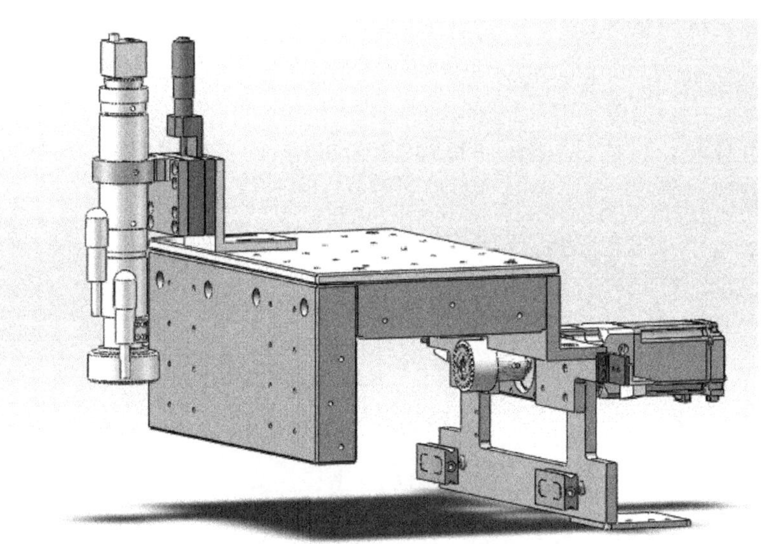

图 7　气浮平台示意图

## 5.3　支撑系统

支撑系统包括气浮块支撑系统和辅助支撑系统两部分。其中气浮块支撑系统作为主支撑，采用气浮技术，设计制造导轨直线度调节装置，以保证高精度直线导轨组导向侧面的一致性，导轨水平、铅垂平面上全长直线度指标：采用特殊的导轨直线度调节装置（专利技术）包括底座，在底座上设置有调节机构，调节机构上设置有气浮调节机构。该导轨直线度调节装置使用了气浮调节机构，其最大优点是，该机构通过空气高速喷出形成气膜使调节块实现零摩擦，最大限度地降低了由于设备零件相互摩擦而造成的误差，并可实现导轨在调节时，上下、前后、左右调节，并且各自相互之间是独立的不会产生影响和制约，便于导轨的调整与安装，保证花岗岩导轨的稳定性。如图 8 所示为支撑系统示意图。

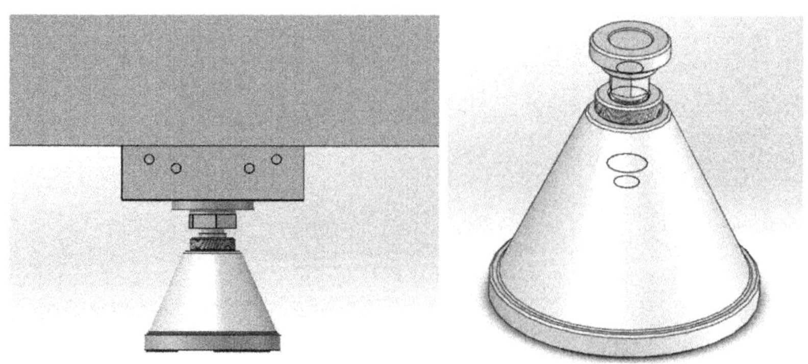

图 8 支撑系统示意图

该结构相较于其他结构有以下优势：

① 专利气浮支撑技术避免拼接过程中的应力集中，及粘接后应力释放对胶粘的破坏；

② 采用球支撑贴合牢固，不会因接触不良产生其他方向的阻力，从而影响导轨整体精度；

③ 微米级调整进给量保证拼缝质量；

④ 胶采用自然固化方式，避免在其固化过程中产生应力变形影响拼接质量及粘接效果，避免造成持久稳定性差的风险。

## 5.4 前端导向与压紧机构

机构主要由导向轮机构、前端压轮机构、压紧机构、调正机构组成，如图 9 所示为前端导向与压紧机构示意图。

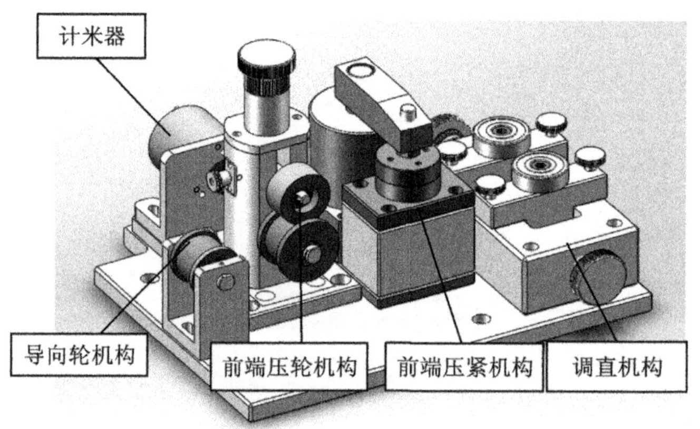


图 9 前端导向与压紧机构示意图

调直机构主要是通过调节两端的旋钮控制上端导向轮的间距从而控制尺带在运动过程中的横向距离，其作用主要是调节尺带在横向上不会出现大尺度的偏移。

前端压紧机构主要是在被检尺到位以后需要将尺带固定，防止在检测的过程中尺带出现抖动、偏移的情况，减小对被检尺的人为误差。

前端压轮机构主要是起到记录尺子经过的距离，控制尺子的移动距离，两个橡胶轮可以对尺子起到一定的导向作用。

导向轮机构主要是将尺子平缓地过渡到卷尺机构上，防止被检尺带在卷绕过程中出现磨损，折断的情况。

## 5.5　后端导向与压紧机构

后端导向与压紧机构主要由调直机构、后端压紧机构、拉力传感器、后端压轮机构组成，如图10所示为后端导向与压紧机构示意图。

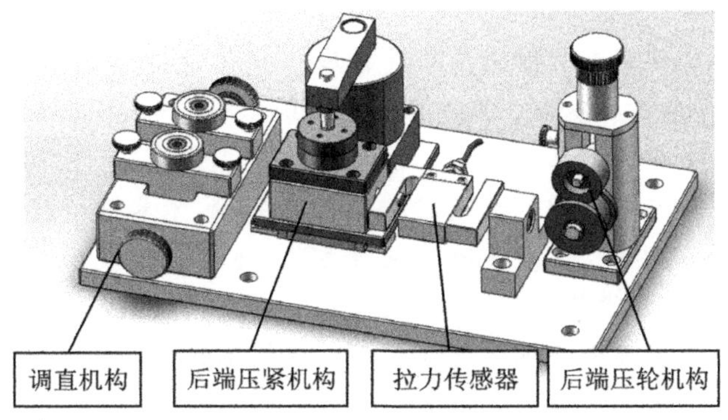


图10　后端导向与压紧机构示意图

后端压轮机构主要是对固定后的被检尺能够顺利地过渡到设备上，主要起到导向与固定尺带高度方向的尺寸。

后端压紧机构主要是当卷尺电机施加规定的拉力时压紧被检尺带，并将力传递给后端连接的拉力传感器，拉力传感器将施加的力反馈给卷尺电机，从而卷尺电机判断所施加力是否达到规定值，进而选择是继续施加还是停止运动。

# 6　结　论

高精度复合测量系统在采用了全新技术替代了传统三等金属线纹米尺的工作方式的同时还增加了测长系统的功能，系统结构更加紧凑，功能更加强大。其完全符合JJG1—1999《钢直尺》国家计量检定规程要求。系统采用10米光栅传感器作为工作单元提供了可靠的数字信息输出。采用工业相机(CCD)与LED显示，采用了非接触式测量方式，从而避免了对被测线纹尺定位的不可靠性所带来的定位误差。

系统可对多种产品实施检测与测量，避免了以往单机设备只检测单种产品，不仅节省了用户的场地资源而且更加方便地对多种产品实施检测与测量。系统的测长机系统可检定四等、五等量块，校对量棒、内径千分尺和自制量棒等；线纹检测系统可对E型摇卷架式钢卷尺、钢直尺、皮尺等线纹量具进行检测等，真正实现了一机多用的目的。

高精度复合测量系统完全实现了对线纹类量具尤其是大尺寸量具的自主检测，过程中只需人为一次性装夹，之后完全由设备自主控制，无需人为干预，操作上更加方便简单；技术上达到了国际先进水平，在国内还没有同类产品的出现，填补了国内该产品的空白。

## 参考文献

[1] 闻邦椿. 机械设计手册：第二卷[M]. 北京：机械工业出版社，2011.
[2] 孙桓，陈作模. 机械原理[M]. 北京：高等教育出版社，2000.
[3] 刘鸿文. 材料力学[M]. 北京：高等教育出版社，1991.
[4] 吴承建. 金属材料学[M]. 北京：冶金工业出版社，2009.

# 基于自适应步进的可调光衰减器校准方法

鞠军委　徐玉华　徐桂城　张志辉　韩顺利

(中电科仪器仪表有限公司,山东·青岛,266555)

**摘要**:衰减准确度是衡量可调光衰减器的重要指标,鉴于其重要性,本文研究了可调光衰减器的校准方法,提出了一种自适应步进的校准方法,通过自适应的调整电机步进,解决了电机步进值较小导致的校准时间长、步进值较大导致的校准精度低的问题,同时针对滤光片中的衰减跳变点进行处理,解决了由于跳变点造成的校准错误的问题。实现结果表明,该方法衰减准确度达到±0.1 dB,重复性达到±0.01 dB。具有校准精度高、复杂度低等优点,可广泛应用于可调光衰减器的校准。

**关键词**:可调光衰减器;校准;衰减准确度;步进

## 1　引　言

可调光衰减器是光通信网络中极其重要的无源器件,可调光衰减器可广泛应用于功率平衡,增益平坦,光通信链路校正等方面。随着光通信的发展,通信网络数据传输量的急剧增加,应用波分复用技术(WDM)的全光网络日渐普及,由于增益窗口的限制,使得它对不同的波长有不同的增益倍数,这样导致了波分复用系统信道间的能量不平衡,因此必须利用衰减器等进行通道增益平坦或信道功率均衡。

随着光通信技术的不断提升,光通信器件和设备生产厂商对光衰减器的性能指标要求越来越高。目前可调光衰减器存在着衰减准确度低、衰减过程中会出现衰减跳变、校准复杂、校准时间长等问题。针对上述问题,本文提出了一种自适应校准算法,通过自适应地调整电机步进,解决电机步进值较小造成的校准时间长、电机步进值较大造成的校准精度低的问题,针对衰减跳变点进行处理,解决由于跳变点造成的校准错误的问题。

## 2　可调光衰减器校准原理

如图1所示,可调光衰减器的衰减单元由衰减系统和伺服系统组成。

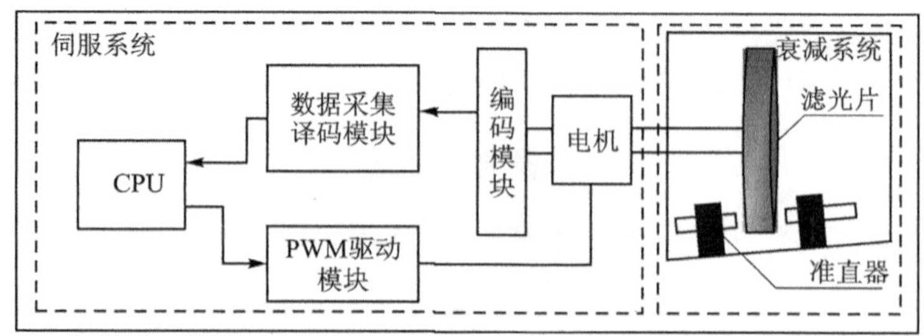


**图1　衰减单元示意图**

衰减系统中的滤光片通常沿圆周线性渐变地镀一层金属膜，通过改变金属镀膜的厚度实现不同的衰减量。伺服系统中的电机与滤光片固定，电机通过转动，带动与之相连的滤光片的转动，从而实现光功率的连续衰减。伺服系统中编码模块和高速数据采集译码模块的功能是检测滤光片的当前位置，若要实现快速、准确的衰减，需要快速地检测滤光片的当前位置，由于滤光片与电机固定，进而转换为检测滤光片处在当前位置时电机的步进值。

基于上述可调光衰减器的衰减原理，可调光衰减器校准问题本质上转换为分析电机步进值和光衰减值之间的数学关系问题。

滤光片完成全圆周旋转后，可以获得某个特定衰减值时的电机步进值，建立衰减值 $A$ 与步进值 $s$ 的多项式关系：

$$A = a_0 + a_1 \cdot s + a_2 \cdot s^2 + \cdots + a_n \cdot s^n \tag{1}$$

式中：$a_0, a_1, \cdots, a_n$ 为多项式系数；$A$ 为衰减值；$s$ 为衰减值时对应的电机步进值。求解 $a_0$，$a_1, \cdots, a_n$，可以得出衰减与步进值的对应关系式 $A(s)-s$。

实际工程应用中，由于滤光片制造工艺、镀膜工艺等各种因素，衰减片的衰减量并不是严格线性变化的，这样就要求在使用衰减滤光片之前应先对其进行衰减值的校准。目前滤光片的校准常采用固定步进的方法，有两种方案：一种是为了保证精度，设置极小的步进值，这样存在标定时间长的缺点；另一种是为了保证标定效率，设置较大的步进值，然后进行线性插值，这样存在标定精度差的缺点，且这种方案对衰减滤光片上的跳变点不能很好地应对。为了实现高精度快速校准，本文对现有的校准方法进行了改进，提出一种自适应校准方法。

## 3 自适应校准方法

可调光衰减器自适应校准是指在对滤光片进行校准时，实时检测衰减量的变化，根据衰减量的变化，动态地调整电机的步进值。当衰减量变化过大时，为了提高精度，减小电机的步进值；当衰减量过小时，适当地增加步进值，以提高校准效率。整个校准算法的流程图如图 2 所示。

在可调衰减器的校准过程中，为了兼顾校准精度和校准时间，通常选择电机的步进 $s$ 为小于 400 的常数，校准过程中，实时判断衰减片的线性度，自适应地调整步进的大小，通过该方法，在保证校准时间的前提下，尽可能地提高校准精度。

滤光片的不同位置对同一波长的光源的衰减值成近似线性，因此对于同一波长的光源，如果电机的步进分别为 $s_1$ 和 $s_2$，其衰减值分别为 $A_1$ 和 $A_2$，那么对于非校准点衰减值 $A_x$（$A_1 < A_x < A_2$），其步进 $s_x$ 可通过线性插值求得，计算公式如下：

$$s_x = \frac{(s_2 - s_1)}{(A_2 - A_1)} \cdot (A_x - A_1) + s_1 \tag{2}$$

$$s_x = \frac{(s_2 - s_1)}{(A_2 - A_1)} \cdot (A_x - A_2) + s_2 \tag{3}$$

对于多个波长的光源，如果校准波长 $\lambda_1$ 和 $\lambda_2$ 对应的衰减值为 $A$ 时，电机步进分别为 $s_3$ 和 $s_4$，那么对于任意波长 $\lambda_x$（$\lambda_1 < \lambda_x < \lambda_2$）的衰减值为 $A$ 时，步进 $s_A$ 可通过线性多项式插值获得，公式如下：

$$s_A = \frac{(s_4 - s_3)}{(\lambda_2 - \lambda_1)} \cdot (\lambda - \lambda_1) + s_3 \tag{4}$$

$$s_A = \frac{(s_4 - s_3)}{(\lambda_2 - \lambda_1)} \cdot (\lambda - \lambda_2) + s_4 \tag{5}$$

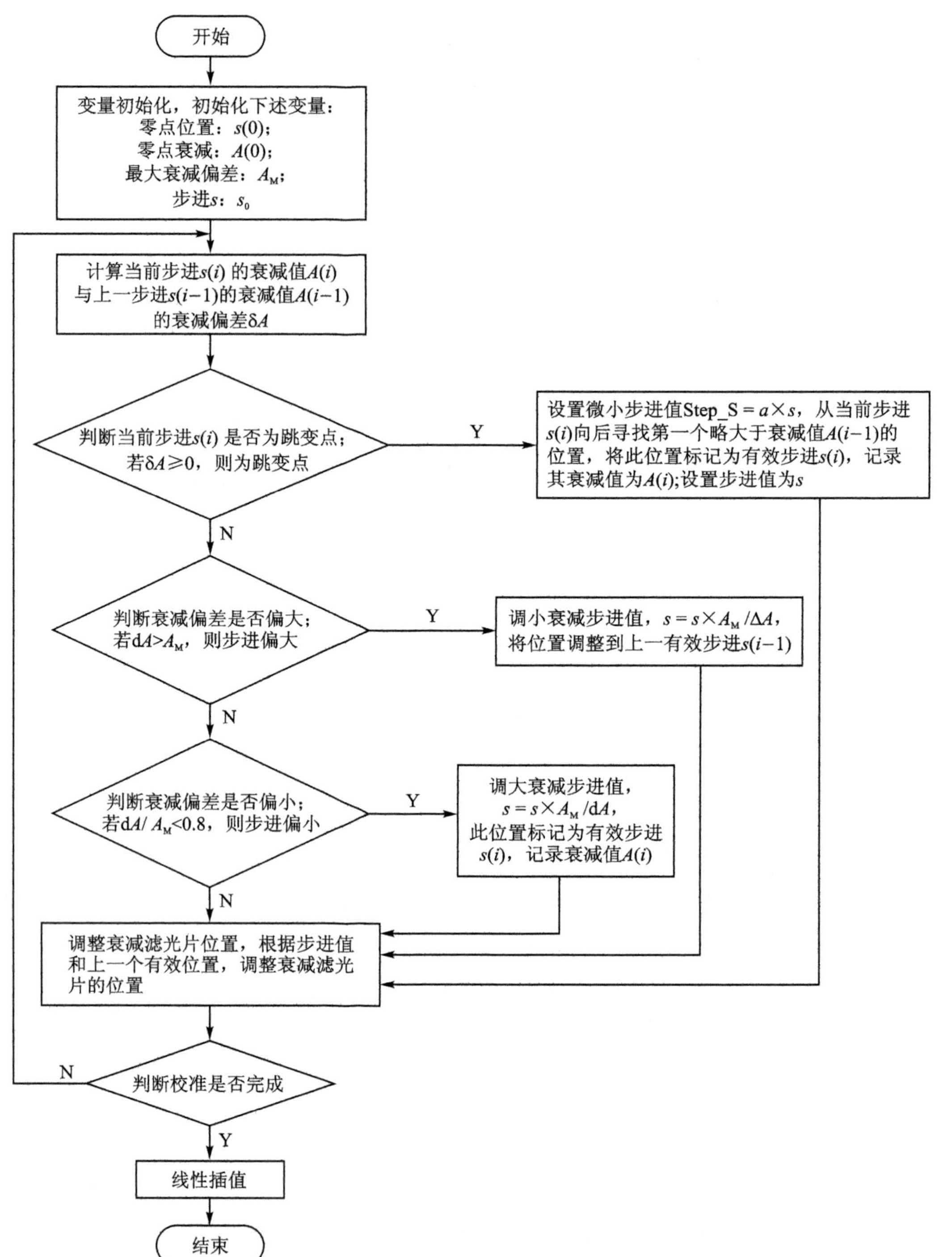


图 2 自适应校准算法流程图

## 4 实验结果分析

校准装置如图 3 所示，由光源、光衰减器、光功率计、主控计算机、光纤、GPIB 线缆等部分组成。其中光源为 Keysight 81600B/81980A 模块，光功率计为 81634B 模块，光衰减器为中国电科第四十一研究所自主研制的 6383B 可调光衰减器。

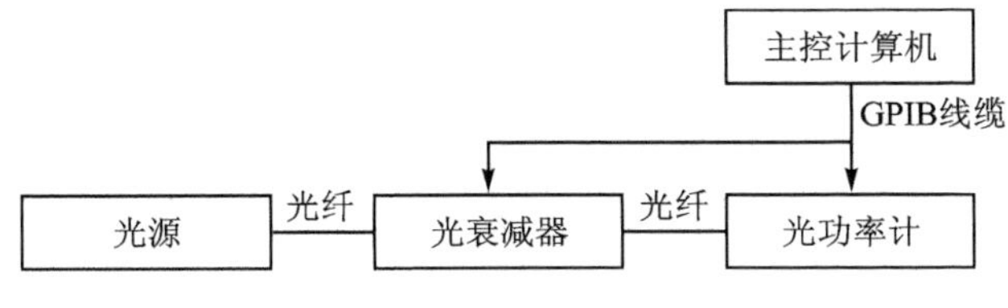


**图 3 波长定标装置示意图**

搭建如图 3 所示的实验装置，使用光纤连接光源、光衰减器、光功率计，同时使用 GPIB 线缆将光衰减器和光功率计连接到主控计算机。实验装置开机、预热、初始化，选择一个校准波长，主控计算机通过 GPIB 线缆控制光衰减器的电机按自适应校准算法得出的步进依次转动，同时读取光功率计中对应的光功率值，得到在当前校准波长下，衰减与步进值的对应关系式 $A(s)-s$，最后，利用式(2)或式(3)对非校准步进点进行插值，得出整个衰减区间中衰减值与步进值的数据关系，并将此数据关系作为单个波长的最终校准数据存入 Flash 供光衰减器使用。

实验过程中，分别使用固定步进校准方法和自适应步进校准方法进行试验，试验结果如图 4 和图 5 所示。

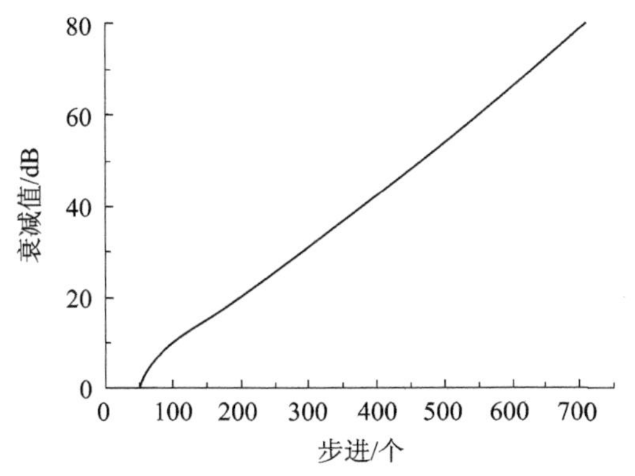


**图 4 固定步进校准方法测试结果图**

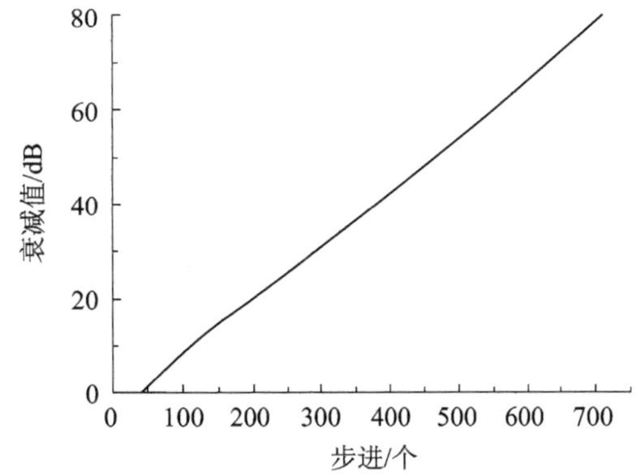


**图 5 本文校准方法测试结果图**

固定步进校准方法中，电机以固定步进 $N(N=400)$ 转动，受镀膜工艺的影响，滤光片的衰减度并非理想线性，由图 4 可见，前 12 dB 的衰减度呈非线性，通过固定步进的插值结果，其衰减误差在 0～12 dB 的非线性区较大，导致其衰减准确度降低。在自适应步进校准方法中，首先设定步进为 $N(N=400)$，在进行校准时，会自适应地根据滤光片衰减度实时的调整步进值，以保证在非线性区以较小的步进转动以提高精度，在线性区以较大的步进以提高效率。由图 4 和图 5 可见，采用自适应校准方法校准的仪器的准确度比采用固定步进校准方法的仪器的准确度有了较大的提高。

## 5 结束语

本文提出的自适应步进可调光衰减器校准方法与传统的固定步进校准方法相比，具有校准速度快、精度高的特点，该方法衰减准确度达到±0.1 dB，重复性达到±0.01 dB，解决了当前可调光衰减器校准效率低和精度差的难题，是一种有效的可调光衰减器校准方法。同时经环境试验，文中校准装置简便、能适应各种复杂的测试环境。在后续的研究工作中，我们将考虑在衰减非线性区采用非线性的校准方法的可行性。

## 参考文献

[1] 徐玉华，韩顺利，张爱国，等. 一种基于中性密度滤光片的可调光衰减器实现方法[J]. 国外电子测量技术，2018，37(5)：85-88.

[2] 李真，王丹，萧桂森，等. 新型可调谐光学衰减器研究[J]. 光电子激光，2015，26(7)：1243-1246.

[3] 郭安金，万静. 基于微流控技术的新型光衰减器器件设计[J]. 南京邮电大学学报(自然科学版)，2013，33(5)：45-48.

[4] 尹邦政，朱静. 多通道数字可调光衰减器模块的设计与实现[J]. 光机电信，2011，28(8)：70-73.

[5] 张勇喜，金秀，杨文华，等. 真空度对 Ni80Cr20 薄膜中性度的影响[J]. 光学仪器，2017，39(1)：62-67.

[6] 王忠连，王瑞生，阴晓俊，等. 镀制方式对高衰减镍铬合金膜中性度的影响[J]. 光电工程，2014，41(8)：90-94.

# 基于光谱分析仪的WDM系统测试方法

李志增　刘磊　张冰

（中电科仪器仪表有限公司，山东·青岛，266555）

**摘要**：波分复用（WDM）系统在光通信应用中，是充分挖掘光纤带宽能力，实现大容量、高速通信、长距离的最佳手段，应用范围极广。WDM系统的性能直接影响着信号传输容量和质量。本文阐述了一种基于光谱分析仪的WDM系统测试方法，详细介绍了WDM各指标测试方法。

**关键词**：波分复用；WDM；光谱分析仪；信噪比

## 0　引　言

随着我国国民经济建设的持续、快速发展，通信业务的种类越来越多，信息传送的需求量也越来越大。已经在军事、工业、农业、医疗和科学研究等各个领域得到了飞速发展和广泛应用，其产业规模不断壮大。复用（WDM）系统在光通信应用中，是充分挖掘光纤带宽能力，实现大容量、高速通信、长距离的最佳手段，应用范围极广。WDM系统的性能直接影响着信号传输容量和质量。因此如何精确测试WDM系统成为各方面遇到的问题。本文介绍了WDM系统的组成，测试WDM系统的测试仪器，以及影响WDM系统性能的各指标测试方法。

## 1　WDM系统

### 1.1　WDM系统的组成

若要给某一波长的光载入很多信息，则需要加宽频带。但这时，如果不提高平均接收功率，那么误码率将增加。相反，如果复用很多信息只用一根光纤传输，那么用不着过分扩大每一个波长的频带，就可以实现大容量的通信。这就是波分复用Wavelength Division Multiplexing（WDM）。通俗地讲，波分复用是将两种和多种不同波长的光载波信号（携带各种信息）在发送端经复用器（也称合波器）汇合到光线路的同一根光纤中，在同一根光纤中同时让两个或者两个以上的光波信号通过不同的光信道各自传输信息进行传输的技术，如图1所示。

波分复用技术可以充分利用光纤的带宽资源，使一根光纤的传输容量比单波长增加几倍至几十倍，从而有效地解决传输容量的问题。使多个波长复用起来在单模光纤中传输，在大容量长途传输时可以节约大量光纤。由于同一光纤中传输的信号波长彼此独立，因而可以传输特性完全不同的信号，完成各种电信业务信号的综合和分离，包括数字信号和模拟信号以及PDH信号和SDH信号的综合和分离。波分复用信道对数据格式是透明的，即与信号速率和电调制方式无关，是网络的扩容的理想途径，也是引入宽带新业务的方便手段。增加一个附加波长即可引入想要的新业务与新容量。利用WDM技术选路来实现网络交换和恢复从而可

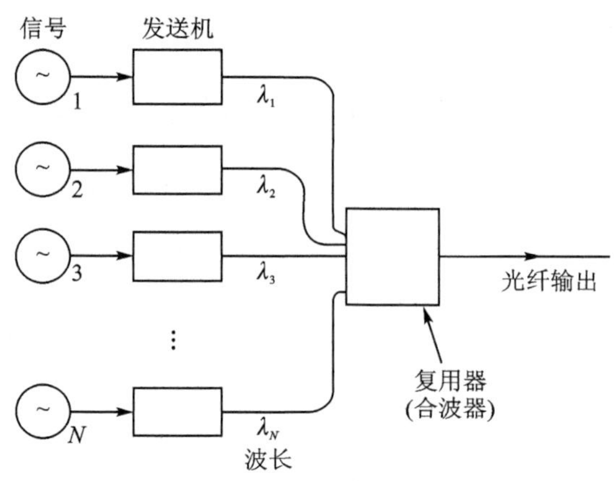


**图1 光波分复用方式示意图**

能过渡到未来透明的、具有高度生存性的全光网络。

光纤通信技术正向着超高速、大容量通信系统发展，并且逐步向全光网络演进。WDM是充分挖掘光纤带宽能力，实现大容量、高速通信、长距离的最佳手段。WDM系统信号传输质量的性能是WDM系统设计者必须考虑的因素，同时也是衡量WDM系统性能的标准。

### 1.2 WDM系统关注的指标

#### 1.2.1 中心波长及信道间隔

WDM系统的输入信号都是波长固定的光信号，即各个通路的光信号波长是不同的，但是每个通路的中心波长是固定的。各通路的中心波长是有严格规定的，规定的中心波长和实际的中心波长的差值即为中心波长偏移。中心偏移过大不仅会对相应通路信号造成影响，还会对其他通路信号造成串扰。信道间隔即为各通道之间的波长间隔，此间隔也是严格定义的，此指标保证了各通路之间信号传输的质量，避免串扰。

#### 1.2.2 信噪比

光通道中，信号的光功率与自发辐射噪声功率的比值称为信噪比。在波分复用光网中，光信号的信噪比是反应光信号质量的一个重要参数。在光的接收端，追求的正是高信噪比和低误码率。

## 2 光谱分析仪

### 2.1 光谱分析仪简介

随着光纤通信系统的传输速率和传输精度的不断提高，光纤通信系统的测试变得尤为重要，相关测试仪器起着“看似配角，实为关键”的重要角色。无论是光纤通信系统研制单位，还是光纤通信器件研制生产单位都需要通信波段的光谱分析仪对其相关产品或系统性能参数进行测试与分析，在600～1 700 nm近红外通信波段，近红外光谱分析仪是最通用的光频率域测量仪器，同时也是近红外武器装备系统在研发和维护过程中必不可少的测量分析仪器，用于以上武器装备系统所依赖的各类近红外半导体激光光源(如DFB－LD、SLD、FP－LD、LED等)的光谱特性、光纤及光纤放大器的光波传输特性、近红外光学滤波器的透射特性等重要参数的测量和密集波分复用光传输系统性能参数分析。所以，高性能光谱分析仪的研制和开发具有十分重要的意义。

### 2.2　6362系列光谱分析仪

6362系列光谱分析仪是新型的高性能衍射光栅光谱分析仪，适用于600～1 700 nm波段范围内的LED、LD、SLD、DFB-LD的光谱特性测试，光纤放大器系统的噪声系数和增益测试，光隔离器、滤波器等无源器件的传输特性测试等应用，其优异的性能指标完全满足密集波分复用的测试要求，是光有源和无源器件的理想测试仪器。

## 3　WDM系统测试方法

### 3.1　信号波长及功率

波分复用系统对于激光器输出波长的稳定要求很高，波长输出不稳定会引起复用时相邻信道的串扰，增加系统的误码率。

针对WDM系统波长稳定性测试指标，我们设计了两种信号波长和功率求解方式，以及点功率及总功率方式。

这两种方式，不管是点方式的目标点确认，还是总功率方式的信号范围确认，都与求解的峰值点有直接关系。峰值点的精确性直接影响着另外一种方式求得的信号功率和波长的精确性。

通过对实测的WDM光谱数据分析，待检索谱峰数据序列具有如下特性：

① 数据中功率值较低的部分随机波动大，存在均方根值为常数的随机噪声信号，即信噪比低，易造成虚假峰的出现。

② 存在明显大于噪声的高幅值数据点，即动态范围大。该部分数据包含的大谱峰较易检索，但部分光谱数据的大谱峰处曲线不光滑，易造成误判。

本文通过实测WDM光谱进行分析，提出一种基于局部最大矩阵的激光光谱自适应峰值检索方法。基于局部最大矩阵的自适应峰值检索算法，首先要建立数据序列的局部最大矩阵，根据其行向量特征修正矩阵，再根据其列向量特征定位峰值，并通过一定的方法进一步修正和补偿。

### 3.2　噪声功率

我们设计了两种方式求噪声功率，一种是点噪声功率，另一种是区域噪声功率，点噪声功率使用后面的点噪声探测方法指定的点的功率作为信号的噪声功率；区域噪声功率使用曲线拟合的方法在信号波长处得到信号的噪声功率。

点噪声功率：首先选择能代表信号噪声的点的位置，这又包括两种方法，并使用仪器上的噪声偏移进行选择，然后选择计算点噪声功率的方法。方法包括4种，Left表示信号波长左边，Right表示信号波长右边，Higher表示左边或右边的较大者，$(L+R)/2$表示左边和右边的平均值。

区域噪声功率：需要设置噪声功率计算区域（噪声功率的波长位置就在信号波长处）和计算方法。计算方法是曲线拟合，共有5种方法：线性拟合、高斯拟合、三次多项式拟合、四次多项式拟合、五次多项式拟合。

## 4 结束语

本文简单介绍了WDM系统组成及性能指标。同时分析了基于我所研制的6362系列光谱分析仪对WDM系统的测试方法。通过对信号波长和功率及噪声功率的测量方法的设计，能够大范围覆盖多种WDM系统的测试。测量结果能够真实地体现被测WDM系统的性能及质量。

## 参考文献

[1] 张海懿，张成良. WDM系统的测试及相关仪器[J]. 电信科学，1999，5：46-47.

[2] 6362A光谱分析仪用户使用手册[S].

[3] 雷非. DWDM系统的在线光谱监测[J]，光通信研究，2001，103(1)：28-30.

# 直流稳压电源检定装置测量不确定度评定

高芝媛　郝英杰　王建忠
（山东航天电子技术研究所，山东·烟台，264670）

**摘要**：本文依据军工标准JJG77—2015《直流稳压电源检定规程》以直流稳压电源检定系统为例，建立测量模型，通过分析影响本系统测量不确定度的因素：重复性测试试验、示值测量分辨率、检定装置引起的标准不确定度、上级标准器标准不确定度等几个方面综合分析，对系统测量不确定度进行评定。

**关键词**：直流稳压电源；数字多用表；分流器；误差；不确定度评定

## 1　引　言

随着电子技术的高速发展，直流稳压电源广泛应用于国防、科研、大专院校、实验室、工矿企业等。几乎所有的电子电路都需要稳定的直流电源，各种直流稳压电源由于采用了新技术、新性能指标也得到提升。对其进行校准检定有着重要的军事和民用价值，建立测量标准的组成与工作原理以确保直流稳压电源量值的准确一致，保证计量数据准确可靠非常重要。

本测量标准装置以34401A型数字多用表和分流器等为标准，以直接测量法进行各项指标的检定。34401A型数字多用表可以提供$6^{1/2}$位分辨率、每秒1 000个读数和$15\times10^{-6}$的基本直流精度，是满足当前和今后需要的性能优良且适用面广的数字万用表；分流器是根据直流电流通过电阻时在电阻两端产生电压的原理制成的，分流器实际上就是一个阻值很小的电阻，当有直流电流通过时，产生压降，供直流电流表显示，直流电流表实际是电压表，直流电流表和分流器是配套使用的，广泛扩大仪表测量电流范围。

本标准检定装置组成即满足不同功率稳压电源的计量检定工作，为量值传递提供了准确性。

## 2　检定原理和方法

### 2.1　组　成

直流稳压电源检定装置组成：可调交流电源、数字多用表、分流器、电子负载组成。

直流稳压电源工作原理组成框图如图1所示。

### 2.2　测量方法

依据军工标准JJG77—2015《直流稳压电源检定规程》，采用直流电压误差法，调节被检直流稳压电源输出电压，以数字多用表为标准，对被检直流稳压电源电压示值进行检定。

直流电流误差：调节被检直流稳压电源输出电流，直流电流通过阻值很小的分流器，当有

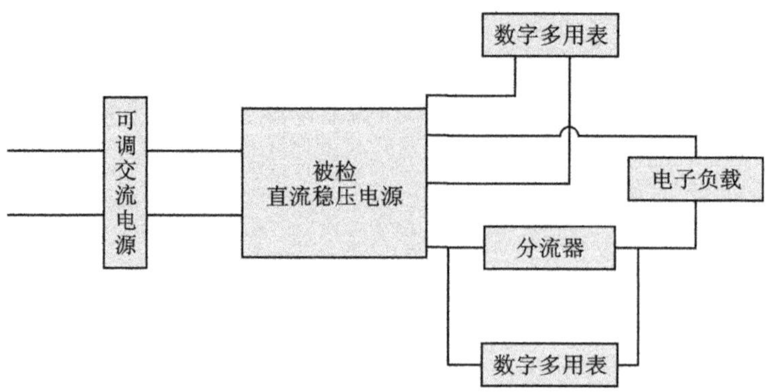


**图1 直流稳压电源的连接示意图**

直流电流通过时，分流器两端产生压降，通过数字多用表测量分流器两端电压值，即稳定电源输出的实际值，通过 $I=U/R$，计算出被检稳定电源输出电流的示值。

# 3 测量模型

## 3.1 直流电压

以标准电压表法校准直流稳压电源直流电压测量值示值误差，其示值误差测量模型公式表示如下：

$$\Delta V=V_x-V_0$$

式中：$\Delta V$ 为被检直流稳压电源直流电压测量值示值误差，V；$V_0$ 为数字多用表读取的直流电压标准值，V；$V_x$ 为被检直流稳压电源直流电压测量值，V。

## 3.2 直流电流

将负载电阻和分流器接通，调节被检直流稳压电源的输出电压，使被检直流稳压电源上的电流表显示一定的读数，用34401A数字多用表为标准测量分流器两端电压值，公式如下：

$$\Delta I=I_x-V_0/R_0$$

式中：$\Delta I$ 为被检直流稳压电源直流电流测量值示值误差，A；$V_0$ 为数字多用表读取的直流电压标准值，V；$R_0$ 为标准分流器的标称阻值，Ω；$I_x$ 为被检直流稳压电源直流电流测量值，A。

# 4 测量标准不确定度的评定

## 4.1 不确定度的来源

① 数字多用表的允许误差极限引入的标准不确定度分量 $u_1$。

② 数字多用表的分辨力引入的标准不确定度分量 $u$。

③ 标准装置的测量重复性引入的标准不确定度分量 $u_3$。

④ 标准分流器上级标准引入 $u_4$。

⑤ 标准分流器示值误差引入 $u_5$。

### 4.2　直流电压的不确定度评定(10 mV～1 000 V)

直流电压的测量不确定度评定，在整个测量范围内，需要评定下限点、上限点、典型点。

#### 4.2.1　数字多用表的允许误差极限引入的标准不确定度分量 $u_1$

由 34401A 数字多用表说明书技术指标得知，在直流电压 10 mV、10 V、1 000 V 点的最大允许误差分别为±0.004 0 mV、±0.000 4 V、±0.055 V，服从均匀分布，取 $k=\sqrt{3}$ 数字多用表的允许误差极限引入的标准不确定度为

$$10\ \text{mV}:\ u_1=\frac{0.004\,0}{\sqrt{3}}=0.002\,3\ \text{mV}$$

$$10\ \text{V}:\ u_1=\frac{0.000\,4}{\sqrt{3}}=0.000\,269\ \text{V}$$

$$1\,000\ \text{V}:\ u_1=\frac{0.055}{\sqrt{3}}=0.031\,8\ \text{V}$$

#### 4.2.2　数字多用表的分辨力引入的标准不确定度分量 $u_2$

数字多用表 34401A 在 10 mV、10 V、1 000 V 点的分辨力分别为 0.000 1 mV、0.000 01 V、0.000 1 V，服从均匀分布，取 $k=\sqrt{3}$，则

$$10\ \text{mV}:\ u_2=\frac{0.000\,1}{2\sqrt{3}}=0.000\,03\ \text{mV}$$

$$10\ \text{V}:\ u_2=\frac{0.000\,001}{2\sqrt{3}}=0.000\,003\ \text{V}$$

$$1\,000\ \text{V}:\ u_2=\frac{0.000\,1}{2\sqrt{3}}=0.000\,03\ \text{V}$$

#### 4.2.3　标准装置的测量重复性引入的标准不确定度分量 $u_3$

在规定的条件下，用该标准装置分别对直流稳压电源直流输出电压 10 mV、10 V、1 000 V 点进行测量，测量数据如表 1 所列。

**表 1　直流电压的测量重复性数据**

| 测量点 | 测量值 | 实验标准偏差 |
|---|---|---|
| 10 mV | 10.000 3、10.000 4、10.000 5、10.000 4、10.000 3、10.000 6、10.000 3、10.000 1、10.000 3、10.000 4 | 0.001 5 mV |
| 10 V | 10.001 3、10.001 4、10.001 5、10.001 4、10.001 3、10.001 6、10.001 3、10.001 1、10.001 3、10.001 4 | 0.000 13 V |
| 1 000 V | 1 000.031、1 000.042、1 000.038、1 000.036、1 000.045、1 000.034、1 000.033、1 000.035、1 000.039、1 000.037 | 0.004 2 V |

按 A 类评定，由贝塞尔公式计算得出单次测量的实验标准偏差为

$$10\ \text{mV}:\ u_3=0.001\,5\ \text{mV}$$

$$10\ \text{V}:\ u_3=0.000\,13\ \text{V}$$

$$1\,000\ \text{V}:\ u_3=0.004\,2\ \text{V}$$

由于重复性引入的不确定度分量包含了人员读数、分辨力引入的不确定度分量，为避免重

复计算，只考虑重复性引入的不确定分量。

#### 4.2.4 合成标准不确定度

以上各项标准不确定度分量互不相关，所以合成标准不确定度为

$$10\ \text{mV}：u_c=\sqrt{u_1^2+u_3^2}=0.002\ 7\ \text{mV}$$

$$10\ \text{V}：u_c=\sqrt{u_1^2+u_3^2}=0.000\ 3\ \text{V}$$

$$1\ 000\ \text{V}：u_c=\sqrt{u_1^2+u_3^2}=0.032\ \text{V}$$

#### 4.2.5 扩展不确定度

取 $k=2$，扩展不确定度为

$$10\ \text{mV}：U=0.005\ 4\ \text{mV}$$

$$10\ \text{V}：U=0.000\ 6\ \text{V}$$

$$1\ 000\ \text{V}：U=0.064\ \text{V}$$

相对扩展不确定度为

$$10\ \text{mV}：U_{\text{rel}}=5.4\times10^{-4}$$

$$10\ \text{V}：U_{\text{rel}}=6.0\times10^{-5}$$

$$1\ 000\ \text{V}：U_{\text{rel}}=6.4\times10^{-5}$$

测量范围 10 mV～1 000 V，其扩展不确定度为 $U_{\text{rel}}=6.0\times10^{-5}\sim5.4\times10^{-4}$。

### 4.3 直流电流的不确定度评定(0.1～300 A)

直流电流的测量不确定度评定，在整个测量范围内，评定下限点和典型点。

被检直流稳压电源输出直流电流 0.1 A 和 80 A，选用标准 34401A 型数字多用表直流电压 100 mV 量程来测量，标准分流器分别取 15 A 和 300 A，其标称电压分别为 10 mV 和 80 mV。

#### 4.3.1 数字多用表的允许误差极限引入的标准不确定度分量 $u_1$

由 34401A 数字多用表说明书技术指标得知，在直流电压 10 mV、80 mV 点的最大允许误差分别为±0.004 0 mV、±0.007 5 mV，服从均匀分布，取 $k=\sqrt{3}$ 数字多用表的允许误差极限引入的标准不确定度为

$$10\ \text{mV}：u_1=\frac{0.004\ 0}{\sqrt{3}}=0.002\ 3\ \text{mV}$$

$$80\ \text{mV}：u_1=\frac{0.007\ 5}{\sqrt{3}}=0.004\ 3\ \text{mV}$$

#### 4.3.2 数字多用表的分辨力引入的标准不确定度分量 $u_2$

数字多用表 34401A 在 10 mV、80 mV 点的分辨力是 0.000 1 mV 服从均匀分布，取 $k=\sqrt{3}$，则

$$10\ \text{mV 和 }80\ \text{mV}：u_2=\frac{0.000\ 1}{2\sqrt{3}}=0.000\ 03\ \text{mV}$$

#### 4.3.3 标准装置的测量重复性引入的标准不确定度分量 $u_3$

在规定的条件下，用该标准装置分别对直流稳压电压直流输出电压 10 mV、80 mV 点进行测量，测量数据如表 2 所列。

表 2 直流电压的测量重复性数据

| 测量点 | 测量值 | 实验标准偏差 |
| --- | --- | --- |
| 10 mV | 10.000 3、10.000 4、10.000 5、10.000 4、10.000 3、10.000 6、10.000 3、10.000 1、10.000 3、10.000 4 | 0.001 5 mV |
| 80 mV | 80.002 7、80.002 2、80.002 1、80.002 6、80.002 4、80.002 6、80.002 3、80.002 1、80.002 3、80.002 4 | 0.000 21 mV |

按 A 类评定，由贝塞尔公式计算得出单次测量的实验标准偏差为

$$10\ \mathrm{mV}:\ u_3 = 0.001\ 5\ \mathrm{mV}$$

$$80\ \mathrm{mV}:\ u_3 = 0.000\ 21\ \mathrm{mV}$$

由于重复性引入的不确定度分量包含了人员读数、分辨力引入的不确定度分量，为避免重复计算，只考虑重复性引入的不确定分量。

标准数字多用表合成不确定度为

$$10\ \mathrm{mV}:\ u_c = \sqrt{u_1^2 + u_3^2} = 0.002\ 7\ \mathrm{mV}$$

$$80\ \mathrm{mV}:\ u_c = \sqrt{u_1^2 + u_3^2} = 0.004\ 3\ \mathrm{mV}$$

相对合成不确定度为

$$10\ \mathrm{mV}:\ u_c = 0.000\ 27$$

$$80\ \mathrm{mV}:\ u_c = 0.000\ 054$$

#### 4.3.4 标准分流器上级标准引入 $u_4$

从证书获得直流标准电阻的相对扩展不确定度为

$$15\ \mathrm{A}\ 和\ 300\ \mathrm{A}:\ u_4 = 1.0 \times 10^{-5}/2 = 5 \times 10^{-6}$$

#### 4.3.5 标准分流器示值误差引入 $u_5$

由分流器说明书技术指标得知，15 A 和 300 A 最大允许误差分别为 $4.0\times10^{-5}$ Ω 和 $1.0\times10^{-7}$ Ω，允许误差极限引入的不确定度为

$$15\ \mathrm{A}:\ u_5 = 4.0 \times 10^{-5}/\sqrt{3} = 2.3 \times 10^{-5}\ \Omega$$

$$300\ \mathrm{A}:\ u_5 = 1.0 \times 10^{-7}/\sqrt{3} = 5.8 \times 10^{-8}\ \Omega$$

相对不确定度为

$$15\ \mathrm{A}:\ u_5 = 2.3 \times 10^{-4}$$

$$300\ \mathrm{A}:\ u_5 = 5.8 \times 10^{-5}$$

#### 4.3.6 合成标准不确定度

以上各项标准不确定度分量互不相关，所以合成标准不确定度为

$$10\ \mathrm{mV}:\ u_c = \sqrt{u_1^2 + u_3^2 + u_4^2 + u_5^2} = 0.000\ 35$$

$$80\ \mathrm{mV}:\ u_c = \sqrt{u_1^2 + u_3^2 + u_4^2 + u_5^2} = 0.000\ 079$$

#### 4.3.7 扩展不确定度

取 $k=2$，相对扩展不确定度为

$$10\ \mathrm{mV}:\ U_{\mathrm{rel}} = 7.0 \times 10^{-4}$$

$$80\ \mathrm{mV}:\ U_{\mathrm{rel}} = 1.6 \times 10^{-4}$$

在测量范围 0.1～300 A，其扩展不确定度为 $U_{\mathrm{rel}}=1.6\times10^{-4}\sim7.0\times10^{-4}$。

## 5 结 论

通过对直流电压和直流电流标准不确定度分析，得到了测量标准的不确定度满足作为直流稳压电源检定装置作为测量标准的要求

## 参考文献

[1] 直流稳压电源检定规程. 非书资料:JJG(军工)77—2015.

[2] 电流表、电压表、功率表及电阻表检定规程. 非书资料:JJG124—2005.

[3] 测量不确定度评定与表示. 非书资料:JJF1059—2012.

[4] 国防军工计量标准器具技术报告编写要求. 非书资料:JJF(军工)3—2012.

# 基于 FBG 传感器的无人机三向应变测量研究

罗玉祥　邵飞　申景诗　张永伟　郭春辉　张建德
（山东航天电子技术研究所，山东·烟台，264670）

**摘要**：新机的飞行试验需要进行结构强度的设计定型试飞。结构强度的测试主要是对飞机应变的测量。目前，试飞测试中测量应变的主要方法是电阻应变片法。由于测点数目较多，所以测试系统体积大、质量大；同时该方法易受电磁干扰的影响。本工作利用 FBG 传感器和电阻应变片联合对无人机加载过程中机体的应变进行了监测和对比，试验发现，两种方式测量的应变线性度非常高，应变测量误差较小，所以 FBG 传感器可以在无人机上进行机体应变的准确监测。

**关键词**：无人机；三向应变；电阻应变片；FBG

## 1　引　言

无人机运行环境极其恶劣，不仅要承受严酷天气条件的影响，如在极寒、低压环境下工作，还要承受巨大外力的作用，偶尔还会遭受"不明物体"的冲击。当无人机遇到突发情况时，需要作出较大的机动性动作，飞机表面将承受巨大空气流体力的作用。正是由于特殊的运行环境，所以在每一个环节都不允许出现异常。因此需要对机体核心部位的强度进行实时监控，防止灾难性事故的发生。

在现有飞行器强度测试中，普遍采用电阻应变片式的测量原理，对每个强度考核点粘贴一只电阻应变片，在进行试验时，通过读取应变值来获取飞行器机体节点的强度情况。普通飞机每架约采用 600～12 000 只应变片，大型飞机会更多，而每只应变片有 3 根电导线，这样共有数万根导线，占用较大面积、布线繁杂，线路缠绕比较严重，造成测试现场混乱。一旦某一只应变片出现问题，现场查找将非常困难，大幅增加了强度测试的复杂性和周期。

近几年，由于 FBG 传感器的独特优点，主要体现在尺寸小、质量轻、防潮防腐、抗电磁干扰、可靠性强、能埋入结构件，国内外逐步将其应用于飞行器测试。FBG 传感器相对传统电阻应变片的优势如图 1 所示。

FBG 传感器的测量原理，可以简述为，光在光纤中传输时，其特征参量振幅、波长、相位、偏振态等会受到温度、应变等外界物理因素的调制而发生变化。利用 FBG 技术的光纤光栅传感器属于波长调制型传感器，其通过获取光栅返回波长的变化实现对特定物理参量的测量。FBG 传感器测量原理如图 2 所示。

美国国家航空和宇宙航行局在航天飞机 X－33 上安装了测量应变和温度 FBG 传感网络；加拿大的一个光子研究小组提出用 FBG 传感器测量飞机喷气涡轮发动机系统的压力和温度；日本研究团队在飞机的复合材料机身中，埋入小型化 FBG 传感器，监测撞击位置和结构损伤，并能实时给出图像化界面。法国、德国等欧洲国家也在积极进行 FBG 传感技术在航空航天领域的应用研究，尤其在可重复发射飞行器上开展了针对应变/形变、温度参数的健康监测测试

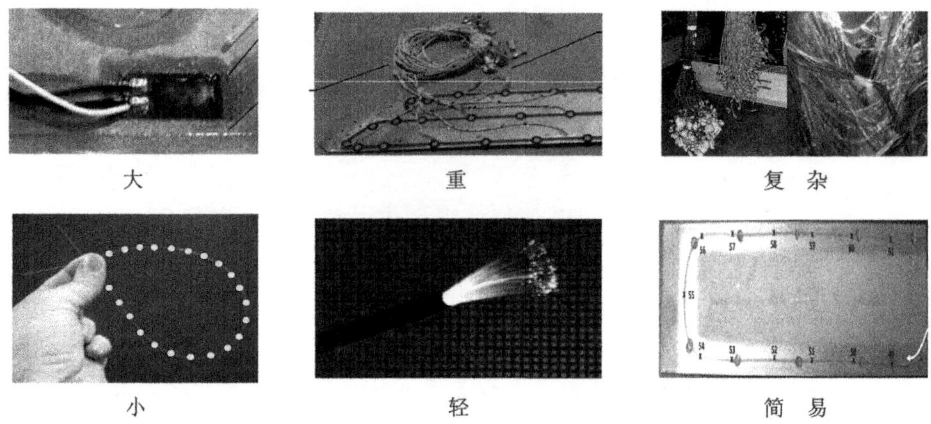


图1 FBG传感器相对传统电阻应变片的优势

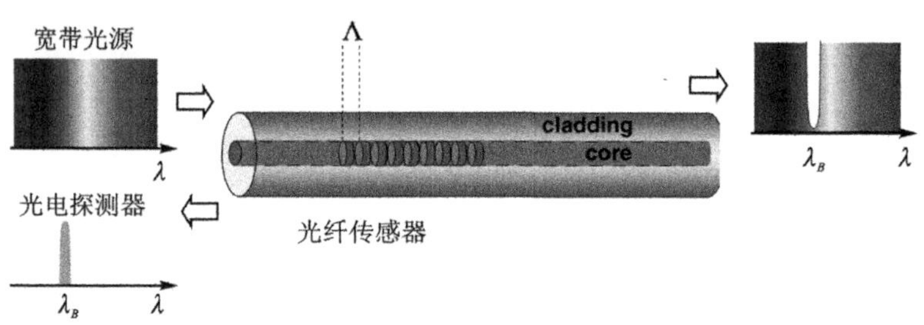


图2 FBG传感器测量原理

验证等创新性工作。

2008年，NASA完成了一项代表性工作，其在IKHANA无人机的机翼上安装了光纤应变传感器，采用4根光纤，每根光纤设置480个光栅测量点，共1 920个光栅点，用于监测各种飞行状态下机翼的变形情况，并与应变片测量系统进行了对比，二者吻合情况非常好，如图3所示，相关研究对航天器结构状态评估具有重要意义。

# 2 正 文

## 2.1 系统设计

对无人机机体表面进行光纤传感器和电阻应变片的排布，并在机体内布置解调器，如图4所示。传感器的排布主要分三个方向：90°、45°和0°。根据平面应力的广义胡克定律，我们可以得到主应变的最大值和最小值。

在每个光纤传感器的近邻位置，放置一个电阻应变片，用于应变测量的比对。在机体强度测试过程中，对机体从0～100%依次加压，加压步幅为10%，在11次变压过程中，依次记录两种测量方式获得的应变值。

对无人机的加载应变测试，主要是评估整机强度是否达到设定指标，如果加压不到100%，整机强度出现问题显然是不达标的，这将严重影响无人机的飞行安全。但如果加压达到120%压力工况下，无人机还没有解体也是不达标的，因为这意味着无人机设计方案没有充分挖掘机体潜能。因此，对机体的应变准确测量，直接决定了无人机设计评估的可靠性。

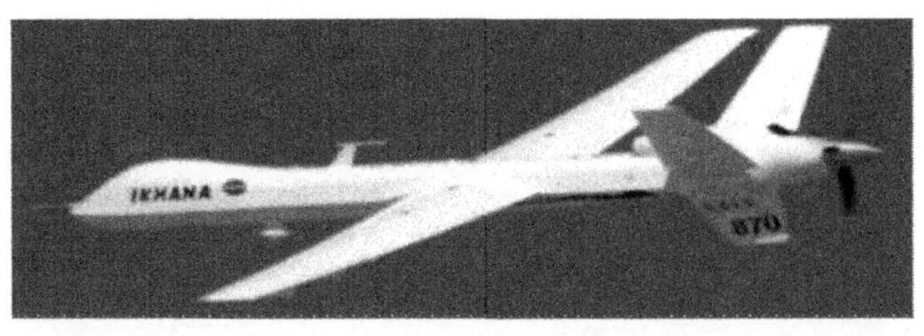

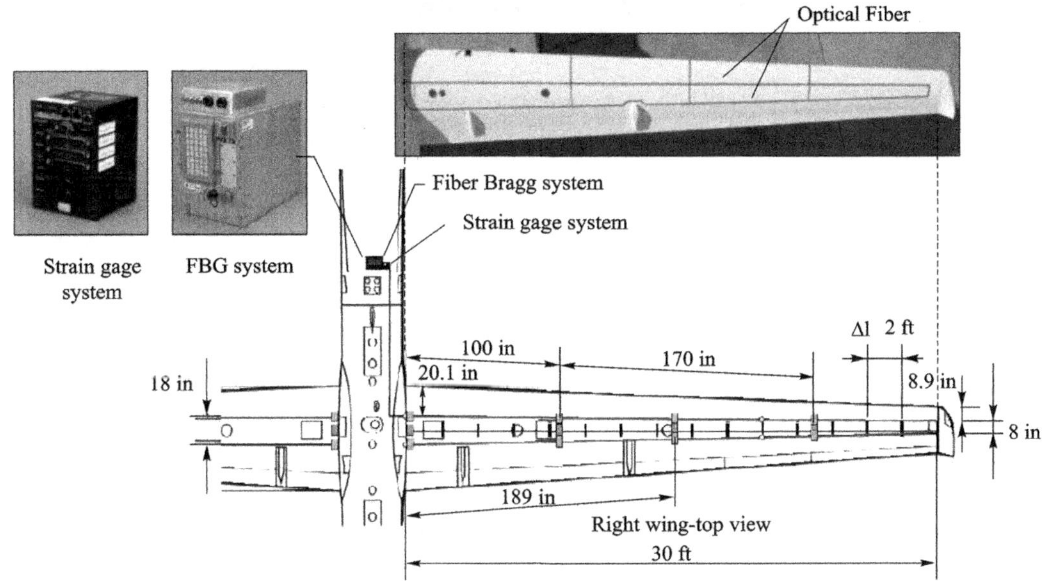


**图 3 IKHANA 无人机的机翼光纤监测系统**

## 2.2 结果与讨论

### 2.2.1 对于三向应变

在图 4 中，三向应变传感器被粘贴在区域"①②③"。经过数据分析，发现 S1 为正应变、S3 和 S5 为负应变。说明无人机在加载过程中，90°的位置发生了正应变，0°和 45°为负应变，应变不一定是统一拉伸和压缩的。

FBG 和电阻应变片 S1、S3、S5 和 S7 的测量结果比对图如图 5 所示。

### 2.2.2 单向应变

在机体的其他位置，分别放置一个横向的单向应变 S7 和一个纵向的单向应变 S8－1。经过测试，S7 为负应变，与 S3 符号一致。S8 为正应变，与 S1 一致。说明在机体发生加载过程中，机体不同位置的同向应变符号一致。

FBG 和电阻应变片 S8－1 和 S8－2 的测量结果比对图如图 6 所示。

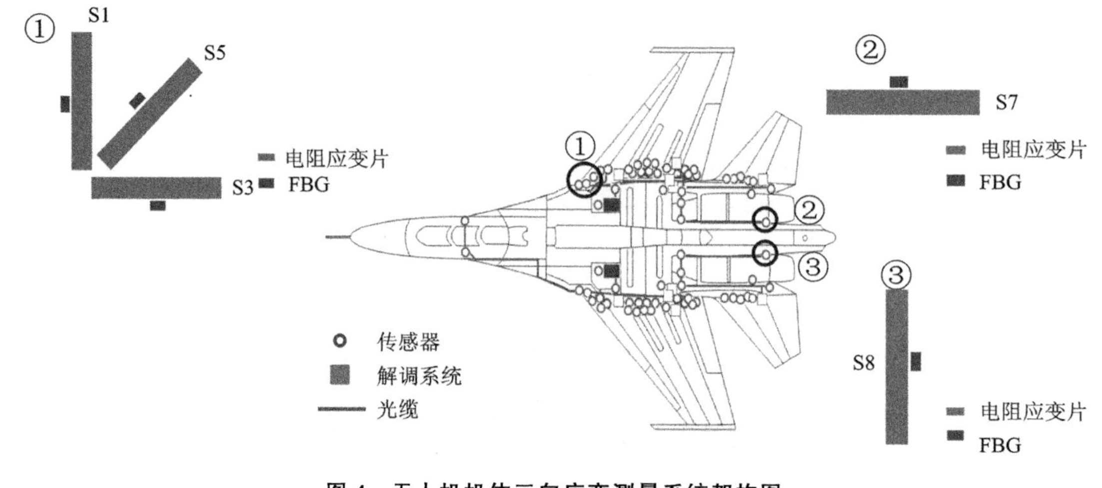


**图4 无人机机体三向应变测量系统架构图**

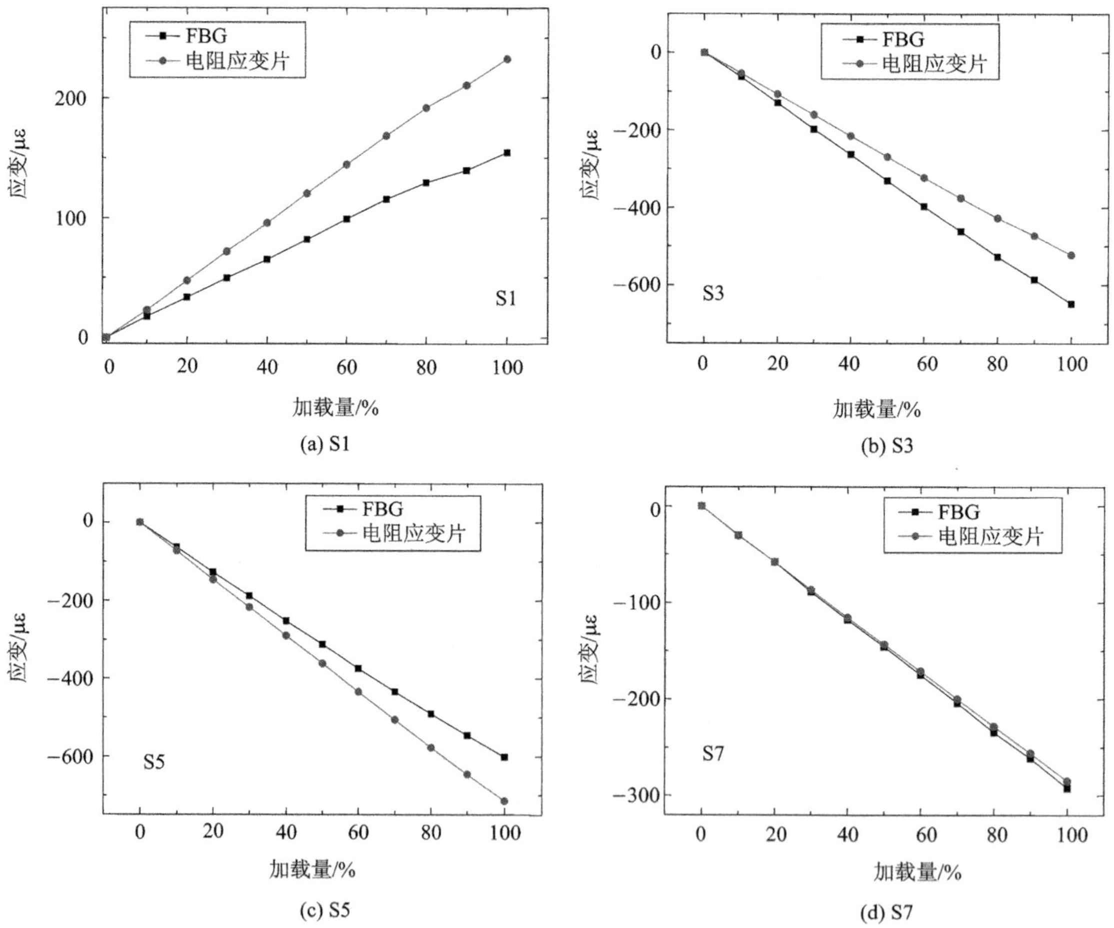

(a) S1

(b) S3

(c) S5

(d) S7

**图5 FBG和电阻应变片S1、S3、S5和S7的测量结果比对图**

### 2.2.3 线性度

不管是拉伸应变，还是压缩应变，光纤光栅传感器和电阻应变片的应变值随加载量的线性度都比较好。

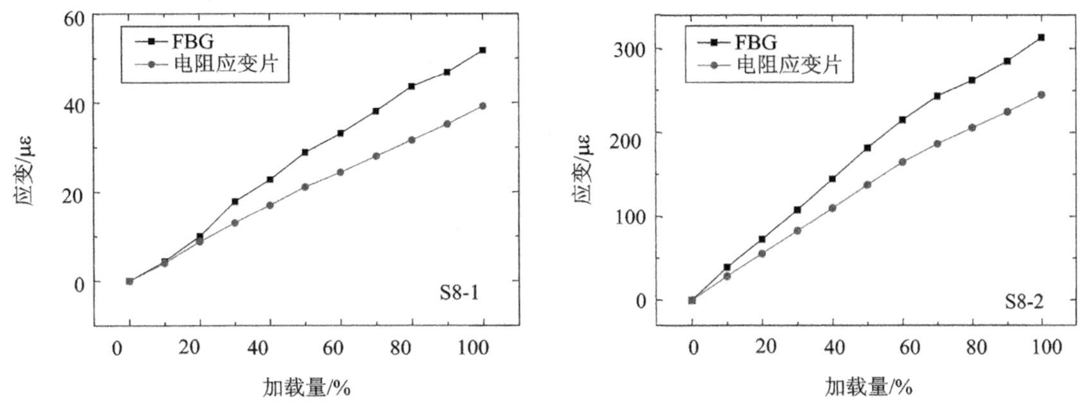


**图 6 FBG 和电阻应变片 S8－1 和 S8－2 的测量结果比对图**

在试验测试中，FBG 传感器应变值随加载量变化的线性度分别是 0.997 47(S1)、0.999 74(S3)、0.999 28(S5)、0.999 92(S7)和 0.995 64(S8－1)，电阻应变片应变值随加载量变化的线性度分别是分别是 0.999 24(S1)、0.999 57(S3)、0.999 91(S5)、0.999 95(S7)和 0.997 25(S8－1)。但是，对于 S8－2，对于 FBG 传感器和电阻应变片的线性度较差，这可能是由于加载量不是线性引起的。

#### 2.2.4 光纤传感器和电阻应变片测量差异

FBG 传感器的测量机理和结构与电阻应变片不同，因此，直接数值上有一定的差异，但差异的形成主要依赖于测量尺度和结构的复杂应变。

对于 S8 来说，我们进行了不同位置的加载试验，对于 S8－1，加载量施加在无人机的机头处，对于 S8－2，加载量施加在无人机的机尾处，发现不同位置施加加载量，同一位置测量应变与加载量的线性拟合斜率一致，均为 1.288。

### 2.3 系统性能提升

当前，FBG 传感解调采用波分复用进行解调，总的传感点数有限，目前可以做到五十多个点数。对于大型无人机来说，传感点数需要更多，为满足无人机大容量光纤光栅传感器布设与集成的需求，后续将采用波分复用(WDM)与时分复用(TDM)相结合的方法。

对于 TDM，各波长依次等间距刻制在一根光纤上，可调谐激光器输出中心波长为 $\lambda_1$ 的光，调制成脉冲光进入光纤中，与中心波长相匹配的弱光栅依次反射回来，通过采集信号对应时间进行光栅位置标定，相邻同中心波长弱光栅的反射光由 TDM 检测的时间差 $\tau$ 为 $\tau=2dn/c$，式中，$d$ 是在相邻同中心波长光栅之间的距离，$n$ 是光纤的有效折射率，$c$ 为真空中的光速。经过时间 $t$，其中 $t$ 为可调谐激光器波长调节$(\lambda_n-\lambda_{n-1})$nm 的扫描时间，可调谐激光器输出中心波长为 $\lambda_2$ 时，再经过调制进入光纤中，通过采集信号对应时间进行光栅位置标定。

对于 WDM，利用波长扫描光源和 F－P 标准具完成波分复用解调。系统中放大自发辐射光源和可调谐滤波器构成波长扫描光源，光纤分路器、光纤环形器和光电探测器构成 FBG 传感通道。将 F－P 标准具和 $C_2H_2$ 气室结合使用进行实时复合波长参考实现 FBG 波长提取，其中 F－P 标准具用来提供等间距的波长间隔，并通过采用一个已知波长的限波滤波器去掉 F－P 标准具的其中一条谱线，初步获得 F－P 标准具各条谱线的相对波长值，然后利用 $C_2H_2$ 气室的一条谱线作为绝对波长参考，对 F－P 标准具的各条谱线的相对波长进行修正。FBG

解调系统在每次波长扫描时同步采集 F－P 标准具、$C_2H_2$ 气室的透射光谱和 FBG 的反射光谱。

通过 TDM 和 WDM 两种波分复用方式的有效结合，可以显著提升 FBG 传感系统的探测能力，可以适用于不同机型的无人机的多点监测需求。

## 3 结 论

本文采用 FBG 传感器和电阻应变片测量了无人机机体在不同载荷下的应变变化，由测量结果分析了应变变化规律，试验发现在机体不同方向，应变的正负不同，具有各向异性，并初步探索了其应变机理。通过将 FBG 测试结果与应变片测量结果进行对比分析，发现应变测量值随加载量的线性关系较好，且测量误差小，可以确定 FBG 传感器能够胜任对无人机应变的精确测量。FBG 由于在尺寸、质量、系统复杂性方面的独特优势，有望在后续无人机工程测量中发挥重要作用。

## 参考文献

[1] 刘铁根，王双，江俊峰，等. 航空航天光纤传感技术研究进展[J]. 仪器仪表学报，2014，35(8)：1681-1692.

[2] 李红，祝连庆，闫光，等. 基于改性型 UDP 和 CIGI 的光纤光栅高速解调技术研究[J]. 仪器仪表学报，2016，37(1)：129-135.

[3] Luo Y，Shen J，Shao F，et al. Health monitoring of unmanned aerial vehicle based on optical fiber sensor array[J]. Proceedings of the SPIE，2017，10464：104640K.

[4] Lu S，Jiang M，Sui Q，et al. Damage identification system of CFRP using fiber Bragg grating sensors[J]. Composite Structures，2015，125： 400-406.

[5] Kersey A D，Davis M A，Patrick H J，et al. Fiber grating sensors[J]. Lightwave Technol，1997，15(8)：1442-1463.

[6] 曾捷，张钰珏，郭晓华，等. 光纤光栅传感器与机械结构预处理胶接方法[J]. 南京航空航天大学学报 2017，49(1) ：105-109.

[7] Sun Q，Liu D，Xia L，et al. Experimental demonstration of multipoint temperature warning sensor using a multichannel matched fiber Bragg grating[J]. IEEE Photon. Technol. Lett，2008，20(11)：933-935.

[8] Zhang Y，Xie X，Xu H. Distributed temperature sensor system based on weak reflection fiber gratings combined with WDM and OTDR[J]. Opto-Electron. Eng，2012：39(8)：69-74.

[9] Zhang M，Sun Q，Wang Z，et al. A large capacity sensing network with identical weak fiber Bragg gratings multiplexing[J]. Opt. Commun. 2012，285(13-14)：3082-3087.

[10] Hu C，Wen H，Bai W. A novel interrogation system for large scale sensing network with identical ultra-weak fiber Bragg gratings[J]. J. Lightwave Technol，2014：32(7)：1406-1411.

# 霍尔位移传感器的磁场特性分析

许涛　刘强　徐春明　赵旭　钟贻兵
（山东航天电子技术研究所，山东·烟台，264000）

**摘要：**简要介绍霍尔式位移传感器的工作原理与磁路形式，通过建立圆柱形永磁体数学模形分析与永磁体磁感应强度有关的参数。利用 Maxwell3D 建立有限元模型，分析各个参数对永磁体磁场分布的影响。对比仿真结论与理论计算，两者一致。结合传感器实际应用场景，按照分析结果选取合适的永磁体进行磁场设计。

**关键词：**霍尔位移传感器；永磁体；Maxwell3D

## 0　引　言

基于霍尔效应的位移传感器属于磁电式非接触测量传感器，与传统接触式传感器相比具有结构简单、精度高等优点。由霍尔效应原理可知，传感器的磁敏感元件需感应外界提供的磁场激励作为源信号。永磁体因其结构简单、磁性稳定、无源等优点适用于测量位置、位移、速度等物理量。永磁体产生的磁场通常为非线性磁场，磁场分布比较复杂，其磁场分布的磁感应强度跟多个参数有关。因此深入探究永磁体的应用特性具有很大的研究意义。

## 1　传感器模型

本次研究的永磁体应用于霍尔式位移传感器。位移传感器由传感器本体和永磁体两部分组成，两者同轴，如图 1 所示。永磁体为圆柱形，与传感器本体的传感头相对。为避免干扰永磁体产生的外部磁场，永磁体的磁钢罩和传感器本体外壳均采用净磁材料加工。两者相对距离 $X$ 变化时，传感头所在位置的磁场强度会随之变化。通过传感头感应其所在位置的磁场推算出传感器与永磁体的相对位移。实际设计时，永磁体 S 极朝向传感器本体，即磁场方向由传感器本体指向永磁体。

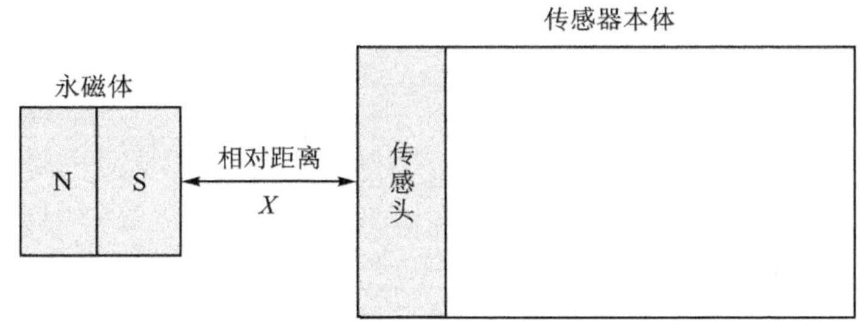


**图 1　传感器模型**

## 2 永磁体

永磁材料又称硬磁材料，能够长期保持磁性，具有宽磁滞回线、高矫顽力、高剩磁的磁性材料。永磁材料种类很多，磁性能有较大差异，所以在设计位移传感器时，首先要对永磁材料进行选择。永磁体有几个主要的指标参数分别是剩余磁感应强度 $B_r$、矫顽力 $H_c$、最大磁积能 $(BH)\max$。$B_r$ 是指磁场强度 $H$ 恢复到零时，永磁体内仍保留的磁感应强度；$H_c$ 是指消除 $B_r$ 所需的反向磁场强度；$(BH)\max$ 是指永磁体在气隙空间所建立的磁能量密度。整个磁滞回线如图 2 所示。

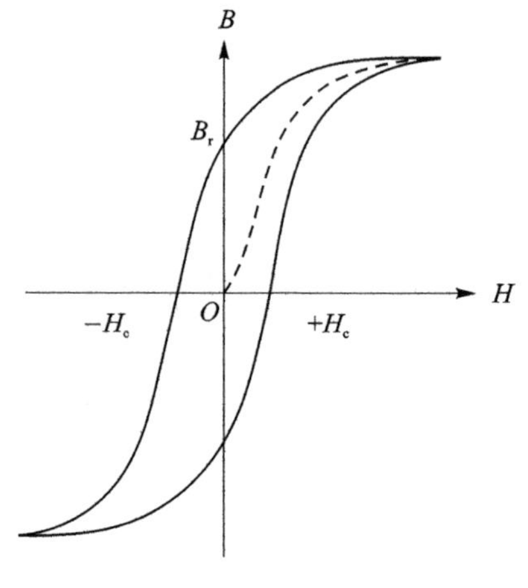


图 2 磁滞回线

根据永磁材料的成分，永磁材料可分为铝镍钴(AlNiCo)系永磁合金、铁氧体永磁材料和稀土永磁材料。稀土永磁产业得到了飞速发展，其中钕铁硼(NdFeB)是第三代稀土永磁材料，$B_r$ 高达 1.47 T，$H_c$ 高达 992 kA/m，$(BH)\max$ 高达 400 kJ/m$^3$。通过表 1 可以看出，铷铁硼磁性能优良，此外铷铁硼具备良好的机械特性，有利于小型号、超小型化设计。

表 1 永磁体材料性能对比

| 材　料 | 剩磁/T | 矫顽力/(kA·m$^{-1}$) | 磁积能/(kJ·m$^{-3}$) | 温度系数/(%·℃$^{-1}$) | 密度/(g·m$^{-3}$) |
|---|---|---|---|---|---|
| 铷铁硼 | 1.25 | 872 | 288 | −0.13 | 7.4 |
| 铝镍钴 | 1.15 | 128 | 88 | −0.03 | 1.3 |
| 铁氧体 | 0.56 | 224 | 36.8 | −0.18 | 5.0 |

### 铷铁硼

铷铁硼按最大磁积能划分为若干牌号 N30～N48，各自牌号的参数见表 2，随着牌号增大，其磁性能逐渐增大。

表 2 各牌号铷铁硼参数

| 序　号 | 牌　号 | 剩磁/T | 矫顽力/(kA·m$^{-1}$) | 最大磁积能/(kJ·m$^{-3}$) |
|---|---|---|---|---|
| 1 | N30 | 1.12 | 836 | 239 |
| 2 | N33 | 1.17 | 876 | 263 |
| 3 | N35 | 1.21 | 915 | 279 |
| 4 | N38 | 1.26 | 915 | 303 |
| 5 | N40 | 1.29 | 876 | 318 |
| 6 | N42 | 1.32 | 876 | 342 |
| 7 | N45 | 1.37 | 876 | 358 |
| 8 | N48 | 1.41 | 876 | 383 |

## 3　圆柱形永磁体磁场特性

根据安培环路定律，永磁体外部任一点的磁场是由其内部分子电流共同作用而成的，宏观上永磁体只有外表面产生磁场。假设一个半径 $a$，高度 $h$ 的圆柱永磁体被均匀磁化，磁化方向为 $Z$，磁化强度为 $M$。选用柱坐标系研究圆柱形永磁体磁场，$A(a,\theta_0,z_0)$ 为永磁体一点，建立坐标系，如图 3 所示。

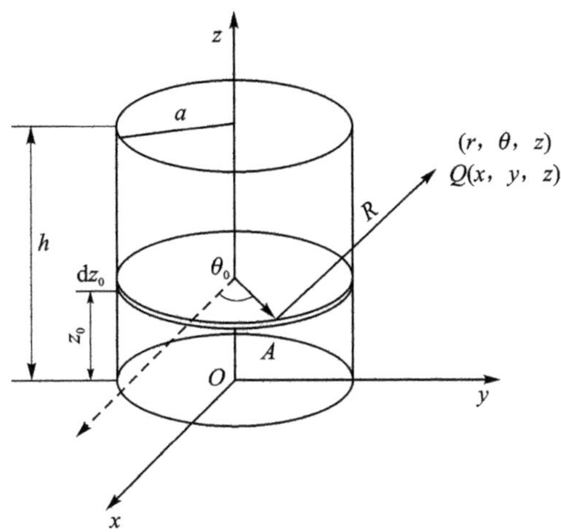


图 3　均匀磁化的圆柱型永磁体模型

由毕奥-萨伐尔定律可知，电流元 $Q(r,\theta,z)$ 在空间产生的磁感应强度为

$$\mathrm{d}\boldsymbol{B}=\frac{\mu_0 I\mathrm{d}l\times\boldsymbol{e}_r}{4\pi r^2}=\frac{\mu_0}{4\pi}\oint\frac{I\mathrm{d}l\times\boldsymbol{R}}{R^3} \tag{1}$$

在 $A$ 点 $(a\cos\theta_0,a\sin\theta_0,z_0)$ 点取出电流元 $I\mathrm{d}l$，即

$$I\mathrm{d}l=M(-a\sin\theta_0 i+a\cos\theta_0 j+0k)\mathrm{d}z_0\mathrm{d}\theta_0 \tag{2}$$

此时，$Q$ 相对电流元 $I\mathrm{d}l$ 的位置矢量为

$$R=(r\cos\theta-a\cos\theta_0)i+(r\sin\theta-a\sin\theta_0)j+(z-z_0)k \tag{3}$$

薄膜电流环在 $Q$ 的磁感应强度 $\mathrm{d}\boldsymbol{B}$ 为

$$\mathrm{d}\boldsymbol{B}=\frac{\mu_0 M}{4\pi}\frac{\begin{bmatrix} i & j & k\\ -a\sin\theta_0\mathrm{d}\theta_0 & a\cos\theta_0\mathrm{d}\theta_0 & 0\\ r\cos\theta-a\cos\theta_0 & r\sin\theta-a\sin\theta_0 & z-z_0\end{bmatrix}}{[(r\cos\theta-a\cos\theta_0)^2+(r\sin\theta-a\sin\theta_0)^2+(z-z_0)^2]^{3/2}}\mathrm{d}z_0 \tag{4}$$

对式(4)作二重积分，可得 $Q$ 点磁感应强度的三个分量为

$$B_x=\frac{\mu_0 M}{4\pi}\int_0^h\int_0^{2\pi}\frac{a\cos\theta_0(z-z_0)}{[r^2+a^2-2ar\cos(\theta-\theta_0)+(z-z_0)^2]^{3/2}}\mathrm{d}\theta_0\mathrm{d}z_0 \tag{5}$$

$$B_y=\frac{\mu_0 M}{4\pi}\int_0^h\int_0^{2\pi}\frac{a\sin\theta_0(z-z_0)}{[r^2+a^2-2ar\cos(\theta-\theta_0)+(z-z_0)^2]^{3/2}}\mathrm{d}\theta_0\mathrm{d}z_0 \tag{6}$$

$$B_z=\frac{\mu_0 M}{4\pi}\int_0^h\int_0^{2\pi}\frac{a-r\cos(\theta-\theta_0)}{[r^2+a^2-2ar\cos(\theta-\theta_0)+(z-z_0)^2]^{3/2}}\mathrm{d}\theta_0\mathrm{d}z_0 \tag{7}$$

式(5)、(6)、(7)推导出了 $Q$ 点磁感应强度的三个分量表达式。

因永磁体磁化均匀，磁化强度 $M$ 为定值，圆柱形永磁体中轴线上任意一点的磁感应强度为

$$\boldsymbol{B}=\int_0^h\mathrm{d}\boldsymbol{B}=\frac{\mu_0 M}{2}\left[\frac{z}{\sqrt{z^2+a^2}}-\frac{z-h}{\sqrt{(z-h)^2+a^2}}\right]\hat{z} \tag{8}$$

即

$$\begin{cases} B_x=0\\ B_y=0\\ B_z=\dfrac{\mu_0 M}{2}\left[\dfrac{z}{\sqrt{z^2+a^2}}-\dfrac{z-h}{\sqrt{(z-h)^2+a^2}}\right]\end{cases} \tag{9}$$

由式(9)可知，轴线磁化的圆柱形的磁场强度在 $x$、$y$ 方向上的分量为0。$z$ 轴上磁感应强度随 $z$ 轴坐标值变化。

# 4 三维电磁场有限元分析

## 4.1 基本原理

Ansoft Maxwell 所采用的三维网格剖分单元是有限元理论中最为稳定的四面体单元，单元类型如图4所示。

四面体4个顶点上的坐标可以表示为 $(x_I, y_I, z_I)$，$(x_J, y_J, z_J)$，$(x_K, y_K, z_K)$，$(x_L, y_L, z_L)$，4个顶点上的场量可由坐标表示为

$$\begin{cases} U_I = a + bx_I + cy_I + dz_I \\ U_J = a + bx_J + cy_J + dz_J \\ U_K = a + bx_K + cy_K + dz_K \\ U_L = a + bx_L + cy_L + dz_L \end{cases} \tag{10}$$

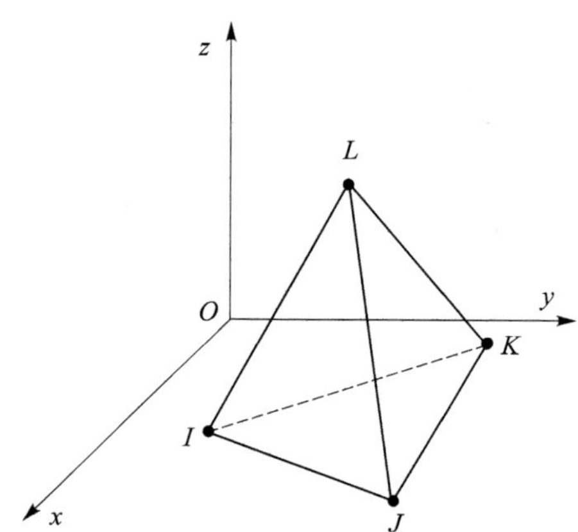

图4 四面体单元类型

式中：$a$、$b$、$c$、$d$ 为待求量，只要4个顶点的坐标值和场量已知，即可解得这四个量。

三维模型静磁场的基本麦克斯韦方程组如下：

$$\begin{cases} \nabla \times H(x,y,z) = J(x,y,z) \\ \nabla \times B(x,y,z) = 0 \end{cases} \tag{11}$$

式中：$B$ 为磁感应强度；$H$ 为磁场强度；$J$ 为电流密度。3个矢量都是各个方向的矢量的函数关系，如下：

$$B(x,y,z) = B_x \boldsymbol{x} + B_y \boldsymbol{y} + B_z \boldsymbol{z}$$

$$H = H_p + \nabla\varphi + H_c$$

式中：$B_x$、$B_y$、$B_z$ 为三个方向的标量磁感应强度，$\varphi$ 为标量磁位，$H_p$ 是四面体6条边上的磁场强度，该场量也为待求场量，$H_c$ 是永磁体上的磁场强度。采用二次插值来逼近单个剖分单元内的场量。

## 4.2 过程分析

使用 Maxwell 进行电磁场仿真时，主要过程包括原理分析、几何建模、加载激励源、网格划分、参数设定和后处理。

## 4.3 几何建模、材料属性定义

传感器本体及磁钢罩均为净磁材料，对永磁体所产生的磁场不会产生干扰，仅需对圆柱形永磁体进行建模，永磁体的外形尺寸半径为 $a$，高度为 $h$。为方便4.5节中的参数设置，定义下表面中心点坐标为(0,0,0)。

我们以铷铁硼作为永磁体材料进行分析。

## 4.4　网格划分

网格划分越准确，计算精度越高。本次仿真网格划分采用 Inside Selection，最大网格长度 2 mm，网格划分如图 5 所示。

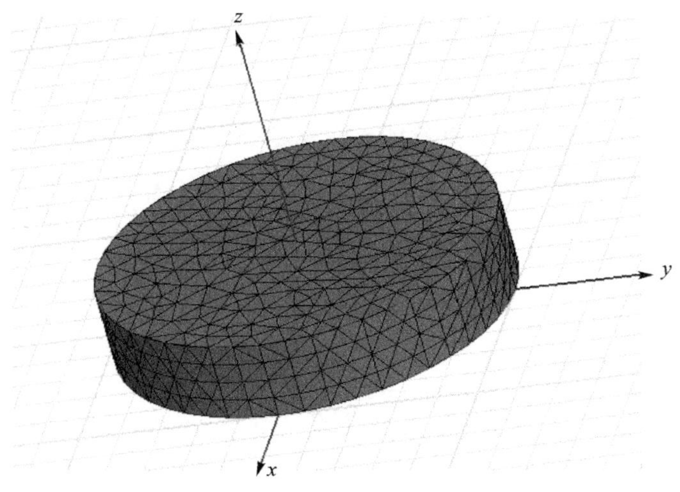


图 5　永磁体网格划分

## 4.5　参数分析

在圆柱形永磁体理论部分已介绍，圆柱形永磁体中轴线上的磁感应强度与永磁体材料、永磁体半径 $a$、高度 $h$ 及位移量 $z$ 有关。接下来将针对永磁体材料、永磁体半径、高度和位移量 4 个参数进行分析。

## 4.6　后处理

后处理是将计算结果进行可视化处理，图 6 为永磁体内部磁感应强度分布图，由图 6 可知，圆柱形永磁体表面磁感应强度大于其内部磁感应强度，侧边大于上下表面。

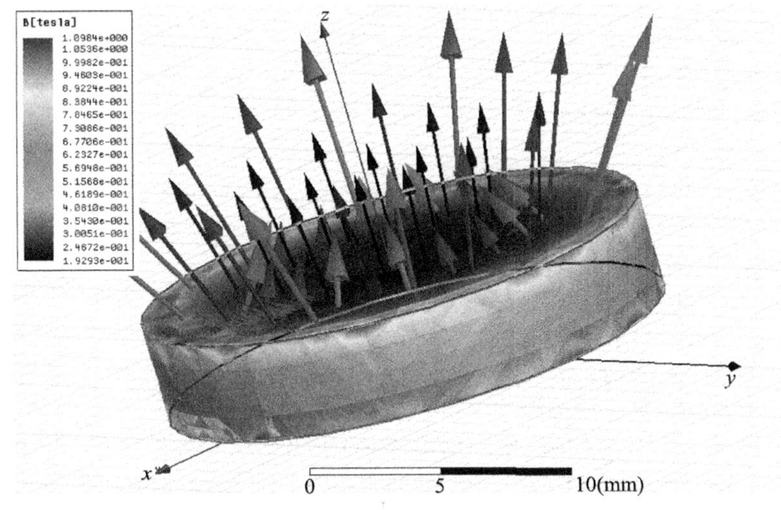


图 6　圆柱形永磁体磁场分布图

# 5 仿真结果

## 5.1 永磁体材料、位移量

为探究永磁体材料、位移量对圆柱形永磁体的磁感应强度分布的影响。设置永磁体材料为钕铁硼，磁化方向为 $z$ 轴。参数提取见表 3。磁感应强度 $B_z$ 与位移量 $z$ 关系仿真结果如图 7 所示。由图可知，牌号越大的钕铁硼的磁性能越强，随着位移量增大，牌号之间的差值越来越小；磁感应强度与位移量为非线性关系，随着位移量增大，其磁感应强度衰减速度变缓，仿真结果与理论分析中式(9)相符。因此采用此类永磁体作为位移传感器的磁场激励，需要对磁场信息进行换算。

**表 3 参数选取表**

| 钕铁硼牌号 | 位移量/mm | 常数量参数/mm |
| --- | --- | --- |
| N30 | $z$=5～25(步进为 1) | $a$=15,$h$=5 |
| N35 | $z$=5～25(步进为 1) | $a$=15,$h$=5 |
| N42 | $z$=5～25(步进为 1) | $a$=15,$h$=5 |
| N48 | $z$=5～25(步进为 1) | $a$=15,$h$=5 |

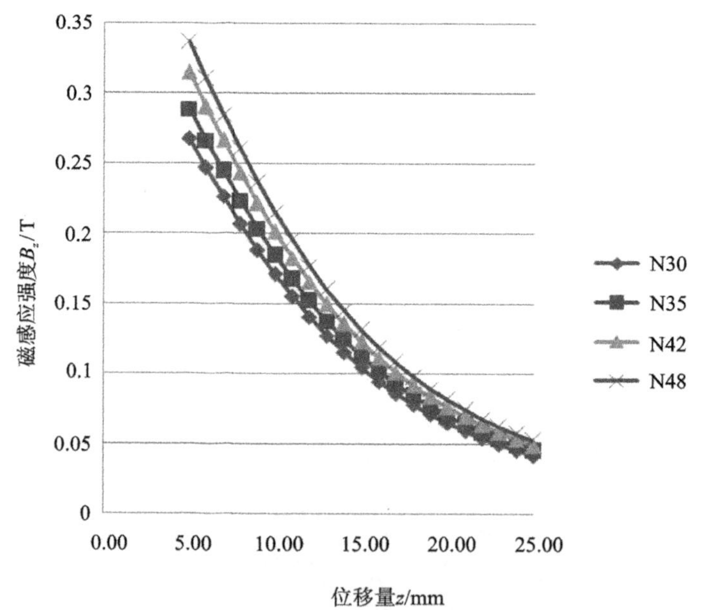


**图 7 材料、位移与磁感应强度关系**

## 5.2 永磁体半径、高度

为探究永磁体尺寸(半径、高度)对圆柱形永磁体的磁感应强度分布的影响。选取永磁体材料为钕铁硼 N35，磁化方向为 $z$ 轴。参数提取见表 4。磁感应强度 $B_z$ 与位移量 $z$ 仿真结果如图 8 所示。由图可知，磁感应强度分别随着半径 $a$ 和高度 $h$ 增大而增大，且均成非线性关系，仿真结果与理论分析中式(9)相符。

表 4 参数选取表

| 半径 $a$/mm | 高度 $h$/mm | 常数量参数 $z$/mm |
|---|---|---|
| 10～15(步进 1) | 4～8(步进 2) | 10 |

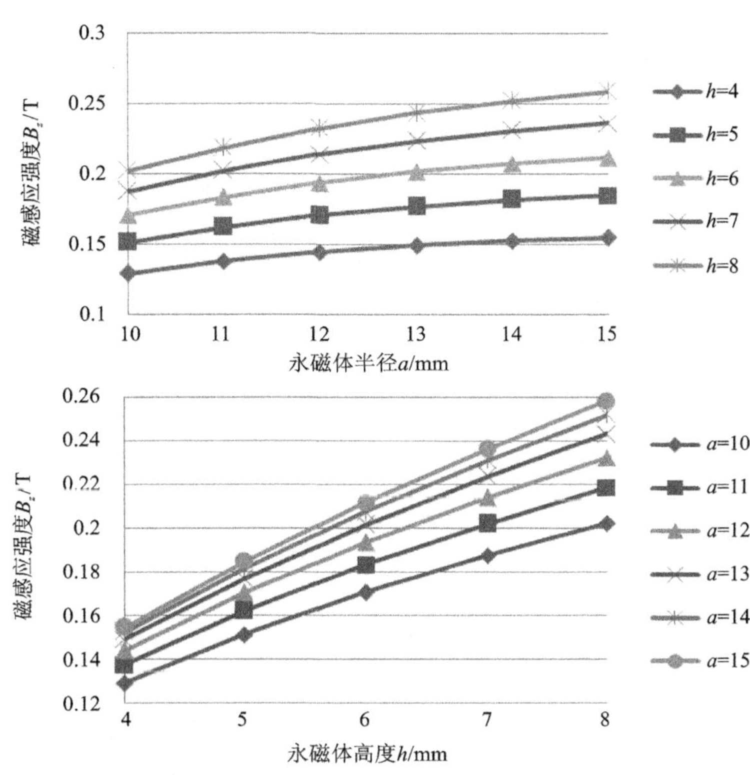


图 8 半径、高度与磁感应强度的关系

# 6 结 论

本文着力于研究圆柱形永磁体在位移传感器中的应用，首先通过建立圆柱形永磁体数学模型，结合实际应用情况，分析其中轴线磁场分布。继而通过 Ansoft Maxwell3D 对永磁体进行有效的有限元仿真分析。从仿真结果可以看出，永磁体材料、半径、高度及位移量对磁感应强度产生较大影响，仿真结果与数学模型分析一致，为以后使用圆柱形永磁体在位置、位移、速度等传感器中的应用提供理论基础和分析方法。

## 参考文献


[1] 张三慧. 大学物理学——电磁学[M]. 北京：清华大学出版社，2003.

[2] 谢彤. 永磁感应测速传感器设计与研究[D]. 南京：南京理工大学，2015.

[3] 李鑫. 永磁体空间磁场分布规律及其在传感器中的应用[D]. 南京：南京师范大学，2015.

[4] 赵博，张洪亮. Ansoft 12 在工程电磁场中的应用[M]. 北京：中国水利水电出版社，2010.

[5] 居伟骏，徐刚，卢怡，等. 基于 Ansoft Maxwell 圆机选针电磁阀仿真分析[J]. 针织工业，2016(11)：14-17.

# 基于FPGA的微波着陆模拟器主路径实现方法

刘世超　张光山　王建中

（中电科仪器仪表有限公司，山东·青岛，266555）

**摘要**：微波着陆系统以其在军事用途上的明显优势，大量装备在军用飞机上，微波着陆系统的生产和测试任务变得越来越繁重，对微波着陆模拟器也提出了更高的要求。本文提出了一种基于FPGA的微波着陆模拟器主路径数字实现方法，采用时分多路复用技术。首先构建方位、仰角、反方位、数据字等基本信号发生器，然后可以在FPGA内部进行信号开关和切换，根据国军标和国际民航标准组成相应的全周期序列，然后通过DAC输出，经过简单的模拟调理电路，即可产生微波着陆模拟器主路径基带信号，经过射频单元，产生最终信号。该方法结构简单，主要工作在于FPGA编程，可以灵活修改，减少硬件模拟电路的工作量。由于FPGA可以严格地控制时序，只要提高FPGA的工作速率和DAC采样率，并且在时序约束满足条件的情况下，便可稳定提高模拟器的模拟精度。

**关键词**：微波着陆；时分多路；FPGA；主路径

## 0　引　言

随着现代航空军事的快速变革，信息化程度越来越高，各军事强国的航电装备水平都有了大幅度提高，普遍具备全天候作战能力和水平，因此对航空进近导航着陆系统也提高了相应需求。仪表着陆系统为目前使用最为广泛的标准进近设备，已在军用和民用领域得到了广泛和成熟地运用。但是由于仪表着陆系统不能同时对多目标进行引导，受地形和气象影响比较严重等原因，尚能满足当前民用需求，但是已经很难满足当前的军事需求。

微波着陆系统由于其系统精度高、支持多机引导着陆和较强的干扰能力，非常适合飞机在复杂环境进行盲降，广泛用于军事和一些欧美的大型民用机场。微波着陆模拟器是研发、调试和生产微波着陆系统的重要仪器，其典型产品为美国艾法斯公司的MLS-800，与其相比国内对应产品功能相对单一。随着电子技术发展，尤其是FPGA在最近几年的大规模应用和改进，部分FPGA产品的逻辑单元已经大幅度增加，并且增加了DSP和BRAM等资源，同时由于FPGA的并行处理特性，特别擅长实现时分多路复用技术，这为开发人员实现复杂的微波着陆模拟器功能提供了可能。

## 1　微波着陆模拟器实现的整体方案以及基带模块实现方案

### 1.1　微波着陆模拟器实现的整体方案

微波着陆模拟器的整个结构主要包括基带模块、IQ调制模块、功率控制模块、本振模块和上位机等功能模块，具体框图如图1所示。

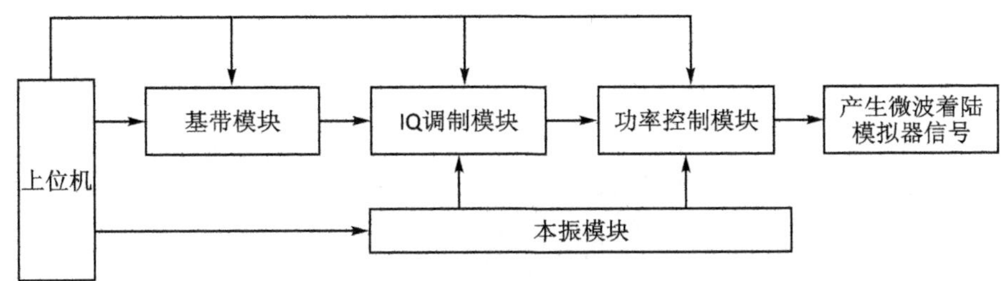


图 1　微波着陆模拟器整体框图

上位机通过 PXI 接口，分别控制基带信号基带模块、IQ 调制模块和功率控制模块等 4 个 PXI 模块，该 4 个模块如图 2 所示，组成微波着陆模拟器的硬件模块。首先由基带模块产生基带信号，然后经过 IQ 调制模块，直接变频到微波着陆对应的波道频率，再通过功率控制模块调整幅度，最后产生微波着陆模拟器信号。

本振模块产生 IQ 调制模块的调制输入时钟，在微波着陆模拟器中，本振模块不需要为功率控制模块提供时钟信号。基带模块可以产生 IQ 两路信号，在实现微波着陆模拟器主路径模拟信号时，不需要使用两路信号，只需使用一路信号。采取正交矢量信号发生器的原因是为了实现涉及频率变化的干扰信号，如扇摆率等干扰，方便后续功能的扩充。

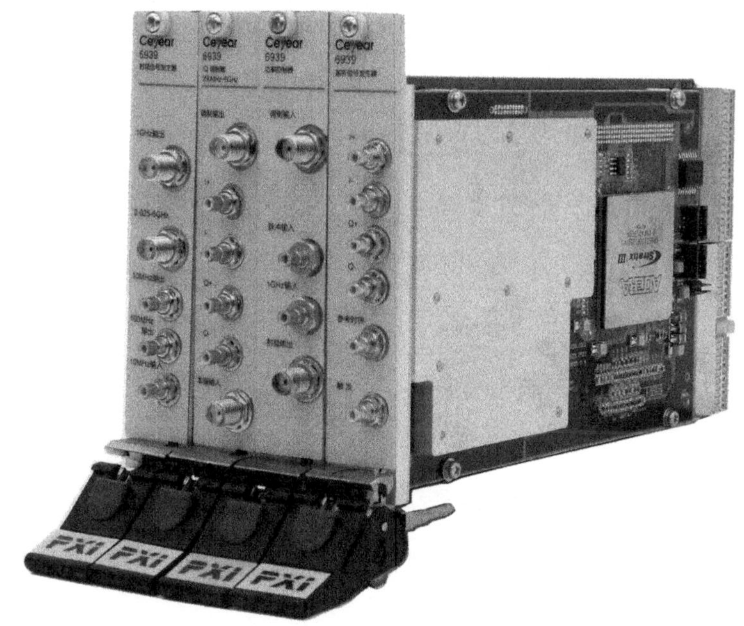


图 2　组成微波着陆模拟器的硬件模块

由于之前微波着陆模拟器的用户已习惯美国艾法斯公司 MLS－800 的使用界面，为了降低用户的学习成本，我们采用类似 MLS－800 的操作界面，并且完全对应其 F1 功能，具体界面如图 3 所示。

## 1.2　基带模块实现方案

基带模块主要由 FPGA、数/模转换器和输出调理电路等部分组成，具体框图如图 4 所示。从图中可以看出，基带模块的硬件方案简单，降低了开发难度，方便进行调试。在 FPGA 内部

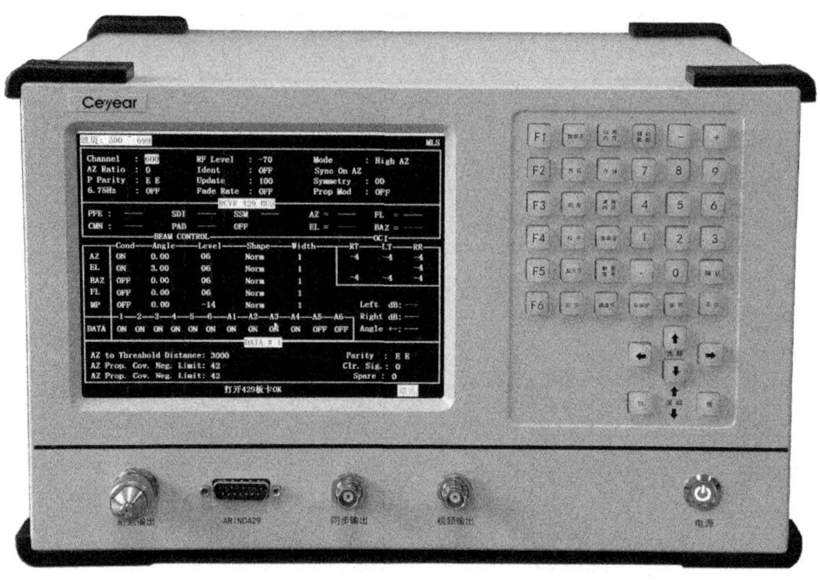


图 3　微波着陆模拟器用户界面

根据时基信号选择需要产生的基本信号，并进行信号的切换，实现整个全周期信号的产生。输出调理电路需要为数/模转换器的输出提供一个合适的直流偏移电压，因为后端的 IQ 调试模块的输入需要一个合适的直流偏移电压才能正常工作。

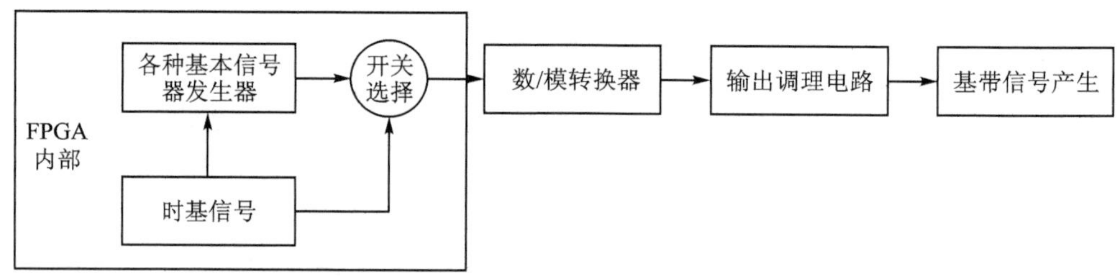


图 4　基带模块实现框图

## 2　微波着陆模拟器主路径信号概述

### 2.1　微波着陆工作模式

微波着陆工作模式根据方位模式分为普通方位全周期模式和高速方位全周期模式。普通方位全周期模式中的方位信号为普通方位信号，高速方位全周期模式中的方位信号为高速方位信号。高速方位全周期信号中方位信号出现的频率更高，整个周期内空隙间隔更短，更有利于接收机接收和分析信号，所以目前微波着陆地面台站普遍默认发射高速方位全周期信号。

### 2.2　微波着陆模拟器主路径信号的组成格式

微波着陆的全周期序列由四组顺序 1 时序和顺序 2 时序交替组合而成，顺序 1 和顺序 2 中间的空隙可以插入辅助数据字，在顺序 1 和顺序 2 的时序中插入基本数据字。

普通方位全周期的顺序 1 和顺序 2 的组成顺序如图 5 所示。

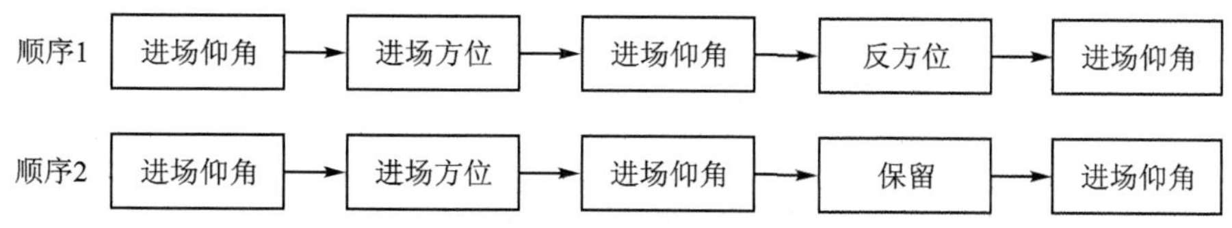


**图 5　普通方位全周期顺序时序**

高速方位全周期的顺序 1 和顺序 2 的组成顺序如图 6 所示。

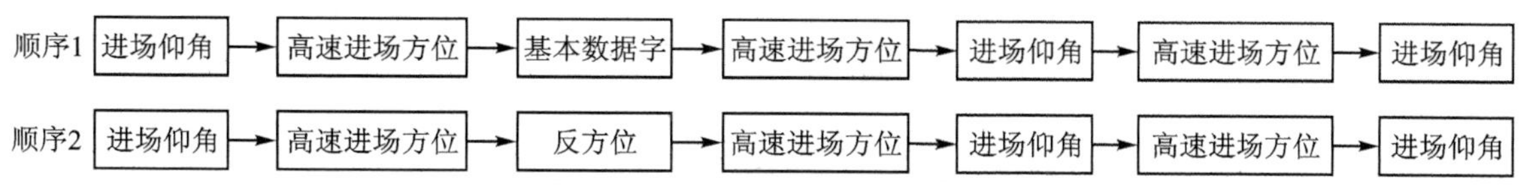


**图 6　高速方位全周期顺序时序**

高速方位全周期信号和普通方位全周期信号的每组顺序 1 和顺序 2 的时间长度和不能超过 134 ms,全周期总时间最大为 615 ms。通过图 5 和图 6 可以发现在高速全周期模式中方位信号出现的频率更高,更容易被获取,普通方位的扫描角度范围为±62°,高速方位的扫面角度范围为±42°,所以高速方位信号持续的时间比普通方位信号短一些。

## 3　基带 FPGA 主路径信号实现方案

### 3.1　各个基本信号的产生以及信号切换

微波着陆模拟器信号由普通方位信号、高速方位信号、仰角信号、反方位信号、基本数据信号和辅助数据字信号等基本信号组成。由于每个顺序 1 和顺序 2 中的基本数据字不一致,并且顺序之间间隙不同,中间还会插入辅助数据字,所以直接产生基本信号,然后采用时分多路复用的方式来组成全周期信号,而不是分别产生顺序 1 和顺序 2,然后进行组合的方式,实现框图如图 7 所示。

模式选择可以设置为普通方位全周期模式、高速方位全周期模式和测试模式,前两种模式为正常的工作模式,测试模式为了调试方便,可以只产生基本信号,方便验证信号是否正确。

通过不同的模式,选择对应的时基信号。通过时基信号选择是否产生相应的基本信号,同时开关切换到相应的基本信号通道上,从而周期产生信号。

### 3.2　同步信号产生和更新率实现

由于整个全周期信号时间跨度较长,用户在使用时很难通过输出通道准确地捕捉信号,因此很有必要提供同步功能,通过同步信号可以准确捕捉到设定到同步的基本信号。采用图 7 实现框架,可以很方便地产生同步信号,只需要根据时基信号产生规定时长的同步信号。

更新率是微波着陆模拟器常用功能,可以改变基本信号产生的频率,功率有 100%、75%、55%、45%、25%、0%六个选项,默认为 100%。每个选项对应一组开关的切换方式,配合时基信号,即可实现更新率功能,并且保证极高的准确度。

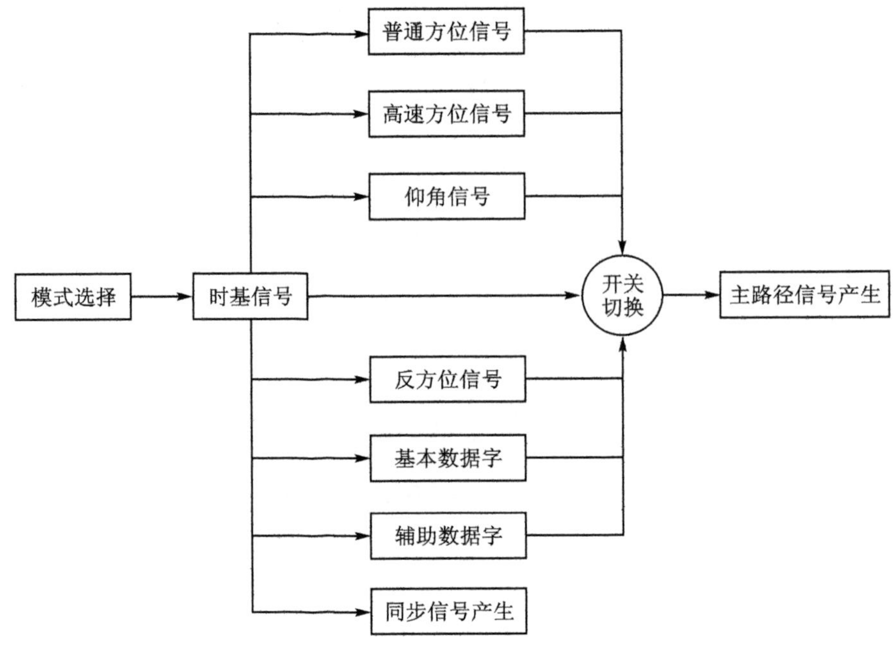


**图 7 主路径信号实现框图**

## 4 结束语

本文简要陈述了微波着陆系统的特点，微波着陆模拟器的整体实现方案和微波着陆主路径信号的组成，着重描述了微波着陆模拟器基带板原理以及 FPGA 实现过程。本文采用时分多路复用的实现方式，该方式具有极好的扩展性，适合在 FPGA 平台上实现，在基本不修改原先设计的前提下便可增加新的功能。同时由于硬件部分采用矢量信号源的框架，可以直接生成涉及变频等单数字通道无法实现的功能，方便后续添加多径以及扇摆率等干扰，不再需要更新硬件平台。

## 参考文献

[1] 陈高平，邓勇. 航空无线电导航原理[M]. 北京：北京国防工业出版社，2008.
[2] 何晓波. 浅谈仪表着陆系统的未来——微波着陆系统[J]. 江苏航空，2011(2)：44-45.
[3] 冯翔，张斌. 基于 FPGA 的微波着陆系统信号模拟器设计[J]. 电光与控制，2017，24(10)：96-101.
[4] 伍怀琪，陈新. FPGA 技术及其发展趋势探讨[J]. 数字通信世界，2019(4)：66.
[5] GJB2275—95 微波着陆系统性能要求和测试方法[S].

# 基于多信号模型的实时诊断推理算法

刘磊　张光山　杜雷

（中电科仪器仪表有限公司，山东·青岛，266555）

**摘要**：为了对系统进行实时状态监测与故障诊断，介绍了一种基于多信号模型的实时诊断推理方法，该方法首先对系统建立多信号流图模型，并根据多信号流图模型得到故障-测试依赖矩阵，然后根据系统对测试点的实时监测信息以故障-测试依赖矩阵为基础进行故障诊断推理，最终确定出系统各个模块的状态，定位出故障模块。通过对某型导航设备在线测试系统进行实例分析，结果表明该方法可以解决在线实时故障诊断问题，是一种有效的实时诊断方法。

**关键词**：故障诊断；实时诊断；多信号模型；依赖矩阵

## 1　引　言

随着电子技术的高速发展，电子系统的性能得到了极大的改善，系统的功能变的愈加强大，与此同时，系统的结构也变得越来越复杂。由于电子系统结构的庞大与功能的复杂，系统发生故障的几率也相应地提高，特别是在对可靠性要求极高的航天器等飞行系统中。因此，对电子系统实时故障诊断的要求越来越高。

多信号流图模型是一种以系统模块组成关系为基础的模型，可以根据模块与测试点的关系建立故障-测试依赖矩阵。该依赖矩阵能够准确地反映系统中模块与测试之间的关系，因此，基于多信号模型的诊断方法能够有效解决复杂系统的故障诊断问题。

基于多信号流图模型的实时诊断推理算法，在诊断推理过程中，不需要模拟系统的功能或行为，也不需要定性推理，可以根据部分测试点的信息直接在系统的故障-测试依赖矩阵的基础上实时的排除正常模块，得到发生故障的模块集合，具有快速、准确、诊断能力强的特点，而且不需要所有测试点的信息，特别适用于电子系统的实时故障诊断。

## 2　多信号模型建模方法

多信号模型建模方法是1994年由Deb. S等人提出来的，最终表现为系统故障源与测试之间的依赖关系矩阵，即故障-测试依赖矩阵（$\boldsymbol{D}$ 矩阵）。多信号模型主要包括以下几项内容：

① 系统的有限模块集合 $C=\{c_1,c_2,\cdots,c_L\}$ 和与系统相关的独立信号集合 $S=\{s_1,s_2,\cdots,s_K\}$；

② 可用测试集合 $T=\{t_1,t_2,\cdots,t_n\}$；

③ 测试点集 $\mathrm{TP}=\{\mathrm{TP}_1,\mathrm{TP}_2,\cdots,\mathrm{TP}_P\}$；

④ 每个测试点 $\mathrm{TP}_P$ 对应的一组测试集 $\mathrm{SP}(\mathrm{TP}_P)$；

⑤ 每个故障模块 $c_i$ 对应的一组信号集 $\mathrm{SC}(c_i)$；

⑥ 每个测试 $t_j$ 检测的一组信号 $\mathrm{ST}(t_j)$；

⑦ 有向图 DG={$C$,TP,$E$}，其中边 $E$ 表示系统结构的有向连接。

关于多信号模型的建模方法，国内已有较多文献对其进行了研究，本文不做具体介绍。

# 3 实时诊断基本算法

实时诊断推理过程可将系统中各个模块的状态最终确定为以下 4 种状态中的一种：① G(正常)，② B(故障)，③ S(可疑)，④ U(未知)。

实时诊断推理的过程大概如下：系统初始时刻设置所有模块的状态都是未知的(U)，在每一轮推理过程中，以测试的信息来确定正常模块，如果测试“通过”，则根据“通过”的测试确定正常的模块集合(G)，否则根据“失败”的测试确定那些失效(B)或可疑(S)的模块，并通过进一步推理从可疑模块(S)中排除正常模块(G)检测出失效的模块(B)，依据多信号模型中的关联信息，算法不停地处理来自于测试点的测试信息，最终确定所有模块的状态，得到诊断结果，实时诊断推理算法的具体步骤如下。

首先以 $Ts_j$ 表示测试 $t_j$ 所能够检测到的所有模块的集合，并将诊断推理过程得到的结果以下列集合表示：

$A$ 表示所有模块的集合(All components)；

$B$ 表示故障模块的集合(Bad components)；

$G$ 表示正常模块的集合(Good components)；

$S$ 表示可疑模块(即不能确定是否正常)的集合(Suspected components)；

$U$ 表示未知状态模块的集合(Unknown components)；

$F=\{f_j\}$表示从 $Ts_j$ 中移除正常模块后的可能故障模块集合。

第一步：将系统中所有模块的状态设定为未知，即

$$U=A,\quad B=\varnothing,\quad S=\varnothing,\quad G=\varnothing,\quad F=\varnothing \tag{1}$$

第二步：依次判断测试信息，如果测试“通过”，则进入第三步；否则，进入第四步。

第三步：处理测试“通过”的测试。

① 将“通过”的测试所能检测到的模块信号集进行并集运算

$$\bigcup_{t_j\,\text{passed}} Ts_j \tag{2}$$

② 将上述步骤中的集合与正常模块集合运算，得到正常模块的增集

$$\Delta G \leftarrow (U_{t_j\,\text{passed}} Ts_j) - G \tag{3}$$

③ 更新正常模块、可疑模块和未知状态模块的集合，从可疑模块集合与未知状态模块集合中移除正常模块的增集

$$G \leftarrow G \cup \Delta G,\quad S \leftarrow S-\Delta G,\quad U \leftarrow U-\Delta G \tag{4}$$

第四步：处理测试“失败”的测试。

① 从 $Ts_k$ 中移除正常模块的集合，得到被测系统可能故障的子信号集，即

$$F=\{f_k\} \leftarrow \{Ts_k - G\} \tag{5}$$

② 把测试检测到的未知状态的模块添加到可疑模块集合中

$$S \leftarrow S \cup \{f_k\},\quad U \leftarrow U-\{f_k\} \tag{6}$$

第五步：处理仍未确定状态的可能故障模块子信号集。

① 排除正常模块的增集，更新“未确定”的可能故障模块子信号集 $F$

$$F=\{f_j\} \leftarrow \{f_j - \Delta G\} \tag{7}$$

② 根据 one-for-sure 条件来确定故障模块，更新故障模块集合 $B$，若 $|f_j|=1$，则

$$B \leftarrow B \cup f_j,\quad \Delta B \leftarrow \Delta B \cup f_j \tag{8}$$

③ 移除可以根据故障模块的增集来确定状态的可能故障模块子信号集，若 $f_k \cap \Delta B \neq \varnothing$，则从 $F$ 中移除 $f_k$，因为它的状态已经可以由 $\Delta B$ 来确定。

第六步：判断是否确定出所有故障，若"是"则算法结束，否则跳回第二步继续。

# 4　实时诊断推理应用

下面以某型导航设备在线测试系统为例具体说明实时诊断推理算法的过程。导航设备在线测试系统的故障-测试依赖矩阵如表 1 所列。

**表 1　某型导航设备在线测试系统故障-测试依赖矩阵**

| S/T | $t_1$ | $t_2$ | $t_3$ | $t_4$ | $t_5$ | $t_6$ | $t_7$ | $t_8$ | $t_9$ | $t_{10}$ | $t_{11}$ | $t_{12}$ | $t_{13}$ | $t_{14}$ | $t_{15}$ |
|---|---|---|---|---|---|---|---|---|---|---|---|---|---|---|---|
| $s_1$ | 0 | 0 | 0 | 0 | 0 | 1 | 1 | 0 | 1 | 1 | 0 | 0 | 0 | 0 | 0 |
| $s_2$ | 0 | 0 | 0 | 0 | 0 | 1 | 1 | 0 | 0 | 0 | 1 | 1 | 0 | 0 | 0 |
| $s_3$ | 0 | 0 | 0 | 0 | 0 | 1 | 1 | 0 | 0 | 0 | 0 | 1 | 0 | 0 | 0 |
| $s_4$ | 1 | 0 | 0 | 0 | 0 | 0 | 0 | 1 | 0 | 0 | 0 | 0 | 0 | 0 | 1 |
| $s_5$ | 0 | 0 | 0 | 0 | 0 | 1 | 1 | 1 | 0 | 0 | 0 | 0 | 0 | 1 | 0 |
| $s_6$ | 1 | 0 | 0 | 0 | 0 | 0 | 0 | 1 | 0 | 0 | 0 | 0 | 0 | 0 | 0 |
| $s_7$ | 0 | 1 | 1 | 1 | 1 | 0 | 0 | 0 | 0 | 0 | 0 | 0 | 0 | 0 | 0 |
| $s_8$ | 0 | 0 | 0 | 0 | 0 | 0 | 0 | 1 | 0 | 0 | 0 | 0 | 0 | 0 | 0 |
| $s_9$ | 0 | 0 | 0 | 0 | 0 | 0 | 0 | 0 | 0 | 0 | 1 | 1 | 1 | 0 | 0 |
| $s_{10}$ | 0 | 0 | 0 | 0 | 0 | 1 | 1 | 1 | 0 | 0 | 0 | 0 | 0 | 0 | 0 |

根据实时诊断基本算法的步骤操作，进行如下操作以确定模块的状态：

第一步：初始化，$A=\{s_1,s_2,s_3,s_4,s_5,s_6,s_7,s_8,s_9,s_{10}\}$，$U=A=\{s_1,s_2,s_3,s_4,s_5,s_6,s_7,s_8,s_9,s_{10}\}$，$B=\varnothing$，$S=\varnothing$，$G=\varnothing$，$F=\varnothing$。$Ts_1=\{s_4,s_6\}$，$Ts_2=\{s_7\}$，$Ts_3=\{s_7\}$，$Ts_4=\{s_7\}$，$Ts_5=\{s_7\}$，$Ts_6=\{s_1,s_2,s_3,s_5,s_{10}\}$，$Ts_7=\{s_1,s_2,s_3,s_5,s_{10}\}$，$Ts_8=\{s_4,s_5,s_6,s_8,s_{10}\}$，$Ts_9=\{s_1\}$，$Ts_{10}=\{s_1\}$，$Ts_{11}=\{s_2,s_9\}$，$Ts_{12}=\{s_2,s_3,s_9\}$，$Ts_{13}=\{s_9\}$，$Ts_{14}=\{s_5\}$，$Ts_{15}=\{s_4\}$。

第二步：第一轮迭代：先假定已经知道 $t_1$、$t_8$ 两个测试失败，$t_2$、$t_6$ 两个测试通过。测试($t_1$、$t_8$)通过，跳至第三步进行处理；测试($t_2$、$t_6$)失败，跳至第四步进行处理。

第三步：处理通过的测试($t_2$、$t_6$)。

① 求得通过的测试所所能确定的模块集合：

$$\bigcup_{t_j \text{ passed}} Ts_j = Ts_2 \cup Ts_6 = \{s_1,s_2,s_3,s_5,s_7,s_{10}\}$$

② 求得正常模块的增集：

$$\Delta G = \{s_1,s_2,s_3,s_5,s_7,s_{10}\}$$

③ 更新各个模块集合：

$$G=\{s_1,s_2,s_3,s_5,s_7,s_{10}\},\quad S=\varnothing,\quad U=\{s_4,s_6,s_8,s_9\}$$

第四步：处理失败的测试($t_1$、$t_8$)。

① 获得失败测试所能够检测到的模块子信号集

$$F=\begin{Bmatrix}f_1\\f_8\end{Bmatrix}=\begin{Bmatrix}s_4,s_6\\s_4,s_6,s_8\end{Bmatrix}$$

② 更新可疑故障集等模块集合

$$S=\{s_4,s_6,s_8\},\quad U=\{s_9\}$$

第五步:处理暂时仍未确定状态的可能故障模块的子信号集。

① 根据上文正常模块的增集来修改尚未通过测试的可能故障模块的子信号集 $F$,得到

$$F=\begin{Bmatrix}f_1\\f_8\end{Bmatrix}=\begin{Bmatrix}s_4,s_6\\s_4,s_6,s_8\end{Bmatrix}$$

② 根据 one-for-sure 条件从 $F$ 中确定故障模块。

由于 $F$ 中没有 $f_j$ 满足 $|f_j|=1$,故 $B=\varnothing,\Delta B=\varnothing$。

③ 更新各模块集合

$$F=\begin{Bmatrix}f_1\\f_8\end{Bmatrix}=\begin{Bmatrix}s_4,s_6\\s_4,s_6,s_8\end{Bmatrix},\quad S=\{s_4,s_6,s_8\},\quad U=\{s_9\}$$

第六步:测试未完成,继续下一次迭代,跳转回第二步。

第二步:第二轮迭代,为方便起见,分别对 $t_{11}$ 和 $t_{15}$ 进行测试,且 $t_{11}$ 测试通过,$t_{15}$ 测试失败,至第三步和第四步进行相应处理。

第三步:处理通过的测试($t_{11}$)。

① 求得通过的测试所能确定的模块集合:

$$\bigcup_{t_j\text{ passed}}Ts_j=\{s_2,s_9\}$$

② 求得正常模块的增集:

$$\Delta G=\{s_9\}$$

③ 更新各个模块集合:

$$G=\{s_1,s_2,s_3,s_5,s_7,s_9,s_{10}\},\quad S=\{s_4,s_6,s_8\},\quad U=\varnothing$$

第四步:处理失败的测试($t_{15}$)。

① 获得失败测试所能够检测到的模块子信号集

$$F=\begin{Bmatrix}f_1\\f_8\\f_{15}\end{Bmatrix}=\begin{Bmatrix}s_4,s_6\\s_4,s_6,s_8\\s_4\end{Bmatrix}$$

② 更新可疑故障集等模块集合

$$S=\{s_4,s_6,s_8\}\quad U=\varnothing$$

第五步:处理暂时仍未确定状态的可能故障模块的子信号集。

① 根据上文正常模块的增集来修改尚未通过测试的可能故障模块的子信号集 $F$,得到

$$F=\begin{Bmatrix}f_1\\f_8\\f_{15}\end{Bmatrix}=\begin{Bmatrix}s_4,s_6\\s_4,s_6,s_8\\s_4\end{Bmatrix}$$

② 根据 one-for-sure 条件从 $F$ 中确定故障模块:$F$ 中 $f_{15}$ 满足 $|f_{15}|=1$,故 $B=\{s_4\},\Delta B=\{s_4\}$。

③ 移除可以根据故障模块的增集来确定状态的可能故障模块子信号集

$$F=\varnothing,\quad S=\{s_6,s_8\},\quad U=\varnothing$$

第六步:测试完成,算法结束。

至此,可确定模块的状态为正常模块集合为 $G=\{s_1,s_2,s_3,s_5,s_7,s_9,s_{10}\}$,故障模块集合为 $B=\{s_4\}$,可疑模块集合为 $S=\{s_6,s_8\}$。

在故障-测试依赖矩阵的基础上,根据测试信息,以实时诊断算法进行推理,可推测出系统中各个系统模块的状态。假定的实时测试信息及推理诊断出的各模块的状态如表 2 所列。

**表 2　设定故障下的诊断结果**

| 设定故障条件 | | | 实时诊断结果 | | | | 诊断时间/s |
|---|---|---|---|---|---|---|---|
| 设定故障模块 | 通过测试 | 失败测试 | 正　常 | 故　障 | 可　疑 | 未　知 | |
| 1 | 8,12 | 6,9 | 2,3,4,5,6,8,9,10 | 1 | | 7 | 0.006 154 |
| 2 | 2,8,9,13 | 6,11 | 1,4,5,6,7,8,9,10 | 2 | 3 | | 0.007 698 |
| 3 | 8,9,11 | 6,12 | 1,2,4,5,6,8,9,10 | 3 | | 7 | 0.007 893 |
| 4 | 2,6,9,11,12 | 1,8,15 | 1,2,3,5,7,9,10 | 4 | 6,8 | | 0.006 247 |
| 5 | 1,2,9,12 | 7,8,14 | 1,2,3,4,6,7,9 | 5 | 8,10 | | 0.007 001 |
| 6 | 2,6,11,15 | 1,8 | 1,2,3,4,5,7,9,10 | 6 | 8 | | 0.005 324 |
| 7 | | 2,3,4,5 | | 7 | | 1～6,8～10 | 0.005 038 |
| 8 | 1,6 | 8 | 1,2,3,4,5,6,10 | 8 | | 7,9 | 0.006 128 |
| 9 | 6 | 11,12,13 | 1,2,3,5,10 | 9 | | 4,6,7,8 | 0.005 696 |
| 10 | 1,2,9,12,14 | 6,7,8 | 1,2,3,4,5,6,7,9 | 10 | 8 | | 0.006 215 |

## 5　结　论

本文介绍的实时诊断推理算法在系统多信号模型的基础上,根据故障-测试依赖矩阵,通过对部分模块单独测试,实现了实时快速诊断系统故障的目的。实验结果表明算法可以有效解决故障诊断问题。但是实时诊断推理算法在测点选择上需要一定的技巧,如果能够先对测点信息进行处理,可达到更好的效果。

## 参考文献

[1] 于功敬,熊毅,房红征. 健康管理技术综述及卫星应用设想[J]. 电子测量与仪器学报,2014,28(3):227-232.

[2] 彭宇,刘大同,彭喜元. 故障预测与健康管理技术综述[J]. 电子测量与仪器学报,2010,24(1):9-17.

[3] 周伟,景博,黄以锋. 基于 GSA 的机载复杂系统动态多故障诊断方法研究[J]. 仪器仪表学报,2014,35(3):607-613.

[4] 孙小进,郭恩全,陈晓明. 基于 AI-ESTATE 贝叶斯诊断的软件架构设计[J]. 国外电子测量技术,2013,32(11):23-27.

[5] 张竞凯,章卫国,刘小雄. 一种基于故障树的自动驾驶仪故障诊断专家系统设计[J]. 测控技术,2010,29(10):88-92.

[6] 刘磊. 模拟电路故障仿真及诊断平台设计与实现[D]. 成都:电子科技大学硕士论文,2012.

[7] 何光进,叶晓慧,王红霞. 多信号模型在故障诊断中的应用[J]. 计算机测量与控制,2009,17(1):25-27.

[8] 刘磊,龙兵,刘震. 两种多故障诊断算法的性能比较研究[J]. 电子测量与仪器学报,2011,25(1):75-80.

[9] 刘松风,朱明初,叶晓慧.基于多信号模型的故障诊断算法研究[J].计算机测量与控制,2009,17(6):1042-1044.

[10] 范会来,闫英敏,杨风彪.基于新型故障树的微控制器系统故障诊断方法[J].国外电子测量技术,2012,31(1):56-59.

[11] 刘浩然,吕晓贺,李轩,等.基于Bayesian改进算法的回转窑故障诊断模型研究[J].仪器仪表学报,2015,36(7):1554 -1561.

[12] 田沿平,叶晓慧,金川等.耦合隐马尔科夫在模拟电路故障预测中的应用[J].电子测量技术,2014,37(10):135-138.

[13] 丁硕,常晓恒,巫庆辉,等.基于Elman神经网络的传感器故障诊断研究[J].国外电子测量技术,2014,33(4):72-75.

[14] 何怡刚,祝文姬,周炎涛.基于粒子群算法的模拟电路故障诊断方法[J],电工技术学报,2010,25(6):163-171.

[15] 解仑.基于混合智能的航天器故障诊断系统[J].信息与控制,2011,39(1):106-113.

# 浅谈螺纹的测量

杨春峰　周大伟　刘倩

（东方蓝天钛金科技有限公司，山东·烟台，264003）

**摘要**：本文介绍了螺纹的两种测量方法：综合测量法和分项测量法，分别介绍了每种测量方法的适用性和操作方法。综合测量法是可以定性地综合测量螺纹的符合性，测量工具为螺纹量规；分项测量法可以定量地测量螺纹的各个参数，测量工具有专用量仪和通用量仪。本文在分项测量中主要讲解了各个参数的测量方法和计算方法。

**关键词**：测量；中径；螺距；半角

## 1　引　言

螺纹是紧固件联结和螺旋传动的关键部分，针对螺纹的测量方法目前国际上比较偏重于量规测量法，这种方法可以将螺纹的单一中径和作用中径定性地测量出来，即可以综合地定性地测量螺纹的中径、圆度、螺距、牙型角、锥度。但是如果需要知道螺纹的各项分量的具体数值，则需要进行螺纹分项测量，螺纹的分项测量法可以定量地测量螺纹的各个参数，各个参数分别合格则螺纹即为合格螺纹。

## 2　螺纹的综合量法

综合量法是指同时测量螺纹的几个参数，采用螺纹极限量规按照螺纹的极限尺寸判定原则来检验内、外螺纹工件的实际牙型。以保证螺纹结合件的互换性。

螺纹量规按用途分为：检验螺纹工件用的螺纹工作量规和螺纹验收量规；检验螺纹工作环规用的螺纹校对量规。螺纹工作塞规便于用通用量仪来校验，所以没有规定其校对量规。下面主要介绍工作量规。

### 2.1　检验外螺纹的工作量规

车间生产中，检验螺纹所用的量规称为螺纹工作量规，如图 1 所示，是检验外螺纹大径用的光滑卡规和检验外螺纹中径用的螺纹环规。这些量规都有通规和止规。

① 通端螺纹工作环规（$T$）主要用来检验外螺纹的作用中径（$d_{2作用}$），其次是控制外螺纹小径的最大仅限尺寸（$d_{1\max}$），属于综合检验。因此，通端螺纹工作环规应由完整的牙型，其长度等于被检螺纹的旋合长度。合格的外螺纹都应被通端螺纹工作环规顺利地旋入，这样就保证了外螺纹的作用中径未超出最大实体牙型的中径，即 $d_{2作用}<d_{2\max}$，同时，外螺纹的小径也不超过它的最大极限尺寸。

② 止端螺纹工作环规（$Z$）只是用来检验外螺纹单一中径的一个参数。为了尽量减少螺距误差和牙型半角误差的影响，必须使它的中径部位与被检验的外螺纹接触，因此，止端螺纹

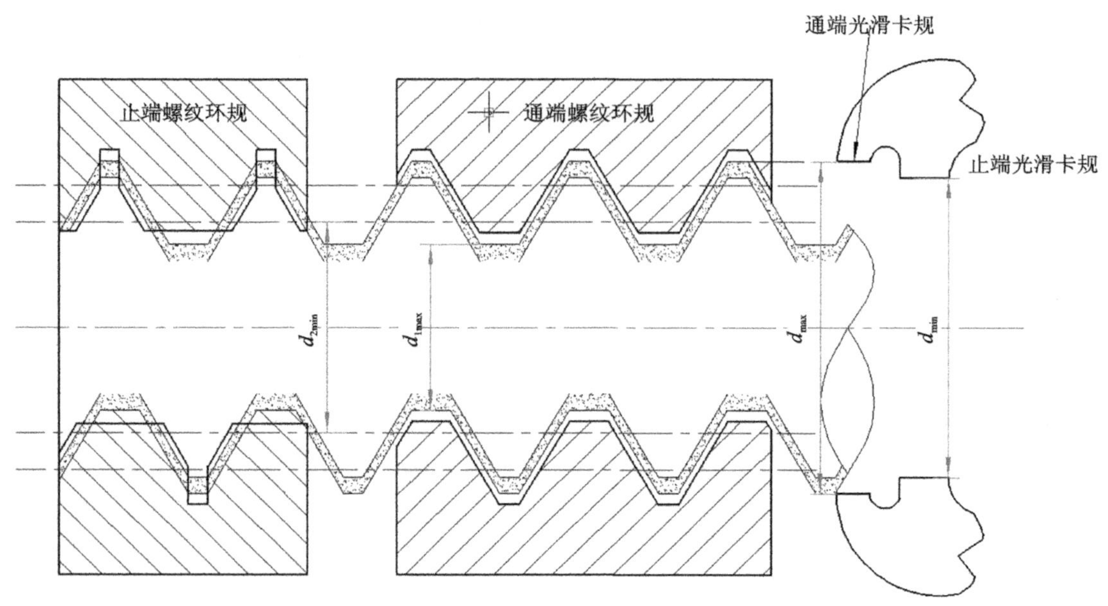


**图1　螺纹工作量规**

工作环规的牙型做成截断的不完整的牙型，并将止端螺纹工作环规的长度缩短到2～3.5牙。合格的外螺纹不应完全通过止端螺纹工作环规，但仍允许旋合一部分。具体规定是：对于小于或等于4牙的外螺纹，止端螺纹工作环规的旋合量不得多于2牙；对于小于或等于2牙的外螺纹，止端螺纹不应完全旋合通过。这些没有完全通过止端螺纹工作环规的外螺纹，说明它的单一中径没有超出最小实体牙型的中径，即$d_{2单一}>d_{2min}$。

③ 光滑极限卡规是用来校验外螺纹的大径尺寸。通端光滑卡规应该通过被检验外螺纹的大径，这样可以保证外螺纹大径不超过最大极限尺寸；止端光滑卡规不应该通过被检验的外螺纹大径，这样就可以保证外螺纹的大径不小于它的最小极限尺寸。

## 2.2　检验内螺纹的工作量规

检验内螺纹的工作量规有检验内螺纹小径用的光滑塞规和检验内螺纹中径用的螺纹塞规，如图2所示，这些量规也都有通规和止规。

① 1通端螺纹工作塞规（$T$）主要用来检验内螺纹的作用中径（$D_{2作用}$），其次是控制内螺纹大径最小极限尺寸（$D_{min}$），也是综合检验。因此通端螺纹塞规应有完整的牙型，其长度等于被检螺纹的旋合长度。合格的内螺纹都应被通端螺纹工作塞规顺利地旋入，这样就保证了内螺纹的作用中径及内螺纹的大径不小于它们的最小极限尺寸，即$D_{2作用}>D_{2min}$。

② 止端螺纹工作塞规（$Z$）只是用来检验内螺纹单一中径的一个参数。为了尽量减少螺距误差和牙型半角误差的影响，止端螺纹工作塞规缩短到2～3.5牙，并做成截断的不完整牙型。合格的内螺纹不应完全通过，但仍允许旋合一部分。对于小于或等于4牙的内螺纹，止端螺纹工作塞规的旋合量不得多于2牙；对于小于等于2牙的内螺纹，止端螺纹不应完全旋合通过。这些没有完全通过止端螺纹工作塞规的内螺纹，说明它的单一中径没有超出最小实体牙型的中径，即$D_{2单一}<D_{2max}$。

③ 光滑极限塞规是用来检验内螺纹小径尺寸的。通端光滑塞规应通过被检内螺纹小径，

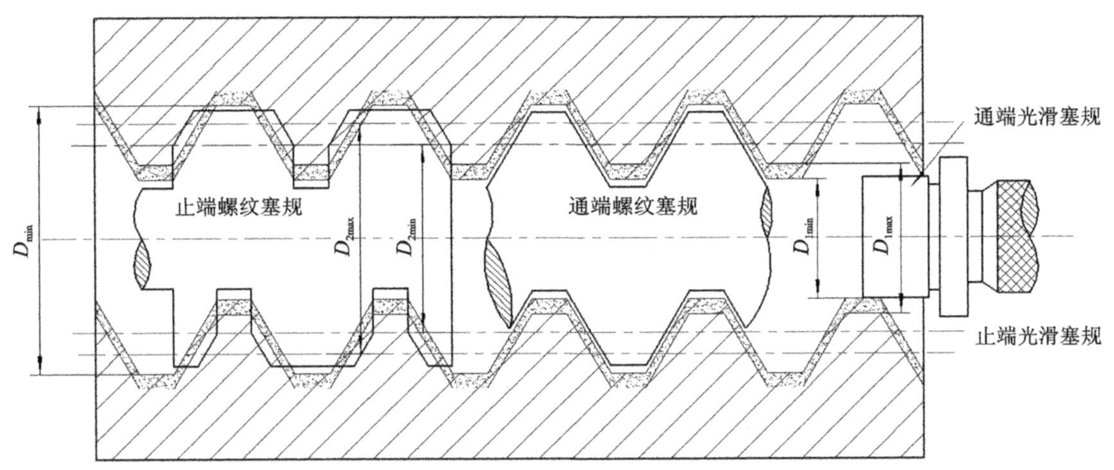


图2　检验内螺纹的工作量规

这样保证内螺纹小径不小于它的最小极限尺寸；止端光滑塞规不应通过被检内螺纹小径，这样就保证内螺纹小径不超过它的最大极限尺寸。

### 2.3　螺纹量规使用

在量规使用中未减少检验或验收时发生争议，制造者和检验者或验收者应使用同一合格的量规，若使用同一合格的量规困难时：操作者宜使用新的(或磨损较少的)通端螺纹量规和磨损较多的(或接近磨损极限的)止端螺纹量规；检验者或验收者宜使用磨损较多的(或接近磨损极限的)通端螺纹量规和新的(磨损较少的)止端螺纹量规。

## 3　螺纹的分项量法

分项量法是指对螺纹的5个基本几何参数分项进行测量。这种测量方法主要用于测量精密螺纹，如螺纹量规、螺纹刀具等；对于精度较高的螺纹工件，有时为了分析这种螺纹的各个参数误差的产生原因，也用这种量法。

分项测量用的测量器具可分为两类：专用量具和通用量仪。

专用量具：通常只测量螺纹中径这一参数，如螺纹千分尺测量中径。

通用量仪：可测量螺纹几个参数，如工具显微镜。

### 3.1　用螺纹千分尺测量中径

螺纹千分尺的构造与外径千分尺相似，差别仅在于两个测量头的形状。螺纹千分尺的测量头形状和螺纹牙型相吻合，一边为V形测量头，与牙型凸起部分相吻合；另一边为圆锥形测量头，与牙型沟槽相吻合，图3所示。

用螺纹千分尺测量螺纹中径时，读出的数值是螺纹中径的实际尺寸，它不包括螺距误差和牙型半角误差在螺纹中径上的当量值。螺纹千分尺的测量头是根据牙型角和螺距的标准尺寸制造的，当被测量的外螺纹存在螺距和半角误差时，测量头与被测量的外螺纹不能很好地吻合，所以测出的螺纹中径的实际尺寸误差相当显著，一般误差在0.05～0.20 mm，因此螺纹千分尺只能用于工序间测量或低精度的螺纹工件的测量，不能用来测量螺纹刀具和螺纹量具。

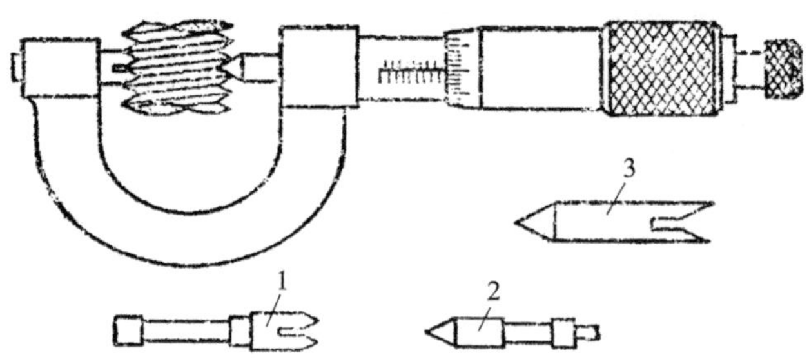


1—V 形测量头；2—圆锥形测量头；3—校对棒

**图 3　螺纹千分尺**

## 3.2　用三针法测量中径

三针法测量外螺纹的中径是一种间接量法，将三根直径相同的量针放在被测量螺纹的牙槽内，而且单根量针应放置在成对使用的两根量针对面的中间牙槽里，如图 4 所示，用接触式量仪或测微量具测出三根量针外母线之间的距离 $M$，根据已知的螺距 $P$，牙型半角 $\alpha/2$ 及量针直径 $d_0$ 计算出中径 $d_2$。

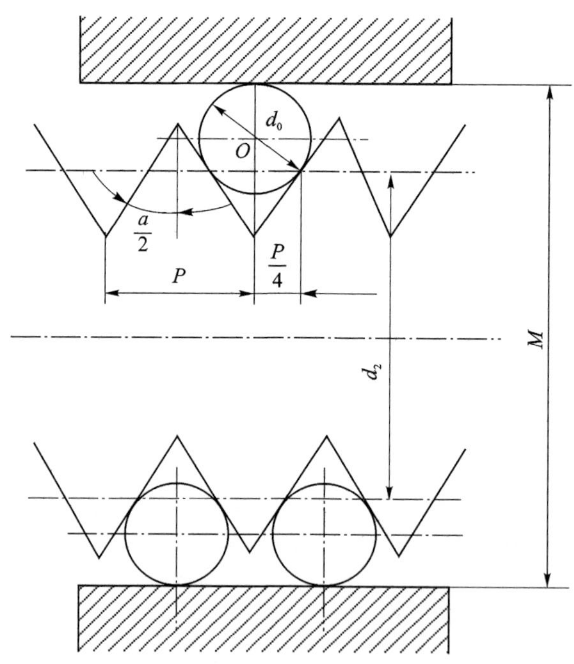


**图 4　三针法测量中径**

由图 4 可知：

$$M = d_2 + 2\left(\frac{d_0}{2\sin\frac{\alpha}{2}} - \frac{P}{4}\cot\frac{\alpha}{2}\right) + d_0$$

即
$$d_2=M-d_0\left(1+\frac{1}{\sin\frac{\alpha}{2}}\right)+\frac{P}{2}\cot\frac{\alpha}{2}$$

对于公制普通螺纹 $\alpha=60°$，则 $d_2=M-3d_0+0.866P$。

由以上公式可知，用三针法测量外螺纹中径时，除所选量仪的示值误差和量针本身的误差外，还与被检验螺纹的螺距误差和牙型半角误差有关。

为了消除牙型半角误差对测量结果的影响，应选最佳量针 $d_{0最佳}$，如图 5 所示，使它与螺纹牙型侧面的接触点，恰好在中径线上。

$\angle CAO=\frac{\alpha}{2},AC=\frac{P}{4},OA=\frac{d_{0最佳}}{2}$，则

$$\cos\frac{\alpha}{2}=\frac{AC}{OA}=\frac{P}{2d_{0最佳}}$$

$$d_{0最佳}=\frac{P}{2\cos\frac{\alpha}{2}}=\frac{P}{\sqrt{3}}=0.577P$$

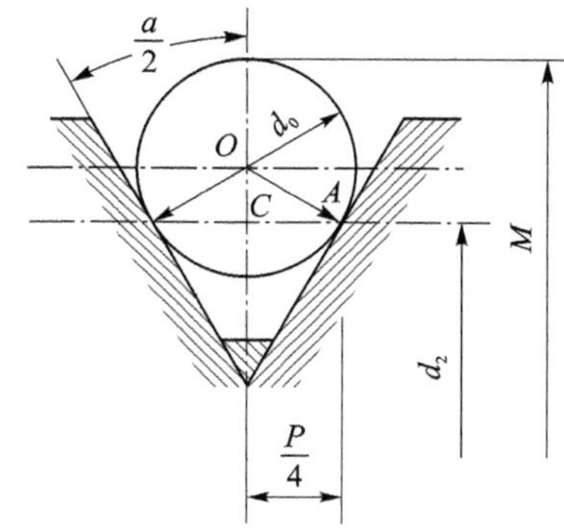


**图 5 最佳量针 $d_0$ 的位置**

三针的精度分为 0 级和 1 级两种，0 级三针主要用于测量螺纹中径公差在 4～8 μm 的螺纹工件；1 级三针用于测量螺纹中径公差在 8 μm 以上的螺纹工件。

用三针量法的测量精密度比目前常用的其他方法的测量精度要高，且在生产条件下，应用也比较方便。

### 3.3 用工具显微测量螺纹各参数

工具显微镜是一种以影像法作为测量基础的精密光学仪器，加上测刀后也能以轴切法来进行更精确的测量。它可以测量精密螺纹的基本参数，也可以测量轮廓复杂的样板，成形刀具及其他各种零件的长度、角度、半径等。下面介绍一下在工具显微镜上测量螺纹螺距及牙型半角单项参数的测量。

#### 3.3.1 螺距的测量

螺距是指相邻牙在中径线上对应两点间的轴向距离。螺距可从测量相邻两牙间的距离得到，也可以从测量多数牙间的距离再除以牙数，从而得出螺距平均值。

采用工具显微镜测量螺距时，将被测件螺纹装在显微镜顶针上(可以减少基准对正环节)，调节好显微镜焦距后，使显微镜米字线的中心虚线与螺纹牙型的影像一侧相压，但应将米字线的中心选在牙型影像的中径线上，这样可以减少由于牙型半角误差导致测量部位不同造成的误差。记下此时读数 $b_1$，移动显微镜轴向滑板，直到米字线的中心与相邻牙的相应点重合，记下此时读数 $b_2$，两次读数差就是所测螺距的实际数值 $P_n$。螺距累计误差 $\Delta P=P_n-n\cdot p$ ($n$ 为螺纹头数)。

#### 3.3.2 牙型半角的测量

用工具显微镜测量螺纹牙型半角时，将被测件螺纹装在显微镜顶针上，调节好显微镜焦距。这时显微镜中心虚线与螺纹轴线垂直。考虑螺纹螺旋线关系，测量牙型半角时需将显微镜支臂转一个螺纹升角 $\Psi$，将螺纹上部牙型左线牙线调节清晰。读出左侧牙线与显微镜中心

虚线的角度记做$\frac{a}{2}(1)$，测量螺纹上部牙型右半角时同样需将支臂按不同方向对中心位置转一个螺纹升角 $\Psi$，将螺纹右线牙线调节清晰，读出螺纹右侧牙线与显微镜中心虚线的角度记做$\frac{a}{2}(2)$。为了减少由于螺纹轴线和测量安装位置不平行所引起的误差，要在螺纹牙型的下部按上部测量方法将左右牙型半角测量出来，分别记做$\frac{a}{2}(3)$和$\frac{a}{2}(4)$，如图6所示。然后把相对的两个左半角两个右半角分别取代数和，求出被测螺纹牙型左、右半角的数值，即

$$\frac{a}{2}(\text{左})=\frac{\frac{a}{2}(1)+\frac{a}{2}(4)}{2}$$

$$\frac{a}{2}(\text{右})=\frac{\frac{a}{2}(2)+\frac{a}{2}(3)}{2}$$

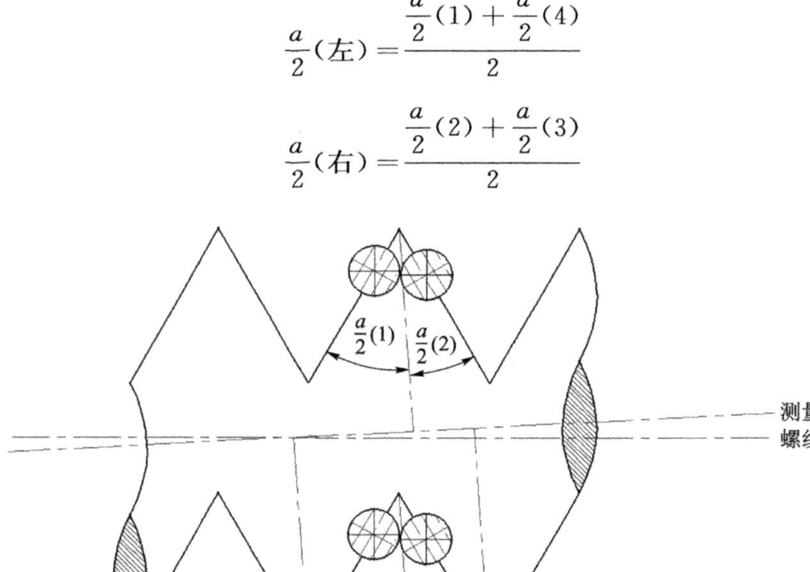


图6 牙型半角的测量

## 4 结 论

本文介绍的这两种测量方法在实际使用中根据各设计要求选择使用，最常用的方法是综合测量法，符合装配联结要求；分项测量法在做具体分析设计时适用性也比较高，可以分析出螺纹的各项参量。

## 参考文献

[1] 陈泽民，忻良昌. 公差配合与技术测量[M]. 北京：机械工业出版社，1985.

[2] 刘红. 普通螺纹量规技术条件[S]. 中国机械工业联合会，2003.

[3] 严永红，张洪玲. 螺纹千分尺[S]. 中国机械工业联合会，2004.

# 基于变分模态分解的OTDR数据去噪

韩强　张志辉　闫继送　张志远　李韶光

（中电科仪器仪表有限公司，山东·青岛，266555）

**摘要**：为实现对OTDR数据的去噪，本文提出了一种基于VMD的阈值去噪算法。首先对OTDR数据进行VMD分解，然后根据相关系数准则判定有效分量，对与原信号相关系数较小的分量进行软阈值滤波处理后，再对所有分量求和得到重构后的信号，实现了数据信噪比的提高。经过实验验证，该算法去噪效果良好，实现简单，具有较强的实用价值。

**关键词**：OTDR；变分模态分解；阈值去噪；相关系数

## 1 引　言

光时域反射计（OTDR）利用光在光纤中传输产生的背向散射光信号来表征光纤的特性，是光纤通信领域重要的测试仪表，被广泛应用于光纤的生产、施工、维护等方面。

OTDR曲线可以反映光纤传输中光的正常衰减，通过分析曲线的突变可以精确定位光纤中的物理接头、熔接点、断裂、弯曲等事件。实际工程应用中，OTDR测试数据容易受到噪声干扰，尤其在测试长距离链路或存在有分路器、衰减器等光器件的链路时，因散射光信号的减弱，曲线末端信噪比过低，导致事件难以识别，无法保证故障定位的实时性、准确性，影响了测试效率。为解决上述问题，得到理想的测试曲线，必须对数据进行去噪处理。

传统的时域平均去噪法，通过进行大量的取样平均，可以提高测试数据的信噪比。但由于固有噪声的影响，当平均到一定次数后，继续平均对信噪比的提升不再明显。

针对OTDR曲线中包含有代表事件的尖峰或突变，并且噪声也不是平稳白噪声的特点，国内外众多研究人员将小波变换应用到OTDR数据去噪中，并取得了一定成绩。小波变换需要预先根据信号特点选择适当小波基，不同小波基对去噪效果影响很大，限制了其应用。

Huang等人于1998年提出经验模态分解（Empirical Mode Decomposition，简称EMD）算法。相较其他时频分析方法，EMD在分解过程中会保留数据本身特性，可以更好地反映信号物理意义。但该算法本身存在模态混叠、端点效应等问题。

变分模态分解（Variational Mode Decomposition，简称VMD）由Konstantin Dragomiretskiy等人于2014年提出，该算法是一种自适应、非递归的信号分解方法，可将多分量信号分解成有限个调幅调频分量信号，实现了信号各分量的有效分离，很好地克服了EMD方法的几个缺陷，并具有更好的噪声鲁棒性。

针对OTDR测试数据的特点，本文将VMD应用到OTDR数据去噪中。对OTDR数据进行 VMD 分解后，根据相关系数准则判定有效分量，对与原信号相关系数较小的分量进行软阈值滤波处理后，再对所有分量求和得到重构后的信号，实现了数据信噪比的提高。

## 2 基于 VMD 的阈值去噪算法

### 2.1 VMD 原理

VMD 的实质是构建变分问题并求解最优解。它将输入信号 $f(t)$ 分解为 $k$ 个模态分量 $u_k(t)$，使 $k$ 个模态的估计带宽总和最小，约束条件为各模态分量相加等于输入信号。其中 $u_k(t)$ 为调幅调频信号，表达式为

$$u_k(t)=A_k(t)\cos[\phi_k(t)]$$

可按以下步骤进行变分问题的构建：

① 通过希尔伯特黄变换计算每个模态分量的解析信号，并获取其对应单边频谱。

② 引入指数项 $e^{-j\omega_k t}$，调整每个模态分量频谱至其对应的基带。

③ 通过高斯平滑，估算各模态分量对应带宽。

构建的约束变分问题表达式如下：

$$\min_{\{u_k\},\{\omega_k\}}\left\{\sum_k\left\|\partial_t\left[\left(\delta(t)+\frac{j}{\pi t}\right)u_k(t)\right]e^{-j\omega_k t}\right\|_2^2\right\} \tag{1}$$

$$\sum_k u_k=f \tag{2}$$

式中：$u_k=\{u_1,u_2,\cdots,u_k\}$ 为各模态分量集合，$\omega_k=\{\omega_1,\omega_2,\cdots,\omega_k\}$ 为各中心频率集合。

引入二次惩罚因子 $\alpha$ 和拉格朗日惩罚算子 $\lambda(t)$，以确保信号的重构精度和求取最优解的严格性，增广的拉格朗日表达式为

$$L(\{u_k\},\{\omega_k\},\lambda)=\alpha\sum_k\left\|\partial_t\left[\left(\delta(t)+\frac{j}{\pi t}\right)u_k(t)\right]e^{-j\omega_k t}\right\|_2^2+\left\|f(t)-\sum_k u_k(t)\right\|^2+\left\langle\lambda(t),f(t)-\sum_k u_k(t)\right\rangle \tag{3}$$

利用交替方向乘子算法(ADMM)对式(3)进行迭代求解，确定其鞍点，具体过程如下：

① 对 $\{u_k^1\}$，$\{\omega_k^1\}$，$\{\lambda_1\}$ 进行初始化，并令 $n$ 值为 0。

② 根据式(4)和式(5)对 $u_k$ 和 $\omega_k$ 进行更新。式(4)和式(5)分别对应各模态分量与中心频率在频域内的表达式。

③ 根据式(6)更新噪声容限参数 $\lambda$。

④ 重复执行步骤②、③，当满足 $\sum_k\|\hat{u}_k^{n+1}-\hat{u}_k^n\|_2^2/\|\hat{u}_k^n\|_2^2<e$ 时，停止迭代，最终得到 $k$ 个调幅调频分量信号。

$$\hat{u}_k^{n+1}(\omega)=\frac{\hat{f}(\omega)-\sum_{i\neq k}\hat{u}_i(\omega)+\hat{\lambda}(\omega)/2}{1+2\alpha(\omega-\omega_k)^2} \tag{4}$$

$$\omega_k^{n+1}=\frac{\int_0^\infty\omega|\hat{u}_k(\omega)|d\omega}{\int_0^\infty|\hat{u}_k(\omega)|d\omega} \tag{5}$$

$$\hat{\lambda}^{n+1}(\omega)=\hat{\lambda}^{n}(\omega)+\tau\left[\hat{f}(\omega)-\sum_{k}\hat{u}_{k}^{n+1}(\omega)\right] \tag{6}$$

## 2.2　相关系数

在信号经 VMD 分解后得到的有限个分量中，阶数小的分量对应信号的低频成分，受噪声影响较小。阶数大的分量对应信号的高频成分，一般包含的是信号尖锐部分及噪声。因此存在某个分量，使得阶数位于它之前的分量中信号为主导模态。本文通过相关系数准则来寻找噪声能量分布突变的分量。

相关系数是衡量变量之间相关程度的统计指标。选用皮尔逊相关系数法依次求解各分量与原数据间的线性关系，其计算公式如下：

$$\mathrm{Corr}(x,y)=\frac{\mathrm{Cov}(x,y)}{\sqrt{\mathrm{Var}(x)}\sqrt{\mathrm{Var}(y)}} \tag{7}$$

$|\mathrm{Corr}(x,y)|$越小，两变量相关程度越差，当$|\mathrm{Corr}(x,y)|<0.3$时，为低度相关。假设第 $n$ 个分量与原数据间相关系数小于 0.3，则认为该分量为噪声能量分布突变的分量，可按下式进行信号的重构。

$$f'(t)=\sum_{i=1}^{n-1}u_i(t)+\sum_{i=n}^{k}u'_i(t) \tag{8}$$

其中，前 $n-1$ 个分量不做处理直接参与重构，第 $n$ 个及其以后分量经滤波处理后参与重构。

## 2.3　阈值去噪

阈值去噪常与小波变换相结合，用以实现对信号的去噪。本文将阈值去噪法应用到经 VMD 分解后得到的高频分量的处理中。

阈值的选取是阈值去噪的关键，常用的阈值选择方法有固定阈值、Stein 无偏风险阈值、启发式阈值、最大最小准则阈值。其中启发式阈值是对固定阈值和 Stein 无偏风险阈值的结合，通过判断两变量 Eta 和 Crit 的大小来选择最优预测阈值。若 Eta<Crit，则采用固定阈值，否则采用固定阈值和 Stein 无偏风险阈值中的较小值。两变量表达式如下：

$$\mathrm{Eta}=\left[\sum_{t=1}^{L}u_i(t)^2-L\right]/L,\quad \mathrm{Crit}=\sqrt{(\log_2 L)^3/L} \tag{9}$$

式中：$L$ 表示信号长度。

硬阈值处理与软阈值处理，是对信号 $u_i(t)$进行阈值量化处理最常用的方法。与硬阈值处理相比，曲线经软阈值处理后更加平滑，失真较小。软阈值函数表达式如下：

$$u'_i(t)=\begin{cases}u_i(t)-\mathrm{Thr}, & u_i(t)>\mathrm{Thr}\\ u_i(t)+\mathrm{Thr}, & u_i(t)<-\mathrm{Thr}\\ 0, & |u_i(t)|\leqslant \mathrm{Thr}\end{cases} \tag{10}$$

综上，基于 VMD 的阈值去噪算法流程如图 1 所示。

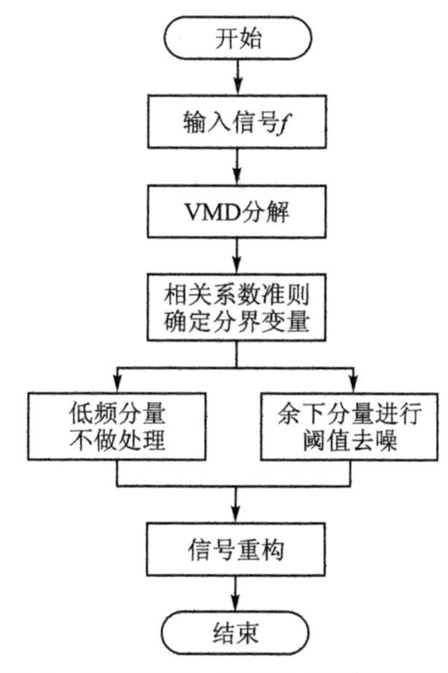


**图 1　基于 VMD 的阈值去噪算法流程**

## 3 仿真实验

为了验证基于VMD的阈值去噪算法的效果，对OTDR实际测量数据进行去噪处理(分量个数$k$设置为6，二次惩罚因子$\alpha$设置为5)。如图2所示，针对不同类型的测试曲线，处理后的曲线相较原始曲线更加平滑，且其中的事件也得到了保留，有助于对曲线进一步分析，充分提取有用信息。

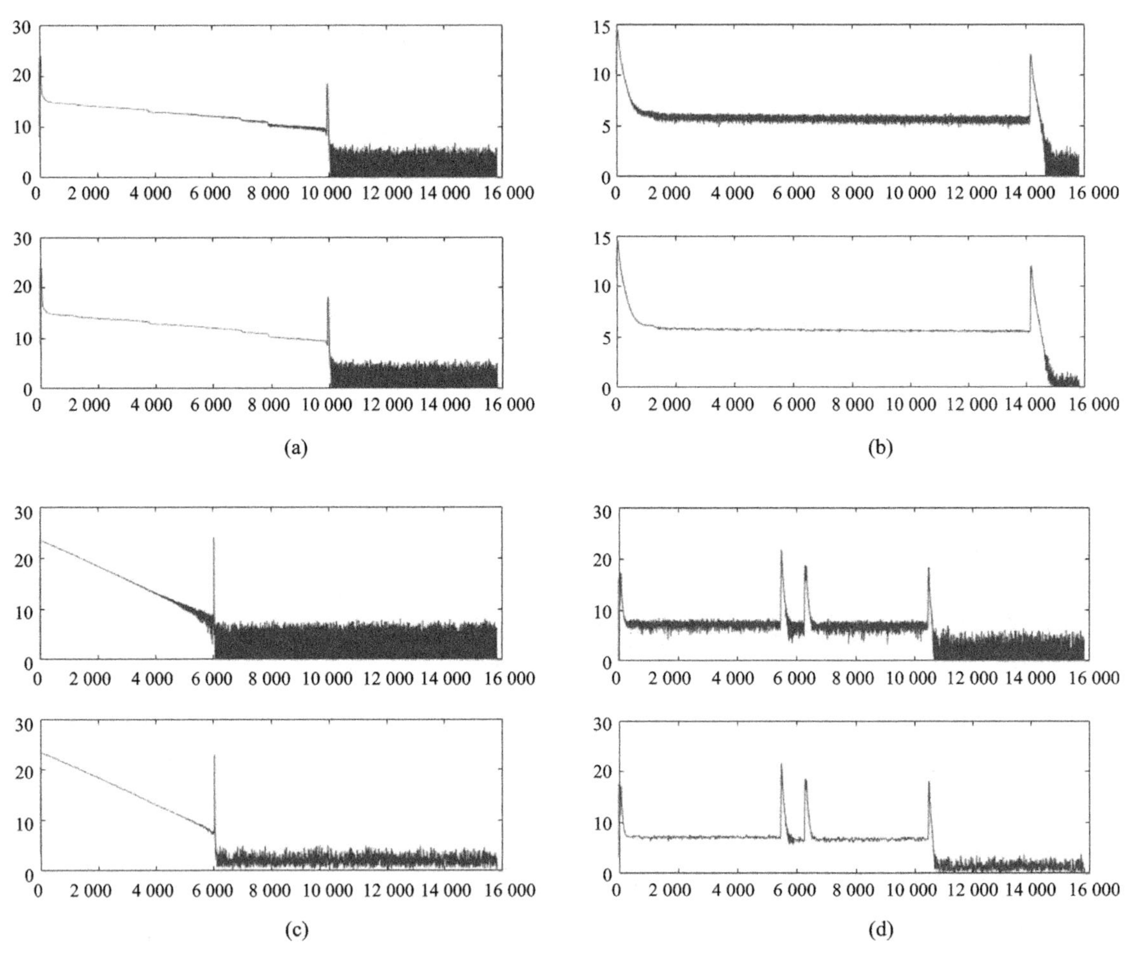

图2 原始数据与去噪效果

## 4 结束语

针对OTDR测试数据本身的特点，本文提出了一种基于VMD的阈值去噪算法。充分利用VMD分解方法的自适应性、模态混叠现象不明显等优点，根据相关系数准则判定有效分量，对高频分量进行软阈值滤波处理后，进行信号的重构。经过实验验证，该算法对不同类型的测试曲线均具有较好的去噪效果，实现简单，具有较强的实用价值。

# 参考文献

[1] 李俊. OTDR 曲线分析技术在光纤故障诊断中的应用研究[D]. 河北:华北电力大学,2011.

[2] 李海亮. 光时域反射仪事件检测算法和系统设计[D]. 天津:天津大学,2014.

[3] Komaty A,Bourdraa A O,Augier B,et al. EMD-based filtering using similarity measure between probability density functions of IMFS. IEEE Transactions on Instrument and Measurement,2014,63(1):27-34.

[4] MANUEL B V,WENG B W,BARNER K E. ECG signal denoising and baseline wander correction based on the empirical mode decomposition[J]. Computers in Biology and Medicine,2008,38(1):1-13.

[5] DRAGOMIRETSKIY K,ZOSSO D. Variational Mode Decomposition[J]. IEEE Transactions on Signal Processing,2014,62(3):531-544.

[6] 唐圣学,付滔,张雪辉. 基于小波自适应阈值滤波的 VMD 降噪方法[J]. 电测与仪表,2018,55(9):10-14.

# 航空工业前哨OA数字化办公系统的研究与设计

韩晓音

（青岛前哨精密机械有限公司，山东·青岛，266045）

**摘要：**直到今天，中国还有不少企业停留在简单的信息化阶段，跟数字化、智能化之间的差距还相差甚远。其实，企业对智能网络办公平台的依赖越来越大，企业数字化已不是选择，而是唯一出路。搭建OA办公系统平台，可以在统一的平台上集成解决信息处理与管理。有效地提高企业的工作效率，同时也为员工开展日常工作提供方便快捷的办公手段。本文将从OA办公系统的特点、需求分析、OA办公系统的安全策略方面、实施方案及研究设计等方面进行说明，以供参考借鉴。

**关键词：**OA办公系统；安全；移动办公

## 1　OA办公系统特点

OA指的是办公自动化，它是将现代化办公和计算机网络功能结合起来的一种新型的办公方式。企业通过实现办公自动化，可以优化管理组织结构，调整管理体制，在提高效率的基础上，增加协同办公能力，强化决策的一致性，最后实现提高决策效能的目的。

① 简易性。OA的架设就是为了方便客户端的使用，简单易学，用户操作简单，这样才能节省时间，提高企业的效率。

② 安全性。OA在使用过程中记录了企业大量核心的业务文件资料、员工信息、往来邮件等商业机密，在架构OA平台时候，其安全性也是最重要的一个方面，因为客户对OA系统的安全性有很高的要求，所以，这也是OA的另一个主要特征。

③ 稳定性。良好的OA平台，在用户使用过程中，会提供良好的操作体验，系统稳定，访问快速就是其中一个重要指标，如果OA系统在使用的过程中出现差错，那么对于企业来说就会造成损失。所以，OA系统的稳定性是其必备的另一个特征。

## 2　前哨对OA系统的需求分析

① 基于公文处理；

② 基于日常事务的上传下达，工作汇报；

③ 基于审批单据、表单、流程进行简单、便捷的制作，进行电子化流转提高效率；

④ 基于知识文档：知识文件管理根据权限上传、共享，查询、下载、打印等；
⑤ 基于有关业务单据的日常审批；
⑥ 基于移动终端的日常事务审批处理(移动应用)；
⑦ 基于公司级任命、通知、公告等文件的发文应用；
⑧ 基于企业文化建设(新闻、公告、调查、讨论)；
⑨ 基于 HR 管理，保密电子版工资条上传；
⑩ 基于系统信息安全。

# 3　前哨 OA 办公系统的设计思路

## 3.1　硬件基础

满足 OA 系统运行需求，搭建硬件基础，包括综合管理信息服务器、移动服务商专线线路、虚拟服务器。采用固定 IP 专线接入，用以确保不同区域用户通过互联网访问系统的速度和稳定性，架构两台应用服务器，一台虚拟服务器，用来预防一台服务器运行出现软件或者硬件故障，可将数据虚拟化到另一台主机上，以此来提高系统的稳定性和数据安全。服务器配置及要求如表 1 所列。

**表 1　服务器配置及要求**

| 类　别 | 配　置 | | 具体参数 |
|---|---|---|---|
| 应用服务器 | 硬件 | 标准服务器配置 | CPU：2.3 GHz 以上，64 位，三级缓了 10 MB 以上，4 核以上；<br>硬盘：SCSI/SAS 硬盘，160 GB 以上；<br>内存：8 GB 以上 |
| 数据库服务器 | RAM | PostgreSQL：8G/MYSQL：8G/SQL Server：8G/Oracle：8G | |
| | 软件 | 操作系统 | 依据数据库的规范要求进行操作系统及硬件配置调整 |

注：使用 MYSQL 数据库可以使用集中部署方式，使用 Oracle 及 SQL Server 建议分离部署，数据库服务器配置请参考数据库供应商要求。应用服务器、数据库服务器必须使用 64 位操作系统。

## 3.2　软件基础

搭建安全防护平台，首先采用数据泄露防护系统，运用透明加密方式，对设计图纸、文档、财务报表、业务合同等核心数据进行保护。从文件创建开始即可自动加密保护。通过对核心数据进行全生命周期保护，确保核心数据只可在企业安全域内正常、透明使用，通过任意方式将数据非法带离内部环境将无法正常使用。核心数据在加密前后对于数据合法使用者无任何差异，不增加用户负担、不改变任何工作流程及使用习惯。文件的保存加密、打开解密完全由后台加解密驱动内核自动完成，对用户而言完全透明、无感知。其次，要对内容进行安全防护，合法用户在正常使用加密及授权文件时，可能会通过内容复制、粘贴、拖拽、副本另存为、截屏、录屏、打印等方式对文档内容进行移植及转储，存在数据内容泄密风险为了保障核心数据的存储和内容使用安全，需要对用户上述数据内容转储行为进行安全控制。最后，要对外发工作进行管控，通过系统的外发管理，可以将外发文件提供多种安全身份认证机制，包括：密码口令认证、机器绑定认证、硬件 USB - KEY 认证及混合认证等，在身份认证通过后才可正常、安全打开外发文件。外发文件提供细粒度权限控制保护，包含文档使用权限如只读、打印、修改等控制；文档生命周期管理如：阅读次数、阅读时限及过期自动销毁等保护；文档协同权限如修改、还原以及文档内容保护、打印水印等控制。

## 4 前哨OA系统模块设计

① 协同工作，内部邮箱、流程审批管理、合同审批等业务流程管理；
② 表单审批，固定工作审批流程定制，含法务合同审批等；
③ 公文管理，电子公文的一揽子管理，电子用文处理，发文、收文及交换；
④ 档案管理，常用文档、学习文档、单位文档；
⑤ 文化建设，公司公告、调查、讨论；
⑥ 目标任务管理，提供日、周、月及指定日期工作计划管理；
⑦ 会议管理，会议室安排、通知发送、参会信息，会议纪要等管理；
⑧ 综合办公，提供车辆管理、办公用品、办公耗材、图书资料管理；
⑨ HR管理，HR协作工资信息在线发送等；
⑩ 企业微信协同，系统功能集成到企业微信进行移动应用；
⑪ 高级Office套件，电子签名和用章的直接管理。

## 5 前哨OA系统结构设计

随着前哨公司信息化建设的不断深入，公司根据业务需要建立了一个个应用系统。企业统一集成门户是近年来发展最为迅速的应用系统，它通过将应用系统、数据资源、网络资源集成在统一的信息门户之下，实现统一的“人的集成、界面集成、流程集成、业务集成、消息集成、应用集成”，为企业员工、合作伙伴、社会公众提供统一信息资源访问入口，并根据用户的角色不同，提供个性化的服务。集成门户意味着企业以更低的成本，获得更高的效率和更广的视野和空间。因此对于公司而言，企业统一门户不只是一个IT技术工具，更是一个发展的战略。对于企业来说，信息门户既是一个展示企业的窗口，又是企业相关业务的处理平台。统一门户可以做到如下功能：信息共享平台：企业内外所需的各类信息，统一发布、统一呈现。集成的工作台：用户工作所需的各类应用、报表、工具应有尽有。个性化的平台：领导门户、员工门户、客户或合作伙伴门户。单点登录平台：只需登录门户，其他应用系统均无需再次登录。协作沟通平台：促进企业内部协作沟通，发挥群众力量。信息大集中的平台：整合信息孤岛、消除企业冗余数据的利器。

本次OA系统设计结构旨在统一集成门户，将企业的所有应用和数据集成到一个信息管理平台之上，并以个性化的统一入口为用户提供个性化的企业信息和服务，以便快速地实现企业信息交流的实时共享和双向性，满足用户需求，提高企业的竞争力。

门户建设第一步：建立以协同办公平台为基础的协同门户，实现通过门户，把日常工作、新闻公告、文档以及其他关联资源等统一展示，提供充分的信息资源整合。门户建设第二步：建设以企业多项业务为数据源的的企业内部门户，实现企业多业务系统的信息、待办、数据、消息、页面的全面整合。给用户提供一个统一的信息服务功能入口，减少信息孤岛，实现信息共享。门户建设第三步：在原有企业内部门户的基础上，把客户、合作伙伴、代理商甚至终端用户都纳入企业门户系统建立企业外围子门户。为企业信息化建设提供了一个跨越分散的、内外部信息处理过程的统一平台,其重要作用体现在对企业外资源的整合与信息采集上。如图1所示为协同管理整体应用架构。

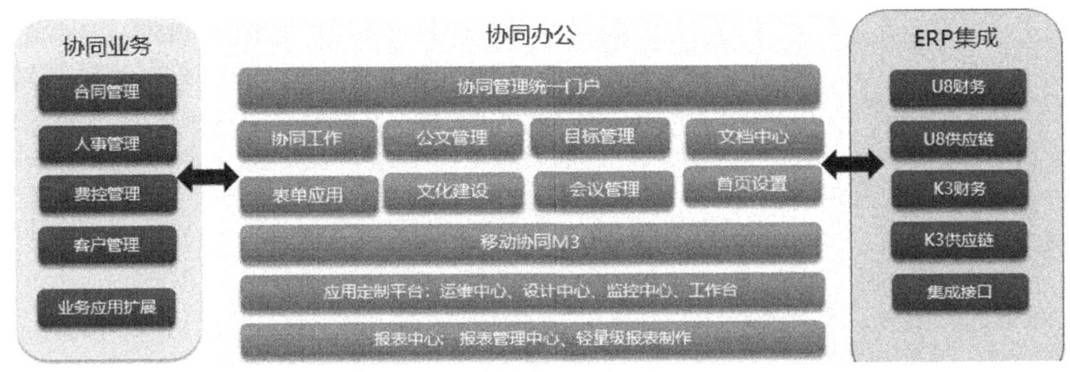


**图1　协同管理整体应用架构**

## 6　移动办公设计方案

设计实现OA系统与微信企业号、企业微信集成,为公司移动办公带来快捷、高效、安全、统一的入口。设计OA系统与微信企业号、企业微信不同APP进行整合,使得用户可以不安装OA的APP即可以直接进入OA系统进行移动办公。移动端系统提供统一平台,统一管理,可视化配置,简洁、清晰、操作便捷。APP集成配置、组织结构同步、应用管理、门户管理、安全管理、行为检测,使得用户从配置到应用得到引导式操作,易理解好上手。如图2所示为移动办公设计方案。

**图2　移动办公设计方案**

## 7 结束语

综上所述，前哨OA数字化办公系统的研究与设计具有较高的实践价值，分析结果表明，OA数字化办公系统能为企业减少出错率，降低成本，提高办事效率。对于高层管理者用户它有决策支持系统，可为管理者提供决策参考和依据；对于中层管理者用户它是信息管理系统；而对于普通管理者用户它又是业务处理系统。同时OA数字化系统能够为管理人员、工作人员提供良好的办公手段和环境，使大家能准确、高效、愉快地工作。本文的研究和设计可实现航空工业前哨信息资源的共享；增强员工协同工作的能力；强化领导的监控管理；有效管理起有形资产（设备等）、无形资产（业务信息、知识），避免流失；实现公文流转、审核、签批等行政事务的自动处理，促进管理电子化、规范化，完美整合了组织内部的信息流。

## 参考文献

[1] 朱文莉.对当今OA办公系统的网络安全浅析[J].消费电子，2014，(12).
[2] 李亚格，兰成栋.基于IOS的移动办公系统设计与性能优化[J].计算机工程，2016，42(7)：22-26.

# 航空航天紧固件交付过程中精益化管理的应用

潘永秋

（东方蓝天钛金科技有限公司，山东·烟台，264003）

**摘要**：近年国内航空航天事业高速发展，作为航空航天配套的高端紧固件企业也需要快速做出调整，满足客户多品种小批量和需求周期短的个性化需求。大批量少品种的生产和管理模式相对简单，国内外也有很多航空航天紧固件以及汽车零部件企业的成熟案例可参考，而与之相对的多品种小批量产品生产组织及生产过程均较复杂，没有一套系统的管理方法。生产实际执行任务与生产计划出入也较大，诸多因素导致产品交付及时率较低，不乏客户投诉。本文通过梳理公司计划管理流程，将精益生产与生产交付管理、信息技术进行有效融合，重建了企业计划流程，提升管理效率、实现信息准时传递、改善了企业交付能力。

**关键词**：紧固件；多品种小批量；生产管理；精益化管理；交付及时率

## 0 引 言

基于精益思想，运用精益生产工具以及项目管理工具就全流程进行优化，并融入了信息技术，就存在的具体问题从计划端进行管理提升，改善生产进度管理，提高产品交付及时率，达到项目改善效果。引入流程优化及再造的管理方法，对生产计划端进行重构。通过精益思想与项目管理工具结合，优化企业计划管理流程，改善企业交付情况，达到提升企业利润指标的目的，同时使该种方法和思想能够在更多的领域广泛应用。

## 1 航空航天紧固件发展现状及特点

### 1.1 航空航天紧固件发展现状

航天发展是我国国防军工重点发展领域，十二五期间，航天科技集团在宇航领域完成了“百箭百星”的发射任务，2015 年 6 月航天科技集团提出十三五规划纲要思路，围绕建成全世界行业领先企业、建设航天大国、引领国家技术创新的目标，航天军工已进入高速发展时代。

航空发展是国防空中能力的体现，影响着国家交通运输。2013 年 5 月，工业和信息化部发布了《民用航空工业中长期发展规划（2013—2020）》，提出不断优化航空自主发展能力，提高航空工业核心力量，增强可持续发展能力，带领航空工业大发展。

紧固件是实现机械联结的零件，当将两个及以上的零件联结为一体时，起到联结或固定作用的零件称为紧固件。紧固件被誉为“工业大米”，同时被航空专家赞誉为：接系统、连结构，数以万计，小物大为。航空航天业的发展，在于我们自己掌握核心技术，提高零部件制造水平，不依赖进口。

国际知名紧固件发展企业（如 LISI，SPS，美铝等）多是走专业化分工、大批量生产路线，技术成熟、设备先进，资金雄厚，但由于国内高端紧固件制造业发展起步较晚，整体水平与国际水平有较大差距，且航空航天高端紧固件多品种小批量和需求周期短的特点，势必要对生产进度计划和管理提出了更高的要求，未经优化的生产交付模式，会造成生产过程的难以控制，生产计划执行率低下。如何提高生产进度管理、提高产品交付及时率、满足市场多样化和个性化需求、替代进口，是国内高端紧固件配套企业面临的重要问题。

### 1.2 航空航天紧固件特点

航空、航天器研制及生产具有极强的计划性和时效性，紧固件作为末端配套产品，且常被大系统忽视，造成紧固件计划性差、标准不统一、选用规格多等特点，使紧固件呈现交付周期短的特点。

国内航空、航天器多数处于小批量生产和研制阶段，且行业内对于设计选型没有统一标准的规定，导致紧固件需求呈现多品种、小批量的特点。

## 2 国内航空航天紧固件交付现状

多品种小批量生产模式已逐渐成为中国制造企业的主要生产模式。该种生产模式增大了生产计划和生产管理难度。航空航天高端紧固件行业产品通用程度相对较低，存在诸多不确定性，多数产品按照客户订单进行投产，不同规格产品不能混批生产，不论每批次数量多少，都要单独走一遍生产加工流程，导致不同工序在制品长时间等待，产品批次多。在没有形成固定物料清单情况下，使生产准备准确性和准时性均较差，严重影响产品上线进度以及产品交付时间。航空航天高端紧固件又面临需求周期短的特点，在客户提出急件需求时，生产计划和生产现场都不能及时做出调整，导致产品响应客户速度慢，产品交付不及时。

## 3 基于精益化管理的提升产品及时交付率方案

### 3.1 精益理念导入

精益生产的理念是“减少浪费，持续改善”，精益生产与浪费是对立的，在生产过程中浪费包括物料的浪费、工时的浪费，多余操作的浪费，冗余生产的浪费，不必要的运输浪费等。精益生产过程中的所有停滞均是浪费，目前设备停滞生产等待处理质量问题，人员停滞操作等待分派任务等均是比较直接的浪费，这些浪费在现场管理、物料管理、计划管理过程中贯穿始终。

精益生产的目的是使生产系统尽快满足市场需求，这种生产方式也更加适用于目前多品种小批量的生产模式，因精益生产的目标和生产管理流程优化的目标相同，所以可将精益生产的思想进行改善和引用。本文基于精益思想，对生产交付流程进行精益化管理，将管理方法与精益管理工具以及信息系统相结合，形成一套完整的生产交付及时率提升方案。对生产交付流程进行优化、消除生产管理流程冗余环节，提高组织效率，加强生产现场看板及5S管理，加强生产计划管理，平衡生产现场能力，利用信息技术提高管理水平，达到快速响应客户需求，提高产品交付及时率的目的。

### 3.2　基于精益化管理的生产交付流程优化

基于精益思想，借助信息系统对生产交付流程进行具体优化，在优化了生产组织框架和梳理了生产交付流程前提下，首先建立计划流程体系，明确管理思路，建立从订单到交付全流程计划管理体系，牵引整个产品全生命周期交付进度；其次优化物料管理，形成产品物料清单，编制产品物料需求计划，对常规产品及常用材料进行提前备库；再次，加强生产现场管理，做好现场5S及看板管理，做好数据及信息标准化管理，对现有产品分产线管理，提高生产执行力。

(1) 计划管理流程的建立和实施

对于精益生产来说，过早、过量生产都是浪费，应根据客户需求开展拉动式生产，及时提供给客户所需求的产品，科学合理的生产计划能够提高产品加工进度，减少冗余库存；高的灵敏度能够快速进行修订和调整，以满足竞争激励的市场需求。

随着企业发展，生产信息量会越来越庞大，所以要达到计划快速反应，动态调整的目的，需借助信息化技术实现，首先利用项目管理工具WBS、甘特图对产品生产周期工作项进行分解，借助ERP、MES系统以及手机端产品动态排产，运用关键路径法对产品关键工序进行跟进，确保计划信息准确、动态。

(2) 物料的精益化管理

精益生产理念下所有停滞等待均是浪费，而在紧固件生产过程中，等待原材工装模具已是一种常态，所以改善物料管理是改善交付管理很重要的组成部分。在物料准备方面做以下调整：编制产品物料清单，编制生产准备计划，常规产品及物料预测备产等。

(3) 生产现场精益化管理

生产效率是精益生产关注的重点因素之一，生产效率是能否达成交付期、完成生产计划的重要基础，生产效率越低，为达成计划所需要的人员、设备就越多，所以生产效率体现在人员效率、设备效率、产线平衡和工时设定等。具体从以下几个方面进行精益化改善：完善现场5S管理，规范现场看板管理，标准化管理，产品实施分线管理。

(4) 改善生产进度管理

通过项目管理工具关键路径法(Critical Path Method，CPM)对订单进度进行管理。CPM是一种经典的网络图方法，各项活动安排进度过程总有时差，CPM就是通过分析总时差最少来预估工期，每项工作前序工作、耗时以及资源确认的情况下，CMP在项目管理中就能发挥很好的作用。

CMP上连WBS(工作分解结构)，下连执行进度控制与监督。项目中耗时最长的活动路径就是关键路径，确定订单的关键工序并进行有效管理，可保证订单按期完成。对于紧固件产品生产交付过程关键工序需重点关注，如工装模具采购、镦制、热处理和表面处理等，为保证产品按期交付，需要保证该些关键工序按时完成。在对订单进度进行监督管理的过程中，计划人员可借助ERP及MES系统，ERP系统是订单的输入口，并就订单信息进行综合计划排产，MES系统进行日计划排产、记录产品具体进度。

## 4　结束语

航天发展是我国国防军工重点发展领域，航天军工已进入高速发展时期。航空发展是国防空中能力的体现，影响着国家交通运输。航空航天业的发展，在于我们自己掌握核心技术，提高零部件制造水平，不依赖进口，所以做好航空航天高端紧固件配套工作于国于司都是义不容辞的任务。为满足客户多品种小批量、需求周期短的需求，企业需要不断优化生产管理，缩短产品交付周期，提高企业核心竞争力。

## 参考文献

[1] 张印超，高义，王英国. 多品种小批量制造企业的生产管理问题探讨[J]. 科技创业家，2013，18：229-230.

[2] 颜静，朱伏平，杨婉琳. 基于准时交货的多品种小批量生产调度系统研究[J]. 机械，2017，4(44)：11-14.

[3] 姜敏，李辉. 航天紧固件企业柔性制造单元重组研究[J]. 现代管理技术，2012，39(9)：15-19.

[4] 刘晶，王婷，常蜀君. 某航空紧固件企业单元生产优化与仿真[J]. 现代制造与工程，2013(5)：54-59.

[5] 陈坤明. 生产计划柔性排产[J]. 物流工程与管理，2017，39(5)：148-150.

[6] 李斌，张明. 多品种小批量军工产品生产管理探讨[J]. 中国管理信息化，2015，18(19)：137-138.

[7] 周光明. 多品种少批量生产作业计划控制优化研究[J]. 现代制造工程，2010，10：38-42.

[8] 裴文斌. 生产管理中的进度控制管理探析[J]. 工程技术，2016，2：169.

# 航天领域军民深度融合发展问题探讨

丁友宝　高伟亮　夏栋

（山东海军航空大学青岛校区，山东·青岛，266041）

**摘要**：走军民深度融合发展道路，是我党我军领导中国革命与建设长期实践经验的科学总结，是推动国防与经济建设同步发展的关键举措，是围绕强军目标推进我军建设的基础性、战略性工程。本文在当前航天领域军民深度融合发展现状和突出问题基础上，重点探讨了航天领域军民深度融合发展的总体构想和具体举措。

**关键词**：强军目标；军民融合；深度发展

## 0　引　言

随着国防和军队改革的深入推进，军民融合向重点领域深度发展，空天领域成为国家创新发展及国防建设的重要领域。习近平同志强调指出："进一步做好军民融合式发展这篇大文章，坚持需求牵引、国家主导，努力形成基础设施和重要领域军民深度融合的发展格局。"鉴于空天领域已成为事关国家安全和发展的战略高地，来自空天领域的挑战和威胁从未像今天这样严峻，必须按照"空天一体、攻防兼备"发展战略，汇聚和融合军地资源，把空天领域建设发展放到国家军民融合大战略中谋划，加快空天领域走军民深度融合发展道路。因此，积极探索新形势下航天领域军民融合向更广范围、更高层次、更深程度拓展，既是践行强军目标大力推进建设的必然选择，也是凝聚军地各方力量、推进军地建设双赢的最佳途径。

## 1　当前航天领域军民融合深度发展的现状及原因分析

### 1.1　存在现状

中国航天经过30余年的探索和发展，逐渐走出一条具有中国特色的军民融合发展道路，在满足国防建设需求的同时，拉动社会经济的发展。但同时也存在一些问题：一是从融合范围来看，仍然停留在与地方政府、国有企业的融合上，没有把新兴产业和民营资源纳入到军民融合式发展中来，尤其是民营企业参与军工任务阻力较大，军工任务仍然相对封闭，对民用产业发展的牵引、拉动、辐射作用还不够强；二是从融合深度来看，仍然保持经济建设融入国防建设的单向融合局面，航天领域资源在转化为地方经济发展动力的过程中缺少方式手段，无法达到军地双赢的目标要求；三是从融合层次来看，仍然停留在兵员、物资、经费等物质层面，没有把军地双方先进的人力资源、科技资源贯穿于国防需求和经济建设中；四是从融合手段来看，仍然依靠国家、军队、地方政府发挥主导作用，没有充分发挥市场在军民融合中的基础性配置作用，将计划与市场需求相结合，调动各方积极性、主动性、创造性。

### 1.2 原因分析

空天领域建设军民深度融合是一个全新课题，需要研究和解决的问题既包括长期以来制约军民融合建设的老问题，又包括在体制机制、法规制度、利益分配等方面的问题。

条块分割多头管理。一是在思想观念上存在认识误区，主要表现在空天领域的建设是“军的事，而非民的事”，没有认识到经济建设对空天领域的迫切需求和“民参军”对该领域创新发展的重要推动作用；二是在组织领导上存在多头管理现象，在空天领域建设方面，仅就军队内部而言，各军兵种都给予了特殊的关注，并在各自领域投人大量的人力、物力和财力，开展广泛而深入的研究，形成了各自建设、各具特色、各行其是的格局；三是在资源整合上存在利益垄断分割的格局，强调各自的特色与主导作用，由此导致“不好推、不好融、深不下去、合不起来”等突出的矛盾和问题，缺乏打破固有利益藩篱的办法与决心。

国营军企资源垄断。一是民营企业融入主体少，长期以来，空天领域建设主要是由国企主办、军队主抓、军种分建、各自运行，民营企业少有参与，尤其是核心技术项目的研发生产几乎没有民营企业的身影；二是民企进入门槛高，由于空天领域建设的绝大多数项目属于国家保密工程，主要由国企、军队所属的科研机构和军工企业进行研制和生产，对民营企业的介入设定了许多严格的限制条件，人为造成军用标准与民用标准不必要的差异，不仅限制了民营企业的融入，也严重挫伤了民营企业在该领域中的积极性和创造性；三是产业融入渠道窄，随着国家经济建设的不断发展，民营企业的建设能力与规模已发生翻天覆地的变化，特别是在新材料、新技术等诸多科研生产领域都已走在国营军工企业的前面，但由于缺少相应的融入渠道，民营企业很难在空天领域建设中发挥相应的作用。

运行机制不健全。一是缺少完善的协调互动机制，首先在互动机制上，缺乏必要的、及时的、制度化、常态化的军地信息通报、工作会商和任务协调机制，军方和军企也无法及时掌握地方经济发展对空天领域的技术需求和成果服务需求；其二在监督机制上，在组织、计划、实施与管理方面没有真正形成全过程的评估论证体系，使得空天领域军民深度融合在决策层面缺少完善的制度保证；其三是缺少完善的技术转化、融合、保障机制。二是成熟的军事技术与实践成果由于没有完善的转化、融合及保障机制，使得国防投入成为一种单纯的资源消耗，无法起到促进和推动经济社会发展的作用。

## 2 航天领域军民融合深度发展的总体构想

### 2.1 总体思路

要全面贯彻落实党的十八届二中、三中、四中和十九大精神，以马克思列宁主义、毛泽东思想、邓小平理论、“三个代表”重要思想、科学发展观、习近平新时代中国特色社会主义思想为指导，按照“四个全面”战略布局要求，以党在新形势下的强军目标为引领，以新形势下军事战略方针为统揽，按照突出重点、建强体系、确保成效的思路，遵循国防建设与经济建设协调发展的内在规律和客观要求，着眼国家安全和战略发展全局，加快推进新兴领域融合发展，更好地把航天领域建设融入国家发展全局，解放思想、更新观念，简政放权、规范管理，打破垄断、开放市场，建立开放协作、良性互动、竞争有序、运行高效的航天领域军民深度融合新体系，为实现“两个一百年”奋斗目标、实现强国强军强梦提供有力支撑。

### 2.2　指导原则

强化认知，凝聚共识。思想认识的深度，决定改革创新的力度和融合发展的程度。实施军民融合深度发展、推进航天领域军民深度融合改革创新，必须培养富国强军的战略意识，进一步强化大局意识，树立一盘棋思想，站在党和国家事业发展全局的高度思考问题、推动工作。真正从思想认识、体制机制、政策法规体系、科技创新和人才培养等方面的全面融合、深入协调。摆脱僵化思维的束缚，突破消极心态的禁锢，转变单独依靠国防科技工业体系和军队自成体系的传统思想，着力打破和消除各种利益藩篱和利益垄断，充分发挥市场在各种资源配置中的决定性作用。

需求牵引、国家主导。航天领域军民深度融合发展，涉及军地双方的诸多领域，必须有明确的需求对接作为牵引。国家主导是推进航天领域军民深度融合发展的重要前提，必须立足国家利益和安全的发展全局，超越部门利益、局部利益，处理好军队、政府和市场三者的关系，优化资源配置，引导和汇集社会优质资源积极参与，形成推动军民融合深度发展的社会合力。

军地协同、统一部署。航天领域建设要服从国家整体部署，地方经济建设也要同国防建设调整相适应，努力在全要素、多领域实现航天领域军民高效融合，既要充分发挥国防建设中服务经济社会发展的潜在效应，同时也要在经济社会发展中实现国防效应。当前，国防建设和地方经济建设未能有效统筹，迫切需要在国家层面通过相应的立法和统一领导机制来解决军地融合问题，发挥二者协同效应。

市场运作、利益共享。注重遵循市场经济与国防发展规律、信息化条件下战斗力建设规律，借助市场配置资源的有效手段，有所侧重地发挥政府与市场的不同作用，加快促进军事需求与社会供给、军事资源与市场需求的双向对接。充分发挥市场运作这一有效手段，通过价格、供求、竞争的调节作用，促进军民两大体系之间的要素合理流动、资源优化配置，推动航天领域军民深融合度发展。在军民深度融合发展过程中要兼顾各方利益，有效地调动和激励各利益主体打破壁垒、参与合作、承担风险，实现利益共享。

### 2.3　目标任务

航天领域军民深度融合发展的总体目标应是：军民融合制度机制健全完善，基础设施配套先进，人才培养渠道顺畅，综合保障坚强有力，改革发展全面推进，军民关系更加巩固，形成全要素、多领域、高效益的航天领域军民深度融合发展格局，实现经济、社会和军事效益最大化。

第一，2020年前：完成航天领域军民融合深度发展的顶层设计，建立健全航天领域军民深度融合发展的管理体制、工作机制和法规制度，推进武器装备、人才培养、后勤保障、国防动员以及海外、极地、网络等领域军民融合深度发展，初步形成全要素、多领域、高效益的航天领域军民深度融合发展格局。

第二，2030年前：武器装备、人才培养、后勤保障和国防动员以及海外、极地、网络等航天领域军民融合取得阶段性成果，基本形成全要素、多领域、高效益的航天领域军民深度融合发展格局。

第三，2040年前：航天领域武器装备研制的自主创新能力基本形成，军民融合模式成熟发展，武器装备、人才培养、后勤保障、国防动员等领域建设深深植根于国家经济社会之中，基本实现航天领域军民深度融合发展目标。

## 3 空天领域走军民深度融合发展的对策举措

### 3.1 搞好总体设计，强化航天领域军民深度融合发展的规划统筹

空天安全领域建设军民融合发展，涉及到国民经济、国防建设、航空、航天、防空、防天等诸多领域和空间，是一项新兴的、复杂的系统工程，矛盾纠纷难以避免。应超越和消除外交与国防、对内政策与对外政策、军事和经济之间、军种与军种之间的传统藩篱，构建综合性统筹协调的顶层决策体系。一是制定融合发展战略，强化全球视野和前瞻思维，着眼实现“两个一百年”的中华民族伟大复兴目标，按照与国家总体发展战略相适应，与国防和军队建设需求相匹配的原则，合理确定航天领域军民深度融合发展的战略目标、战略重点和战略举措，积极与“一带一路”战略、海洋发展战略、区域振兴战略等重大国家战略构想相兼容，系统研究论证，强化顶层设计，发挥引领作用。二是完善理论框架体系，系统开展航天领域军民深度融合发展的理论研究，加快拟制航天领域军民深度融合发展的规划纲要、路线图和发展规划，厘清军民深度融合发展边界，形成航天领域军民深度融合发展的指导理论、管理理论、建设理论、运用理论等成果，为推动航天领域军民深度融合发展提供理论指导。三是加强重大问题研究，在宏观层面上，围绕航天领域军民融合深度发展的基础理论、主要目标、关键路径、实现形式等重大理论和实践问题开展研究，真正摸清底数、吃透现象、掌握规律、指导实践，凝聚各方共识，为国家制定政策措施提供坚实的理论基础和支撑。在具体问题上，要聚焦各领域的重点难点问题，进行有针对性的研究，切实把问题的成因分析透、措施研究实，为解决实际问题提供方法和路径。四是注重规划计划推动，航天领域军民深度融合发展的本质是提高资源配置效率。要充分发挥我国中长期规划的既有优势，把国防科技发展嵌入国家科技发展计划体系，把军队战场建设植入国家基本建设体系，把军队人才培养融入国民教育体系，把国防动员工程纳入国家应急管理体系，形成有机衔接、全面覆盖、路线顺畅的规划计划体系，在优化资源配置中实现军地责权明晰、互利共赢。

### 3.2 加强科学指导，提升航天领域军民深度融合发展的质量效益

当前，加强空天领域军民融合发展政策支持和保障力度，应从我国的国情军情出发，合理运用政策工具，由政府主导，大力推进空天领域建设资源融合模式创新。一是以市场调节为牵引深化空天产业结构整合。首先，要以市场需求为导向发展军民两用产品。充分发挥市场配置资源的基础性作用，结合军队企业优势和地方企业市场经验，实现军地双方在航天技术产业链中准确定位、自主发展的产业发展模式。筹建具有信息发布、产品推介、金融支撑、风险控制等多种功能的军民融合综合服务平台，从而为社会优质资源参与空天领域重大项目建设疏通渠道，优化产品结构，提升产业层次，谋划军民两用产业的深度融合。其次，要以地方产业基础为依托促进融合发展。空天领域建设发展与地方经济相融合，有利于保持持续高速的发展。利用区域经济资源优势培育和壮大空天领域融合产业基地，促进军民互动，实现有区域特色的空天领域建设军民尝试融合发展格局，不断增强空天领域建设发展后劲。二是以政府权威为主导助力空天领域融合互通。一方面，积极出台相关条例、规定或计划，对空天领域内军费开支与国民经济发展关系，国防工业改革，军用、民用工业的体制分割等重大问题予以宏观指导，使空天领域军民融合式发展能够控制在国民经济的发展轨道之内。重点完善人力资源、物力

资源、财力资源、技术资源等实物资源管理制度和规划计划、预算分配、准人退出、评估控制等程序性管理制度规定。另一方面，在遵循市场运行规律的前提下，按照“谁投资、谁受益”的原则，制定和出台扶持民间资本和社会优质资源参与军民融合重大项目建设的措施和办法。进一步加强政府指导，在知识产权保护、融资、生产设备更新、技术创新、民资进人军事工业、军工核心技术保密、协调企业转制等社会性关键问题上给以政策资金和支持，为企业进军空天领域提供坚实的金融支撑平台。

### 3.3　完善管理体制，规范航天领域军民深度融合发展的有效运行

完善空天领域融合管理体制，能够使空天领域军民融合的组织结构体系得到优化，使空天领域的国防建设与经济建设在科技创新、资源统筹、人才培养等各个方面、各个层级逐步走向融合。一是建立国家空天领域军民融合建设指导委员会。建议在国家军民融合领导机构之中或其下设立专门的“空天领域军民融合建设指导委员会”，由国资委、发改委领导，工信部领导和中央军委战略规划办、军委科技委、军委装备发展部等领导组成，形成职能清晰、分工明确、关系顺畅的军民深度融合组织管理机制，从全局上统一协调管理空天领域军民融合建设发展，负责制定建设发展规划、计划，管理和有效监督军民建设资源配置、共同基础设施建设、项目研发与科研生产、成果转化与应用、人才培养等军民融合事项。二是建立航空、航天军民融合专业管理协调机构。建议在国家空天领域军民融合建设指导委员会之下，成立专业分工明确的职能管理协调机构。按航空与航天两个领域分别成立专业的军民融合协调机构，建议战略支援部队与航天科技集团公司和航天科工集团公司成立航天专业军民融合协调办公室，空军与中航工业集团公司和国家民航总局成立专司航空的军民融合协调办公室，具体承办各专业领域的军民融合事项、制定申报相关发展计划规划等。完善军地高层领导定期会晤、机关常态化交流、高新技术推介和重大科研项目通报等行之有效的工作机制。对于事关国家安全和发展、军民两用性极强的重大工程项目，可以设立专门的办事机构，加强双方协同合作。军地双方定期向社会发布采购和保障需求信息，有序引导社会力量进入航空建设领域。军地联手做好军民融合式发展的政策宣传和舆论引导，调动全社会参与军民融合深度发展的积极性。三是建立专业的空天领域政策咨询智库机构。当前，军内专家通晓国家发展战略的不多，地方智囊研究军事战略的不精，军地社科资源相对分散制约着国家发展与安全政策制定的有机统一。因此，针对空天领域建设军民融合发展根植于国家空天领域建设和国家经济发展两大体系之中，具有多主体、多层次、多领域等特点，建议在中科院、相关地方高等院校与研究所、军队院校与研究机构成立空天领域军民融合发展政策咨询机构，成为国家和军队制定空天领域建设发展政策、策略的咨询、论证智库机构。按照“规模适度、结构合理、素质优良的创新人才队伍”的要求，建设“一个专业研究中心，打开一个高层报送渠道，推出一个高端学术论坛，形成一支知名专家队伍”。统筹推进军方智库、民间智库、民办公助智库协调发展，形成定位明晰、特色鲜明、规模适度、布局合理的航天领域融合式智库体系。由智库机构从国家空天安全和经济发展需求的双重角度，以客观中立的立场提供政策咨询，能够保证规划设计的科学性。

### 3.4　深化改革创新，加强航天领域军民深度融合发展的创新治理

走好航天领域军民深度融合发展路子，必须要坚持战略导向和问题导向，解决好发展过程中战略性、全局性、长期性的一系列重大问题，要着力抓好以下三个方面工作。第一方面是技术治理。一是注重航天领域军民两用型高技术研发创新。要逐渐打破西方发达国家长期对我

国的先进技术封锁，实现军事武器装备的现代化、智能化，必须在军民两用型尖端技术创新领域占有自己的一席之地。二是注重先进的民用技术对军用技术的“溢入”。通过采用民为军用方式和手段，有效推动并促使民用先进技术不断向军用领域转移，促进国防军工企业的高技术创新发展。三是注重航天领域军民创新技术等资源的共享。通过合作型资源共享、输血型资源共享和研发基金牵引型资源共享等三种途径，有助于提高国防军工企业的技术创新与研发。第二方面是标准治理。航天领域军民两用领域应多采用相同的技术标准，只要民用技术标准能满足军用需要就优先采用，使军民企业具有相同的技术标准基础。要鼓励国防军工企业用先进的民用技术标准代替军用技术标准或扩大专用的军用技术标准范围。逐渐采用成熟的民用技术来获得民用企业在技术上的资源优势，以加强军民企业间的技术合作，弥补军工企业的技术研发不足，扩大军用创新技术来源，提升军工企业的竞争实力。第三方面是平台治理。借鉴美国、法国、德国采用的高技术合同形式，提高科技园区军民两用技术水平以及民转军、军转民的能力，从而打破西方国家对我国军售技术限制。打破国防军工企业原有的严格保密和研发体制，突破军工机制的限制，与国内外的军工企业和民营企业、高校和研究机构充分合作。积极开展具有军民两用技术优势的军民共用技术集成创新，通过吸收、引进、消化外来技术、知识进行技术再创新工作。建立民用高技术向科技园区流动的新机制，为高技术产业园的技术创新成果向军民两用技术创新提供“溢入”和“溢出”保障。

## 参考文献

[1] 姜鲁鸣，等. 新形势下军民融合深度融合发展的科学指南. 国防大学学报，2017(2).

[2] 罗永光. 什么是军民融合深度发展格局. 中国双拥，2017(6).

[3] 张笑. 论推进军民融合深度发展. 军事经济研究，2014(6).

[4] 徐辉. 我国军民融合深度发展的内涵研究. 国防科技，2014(8).

[5] 于川信，等. 加快推动军民融合深度发展. 军事学术，2014(2).

[6] 刘桂才，等. 航天领域军民深度融合发展研析. 中国军事科学，2016(6)：23-24.

[7] 杨岭. 空天领域建设军民融合发展的思考. 空军指挥学院学报，2016(5)：28-29.

# 基于 ISO/IEC 27001 建立信息安全管理体系的探讨

潘尔琳[1]　张芳[2]

（1. 航空工业济南特种结构研究所，山东·济南，250023

2. 山东航空股份有限公司，山东·济南，250107）

**摘要**：当今时代，组织的业务目标和信息安全要求紧密相关。因此，如何确保信息安全已是各种组织改进其竞争能力的一个新的挑战任务。组织建立一个基于 ISO/IEC 27001 标准的信息安全管理体系（Information Security Management System，以下简称 ISMS），已成为时代的需要。本文从分析 ISO/IEC 27001 标准的要求入手，讨论了如何建立一个符合该标准要求的 ISMS。

**关键词**：ISMS 的含义；信息安全管理机构；ISMS 文件

随着我国信息化建设的推进，包括金融、政府、军队、企业在内的各种组织对信息系统和网络的依赖越来越大，这使得组织面临着日益严重的安全威胁。这些威胁不仅包括计算机辅助欺诈、间谍活动、破坏、火灾或水灾，还包括了诸如计算机病毒、黑客捣乱、DoS 攻击等等。

因此，各组织不断借助技术手段来构建安全的信息系统。但是，专家指出信息安全“三分技术，七分管理”，单纯通过技术手段来获得信息系统的安全性是远远不够的，组织还应该用合适的管理和规程来支持信息安全，在要求规范和设计阶段把信息安全控制结合进去，把信息安全控制做得更加便宜和有效。同时，信息安全管理需要整个组织内所有员工的参加，甚至包括供应商、消费者或利益相关方的参与。

## 1　ISO/IEC 27000 标准族

27000 标准族的前身为英国的 BS 7799 标准 BS 7799—1 和 BS 7799—2。其中，BS 7799—1 信息安全管理实施规则，对信息安全管理给出建议，供负责在其组织启动、实施或维护安全的人员使用，后发展为 ISO 17799、ISO 27002。BS 7799—2，信息安全管理体系规范，说明了建立、实施和文件化信息安全管理体系（ISMS）的要求，规定了根据独立组织的需要应实施安全控制的要求，后发展为 ISO 27001。

目前的信息安全管理体系 27000 标准族包括：ISO/IEC 27000 信息安全管理体系概述与词汇、ISO/IEC 27001 信息安全管理体系要求、ISO/IEC 27002 信息安全管理实用规则、ISO/IEC 27003 信息安全管理实施指南、ISO/IEC 27004 信息安全管理体系测量、ISO/IEC 27005 信息安全风险管理等。其中最重要的是 ISO/IEC 27001 信息安全管理体系要求，它是是建立、实施、审核、认证信息安全管理体系的依据与准则。

国家标准也对 27000 标准族作了等同转换。例如，ISO 27001:2005 已等同转换为 GB/T 22080—2008，目前最新版的 ISO 27001:2013 已等同转换为 GB/T 22080—2016。

# 2　ISO/IEC 27001《信息安全管理体系要求》的主要内容

## 2.1　正文的主要内容

ISO/IEC 27001标准从组织的整体业务风险的角度，为建立、实施、运行、监视、评审、保持和改进文件化的ISMS规定了要求。它规定了为适应不同组织或其部门的需要而定制的安全控制措施的实施要求。该标准采用了“规划(Plan)—实施(Do)—检查(Check)—处置(Act)”(PDCA)模型，该模型可应用于所有的ISMS过程。

规划(建立ISM)：建立与管理风险和改进信息安全有关的ISMS方针、目标、过程和程序，以提供与组织总方针和总目标相一致的结果。

实施(实施和运行ISMS)：实施和运行ISMS方针、控制措施、过程和程序。

检查(监视和评审ISMS)：对照ISMS方针、目标和实践经验，评估并在适当时，测量过程的执行情况，并将结果报告管理者以供评审。

处置(保持和改进ISMS)：基于ISMS内部审核和管理评审的结果或者其他相关信息，采取纠正和预防措施，以持续改进ISMS。

## 2.2　附录A的主要内容

ISMS的提出是源于最佳实践，在附录A(规范性附录)中包含了控制目标和控制措施的综合列表，给出14个控制域、35个控制目标和114个控制措施。这些控制措施可以帮助用户识别对信息安全有影响的元素，用户可以根据适用的法律法规、章程和自己的需求加以选择和使用，已经得到了世界上绝大多数国家的认同。

控制措施的选择和实施是ISMS建设很重要的一部分。通过风险管理方法，在附录A的指导下，确保没有遗漏必要的控制措施，将附录A中的114个控制措施串联起来，形成一个有机的整体。

这14个控制域是：

① 信息安全方针：根据业务目标制定清晰的方针指导，并通过在整个组织中颁布和维护信息安全方针来表明对信息安全的支持和承诺。

② 信息安全组织：建立信息安全管理的组织机构，指派安全角色并协调安全的实施；同时也对外部方对组织信息安全影响进行控制。

③ 人力资源安全：在人员任用、工作角色的指定、工作角色的变化、合同的分配及所有这些安排的终止的过程中，岗位安全职责的落实和人员的安全管理。

④ 资产管理：对资产进行分类、标记，并实现和保持对资产的适当保护。

⑤ 访问控制：应建立访问控制策略并形成文件，并从用户访问管理、网络访问控制、操作系统访问控制、应用系统和信息的访问控制、移动计算和远程工作等方面进行安全控制。

⑥ 加密技术：确保适当和有效地使用密码技术，以保护信息的保密性、真实性和完整性。

⑦ 物理和环境安全：防止对组织场所和信息的未授权物理访问、损坏和干扰，防止资产的丢失、损坏、失窃或危及资产安全以及组织活动的中断，包括供电及电缆设施的安全。

⑧ 操作(运行)安全：确保正确、安全的运行信息处理设施，防范恶意软件，防止数据丢失，记录事态并生成证据，确保运行系统的完整性。

⑨ 通信安全：确保网络中的信息及其支持性的信息处理设施得到保护，维护在组织内及与外部实体间传输信息的安全。

⑩ 信息系统的获取、开发及维护：对信息系统的全生命周期进行信息安全管理，在项目需求阶段识别所有安全要求，并证明安全要求的合理性，对这些安全要求加以商定，将这些安全要求形成文档作为信息系统整体业务情况的一部分，并在开发和运行过程中进行控制。

⑪ 供应商关系：确保供应商可访问的组织资产得到保护，并维护与供应商协议一致的信息安全和服务交付的商定级别。

⑫ 信息安全事件管理：确保与信息系统有关的信息安全事项和弱点能够以某种方式传达，以便及时采取纠正措施；对信息安全事件有一致和有效的方法进行管理，总结和改进。

⑬ 业务连续性管理中的信息安全：制定和实施业务连续性计划，以确保重要的运行能及时恢复，同时包括连续性计划的测试、维护和再评估。

⑭ 符合性：信息系统的设计、运行、使用和管理都要受法令、法规，及合同安全要求的限制，应识别并遵循可用法律，确保系统符合组织的安全策略及标准，并控制系统审核，使系统审核过程的效力最大化，干扰最小化。

## 3 ISMS 的含义和要素

ISMS 创建人员只有正确地理解 ISMS 的含义、要素和 ISO/IEC 27001 标准的要求之后，才有可能建立一个符合要求的完善的 ISMS。

### 3.1 ISMS 的含义

ISMS 是组织在整体或特定范围内建立信息安全方针和目标，以及完成这些目标所用方法的体系。它是直接管理活动的结果，表示成方针、原则、目标、方法、计划、活动、程序、过程和资源的集合。ISMS 的建立是以业务风险方法为基础，其目的是建立、实施、运行、监视、评审、保持和改进信息安全。

### 3.2 ISMS 的要素

管理体系包括组织的结构、方针、规划活动、职责、实践、程序、过程和资源。这些就是构成管理体系的相互依赖、协调一致，缺一不可的组分或要素。

(1) 信息安全管理机构

通过信息安全管理机构，可建立各级安全组织、确定相关人员职责、策划信息安全活动和实践等。

(2) ISMS 文件

ISMS 文件包括 ISMS 方针、过程、程序和其他必须的文件等。

(3) 资　源

资源包括建立与实施 ISMS 所需要的合格人员、足够的资金和必要的设备等。

ISMS 的建立要确保这些 ISMS 要素得到满足。

# 4 建立信息安全管理机构

## 4.1 为什么需要信息安全管理机构

ISMS 是一个人工系统，需要管理机构组织人力建成。ISMS 建成后，如果没有管理机构组织人员管理(包括分配合理的资源、监控和采取适当的控制措施等)那么 ISMS 是不可能运行的。ISMS 也不可能是一个“永动机”，如果不能不断地从管理机构获取能源(包括人财物)，那么其运行也会慢慢停止下来。

## 4.2 如何组建信息安全管理机构

(1) *信息安全管理机构的名称*

从目前的情况看，许多组织在建立 ISMS 之前，已经运行了其他的管理体系，如 QMS 和 EMS 等。因此，最有效与省资源的办法是将信息安全管理机构合并于现有管理体系的管理机构，实行一元化领导。

(2) *信息安全管理机构的级别*

信息安全管理机构的级别应根据组织的规模和复杂性而决定。从管理效果看，对于中等以上规模的组织，最好设立三个不同级别的信息安全管理机构：

① 高层，以总经理或管理者代表为领导，确保信息安全工作有一个明确的方向和提供管理承诺和必要的资源。

② 中层，负责该组织日常信息安全的管理与监督活动。

③ 基层，基层部门指定一位兼职的信息安全检查员，实施对其本部门的日常信息安全监视和检查工作。

# 5 执行标准要求的 ISMS 建立程序

在 ISO/IEC 27001:2013 标准第 4 章到第 10 章，已经规定了 ISMS 的建立内容和步骤。组织要遵照这些内容和步骤，结合其总体业务活动和风险的需要，建立其自己的 ISMS，并形成相应的 ISMS 文件。

建立 ISMS 的步骤包括：

① 定义 ISMS 的范围和边界，形成 ISMS 的范围文件。

② 定义 ISMS 方针(包括建立风险评价的准则等)，形成 ISMS 方针文件。

③ 定义组织的风险评估方法。

④ 识别要保护的信息资产的风险，包括识别：

➢ 资产及其责任人；

➢ 资产所面临的威胁；

➢ 组织的脆弱点；

➢ 资产保密性、完整性和可用性的丧失造成的影响。

⑤ 分析和评价安全风险，形成《风险评估报告》文件，包括要保护的信息资产清单。

⑥ 识别和评价风险处理的可选措施，形成《风险处理计划》文件。

⑦ 根据风险处理计划,选择风险处理控制目标和控制措施,形成相关的文件。

⑧ 管理者正式批准所有残余风险。

⑨ 管理者授权 ISMS 的实施和运行。

⑩ 准备适用性声明。

## 6 编制 ISMS 文件

ISMS 文件是 ISMS 的主要要素,既要与 ISO/IEC 27001:2013 保持一致,又要符合本组织的信息安全的需要。实际上,ISMS 文件是适合本组织需要的实际的信息安全管理标准,是 ISO/IEC 27001:2013 的具体体现。在实际工作中,必须按照 ISMS 文件的要求执行工作。

根据 ISO/IEC 27001:2013 标准的要求,ISMS 文件有三种类型。

(1) 方针类文件(Policies)

方针是政策、原则和规章,主要是方向和路线上的问题,包括:

① ISMS 方针(ISMS Policy),在 ISMS 方针的框架下,组织可根据实际需要,制定其他重要领域的具体的信息安全方针。例如,可有访问控制方针、恶意软件防范方针、口令控制方针、网络安全方针、硬件设备安全方针等。

② 信息安全方针(Information Security Policy)。

(2) 程序类文件(Procedures)

"程序文件"有时又称作"过程文件",包含着为达到某个特定目的,而对一系列活动(或过程)的顺序进行控制。有输入—处理—输出。所产生的输出通常是"记录"。

(3) 记录(Records)

记录是提供客观证据的一种特殊类型的文件。通常,记录发生于过去,是相关程序文件运行产生的结果(或输出)。记录通常是表格形式。

(4) 适用性声明文件(Statement Of Applicability,简称 SOA)

ISO/IEC 27001:2013 标准的附录 A 提供许多控制目标和控制措施。这些控制目标和控制措施是最佳实践。对于这些控制目标和控制措施,实施 ISMS 的组织只要有正当性理由,可以只选择适合本组织使用的那些部分,而不适合使用的部分,可以不选择。选择,或不选择,要做出声明(说明),并形成《适用性声明》文件。

## 参考文献

[1] 杨阳,张佳鑫,闫雪,等. 基于 ISO 27000 网络信息安全风险评估系统的设计与实现[J]. 微型电脑应用,2010,26(01):43-45.

[2] 任妮,黄水清. 新版 ISO 27000 要求下的数字图书馆信息安全管理[J]. 图书与情报,2015(06):38-46.

[3] 霍明月. 基于 ISO 27001:2013 构建高校图书馆信息安全管理体系研究[D]. 长春:东北师范大学,2016.